普通高等院校机械工程学科“十三五”规划教材

机械控制工程基础
（第2版）

主　编　廉自生　庞新宇
副主编　杨　康　周　巍

国防工業出版社
·北京·

内 容 简 介

本书以经典控制理论为基本内容，介绍了控制系统的基本原理、分析方法、设计校正及应用实例等。全书共分9章，主要内容包括反馈控制系统的基本概念、控制系统的数学模型、控制系统时间响应及稳态误差分析、控制系统的频率特性分析、控制系统的稳定性、系统的综合与校正、根轨迹法、非线性系统和采样控制系统。附录部分包括拉普拉斯变换、z变换和根据教学需要开发的“机械控制工程虚拟实验系统”。此外每章都含有MATLAB/Simulimk在控制系统分析和设计中的应用。

本书主要适用于机械设计制造及其自动化专业本科生使用，也可供相关专业的工程技术人员参考。

图书在版编目（CIP）数据

机械控制工程基础/廉自生，庞新宇主编．—2版．—北京：国防工业出版社，2016.7

普通高等院校机械工程学科“十三五”规划教材

ISBN 978-7-118-10949-8

Ⅰ．①机…　Ⅱ．①廉…　②庞…　Ⅲ．①机械工程—控制系统—高等学校—教材　Ⅳ．①TH-39

中国版本图书馆CIP数据核字（2016）第193145号

※

国防工业出版社出版发行

（北京市海淀区紫竹院南路23号　邮政编码100048）

三河市鼎鑫印务有限公司印刷

新华书店经售

*

开本 787×1092　1/16　**印张** 21¾　**字数** 352千字

2016年7月第2版第1次印刷　**印数** 1—4000册　**定价** 38.00元

国防书店：（010）88540777　　发行邮购：（010）88540776

发行传真：（010）88540755　　发行业务：（010）88540717

第 2 版前言

随着科学技术的不断发展和多媒体教学手段的日益普及,有必要对本书内容进行适当的扩充和调整。同时,控制系统相关软件的应用和教学方式的改革也对教材提出了更高的要求。为此本教材在原有内容的基础上,拟出版《机械控制工程基础》第 2 版。主要修订内容如下

(1) 增加了根轨迹法和非线性系统的内容。

(2) 与本书内容相配套,开发了机械控制工程虚拟实验系统,在附录 C 中介绍了该虚拟实验系统在教学中的应用。

(3) 每一章增加了 MATLAB 软件在控制系统分析和设计中的应用。

(4) 对部分习题进行了调整。

(5) 对书中个别内容进行了增删和修改。

本书由太原理工大学廉自生和庞新宇任主编。第 1 章由廉自生教授编写,第 2、9 章和附录 B、C 由庞新宇编写,第 3 章由杨康编写,第 4、5 章和附录 A 由周巍编写,第 6 章由龙日升编写,第 7 章由张晓俊编写,第 8 章由白艳艳编写。全书由廉自生和庞新宇统稿。

本书依然存在需要改进的地方,敬请读者多提宝贵意见,以帮助编者今后不断完善书中内容,在此表示感谢!

目录

第1章 绪　　论

"机械控制工程"是研究用控制论的基本原理和方法来解决机械工程中的自动控制问题。自动控制是人类在认识世界和发明创新的过程中发展起来的一门重要的科学技术。依靠它,人类可以从笨重、重复性的劳动中解放出来,从事更富创造性的工作。自动化技术是当代发展迅速,应用广泛,最引人瞩目的高技术之一,是推动新的技术革命和新的产业革命的关键技术。

更为重要的是控制论为机械工程提供了一种方法论,不但从局部,而且从整体和系统的角度来认识和分析问题,进而去改进一个机械系统(或一台装备),以满足生产实际的需要。

本书介绍经典控制理论的基础内容,重点是怎样将其结合于机械工程,建立基本概念、掌握基本理论与方法,并能够进行运用。

1.1 自动控制系统的基本原理

自动控制系统是在没有人的直接参与下,利用控制器(例如机械装置、电气装置或电子计算机)使生产过程或被控制对象(例如机器或电气设备)的某一物理量(温度、压力、液面、流量、速度、位移等)按预期的规律运行。例如电冰箱自动地控制冰箱中的温度恒定,无塔供水系统保证楼宇自动恒压供水,加工中心根据加工工艺的要求,能够自动地、按照一定的加工程序加工出我们所要求的工件。总之,自动控制系统要解决的最基本问题就是如何使受控对象的物理量按照给定的规律变化。

1.1.1 控制系统举例

1. 温度控制系统

图1-1是由人工控制的恒温箱,其控制过程如下:

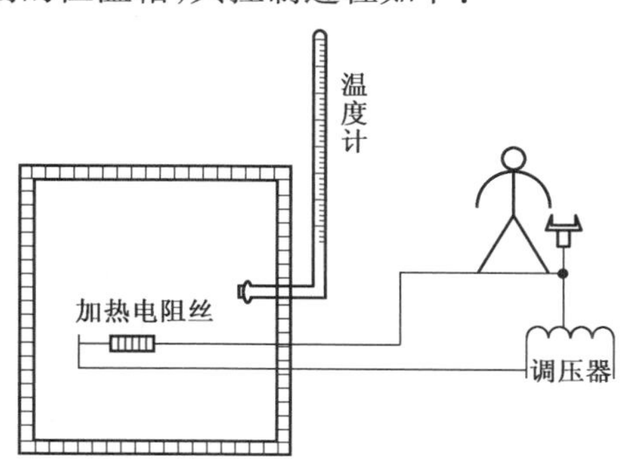

图1-1 人工控制的恒温箱

人工通过测量元件(温度计)观察出恒温箱的温度,与所希望的温度值进行比较,得到实际温度与希望温度的偏差的大小与方向,据此来调节调压器,进行箱温的控制。例如,当箱温低于所希望值时,向右旋转调压器的触头,增加电阻丝的电流,使箱温上升到希望值。反之,当箱温高于所希望值时,向左旋转调压器的触头,以减少电阻丝的电流,使箱温下降回到希望值。这种控制称为人工定值控制。

人在这种控制中的作用是观测、求偏差及纠正偏差,或简称为“求偏与纠偏”。将以上人工的作用由一个自动控制器来代替,于是一个人工调节系统就变成为一个自动控制系统。

图 1-2 是恒温箱的自动控制系统,图 1-1 中的温度计由热电偶代替,并增加了电气、电机及减速器等装置。在这个系统中,热电偶测量出的电压信号 V_2,是与箱内温度成比例的,因此,我们选取电压 V_1代表箱温的给定信号,并使 V_2能够反馈回去与 V_1进行比较,当外界干扰引起箱内温度变化时,则产生了温度的偏差信号 $\Delta V=V_1-V_2$,经电压及功率放大后,来控制电机的旋转速度及方向,又经传动机构及减速器使调压器的触头移动,使加热电阻丝的电流增加或减小,直至箱内温度达到给定值为止。这时偏差信号 $\Delta V=0$,电机停止转动,完成控制任务。就是这样,箱内温度经自动调节,保持在给定值上,这个给定温度通过设定 V_1来得到。

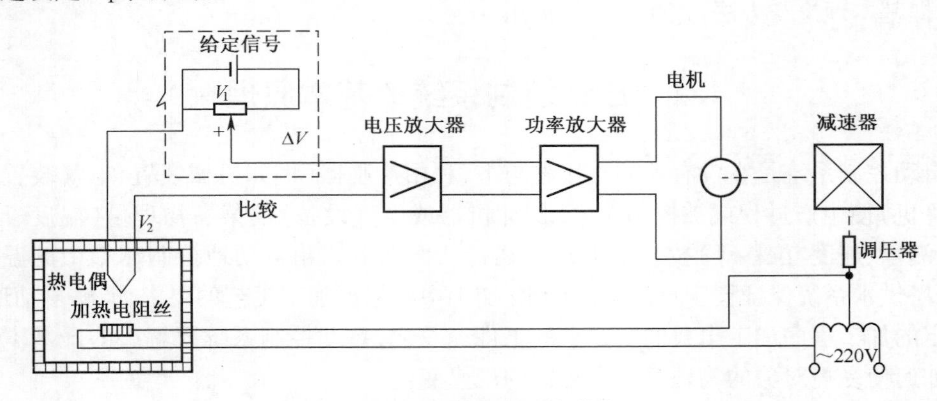

图 1-2 恒温箱的自动控制装置

将以上人工控制系统与自动控制系统对比,可以看出:

(1) 测量 前者靠操纵者的眼睛,而后者由热电偶来测量。

(2) 比较 前者靠操纵者的大脑,而后者靠比较电路。

(3) 执行 前者靠操纵者的手,而后者由电机等完成。

为了便于对一个自动控制系统进行分析以及了解其各个组成部分的作用,经常把一个自动控制系统画成方框图的形式。

图 1-2 系统的方框图,如图 1-3 所示。图中方框表示系统的各个组成部分;直线箭头代表信号作用的方向;在其上的标注表示对方框的输入及输出物理量;⊗代表比较元件。热电偶是置于反馈通道中的测量元件。从系统的方框图,可以明显地看出系统是有反馈的。反馈就是指将输出量(或通过测量元件及其他)返回输入端,并与输入量相比较,比较的结果称为偏差。

由图 1-3 还可以清楚地看出,系统的输入量就是给定的电压信号,系统的输出量(即

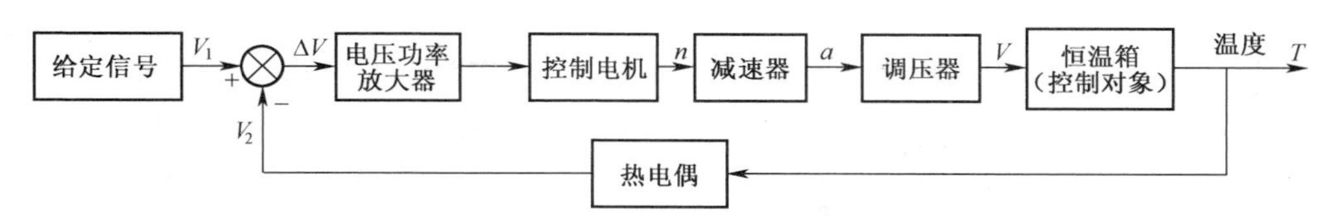

图 1-3　恒温箱自动控制系统框图

被调节量）就是被控物理量——温度。控制系统是按偏差的大小与方向来工作的，最后使偏差减小或消除，从而使输出量随输入量而变化。

一般在自动控制系统中，偏差是基于反馈建立起来的。自动控制的过程就是“测偏与纠偏”的过程，这一原理又称为反馈控制原理，利用此原理组成的系统称为反馈控制系统，即为控制论的中心思想。

维纳指出：“一切有目的的行为，都可以看作是需要负反馈的行为，通过行为把反馈和目的联系起来，从实质上找到了机器模拟人的动作的机制”。

2. 速度调节系统

图 1-4 是著名的离心式调速机构示意图，图 1-5 是其原理图，图 1-6 是其系统方框图。调速器广泛用于水轮机、汽轮机和内燃机，作用是使这些工作机器保持转速恒定。其工作原理如下：

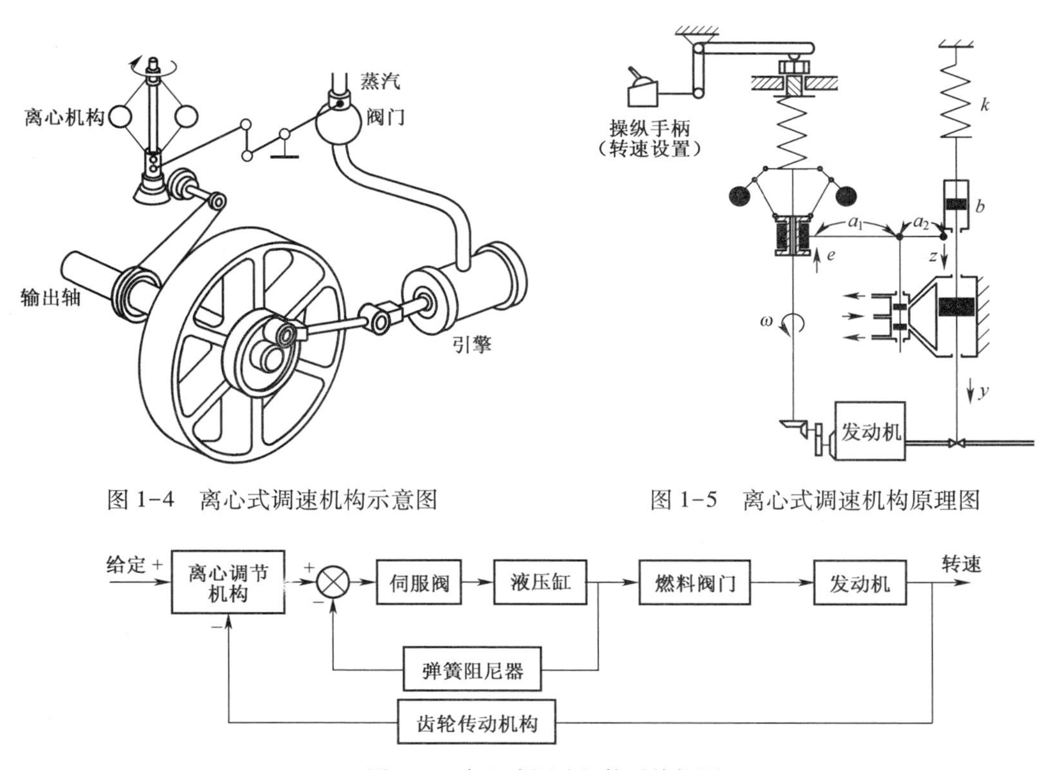

图 1-4　离心式调速机构示意图

图 1-5　离心式调速机构原理图

图 1-6　离心式调速机构系统框图

当发动机转动时，通过圆锥齿轮带动一对飞球做水平旋转。飞球通过铰接杆可带动套筒上下滑动，套筒内装有平衡弹簧，套筒上下滑动时可拨动连杆，通过连杆调节供汽阀门的开度。在发动机正常运行时,飞球旋转所产生的离心力与弹簧的反弹力相平衡,套筒保持某个高度,使阀门处于一个平衡位置。如果由于扰动,使发动机转速 ω 下降,则飞球因离心力减小而使套筒向下滑动,引起动力活塞向上运动,增大了燃料阀的开度,从而使发动机的转速回升。同理,如果发动机的转速 ω 增加,则飞球因离心力增加而使套筒向上滑动,引起动力活塞向下运动,减小了燃料阀的开度,迫使蒸汽机转速减慢,直至达到希望的速度时为止。

随着科学技术的不断发展,近些年来开发和应用了电子调速装置,图 1-7 为电子调速装置控制原理简图,图 1-8 是其系统框图。当受到外界干扰时,发动机的实际转速相对于设定转速发生变化,实际转速通过电子传感器检测,并反馈给控制计算机,与设定转速进行比较,得到转速偏差。在经过比例、积分、微分控制计算,产生控制信号,再经过放大及执行机构驱动燃料控制阀门来增加或减少燃料的进给,调节发动机转速与给定值相等。

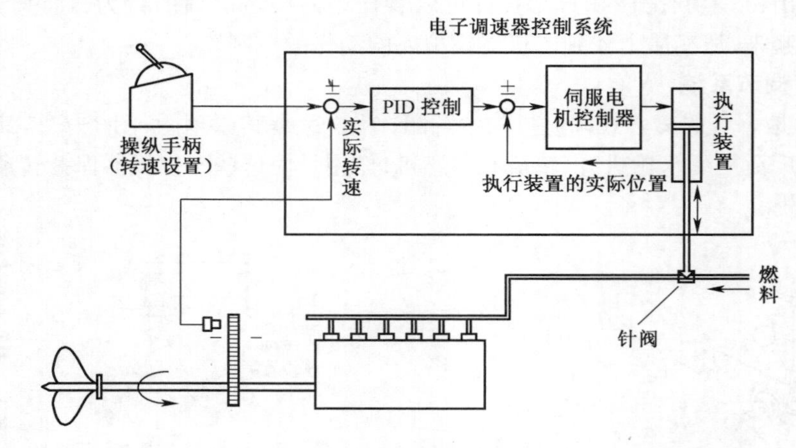

图 1-7　电子调速装置控制原理简图

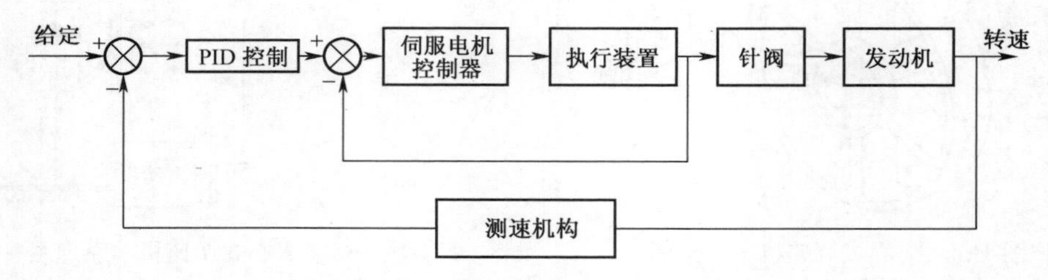

图 1-8　电子调速装置系统框图

1.1.2　反馈控制系统的构成

图 1-9 示出了典型反馈控制系统的组成。一个系统主反馈回路(或通道)只有一个。而局部反馈可能有几个,图中画出一个。各种功能不同的元件,从整体上构成一个系统来完成一定的任务。

控制元件　用于产生输入信号(或称控制信号)。如图 1-2 中的指令电位器就是控制元件。移动电位器滑臂的力即控制作用。

反馈元件　指置于反馈通道中的元件。反馈元件一般用检测元件,若在主反馈通道

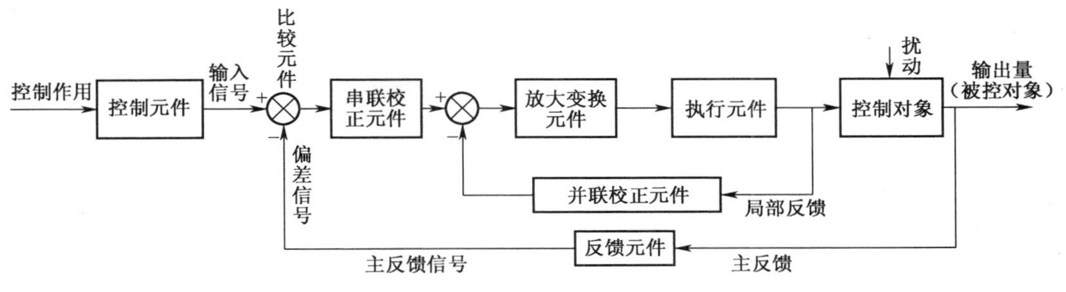

图 1-9　典型反馈控制系统的组成

中不设反馈元件，即输出为主反馈信号时（图 1-9），称为单位反馈。

比较元件　用来比较输入及反馈信号，并得出二者的偏差信号。

放大元件　把弱的信号放大以推动执行元件动作。放大元件有电气的、机械的、液压的及气动的等。

执行元件　根据输入信号的要求直接对控制对象进行操作，例如用液压缸、液压马达及电动机等。

控制对象　就是控制系统所要操纵的对象，它的输出量即为系统的被控制量，例如，发动机、恒温炉等。

校正元件　它的作用是改善系统的控制性能。

以上介绍了系统的基本组成。以下介绍有关变量的名词术语。

输入信号（输入量、控制量、给定量）　从广义上指输入到系统中的各种信号，包括对输出控制有害的扰动信号。一般来说，输入信号是指控制输出量变化规律的信号。各种典型的输入信号将在以后的章节中介绍。

输出信号（输出量、被控制量、被调节量）　输出是输入的结果。它的变化规律应与输入信号之间保持有确定的关系。

反馈信号　输出信号经反馈元件变换后加到输入端的信号称反馈信号。若它的符号与输入信号相同者，叫正反馈；反之，叫负反馈。主反馈一般是负反馈，否则偏差越来越大，系统将会失控。系统中的局部反馈，主要用来对系统进行校正等，以满足控制某些性能要求。

偏差信号　为输入信号与主反馈信号之差。

误差信号　指输出量实际值与希望值之差。常常希望值是系统的输入量。

扰动信号　偶然的无法加以人为控制的信号，称为扰动信号或干扰信号。根据产生的部位，分内扰与外扰。扰动也是一种输入量，一般对系统的输出量将产生不利的影响。人为的激励或输入信号，称为控制信号。

1.2　自动控制系统的分类

1.2.1　按控制系统有无反馈分类

1. 开环系统

控制系统的输出量不影响系统的控制作用，即系统中输出端与输入端之间无反馈通道时称开环系统,如图 1-10 所示。

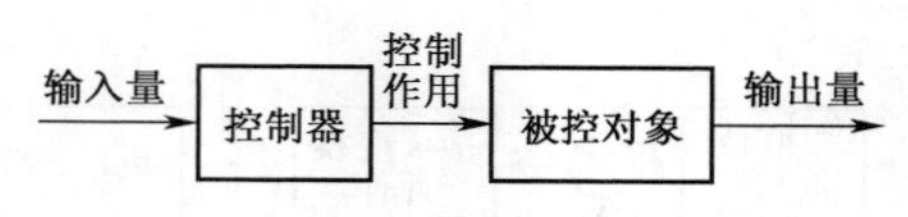

图 1-10　开环控制系统方框图

由于开环系统没有反馈通道,因而结构较简单,实现容易。但是,对外扰动(如负载变化)和内扰动(系统内元件性能的变动)引起被控量(输出)的偏差不能够自动纠正。因此,开环系统的控制精度较低,要想提高控制精度,必须靠高精度的元器件来保证。

2. 闭环系统

控制系统的输出与输入间存在着反馈通道,即系统的输出对控制作用有直接影响的系统,称为闭环系统。因此,反馈系统也就是闭环控制系统。如图 1-2、图 1-5、图 1-7 所示系统,均为闭环控制系统。

闭环系统的主要优点是,由于存在反馈,若内外有干扰而使输出的实际值偏离给定值时,控制作用将减少这一偏差,因而精度较高。缺点也正是存在反馈,若系统中的元件有惯性、有延时等,以及与其配合不当时,将引起系统振荡,不能稳定工作。

对闭环控制系统的要求是稳定性、快速性、准确性。自动控制理论主要是研究闭环控制系统,也就是研究反馈控制的理论与方法。

1.2.2　按控制作用的特点分类

1. 恒值控制系统

前面介绍的恒温箱控制系统,它的特点是箱内的温度要求保持在某一给定值,这就是恒值控制系统,即当给定量是一个恒值时,称为恒值控制系统。这个恒值的给定量,也就是恒定值的输入信号,随着工作的要求,是可以调整变化的,但作调整后,又是一个新的恒值给定量,并且得到一个新的、与之对应的恒值输出量。对恒值控制系统,要注意干扰对被控对象的影响,研究怎样将实际的输出量保持在希望的给定值上。

2. 随动系统

输出量能够迅速而准确地跟随变化着的输入量的系统,称为随动系统。具有机械量输出的随动系统,又可称为伺服系统。

随动系统的应用很广。例如,液压仿形刀架,输入是工件的靠模形状,输出是刀具的仿形运动。又如,各种电信号笔式记录仪,输入是事先未知的电信号,输出是记录笔的位移。还有雷达自动跟踪系统及火炮自动瞄准系统都是随动系统。以上这些随动系统,由于输出均是机械量,故也都是伺服系统。

3. 程序控制系统

输入量按预定程序变化的系统,叫程序控制系统。例如,加工中心对工件的加工过程,是按照工件的加工工艺要求,将各工艺过程编程,加工中心则按照程序指令进行加工。而执行每个指令的装置则可能是一个开环系统,也可能是一个闭环系统。

1.3　控制理论发展简史

人们普遍认为最早应用于工业过程的反馈控制器是瓦特(J. Watt)发明的蒸汽机飞球

调速装置。以后又不断出现各种自动化装置，自瓦特发明几十年后，1868 年麦克斯韦(J. C. Maxwell)发表了“论调速器”文章，对控制系统从理论上加以提高，首先提出了“反馈控制”的概念，解释了速度控制系统中出现的不稳定现象，指出振荡现象的出现与系统导出的一个代数方程根的分布形态有密切的关系，开辟了用数学方法研究控制系统中运动现象的途径。英国数学家劳思和德国数学家胡尔维茨推进了麦克斯韦的工作，分别在 1875 年和 1895 年独立地建立了直接根据代数方程的系数判别系统稳定性的准则(见代数稳定判据)。

1932 年，美国物理学家奈奎斯特(H. Nyquist)运用复变函数理论的方法建立了根据频率响应判断反馈系统稳定性的准则(见第 5 章奈奎斯特稳定判据)。这种方法比当时流行的基于微分方程的分析方法有更大的实用性，也更便于设计反馈控制系统。奈奎斯特的工作奠定了频率响应法的基础。随后，波德(H. W. Bode)和尼科尔斯(N. B. Nichols)等在 20 世纪 30 年代末和 40 年代进一步将频率响应法加以发展，使之更为成熟。

1948 年，美国科学家埃文斯(W. R. Evans)提出了名为根轨迹的分析方法，用于研究系统参数(如增益)对反馈控制系统的稳定性和运动特性的影响，并于 1950 年进一步应用于反馈控制系统的设计，构成了经典控制理论的另一核心方法——根轨迹法。

20 世纪 40 年代末和 50 年代初，频率响应法和根轨迹法被推广用于研究采样控制系统和简单的非线性控制系统，标志着经典控制理论已经成熟。经典控制理论在理论上和应用上所获得的广泛成就，促使人们试图把这些原理推广到像生物控制机理、神经系统、经济及社会过程等非常复杂的系统，其中美国数学家维纳(N. Wiener)在 1948 年发表了著名的《控制论》(*Cybernetics*)最为重要和影响最大。1954 年著名科学家钱学森英文版《工程控制论》的发表，奠定了工程控制论这一技术科学的基础，使控制论又向前大大地发展了一步。

经典控制理论在解决比较简单的控制系统的分析和设计问题方面是很有效的，至今仍不失其实用价值。存在的局限性主要表现在只适用于单变量系统，且仅限于研究定常系统。

现代控制理论始于 20 世纪 50 年代末 60 年代初。这是由于空间技术发展及军事工业的需要，如航空、航天、导弹等对自动控制系统提出了很高的要求。加之计算机技术也日趋成熟，使得现代控制理论发展很快，并逐渐形成一些新的体系与新的分支。现代控制理论主要是在时域内，利用状态空间来分折与研究多输入多输出系统的最佳控制问题。

1.4 本课程的教学方法

1. 提高综合分析能力

“机械控制工程基础”既是专业基础理论课程，又是一门科学方法论。研究的内容既有一定的复杂性，又有一定的普遍性。因此，在学习中不仅要掌握教材中的结论，更要掌握其中体现出来的研究方法，培养系统的观念，提高综合分析问题的能力。

2. 注意数学工具的应用

课程中运用数学工具较多，几乎涉及过去所学的全部数学知识，要注意复习巩固及怎样应用这些数学知识。此外,课程还涉及力学、电工学、机械原理及机械零件等多门课程,注意这些课程的综合应用。

3. 注重物理概念的理解

本课程具有比较抽象及概括的特点,给学习带来一定的困难。因此,在学习中要特别注意数学结论的来由及物理概念,既要结合实际又善于逻辑思维。

4. 重视实验及实践

课程实验是书本理论通向工程实践的重要途径,同时,注意观察和了解生活及工程中的自动控制技术与系统。例如,储水箱的水位控制、电冰箱的温度控制、汽车的ABS、数控车床、加工中心等等,因为自动控制技术的应用远比自动控制理论的历史悠久得多。

5. 重视习题的演练

习题的演练是加深和巩固基本概念、基本理论的有效途径之一。在习题的演练过程中,特别注重利用 MATLAB 解算工具和仿真工具,无论对于教和学都可以获得事半功倍的效果。

习 题

1-1 试举日常生活中开环和闭环控制系统的两个例子,说明其工作原理。

1-2 图 1-11 是控制导弹发射架方位的电位器式随动系统原理图。图中电位器 P_1, P_2 并联后跨接到同一电源 E_0 的两端,其滑臂分别与输入轴和输出轴相联结,组成方位角的给定元件和测量反馈元件。输入轴由手轮操纵;输出轴则由直流电动机经减速后带动,电动机采用电枢控制的方式工作。

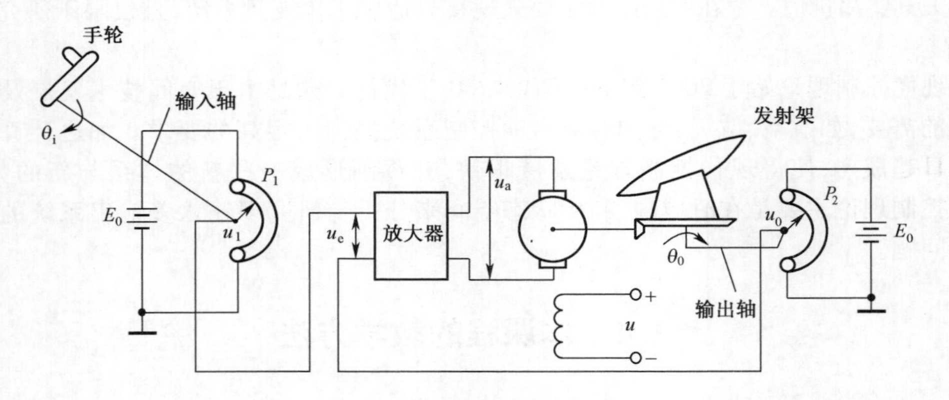

图 1-11 导弹发射架方位角控制系统原理图

试分析系统的工作原理,指出系统的被控对象、被控量和给定量,画出系统的方框图。

1-3 许多机器,像车床、铣床和磨床,都配有跟随器,用来复现模板的外形。图 1-12 就是这样一种跟随系统的原理图。在此系统中,刀具能在原料上复制模板的外形。试说明其工作原理,画出系统方框图。

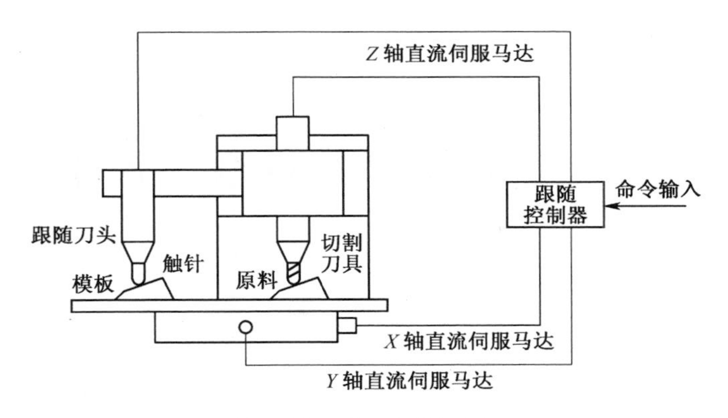

图 1-12　随动系统原理图

第2章　控制系统的数学模型

内容提要

本章首先讲述了机械工程控制中如何列写微分方程及在列写中应注意的问题；然后重点讲述线性系统传递函数的概念、传递函数方框图及简化方法。因为线性控制系统的传递函数是由典型环节组成的，所以最后介绍典型环节的传递函数和物理系统传递函数的推导。

分析和综合一个自动控制系统，不仅要定性地了解系统的工作原理及其特性，而且要定量地描述系统的动态特性，揭示系统的结构、参数与动态特性之间的关系。因此，需要建立系统的动态数学模型。

一个自动控制系统，一般都可以依据其所遵循的物理定律，用微分方程来描述其动态特性。在经典控制理论中，通常将微分方程转化为传递函数的形式来对系统进行分析和综合；而在现代控制理论中，通常采用状态空间表达式来对系统进行描述。

2.1　控制系统的微分方程

2.1.1　线性系统与非线性系统

1. 线性系统

如果系统的数学模型是线性的，这种系统称为线性系统。如

$$a_0\ddot{x}_o(t) + a_1\dot{x}_o(t) + a_2x_o(t) = x_i(t) \tag{2-1}$$

为线性微分方程。线性系统最重要的特性，是适用于叠加原理。叠加原理说明，两个不同的作用函数（输入），同时作用于系统所产生的响应（输出），等于两个作用函数单独作用的响应之和。因此，线性系统对几个输入量同时作用而产生的响应，可以一个一个地处理，然后对它们的响应结果进行叠加。

在动态系统的实验研究中，如果输入和输出量成正比，就意味着满足叠加原理，因而系统可以看成是线性系统。

如果动态系统是线性的，并且由定常集中参数元件组成，则该系统可以用线性常系数微分方程来描述，这类系统称为线性定常系统。如果描述系统的微分方程的系数是时间的函数，则这类系统称为线性时变系统。

2. 非线性系统

用非线性方程描述的系统，称为非线性系统。非线性微分方程如：

$$\frac{d^2x}{dt^2}+\left(\frac{dx}{dt}\right)^2+x=A\sin(\omega t)$$

$$\frac{d^2x}{dt^2}+\frac{dx}{dt}+x+x^3=0$$

虽然许多物理系统常以线性方程来表示，但是在大多数情况下，实际的关系并非真正线性的。事实上，对物理系统进行仔细研究后可以发现，即使对所谓的线性系统来说，也只是在一定的工作范围内保持线性关系。许多机械系统、电气系统、液压及气动系统等，在变量间都包含有非线性关系。例如，在大输入信号作用下，元件的输出量可能饱和（即饱和非线性）；而另一种情况是，在小信号输入下，元件没有输出量（即死区非线性）；另外在某些元件中，可能存在着平方律非线性关系。这些非线性关系的特性曲线如图 2-1 所示。

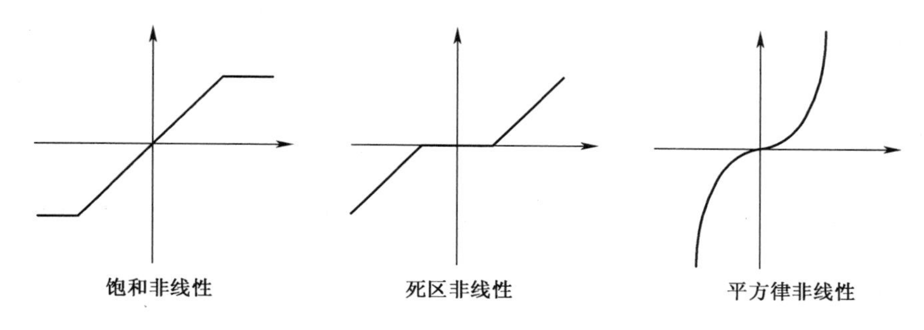

图 2-1 各种非线性因素的特性曲线

应当指出，有些重要的控制系统，对于任意大小的输入信号而言，系统都是非线性的。例如，在继电器控制系统中，控制作用不是接通就是关断，这时控制系统的输入量与输出量的关系总是非线性的。

非线性系统不满足叠加原理。因此，对包含非线性系统的问题求解时，常需要用线性化的数学模型来近似描述非线性系统。但是，要特别注意的是，这种近似描述只在一定的范围内适用。

2.1.2 线性系统微分方程的列写

设线性定常系统的输入为 $x_i(t)$，输出为 $x_o(t)$，则描述系统输入输出动态关系的微分方程为

$$a_n x_o^{(n)}(t)+a_{n-1}x_o^{(n-1)}(t)+\cdots+a_1\dot{x}_o(t)+a_0x_o(t)=$$
$$b_m x_i^{(m)}(t)+b_{m-1}x_i^{(m-1)}(t)+\cdots+b_1\dot{x}_i(t)+b_0x_i \quad (n\leqslant m) \tag{2-2}$$

下面通过两个例子来说明线性系统微分方程的列写方法。

例 2-1 由弹簧、质量和阻尼组成的机械系统如图 2-2 所示。设系统的输入量为外力 x，输出量为质量的位移 y。试写出系统的微分方程。

解 为了推导线性常系数微分方程，假设阻尼器的摩擦力与 $\dot{y}$ 成正比，并设弹簧力与 y 成正比。在这个系统中，m 表示质量，c 表示黏性阻尼系数，k 表示弹簧刚度。

根据牛顿第二定律，可得

$$m\frac{\mathrm{d}^2y}{\mathrm{d}t^2}=-c\frac{\mathrm{d}y}{\mathrm{d}t}-ky+x$$

或

$$m\frac{\mathrm{d}^2y}{\mathrm{d}t^2}+c\frac{\mathrm{d}y}{\mathrm{d}t}+ky=x \tag{2-3}$$

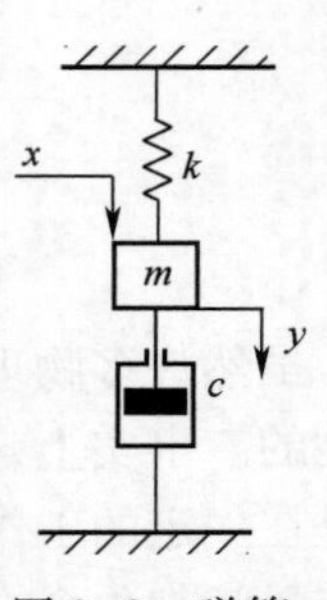

图 2-2　弹簧-质量-阻尼系统

式(2-3)即为描述图 2-2 所示机械系统输入输出动态关系的微分方程。

例 2-2　两个由质量—弹簧串联而成的振动系统,如图 2-3 所示。输入为外力 $f(t)$,输出为 $y_1(t)$ 。

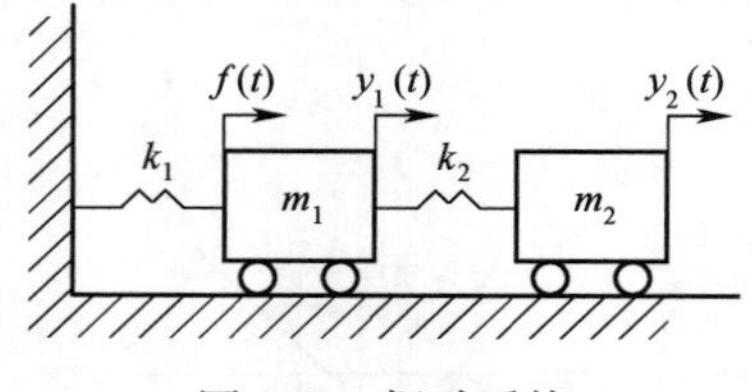

图 2-3　振动系统

解　当 m_2 与 k_2 不存在时,如图 2-3 所示系统为单自由度系统,其输入与输出之间的动力学方程为

$$m\ddot{y}_1(t)+ky_1(t)=f(t) \tag{2-4}$$

当 m_2 与 k_2 连接到 m_1 与 k_1 上时,便对 m_1 和 k_1 产生了负载效应,此时,系统变成二自由度系统,其动力学方程为

$$\begin{cases}m_1\ddot{y}_1(t)+k_1y_1(t)+k_2[y_1(t)-y_2(t)]=f(t)\\ m_2\ddot{y}_2(t)+k_2y_2=k_2y_1\end{cases} \tag{2-5}$$

从以上两式中消去 $y_2(t)$,则得到以 $f(t)$ 为输入, $y_1(t)$ 为输出的系统动力学方程为

$$m_1m_2y_1^{(4)}(t)+(m_1k_2+m_2k_1+m_2k_2)\ddot{y}_1(t)+k_1k_2y_1(t)=m_2\dot{f}(t)+k_2f(t) \tag{2-6}$$

显然,由式(2-6)求解出 $y_1(t)$ 的与式(2-4)求解出 $y_1(t)$ 的结果不同。

例 2-2 说明,对于两个物理元件组成的系统而言,若其中一个元件的存在,使另一个元件在相同输入下的输出受到影响,相当于前者对后者施加了负载。这种影响称为负载效应或称为耦合。对于这样的系统,在列写它们各自的动力学方程时,必须计及元件间的负载效应,才能求得整个系统的正确的动力学方程。

2.1.3　系统非线性微分方程的线性化

严格地讲,系统或元件都存在不同程度的非线性。由于目前非线性系统的理论和分析方法还不成熟,故往往只能在一定条件下将描述非线性系统的非线性微分方程线性化,用线性系统理论对其进行分析和综合。

系统通常都有一个预定工作点,即系统处于某一平衡位置,对于自动调节系统或随动系统,只要系统的工作状态稍一偏离此平衡位置,整个系统就会立即做出反应,并力图恢复原来的平衡位置。假定变量对某一工作状态的偏离很小,设系统的输入量为 x ,输出量为 y 。x 和 y 的关系为

$$y=f(x) \tag{2-7}$$

如果系统的平衡工作状态对应于 $\bar{x},\bar{y}$，那么方程(2-7)可以在($\bar{x},\bar{y}$)点附近展开成泰勒(Taylor)级数：

$$y=f(x)=f(\bar{x})+\frac{\mathrm{d}f}{\mathrm{d}x}(x-\bar{x})+\frac{1}{2!}\frac{\mathrm{d}^2f}{\mathrm{d}x^2}(x-\bar{x})^2+\cdots \tag{2-8}$$

式中：$\frac{\mathrm{d}f}{\mathrm{d}x},\frac{\mathrm{d}^2f}{\mathrm{d}x^2},\cdots$ 均在 $x=\bar{x}$ 点进行计算。因为假定 $x-\bar{x}$ 很小，可以忽略 $x-\bar{x}$ 的高阶项。因此，方程可以写成

$$y=\bar{y}+k(x-\bar{x}) \text{ 或 } y-\bar{y}=k(x-\bar{x}) \tag{2-9}$$

式中：$\bar{y}=f(\bar{x})$ ；$k=\frac{\mathrm{d}f}{\mathrm{d}x}|x=\bar{x}$ 。

式(2-9)说明 $(y-\bar{y})$ 与 $(x-\bar{x})$ 成正比。式(2-9)就是由方程(2-7)定义的非线性系统的线性化数学模型。

对于输出量 y 是两个输入量 x_1 和 x_2 的函数，即

$$y=f(x_1,x_2) \tag{2-10}$$

为了得到这一非线性系统的近似线性关系，将式(2-10)在平衡工作点 $\bar{x}_1,\bar{x}_2$ 附近展开成 Taylor 级数：

$$\begin{aligned} y=&f(\bar{x}_1,\bar{x}_2)+\left[\frac{\partial f}{\partial x_1}(x_1-\bar{x}_1)+\frac{\partial f}{\partial x_2}(x_2-\bar{x}_2)\right] \\ &+\frac{1}{2!}\left[\frac{\partial^2 f}{\partial x_1^2}(x_1-\bar{x}_1)^2+2\frac{\partial^2 f}{\partial x_1 x_2}(x_1-\bar{x}_1)(x_2-\bar{x}_2)\right. \\ &\left.+\frac{\partial^2 f}{\partial x_2^2}(x_2-\bar{x}_2)^2\right]+\cdots \end{aligned}$$

式中：偏导数都在 $x_1=\bar{x}_1,x_2=\bar{x}_2$ 上进行计算。在平衡工作点附近，高阶项可以忽略不计。于是在平衡工作状态附近，这一非线性系统的线性化数学模型可以写成

$$y-\bar{y}=k_1(x_1-\bar{x}_1)+k_2(x_2-\bar{x}_2) \tag{2-11}$$

式中：$\bar{y}=f(\bar{x}_1,\bar{x}_2)$；$k_1=\frac{\partial f}{\partial x_1}|x=\bar{x}_1$ ；$k_2=\frac{\partial f}{\partial x_2}|x=\bar{x}_2$ 。

例 2-3 图 2-4 表示一个滑阀与油缸组合的液压伺服油缸。试求滑阀的线性化流量方程。

解 假设 Q 为进入动力油缸的油液流量；$\Delta p=p_1-p_2$ 为动力活塞两侧的压力差；x 为滑阀的位移。根据流体传动相关知识，变量 Q ，x 和 Δp 之间的关系为非线性关系，可以用非线性方程表示：

$$Q=f(x,\Delta p)$$

把这一非线性方程在额定工作点 $\bar{Q},\bar{x}$ 和 $\Delta\bar{p}$ 附近线性化，可得

$$Q-\bar{Q}=k_1(x-\bar{x})-k_2(\Delta P-\Delta\bar{P}) \tag{2-12}$$

式中：$\bar{Q}=f(\bar{x},\Delta\bar{p})$ ；$k_1=\frac{\partial Q}{\partial x}|_{x=\bar{x}}$ 称为流量系数；$k_2=\frac{-\partial Q}{\partial\Delta p}|_{\Delta p=\Delta\bar{p}}$ 称为流量-压力系数。

注意，系统的额定工作条件对应于 $\bar{Q}=0,\bar{x}=0$。因此，从式(2-12)可以得到

$$Q = k_1 x - k_2 \Delta p \tag{2-13}$$

图 2-5 表示 Q、x 和 Δp 之间的线性关系。图中各直线为线性化液压伺服缸的特性曲线。这簇直线是由以 x 为参变量的等距平行直线组成的。

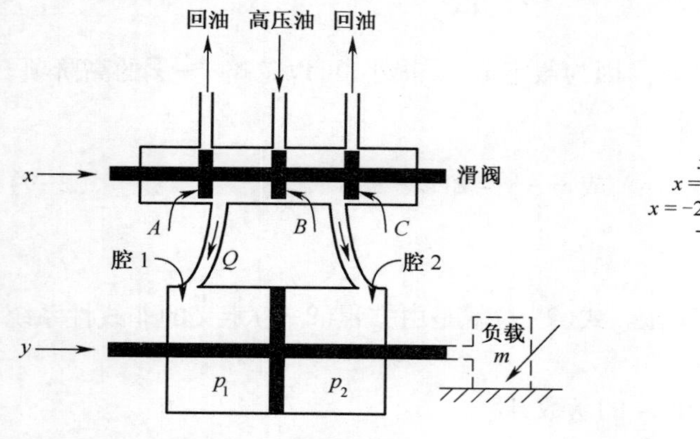

图 2-4　液压伺服油缸

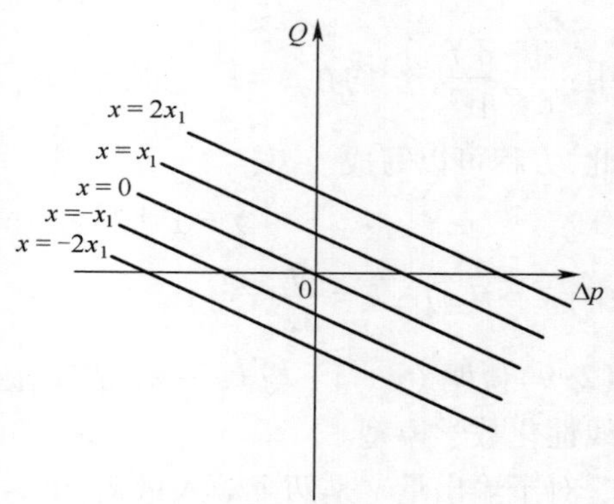

图 2-5　线性化液压伺服缸的特性曲线

由图 2-4 可以看出，油液的流量 Q 与 $\mathrm{d}t$ 的乘积，等于动力活塞的位移 $\mathrm{d}y$、活塞面积 A 与油液的密度 ρ 的乘积，于是得到

$$A\rho \mathrm{d}y = Q\mathrm{d}t$$

应当指出，在一定的流量 Q 条件下，活塞面积 A 越大，速度就越小。因此，如果将活塞的面积 A 做得比较小，而保持其他变量不变，速度 $\mathrm{d}y/\mathrm{d}t$ 就将变得比较高。同样，增大流量 Q 时，也将使动力活塞的速度增大，因而使响应时间缩短。

式(2-13)现在可以写成

$$\Delta P = \frac{1}{k_2}\left(k_1 x - A\rho \frac{\mathrm{d}y}{\mathrm{d}t}\right)$$

动力活塞产生的力，等于压力差 Δp 乘以活塞面积 A，即

$$动力活塞产生的力 = A\Delta p = \frac{A}{k_2}\left(k_1 x - A\rho \frac{\mathrm{d}y}{\mathrm{d}t}\right)$$

假设动力活塞拖动的负载包括惯性负载和黏性摩擦，那么动力活塞产生的力将用来克服惯性载荷和黏性摩擦，因此可得

$$m\ddot{y} + c\dot{y} = \frac{A}{k_2}(k_1 x - A\rho\dot{y})$$

或写成

$$m\ddot{y} + \left(c + \frac{A^2\rho}{k_2}\right)\dot{y} = \frac{Ak_1}{k_2}x \tag{2-14}$$

式中：m 为负载的质量；c 为黏性摩擦系数。

由以上三小节可知，列写系统动力学方程的一般步骤是：

(1) 分析系统工作原理和系统中各变量间的关系，确定系统的输入量和输出量；

(2) 从系统的输入端开始，依据物理定律，依次列写系统各元件的动力学方程，其中要考虑相邻两元件间的负载效应；

(3) 将各方程式中的中间变量消去，求出描述输入量和输出量之间关系的微分方程，并将与输入有关的各项放在方程的右边，与输出有关的各项放在方程的左边，各阶导数项按降幂排列，即得到微分方程的标准形式；

(4) 在列写微分方程时，对非线性项应进行线性化处理。

2.2 传递函数

传递函数是经典控制理论中对线性系统进行分析与综合的基本数学工具。传递函数的概念主要适用于线性定常系统，也可以扩充到一定的非线性系统中去。

2.2.1 传递函数的定义

线性定常系统的传递函数定义为：当系统初始条件为零时，输出量（响应函数）的拉普拉斯变换与输入量（激励函数）的拉普拉斯变换之比。

设线性定常系统的微分方程为

$$\begin{aligned} & a_n x_o^{(n)}(t) + a_{n-1} x_o^{(n-1)}(t) + \cdots + a_1 \dot{x}_o(t) + a_0 x_o(t) \\ & \quad = b_m x_i^{(m)}(t) + b_{m-1} x_i^{(m-1)}(t) + \cdots + b_1 \dot{x}_i(t) + b_0 x_i(t) \end{aligned} \quad (n \geqslant m) \qquad (2-15)$$

式中：$x_o(t)$ 是系统的输出量；$x_i(t)$ 是系统的输入量。

当初始条件 $x_o(0), \dot{x}_o(0), \cdots, x_o^{(n-1)}(0)$ 和 $x_i(0), \dot{x}_i(0), \cdots, \dot{x}_i^{(m-1)}(0)$ 均为零时，对式(2-15)两边作拉普拉斯变换，可得该系统的传递函数为

$$G(s) = \frac{X_o(s)}{X_i(s)} = \frac{b_m s^m + b_{m-1} s^{m-1} + \cdots + b_1 s + b_0}{a_n s^n + a_{n-1} s^{n-1} + \cdots + a_1 s + a_0} \quad (n \geqslant m) \qquad (2-16)$$

2.2.2 传递函数的主要特点

(1) 由于式(2-15)左端阶数及各项系数只取决于系统本身的固有特性，右端阶数及各项系数取决于系统与外界之间的关系，所以，传递函数的分母反映系统本身的固有特性，传递函数的分子反映了系统同外界之间的关系。

(2) 若输入已经给定，则系统的输出完全取决于其传递函数，因为

$$X_o(s) = G(s) X_i(s) \qquad (2-17)$$

通过拉普拉斯逆变换，可求得系统在时域内的输出

$$x_o(t) = L^{-1}[X_o(s)] = L^{-1}[G(s) X_i(s)]$$

而这一输出是与系统在输入作用前的初始状态无关的，因为此时已经设初始状态为零。

(3) 传递函数分母中 s 的阶数 n 必不小于分子中 s 的阶数 m，即 $n \geqslant m$。因为实际系统或元件总有惯性存在。

(4) 传递函数不能描述系统的物理结构。不同的物理系统可以有形式相同的传递函数，这样不同的物理系统称为相似系统；同一个物理系统，由于研究的目的不同，可以有不同形式的传递函数。

例 2-4 试分别求出例 2-1 及例 2-2 所描述系统的传递函数。

解 设两系统初始条件均为零，分别对式(2-3)和式(2-6)两边取拉普拉斯变换，由

式(2-3)得

$$ms^2Y(s) + csY(s) + kY(s) = X(s) \tag{2-18}$$

由式(2-6)得

$$\begin{aligned} &m_1m_2s^4Y_1(s) + (m_1k_2 + m_2k_1 + m_2k_2)s^2Y_1(s) + k_1k_2Y_1(s) \\ &= m_2sF(s) + k_2F(s) \end{aligned} \tag{2-19}$$

整理式(2-18)得到例 2-1 所描述系统的传递函数

$$G(s) = \frac{Y(s)}{X(s)} = \frac{1}{ms^2 + cs + k} \tag{2-20}$$

整理式(2-19)得到例 2-2 所描述的系统的传递函数为

$$G(s) = \frac{Y(s)}{F(s)} = \frac{m_2s + k_2}{m_1m_2s^4 + (m_1k_2 + m_2k_1 + m_2k_2)s^2 + k_1k_2} \tag{2-21}$$

2.3 系统的方框图及其简化

控制系统一般由多个环节组成。在控制系统中,常常采用方框图来表明每一个环节的功能、相互之间的关系以及信号流动的情况。

将元件、部件和环节的传递函数填入方框中,称传递函数方框。标明信号流向,将这些方框有机地连接起来,就构成系统的传递函数方框图。通过方框图可以方便地导出复杂系统的传递函数。

2.3.1 控制系统的基本连接方式

图 2-6 所示为一个方框图单元,也表示一个开环控制系统,指向方框的箭头表示输入量的拉普拉斯变换,从方框出来的箭头表示输出量的拉普拉斯变换,方框中表示的是该环节的传递函数 $G(s)$ 。信息从输入到输出是单向的,输出 $X_o(s)$ 等于输入 $X_i(s)$ 乘以方框中的传递函数 $G(s)$ 。

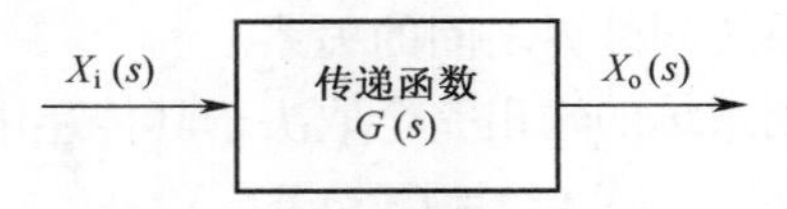

图 2-6 方框图单元

因为系统是由环节组成的,或者系统是由有关环节串联、并联或反馈连接而成的,故首先介绍环节的串联、并联及反馈连接。

1. 环节的串联

如图 2-7(a)所示,设具有传递函数 $G_1(s)$, $G_2(s)$ 的环节串联而成一系统,则有

$$G(s) = \frac{X_o(s)}{X_i(s)} = \frac{X_o(s)}{X(s)} \cdot \frac{X(s)}{X_i(s)} = G_1(s)G_2(s)$$

一般地,设有 n 个环节串联而成一个系统,则有

$$G(s) = \prod_{i=1}^{n} G_i(s) \tag{2-22}$$

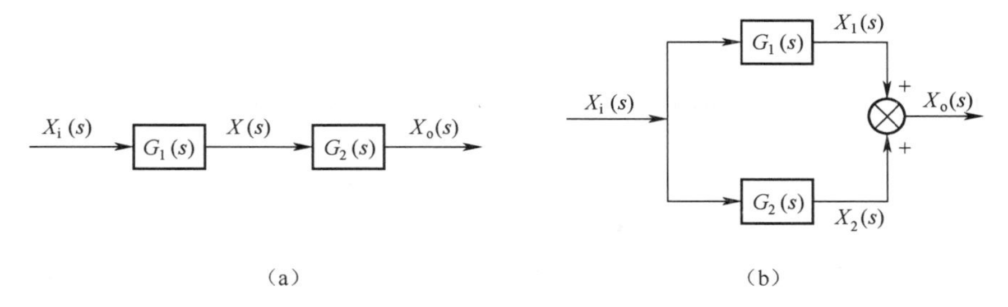

图 2-7　串联连接与并联连接

即系统的传递函数是各串联环节传递函数之积。

2. 环节的并联

如图 2-7(b)所示,设具有传递函数 $G_1(s)$, $G_2(s)$ 的环节并联而成一系统,则有

$$G(s)=\frac{X_o(s)}{X_i(s)}=\frac{X_1(s)+X_2(s)}{X_i(s)}=\frac{X_1(s)}{X_i(s)}+\frac{X_2(s)}{X_i(s)}=G_1(s)+G_2(s)$$

一般地,设有 n 个环节并联而成一个系统,则有

$$G(s)=\sum_{i=1}^{n}G_i(s) \tag{2-23}$$

即系统的传递函数是各并联环节传递函数之和。

3. 反馈连接

图 2-8 所示为闭环系统的方框图,输出量 $X_o(s)$ 反馈到相加点,与输入量 $X_i(s)$ 进行比较,产生偏差信号 $E(s)$,对于这种情况,方框的输出 $X_o(s)=G(s)E(s)$ 。在这个系统中,假设输出量与输入量具有可比的物理量,无需对反馈信号进行处理,这类闭环控制系统称为单位反馈系统,

如果输出量与输入量具有不同的物理量或不同的量级,不能进行比较,必须将输出量变换成和输入量可比的物理量和相同的量级。这种变换由反馈元件来完成,反馈元件的传递函数为 $H(s)$,如图 2-9 所示。

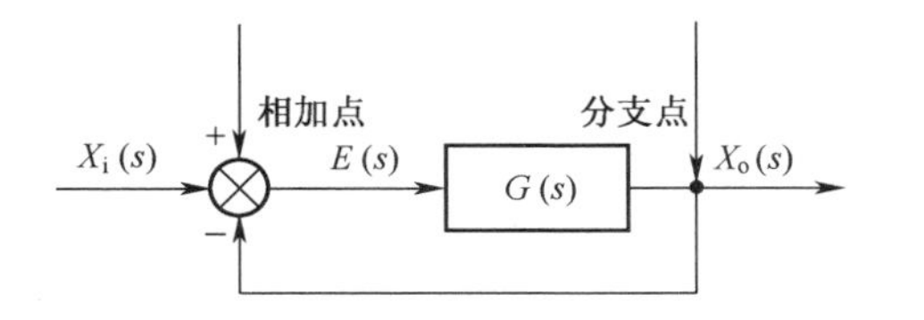

图 2-8　闭环系统的方框图

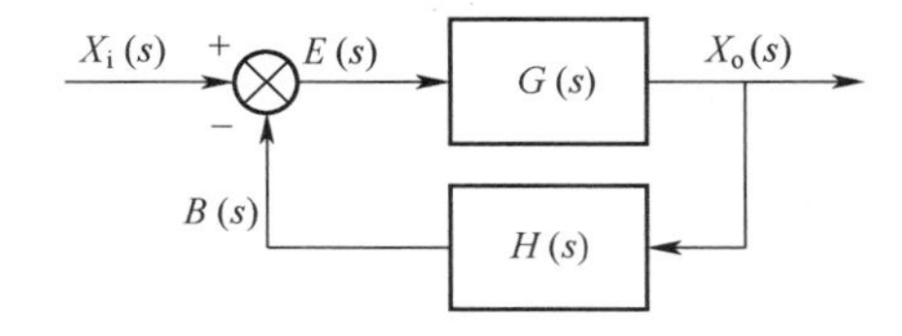

图 2-9　具有反馈环节的闭环控制系统方框图

反馈到相加点与输入量进行比较的反馈信号为 $B(s)$:

$$B(s)=H(s)X_o(s) \tag{2-24}$$

反馈信号 $B(s)$ 与偏差信号 $E(s)$ 之比称为闭环控制系统的开环传递函数:

$$\frac{B(s)}{E(s)}=G(s)H(s) \tag{2-25}$$

输出量 $X_o(s)$ 与偏差信号之比称为前向传递函数:

$$G(s)=\frac{X_o(s)}{E(s)} \tag{2-26}$$

系统的输出量 $X_o(s)$ 与输入量 $X_i(s)$ 之比称为闭环传递函数，由于

$$X_o(s)=G(s)E(s) \tag{2-27}$$

$$E(s)=X_i(s)-B(s)=X_i(s)-H(s)X_o(s) \tag{2-28}$$

将式(2-28)代入式(2-27)，消去 $E(s)$，得

$$X_o(s)=G(s)[X_i(s)-H(s)X_o(s)]$$

整理后得系统的闭环传递函数

$$\frac{X_o(s)}{X_i(s)}=\frac{G(s)}{1+G(s)H(s)} \tag{2-29}$$

由式(2-29)可求得系统的输出量

$$X_o(s)=\frac{G(s)}{1+G(s)H(s)}X_i(s) \tag{2-30}$$

对于单位反馈系统，闭环传递函数为

$$\frac{X_o(s)}{X_i(s)}=\frac{G(s)}{1+G(s)} \tag{2-31}$$

2.3.2 扰动作用下的闭环控制系统

如图 2-10 所示为在扰动作用下的闭环控制系统。扰动信号也是系统的一种输入量。例如机器的负载、机械传动系统的误差、环境温度、气压、风力的变化，电气系统的噪声等都能以输入的形式对系统的输出量产生影响。对于线性系统，可以单独计算每个输入量作用时的输出量，将各个相应的输出量叠加，就是系统的总输出量。

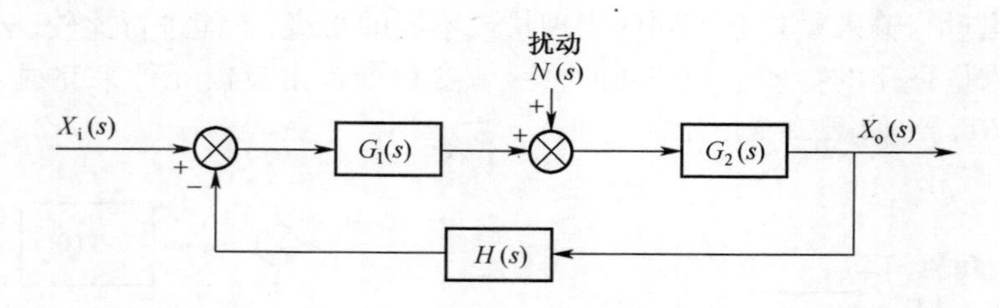

图 2-10 扰动作用下的闭环系统

在输入量 $X_i(s)$ 作用下，系统的输出为

$$X_{o1}(s)=\frac{G_1(s)G_2(s)}{1+G_1(s)G_2(s)H(s)}X_i(s) \tag{2-32}$$

在扰动信号 $N(s)$ 作用下，系统的输出为

$$X_{o2}(s)=\frac{G_2(s)}{1+G_1(s)G_2(s)H(s)}N(s) \tag{2-33}$$

将式(2-32)与式(2-33)相加，就是系统的输出

$$X_o(s)=X_{o1}(s)+X_{o2}(s)$$

$$= \frac{G_2(s)}{1+G_1(s)G_2(s)H(s)}[G_1(s)X_i(s)+N(s)] \quad (2-34)$$

从式(2-34)可以看出,如果 $|G_1(s)G_2(s)H(s)| \gg 1$ 和 $|G_1(s)H(s)| \gg 1$,则由于扰动引起的输出量 $X_{o2}(s)$ 趋近于零,有效地抑制了干扰。因此,闭环控制系统具有良好的抗干扰性能。

2.3.3 方框图的绘制

绘制控制系统的方框图时,首先应写出每个元件或环节的运动微分方程,假设初始条件为零,对这些方程进行拉普拉斯变换,分别用方框图的形式表示出来,最后将这些方框连接在一起,构成控制系统完整的方框图。

例 2-5 用图 2-11(a)所示的 RC 电路为例,说明方框图的绘制步骤。

解 这个系统的电路方程是

$$e_i = iR + e_o \quad (2-35)$$

$$e_o = \frac{1}{C}\int i\mathrm{d}t \quad (2-36)$$

对式(2-35)进行拉普拉斯变换,得

$$E_i(s) - E_o(s) = RI(s) \quad (2-37)$$

式(2-37)可以用如图 2-11(b)所示的方框单元图表示。对式(2-36)进行拉普拉斯变换,得

$$E_o(s) = \frac{I(s)}{Cs} \quad (2-38)$$

式(2-38)可以用如图 2-11(c)所示的方框单元表示。将这两个方框单元按信号流动方向连接起来,就得到如图 2-11(d)所示 RC 电路的方框图。图中 $E_i(s)$ 为输入量,$E_o(s)$ 为输出量。

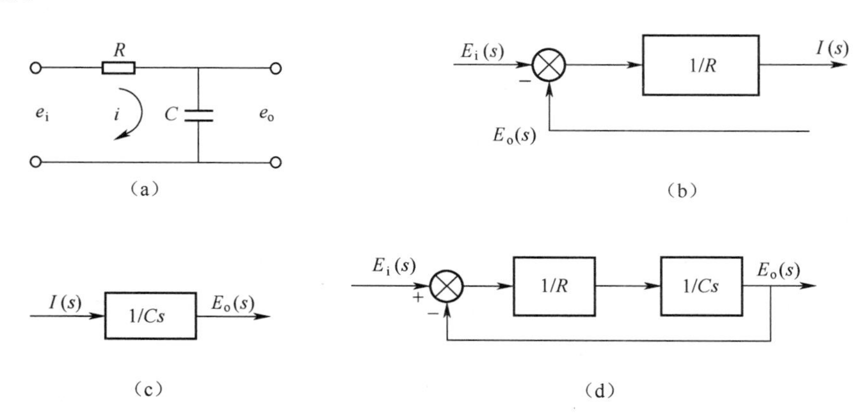

图 2-11 RC 电路的方框图

2.3.4 方框图的变换

为了研究和分析问题的方便,有时需要对方框图作一些变换。表 2-1 列举了一些典型的方框图变换的代数法则。

表 2-1　方框图变换的代数法则

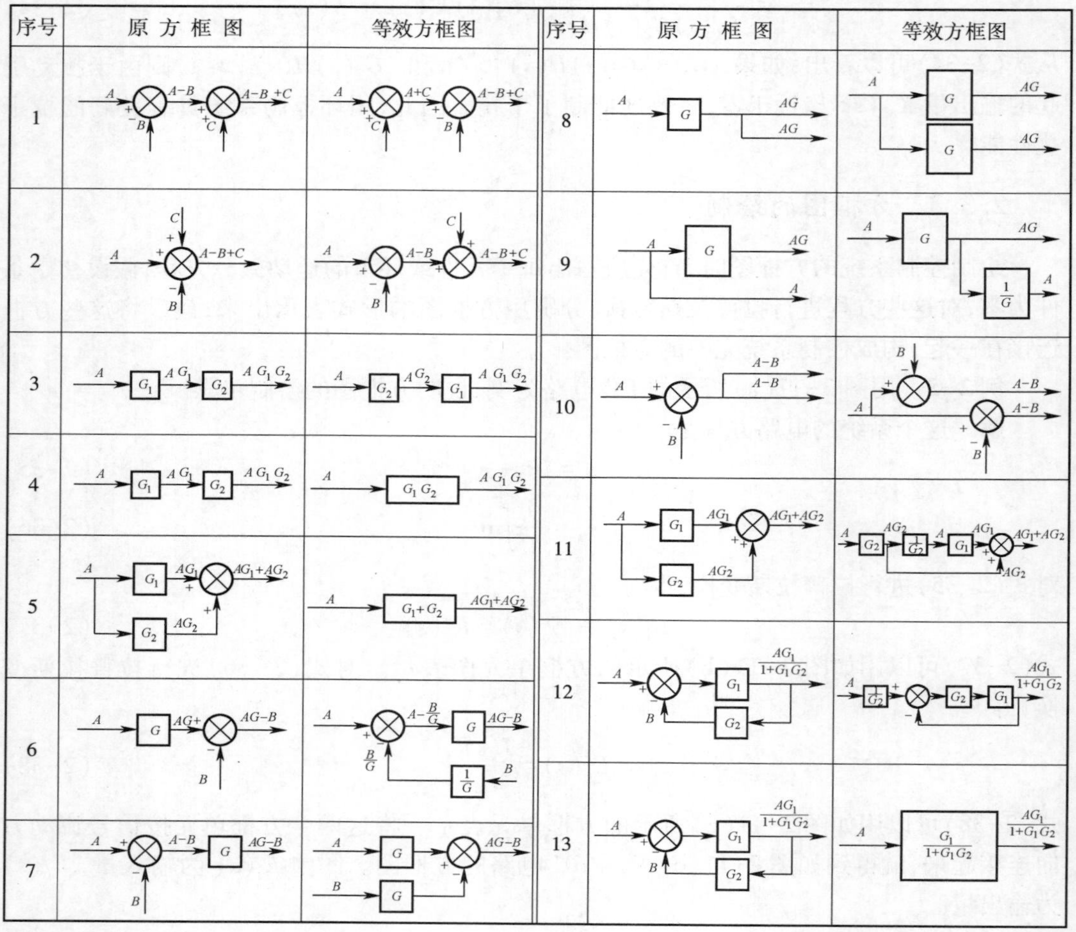

序号	原方框图	等效方框图
1	A, $A-B$, $A-B+C$, B, C	A, $A+C$, $A-B+C$, C, B
2	C, A, $A-B+C$, B	A, $A-B$, C, $A-B+C$, B
3	A, G_1, AG_1, G_2, AG_1G_2	A, G_2, AG_2, G_1, AG_1G_2
4	A, G_1, AG_1, G_2, AG_1G_2	A, G_1G_2, AG_1G_2
5	A, G_1, AG_1, AG_1+AG_2, G_2, AG_2	A, G_1+G_2, AG_1+AG_2
6	A, G, AG, $AG-B$, B	A, $A-\frac{B}{G}$, G, $AG-B$, $\frac{B}{G}$, $\frac{1}{G}$, B
7	A, $A-B$, G, $AG-B$, B	A, G, $AG-B$, B, G
8	A, G, AG, AG	A, G, AG, G, AG
9	A, G, AG, A	A, G, AG, $\frac{1}{G}$, A
10	A, $A-B$, $A-B$, B	B, A, $A-B$, $A-B$, B
11	A, G_1, AG_1, AG_1+AG_2, G_2, AG_2	A, G_2, AG_2, $\frac{1}{G_2}$, A, G_1, AG_1, AG_1+AG_2, AG_2
12	A, G_1, $\frac{AG_1}{1+G_1G_2}$, B, G_2	A, $\frac{1}{G_2}$, G_2, G_1, $\frac{AG_1}{1+G_1G_2}$
13	A, G_1, $\frac{AG_1}{1+G_1G_2}$, B, G_2	A, $\frac{G_1}{1+G_1G_2}$, $\frac{AG_1}{1+G_1G_2}$

2.3.5　方框图的简化

许多控制系统的方框图由多个回路构成，为了方便计算和分析，需要对方框图进行简化。

例 2-6　对图 2-12(a)所示方框图进行简化。

解　框图简化首先要消除交叉连接，应用表 2-1 中的法则，将 H_2 负反馈的相加点向左移，使其包围 H_1 的反馈回路，得图 2-12(b)。对包含 H_1 的反馈回路进行等效变换，得图 2-12(c)。对包含 H_2/G_1 反馈回路进行等效变换，得到如图 2-12(d)所示的单位反馈控制方框图。再消去反馈回路，得图 2-12(e)。图 2-12(e)所示的函数方框就是系统的闭环传递函数：

$$\frac{C(s)}{R(s)}=\frac{G_1G_2G_3}{1-G_1G_2H_1+G_3G_2H_2+G_1G_2G_3}$$

方框图简化应遵循的原则：

(1) 前向通路传递函数的乘积保持不变，简化后所得闭环传递函数的分子为前向传

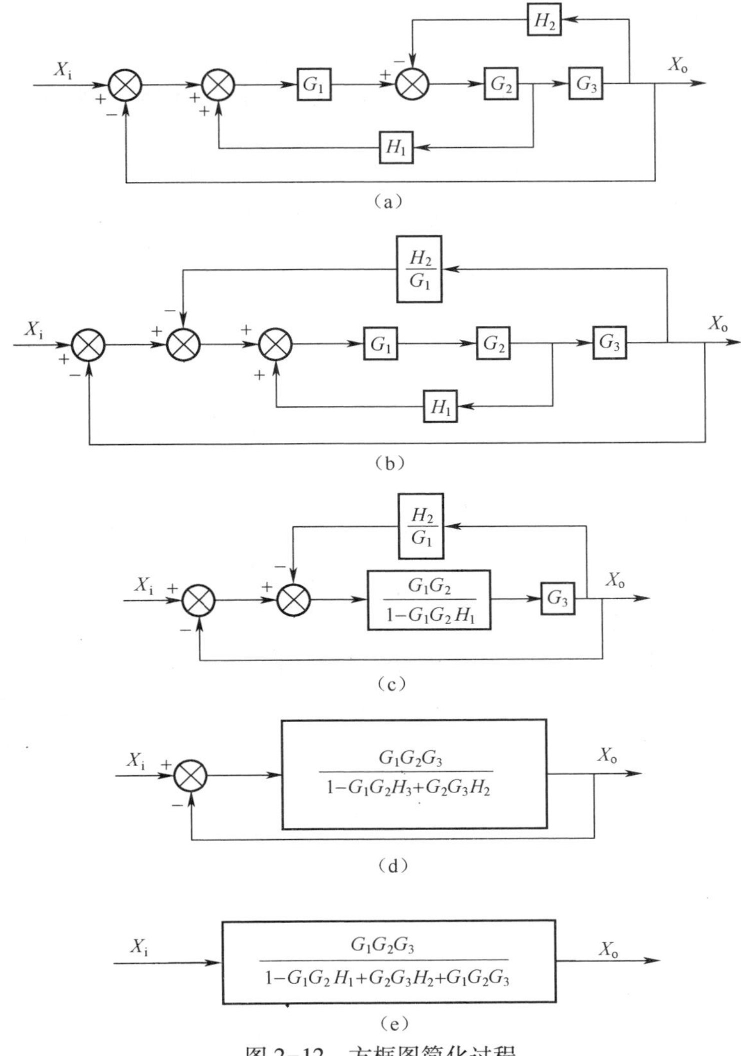

图 2-12　方框图简化过程

递函数的乘积。

（2）每一个反馈回路中传递函数的乘积保持不变，简化后闭环传递函数分母为

$$1 - \Sigma(\text{每个反馈回路传递函数的乘积})$$

以图 2-12 为例，闭环传递函数的分母为

$$1-(G_1G_2H_1 - G_3G_2H_2 - G_1G_2G_3) = 1 - G_1G_2H_1 + G_3G_2H_2 + G_1G_2G_3$$

注意：在上式的括号中，每个反馈回路传递函数乘积的符号应与反馈信号的符号一致。

2.4　典型环节的传递函数

系统的传递函数往往是高阶的，但不管它们的阶次有多高，均可化为零阶、一阶、二阶的一些典型环节（如比例环节、惯性环节、微分环节、积分环节、振荡环节）和延时环节。熟悉这些环节的传递函数，对于了解与研究系统会带来很大的方便。下面介绍这些环节的传递函数及其推导。

1. 比例环节

凡输出量与输入量成正比,输出不失真也不延迟而按比例地反映输入的环节称为比例环节。动力学方程为

$$x_o(t) = Kx_i(t)$$

式中:$x_o(t)$ 为输出;$x_i(t)$ 为输入;K 为环节的放大系数或增益。其传递函数为

$$G(s) = \frac{X_o(s)}{X_i(s)} = K \tag{2-39}$$

例 2-7 图 2-13 所示为齿轮传动副,x_i、x_o 分别为输入轴、输出轴的转速,z_1、z_2 为齿轮齿数。

解 如果传动副无传动间隙、刚性无穷大,那么一旦有了输入 x_i,就会产生输出 x_o。且

$$x_i z_1 = x_o z_2$$

此方程经拉普拉斯变换后得传递函数为:

$$G(s) = \frac{X_o(s)}{X_i(s)} = \frac{z_1}{z_2} = K$$

式中:K 为齿轮传动比,也就是齿轮传动副的放大系数或增益。

例 2-8 图 2-14 为一地震式加速度计的原理图。将由质量-阻尼-弹簧组成的这一仪器置于被测物体上,若被测物体的绝对位移为 x,则质量 m 相对于壳体的位移 x_o 与被测物体的加速度成正比。若将此加速度作为输入,即 $x_i = \ddot{x}$,则 x_i 与 x_o 之间的传递函数在一定条件可构成一比例环节。

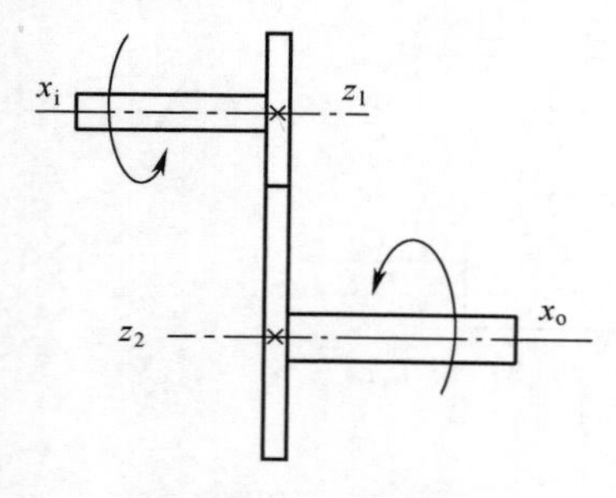

图 2-13 齿轮传动副

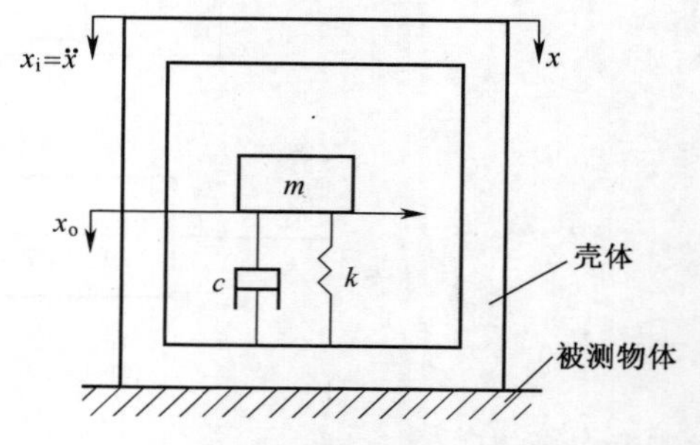

图 2-14 地震式加速度计的原理图

解 因为质量为一自由振动体,故有

$$m(\ddot{x}_o + \ddot{x}) + c\dot{x}_o + kx_o = 0$$

式中,$(\ddot{x}_o + \ddot{x})$ 为质量 m 的绝对加速度,将

$$m\ddot{x}_o + c\dot{x}_o + kx_o = -m\ddot{x} = -mx_i$$

作拉普拉斯变换后,得

$$(ms^2 + cs + k)X_o(s) = -mX_i(s)$$

由此得该加速度计的传递函数为

$$G(s) = \frac{X_o(s)}{X_i(s)} = \frac{-m}{ms^2 + cs + k} = \frac{-1}{s^2 + \dfrac{c}{m}s + \dfrac{k}{m}} = \frac{-1}{s^2 + 2\xi\omega_n s + \omega_n^2} \tag{2-40}$$

式中：$\omega_n=\sqrt{\frac{k}{m}}$，称为无阻尼固有频率；$\xi=\frac{c}{2\sqrt{mk}}$，称为阻尼比。

将式(2-40)的分子、分母除以 $s^2+2\xi\omega_n s$，可将 $G(s)$ 化成闭环传递函数的形式，且得

$$G(s)=\frac{-\frac{1}{s^2+2\xi\omega_n s}}{1+\omega_n^2\frac{1}{s^2+2\xi\omega_n s}} \tag{2-41}$$

由式(2-41)做出的方框图如图 2-15 所示。

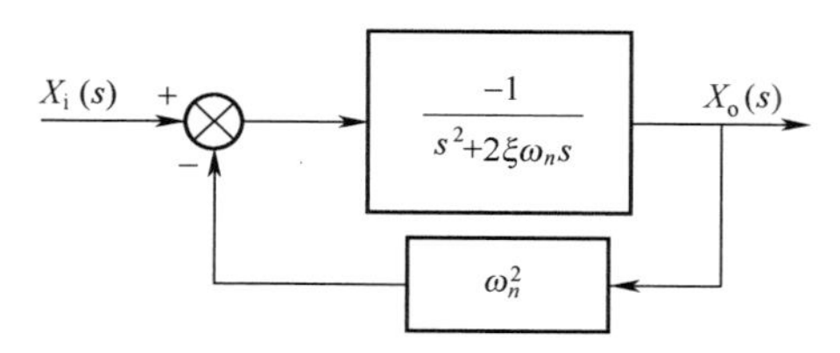

图 2-15　地震式加速度计的方框图

当使用与设计条件保证

$$\left|\omega_n^2\frac{1}{s^2+2\xi\omega_n s}\right|\gg 1\ 时，$$

有

$$G(s)\approx\frac{-\frac{1}{s^2+2\xi\omega_n s}}{\omega_n^2\frac{1}{s^2+2\xi\omega_n s}}=\frac{-1}{\omega_n^2} \tag{2-42}$$

所以，以被测物体的加速度 $\ddot{x}$ 作为输入 x_i，以加速度计内的质量相对壳体的位移 x_o 作为输出，其间的关系为一比例环节。这样就可以用位移来计量被测物体的加速度 $\ddot{x}$。

由本例可见，在一定条件下，高阶系统与低阶系统具有相同的特性，故高阶系统可转化为相应的低阶系统，并以此低阶系统特性作为原高阶系统的特性。

2. 惯性环节

凡动力学方程为一阶微分方程

$$T\dot{x}_o+x_o=Kx_i$$

形式的环节为惯性环节。其传递函数为

$$G(s)=\frac{K}{Ts+1} \tag{2-43}$$

式中：K 为放大系数；T 为惯性环节的时间常数，惯性环节的方框图如图 2-16 所示。

例 2-9　分析图 2-17 所示的阻尼-弹簧环节的传递函数。

解　环节的动力学方程为

$$c\dot{x}_o+kx_o=kx_i$$

经拉普拉斯变换后，有

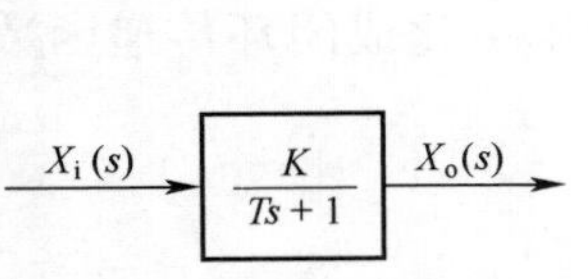

图 2-16　惯性环节方框图

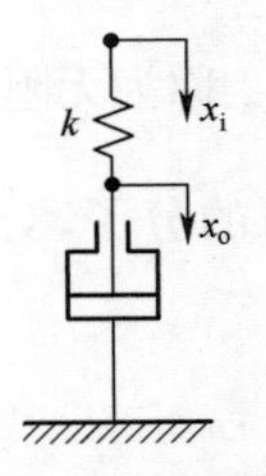

图 2-17　阻尼-弹簧环节

$$csX_o(S) + kX_o(S) = kX_i(s)$$

故传递函数为

$$G(s) = \frac{X_o(s)}{X_i(s)} = \frac{k}{cs + k} = \frac{1}{Ts + 1}$$

式中:T 为惯性环节的时间常数, $T = c/k$ 。

上述物理系统的质量很小而可以忽略时,可称为惯性环节。因它含有弹性储能元件 k 和阻性耗能元件 c ,其输出落后于输入。与比例环节相比,此环节具有"惯性",在阶跃输入时,输出需经历一段时间才能接近所要求的阶跃输出值。惯性大小由时间常数 T 衡量。

例 2-10　分析图 2-18 所示阻容电路的传递函数, u_i 为输入电压, u_o 为输出电压, i 为电流, R 为电阻, C 为电容。

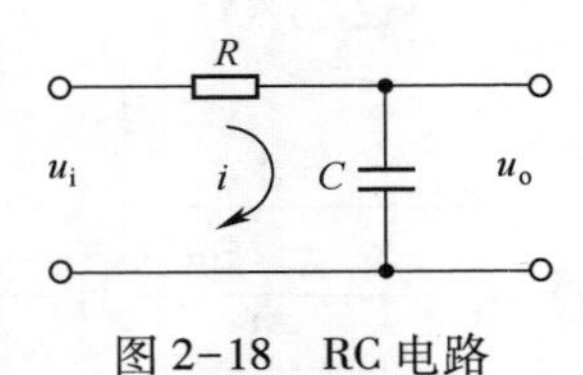

图 2-18　RC 电路

解　该电路的动力学方程为

$$u_i = iR + \frac{1}{C}\int i\mathrm{d}t$$

$$u_o = \frac{1}{C}\int i\mathrm{d}t$$

由上可知:

$$C\dot{u}_o = i \;;\quad u_i = CR\dot{u}_o + u_o$$

故

$$U_i(s) = (CRs + 1)U_o(s)$$

传递函数为:

$$G(s) = \frac{U_o(s)}{U_i(s)} = \frac{1}{Ts + 1}$$

式中:T 为惯性环节的时间常数, $T = RC$ 。

本系统所以成为惯性环节,是由于含有容性储能元件 C 和阻性耗能元件 R 。

上述两例说明,在一定条件下,不同物理系统可以具有相同的传递函数。

3. 微分环节

凡具有输出正比于输入的微分,即具有

$$x_o(t) = T\dot{x}_i(t)$$

的环节称为微分环节，显然，其传递函数为

$$G(s) = \frac{X_o(s)}{X_i(s)} = Ts \tag{2-44}$$

式中：T 为微分环节的时间常数。微分环节的方框图如图 2-19 所示。

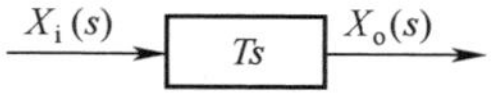

$X_i(s)$ → [Ts] → $X_o(s)$

图 2-19　微分环节方框图

例 2-11　图 2-20 为一机械-液压阻尼器的原理图，它相当于一个具有惯性环节和微分环节的系统。图中，A 为活塞右边的面积；k 为弹簧刚度；R 为节流阀液阻；p_1，p_2 分别为油缸左、右腔单位面积上的压力；x_i 为活塞位移；x_o 为油缸位移。当活塞作向右阶跃位移 x_i 时，油缸瞬时位移 x_o 在初始时刻与 x_i 相等，但当弹簧被压缩时，弹簧力加大，油缸右腔油压 p_2 增大，迫使油液以流量 q 通过节流阀反流到油缸左腔，从而使油缸左移，弹簧力最终将使 x_o 减到零，即油缸返回到初始位置，试求 x_o 和 x_i 之间的传递函数。

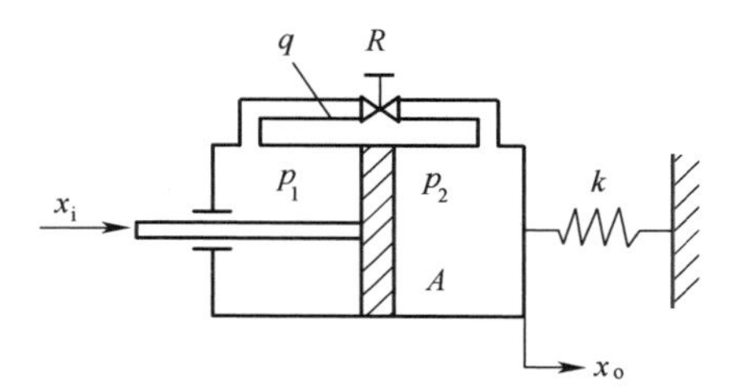

图 2-20　机械-液压阻尼器

解　油缸的力平衡方程式为

$$A(p_2 - p_1) = kx_o$$

通过节流阀的流量为

$$q = A(\dot{x}_i - \dot{x}_o) = \frac{p_2 - p_1}{R}$$

由上两式得

$$(\dot{x}_i - \dot{x}_o) = \frac{k}{A^2R}x_o$$

因此，

$$\frac{k}{A^2R}X_o(s) + sX_o(s) = sX_i(s)$$

故得传递函数为

$$G(s) = \frac{X_o(s)}{X_i(s)} = \frac{s}{s + \frac{k}{A^2R}}$$

令 $\frac{A^2R}{K} = T$，得

$$G(s)=\frac{Ts}{Ts+1}$$

可知,此阻尼器为包括有惯性环节和微分环节的系统,仅当 $|Ts|\ll 1$ 时,$G(s)\approx Ts$,才近似成为微分环节。

微分环节对系统的控制作用如下:

(1) 预测输出。如对比例环节开始施加一速度函数即斜坡函数 $x_i(t)$ 作为输入,则当比例系数 $K_P=1$ 时,此环节在时域中的输出 $x_o(t)$ 即为45°斜线,如图2-21所示;若对此比例环节再并联一微分环节 $K_P Ts$,则传递函数为(图2-22(b))

$$G(s)=\frac{X_o(s)}{R(s)}=K_P(Ts+1)$$

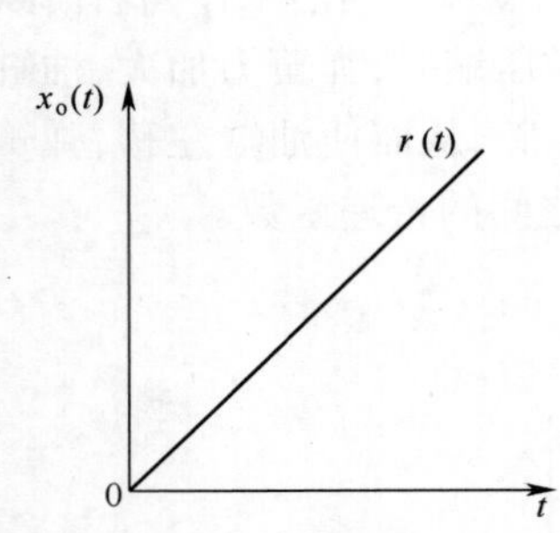

图2-21 $K_P=1$ 时,比例环节的输出

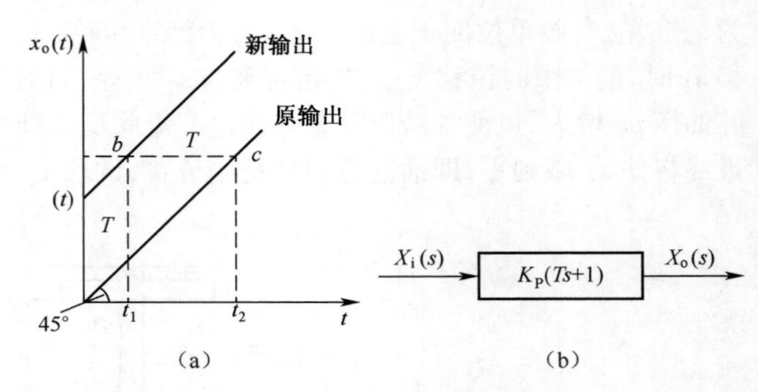

图2-22 微分环节预测输出

即并联了微分环节

$$G(s)=Ts \quad (\text{在 } K_P=1 \text{ 时})$$

它所增加的输出

$$x_{o1}(t)=L^{-1}[G_1(s)R(s)]=L^{-1}[TsR(s)]=TL^{-1}[sR(s)]=T\dot{r}(t)=T\dot{u}(t)$$

因为 $\dot{u}(t)=1$,故微分环节所增加的输出为

$$x_{o1}(t)=T$$

它使原输出垂直向上平移 T,得到新输出。如图2-22(a)所示,系统在每一时刻的输出都增加了 T,在原输出为45°斜线时,新输出也是45°斜线,它可以看成原输出向左平移 T,即原输出在 t_2 时刻才有的 $x_o(t_2)$,新输出在 t_1 时刻就已达到(b 点的输出等于 c 点的输出)。

微分环节的输出是输入的导数 $T\dot{x}_i(t)$,它反映了输入的变化趋势,所以也等于对系统的有关输入变化趋势进行预测,由于微分环节使输出提前,预测了输入的情况,因而有可能对系统提前施加校正作用,提高系统的灵敏度。

(2) 增加系统的阻尼,如图2-23(a)所示。

系统的传递函数为

$$G_1(s)=\frac{\dfrac{K_pK}{s(Ts+1)}}{1+\dfrac{K_pK}{s(Ts+1)}}=\frac{K_pK}{Ts^2+s+K_pK}$$

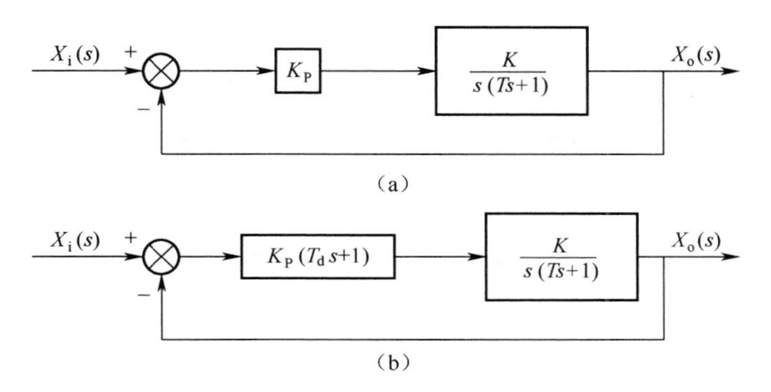

图 2-23　微分环节增加系统阻尼

对系统的比例环节 K_P 并联微分环节 $K_P T_d s$（图 2-23(b)），化简后，其传递函数为

$$G_2(s)=\frac{\dfrac{K_P K(T_d s+1)}{s(Ts+1)}}{1+\dfrac{K_P K(T_d s+1)}{s(Ts+1)}}=\frac{K_P K(T_d s+1)}{Ts^2+(1+K_P K T_d)s+K_P K}$$

比较上述两式可知，$G_1(s)$ 与 $G_2(s)$ 均为二阶系统的传递函数，其分母中第二项 s 前的系数与阻尼有关，$G_1(s)$ 的为 1，而 $G_2(s)$ 的为 $1+K_p K T_d>1$。所以，采用微分环节后，系统的阻尼增加。

4. 积分环节

凡具有输出正比于输入对时间的积分，即具有

$$x_o(t)=\frac{1}{T}\int x_i(t)\,dt$$

的环节称为积分环节，其传递函数为

$$G(s)=\frac{X_o(t)}{X_i(t)}=\frac{1}{Ts} \tag{2-45}$$

式中：T 为积分环节的时间常数，积分环节的方框图如图 2-24 所示。

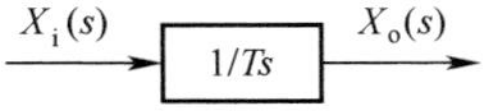

$X_i(s)$ → $1/Ts$ → $X_o(s)$

图 2-24　积分环节的方框图

例 2-12　分析图 2-25 所示电枢控制式小功率直流电机的传递函数。

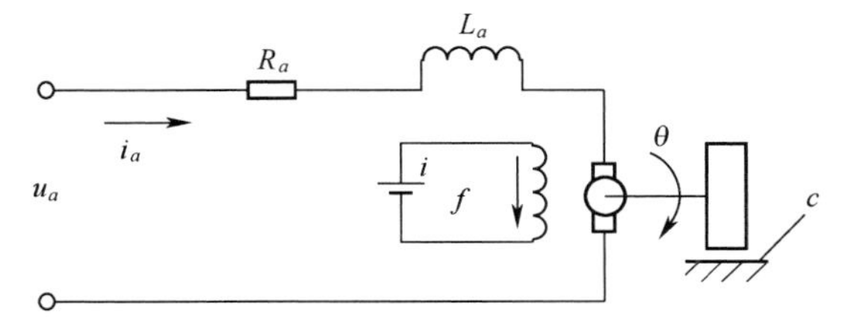

图 2-25　电枢控制式小功率直流电机原理图

解　略去电枢绕组中电阻 R_a 和电感 L_a 的影响，在无负载条件下，近似有

$$\dot{\theta} = K_m u_a$$

式中：θ 为电机转角；K_m 为电机增益；u_a 为作用在电枢两端的电压。

上式表示，若输入一电压 u_a，电机轴一直转动下去，角速度为 $\dot{\theta}$，现以 θ 为输出，则有

$$\theta = K_m \int u_a \mathrm{d}t$$

故其传递函数为

$$G(s) = \frac{\Theta(s)}{U_a(s)} = \frac{1}{Ts} \quad \left(T = \frac{1}{K_m}\right)$$

例 2-13 图 2-26 为具有四边伺服阀的油缸液压系统原理图。输入 x_i 是伺服阀自零位开始计算的偏移，输出 x_o 是油缸位移。分析输入、输出之间的传递函数。

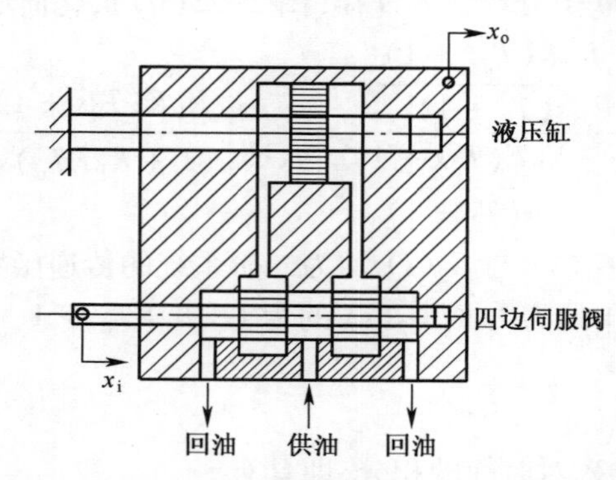

图 2-26 具有四边伺服阀的油缸液压系统原理图

解 若阀工作死区为零，并略去负载和泄漏的影响，则近似有

$$\dot{x}_o = K x_i$$

式中：K 为速度增益，故

$$x_o = K \int x_i \mathrm{d}t$$

此式表示输出正比于输入的积分。此系统的传递函数为

$$G(s) = \frac{X_o(s)}{X_i(s)} = \frac{K}{s} = \frac{1}{Ts} \quad \left(T = \frac{1}{K}\right)$$

5. 振荡环节

振荡环节是二阶环节，其传递函数为

$$G(s) = \frac{\omega_n^2}{s^2 + 2\xi\omega_n s + \omega_n^2} \tag{2-46}$$

或写成

$$G(s) = \frac{1}{T^2 s^2 + 2\xi Ts + 1}$$

式中：ω_n 为无阻尼固有频率；T 为振荡环节的时间常数，$T = 1/\omega_n$；ξ 为阻尼比。

式(2-46)所表示的振荡环节的方框图如图 2-27(a)所示，也可画成如图 2-27(b)所示的单位反馈闭环系统的方框图，两图所示环节的传递函数相同。

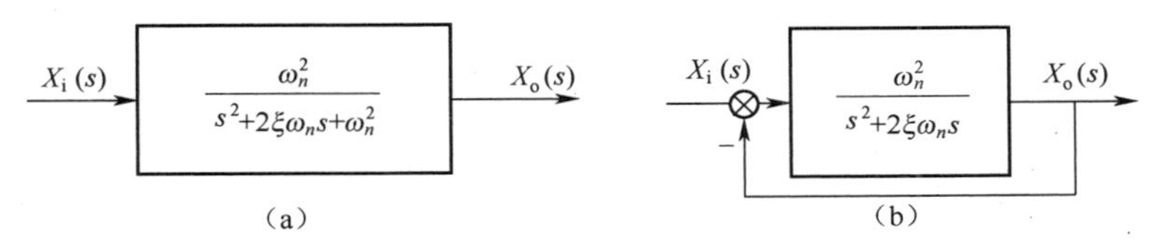

图 2-27　振荡环节方框图

例 2-14　如图 2-28 所示为一作旋转运动的惯量—阻尼—弹簧系统，在转动惯量为 J 的转子上带有叶片与弹簧，其弹簧扭转刚度与黏性阻尼系数分别为 k 与 c。若在外部施加一扭矩 M 作为输入，以转子转角 θ 作为输出，求系统的传递函数。

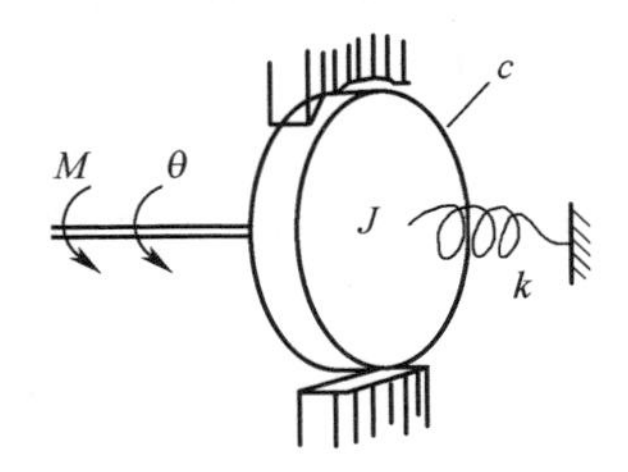

图 2-28　转动惯量系统

解　系统动力学方程为

$$J\ddot{\theta} + c\dot{\theta} + k\theta = M$$

故得传递函数为

$$G(s) = \frac{\Theta(s)}{M(s)} = \frac{1}{Js^2 + cs + k}$$

或写成

$$G(s) = \frac{\frac{1}{J}}{s^2 + \frac{c}{J}s + \frac{k}{J}} = \frac{K}{s^2 + 2\xi\omega_n s + \omega_n^2}$$

式中，$\omega_n = \sqrt{k/J}$；$\xi = c/2\sqrt{Jk}$；$K = 1/J$。

例 2-15　如图 2-29 所示为电感 L、电阻 R 与电容 C 串、并联线路，u_i 为输入电压，u_o 为输出电压。求系统的传递函数。

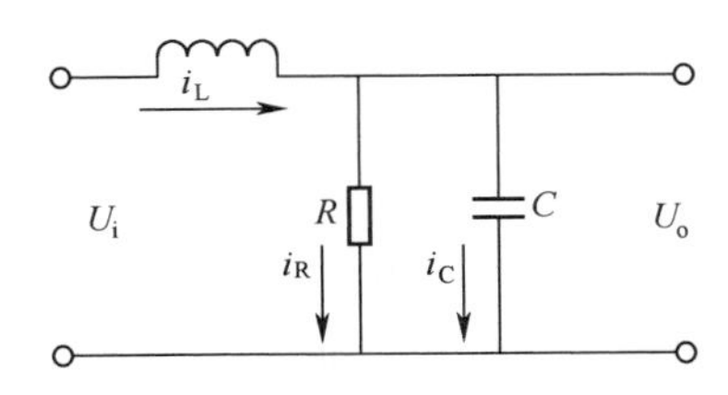

图 2-29　电感 L、电阻 R 与电容 C 串、并联线路

解　电路的动力学方程为

$$u_i = L\frac{di_L}{dt} + u_o$$

而 $$u_o = Ri_R = \frac{1}{C}\int i_c \mathrm{d}t; i_L = i_c + i_R$$

将后两式代入动力学方程，得

$$u_i = LC\ddot{u}_o + \frac{L}{R}\dot{u}_o + u_o$$

两边取拉普拉斯变换并整理得传递函数为

$$G(s) = \frac{\omega_n^2}{s^2 + 2\xi\omega_n s + \omega_n^2}$$

式中，$\omega_n = \sqrt{1/LC}$；$\xi = (1/2R)\sqrt{L/C}$。由电学可知，ω_n 为电路的固有振荡频率，ξ 为电路的阻尼比。显然，这与质量-阻尼-弹簧的单自由度机械系统的情况相似。

6. 延时环节

延时环节是输出滞后输入时间 τ 但不失真地反映输入的环节。注意：延时环节一般与其它环节同时共存，而不单独存在。

延时环节的输入 $x_i(t)$ 与输出 $x_o(t)$ 之间有如下关系：

$$x_o(t) = x_i(t - \tau) \tag{2-47}$$

式中，τ 为延迟时间。

延时环节是线性环节，因为它符合叠加原理。设系统的作用相当于算子 A，即 $x_i(t)$ 通过算子 A 的作用而变为 $x_o(t)$：

$$x_o(t) = A[x_i(t)]$$

对延时环节而言，有

$$A[x_i(t)] = x_i(t - \tau) \tag{2-48}$$

从而有

$$\begin{aligned} A[a_1x_{1i}(t) + a_2x_{2i}(t)] &= a_1x_{1i}(t - \tau) + a_2x_{2i}(t - \tau) \\ &= a_1A[x_{1i}(t)] + a_2A[x_{2i}(t)] \end{aligned}$$

这表明算子 A 是线性的，即延时环节是线性环节，符合叠加原理。

根据式(2-47)，可得延时环节的传递函数为

$$G(s) = \frac{L[x_o(t)]}{L[x_i(t)]} = \frac{L[x_i(t-\tau)]}{L[x_i(t)]} = \frac{X_i(s)\mathrm{e}^{-\tau s}}{X_i(s)} = \mathrm{e}^{-\tau s} \tag{2-49}$$

延时环节的方框图如图 2-30 所示。

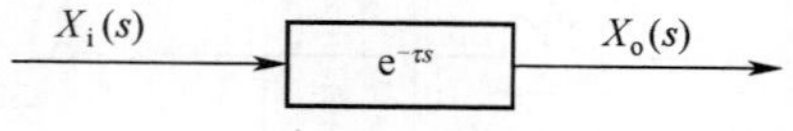

$X_i(s)$ → $\mathrm{e}^{-\tau s}$ → $X_o(s)$

图 2-30　延时环节方框图

延时环节与惯性环节不同，惯性环节的输出需要延迟一段时间才接近于所要求的输出量，但它从输入开始时刻起就已有了输出。延时环节在输入开始之初的时间 τ 内并无输出，在 τ 后，输出就完全等于从一开始起的输入，且不再有其它滞后过程；简言之，输出等于输入，只是在时间上延时了一段时间间隔 τ。

这种纯时间延迟或传输滞后现象可由图 2-31 看出。带钢在 A 点轧出时，产生厚度偏差，但到达 B 点时才为测厚仪检测到。时间延迟为

$$\tau = \frac{L}{v}$$

式中，L 为测厚仪与机架的距离；v 为带钢速度。

因而对轧辊处带钢厚度与检测点厚度之间的传递函数来说是一个延时环节。

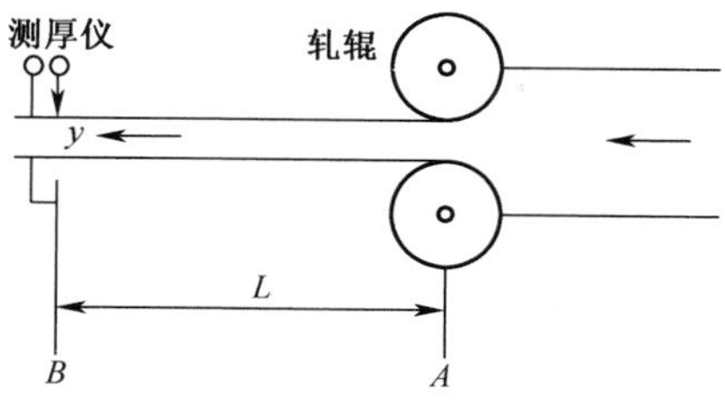

图 2-31　带钢轧制

2.5　利用 MATLAB 建立控制系统数学模型

MATLAB 的控制系统工具箱提供系统建模、分析和设计方面函数的集合，提供了传递函数分子/分母多项式模型、传递函数零极点增益模型和状态空间模型三种基本形式。这些模型之间都有着内在的联系，可以相互进行转换。

说明：在本章中不涉及状态空间模型。

2.5.1　传递函数

当系统传递函数为

$$\Phi(s)=\frac{X_o(s)}{X_i(s)}=\frac{b_m s^m + b_{m-1}s^{m-1} + \cdots + b_1 s + b_0}{a_n s^n + a_{n-1}1s^{n-1} + \cdots + a_1 s + a_0} \tag{2-50}$$

时，在 MATLAB 中，直接由分子和分母多项式系数所构成的两个数组可以唯一确定传递函数，每个数组包含以 s 的降幂形式排列的多项式系数，即

$$\text{num} = [b_m\ b_{m-1} \cdots b_0] \quad \text{den} = [a_n\ a_{n-1} \cdots a_0]$$

注意：缺项系数要用零补上。

利用下面的语句就可以表示这个系统

```
sys= tf(num,den)
```

其中函数 tf 代表以传递函数的形式描述系统，sys 为传递函数对象。

printsys 命令是传递函数显示命令。其格式如下：

```
printsys(num,den)
```

当传递函数的分子或分母由若干个多项式的乘积表示时，应用 MATLAB 提供的多项式乘法运算函数 conv 可以实现复杂传递函数的求取。此函数的调用格式为

```
c = conv (a, b)
```

其中，a 和 b 分别为由两个多项式系数构成的数组，而 c 为 a 和 b 多项式的乘积多项式系数构成的数组。conv( )函数的调用是允许多级嵌套的。

例 2-16　给定 SISO 系统传递函数为

$$G(s)=\frac{12s^3+24s^2+20}{2s^4+5s^3+6s^2+3s+8}$$

用 MATLAB 表示该传递函数。

解
```
>>num=[12 24 0 20];den=[2 5 6 3 8];
>>sys=tf(num,den)
```

运行结果:

```
Transfer function:
 12 s^3 + 24 s^2 + 20
---------------------------
2 s^4 + 5 s^3 + 6 s^2 + 3 s + 8
 >>printsys(num,den)
```

运行结果:

```
num den =
     12 s^3 + 24 s^2 + 20
 ---------------------------
 2 s^4 + 5 s^3 + 6 s^2 + 3 s + 8
```

例 2-17 用 MATLAB 表示以下系统的传递函数

$$G(s)=\frac{4(s+2)(s^2+6s+6)^2}{s(s+1)^3(s^3+3s^2+2s+5)}$$

解
```
>>num=4*conv([1,2],conv([1,6,6],[1,6,6]));
>>den=conv([1,0],conv([1,1],conv([1,1],conv([1,1],[1,3,2,5]))));
>>sys=tf(num,den)
```

运行结果:

```
Transfer function:
4 s^5 + 56 s^4 + 288 s^3 + 672 s^2 + 720 s + 288
-------------------------------
s^7 + 6 s^6 + 14 s^5 + 21 s^4 + 24 s^3 + 17 s^2 + 5 s
```

2.5.2 控制系统的零极点模型

当传递函数为

$$\Phi(s)=K\frac{(s-z_0)(s-z_1)\cdots(s-z_m)}{(s-p_0)(s-p_1)\cdots(s-p_n)} \tag{2-51}$$

时,在 MATLAB 中,系统的零极点模型用[z,p,k]矢量组表示,即

```
z=[z0,z1,…,zm]
p=[p0,p1,…,pn]
k=[K]
```

利用下面的语句就可以表示这个系统,即

```
sys=zpk(z,p,k)
```

其中函数 zpk( )代表以零极点增益的形式描述系统。

例 2-18 用 MATLAB 表示给定系统的零极点模型

$$G(s) = \frac{s(s+6)(s+5)}{(s+1)(s+2)(s+3+4j)(s+3-4j)}$$

解
```
>>z=[0,-6,-5];p=[-1,-2,-3-4*j,-3+4*j];k=[1];
>>sys=zpk(z,p,k)
```
运行结果为
```
Zero/pole/gain:
      s (s+6) (s+5)
--------------------------------
   (s+1) (s+2) (s^2 + 6s + 25)
```
同一个系统可用不同形式的模型表示,为了分析的方便,有时需要在不同模型形式之间进行转换。

MATLAB 实现模型转换有两种不同的方式。

(1) 简单的模型转换

首先生成任一指定的模型对象(tf,ss,zpk),然后将该模型对象类作为输入,调用欲转换的模型函数即可。

例如,将传递函数转换为零极点模型
```
sys = tf(num,den);
[z,p,k] = tf2zp(sys)
```
(2) 直接调用模型转换函数

例如,将传递函数转换为零极点模型
```
[z,p,k] = tf2zp(num,den)
```
例 2-19 将传递函数转换为零极点模型:

$$G(s) = \frac{s^3 + 11s^2 + 30s}{s^4 + 9s^3 + 45s^2 + 87s + 50}$$

解 方式 1:
```
>>zpk(tf([1,11,30,0],[1,9,45,87,50]))
```
运行结果为
```
Zero/pole/gain:
      s (s+6) (s+5)
---------------------------
(s+2) (s+1) (s^2  + 6s + 25)
```
方式 2:
```
>>num=[1,11,30,0];den=[1,9,45,87,50];
>> [z,p,k]=tf2zp(num,den)
```
运行结果为
```
z =
   0
   -6.0000
   -5.0000
p =
  -3.0000 + 4.0000i
```

```
  -3.0000 - 4.0000i
  -2.0000
  -1.0000
k =
     1
```

因此,零点为 0,-6,-5,极点为-1,-2,-3-4j,-3+4j,零极点增益模型为

$$G(s)=\frac{s(s+6)(s+5)}{(s+1)(s+2)(s+3+4j)(s+3-4j)}$$

MATLAB 的控制系统工具箱提供了模型的转换函数:tf2zp, zp2tf, zp2ss, ss2zp, tf2ss, ss2tf,它们的关系如图 2-32 所示。函数 ss 代表以状态空间模型描述的系统,用法和函数 tf 及函数 zpk 类似,在此不作详细介绍。

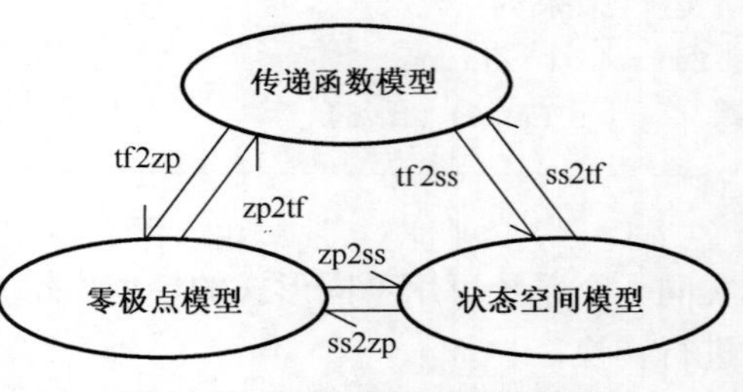

图 2-32　三种模型之间的转换

2.5.3　传递函数的特征根及零极点图

系统传递函数的一般形式为式(2-50),若令其分母多项式等于零,即有

$$a_0s^n + a_1s^{n-1} + \cdots + a_{n-1}s + a_n = 0 \tag{2-52}$$

则式(2-52)称为该系统的特征方程。

MATLAB 求传递函数的极点(特征根)与零点的方法有多种。可以使用求特征方程根的函数 roots( ),其调用格式为

```
V = roots(p)
```

式中:p 为特征方程式(2-52)的系数向量,返回值 V 是特征根构成的列向量。

也可以使用 tf2zp 或 pzmap 命令。

MATLAB 提供了函数 pzmap( )来绘制系统的零极点图,其用法如下:

[p,z] = pzmap(num,den)或 [p,z] = pzmap(p,z):返回传递函数描述系统的极点向量和零点向量,而不在屏幕上绘制出零极点图。

pzmap(num,den):不带输出参数项,则直接在 s 复平面上绘制出系统对应的零极点位置,极点用×表示,零点用°表示。

pzmap(p,z):根据系统已知的零极点列向量或行向量直接在 s 复平面上绘制出对应的零极点位置,极点用×表示,零点用°表示。

其中,列向量 p 为系统的极点位置,列向量 z 为系统的零点位置。

2.5.4　控制系统的方框图模型

对简单系统的建模采用三种基本模型:传递函数分子/分母多项式模型、传递函数零极点增益模型和状态空间模型。但实际中经常遇到由几个简单系统组合成一个复杂系统的情况,子系统之间或是串联,或是并联,或形成反馈连接。能够对在各种模式下的系统进行分析,就需要对系统的模型进行适当的处理。MATLAB 的控制系统工具箱中提供了大量的对控制系统的简单模型进行连接的函数。

1. 串联

在图 2-33 所示的系统中，两个子系统 $G_1(s)$ 和 $G_2(s)$ 按串联方式连接。系统 $G_1(s)$ 和 $G_2(s)$ 分别定义为

```
sys1 = tf(num1,den1)
sys2 = tf(num2,den2)
```

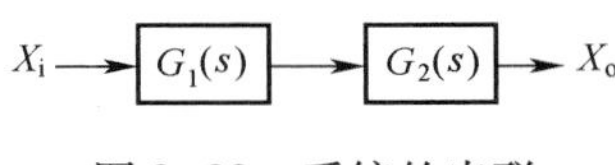

图 2-33　系统的串联

则串联系统 $G_1(s)\ G_2(s)$ 可以给出为

```
sys =series(sys1,sys2)
```

系统的分子和分母可以得到为

```
[num,den] = series(num1,den1,num2,den2)
```

2. 并联

在图 2-34 所示的系统中，两个子系统 $G_1(s)$ 和 $G_2(s)$ 按并联方式连接。在图 2-34(a)中，两个系统 $G_1(s)$和 $G_2(s)$相加，而在图 2-34(b)中，系统 $G_1(s)$减去系统 $G_2(s)$。系统 $G_1(s)$和 $G_2(s)$分别定义为

```
sys1 = tf(num1,den1)
sys2 = tf(num2,den2)
```

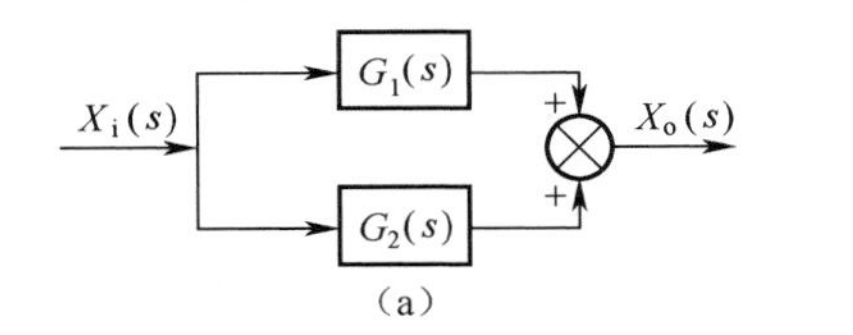

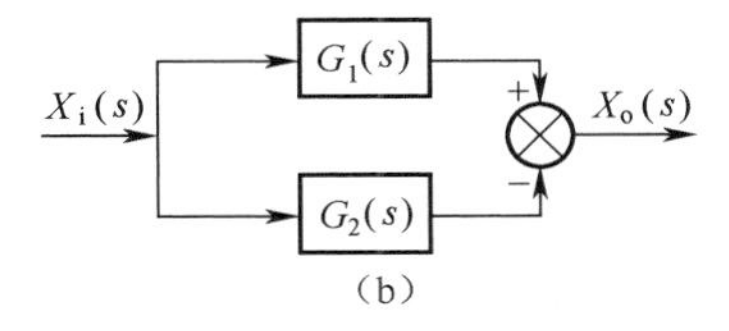

图 2-34　系统的反馈连接

并联系统 $G_1(s)+G_2(s)$给出为

```
sys = parallel(sys1,sys2)
```

或

```
[num,den] = parallel(num1,den1,num2,den2)
```

如果并联系统是 $G_1(s) - G_2(s)$，如图 2-34 (b)，则像前面一样定义 sys1 和 sys2，但是在表达式中把 sys2 变成-sys2，也就是

```
sys = parallel(sys1,-sys2)
```

3. 反馈

对于反馈连接，如图 2-35 所示，如果 $G(s)$ 和 $H(s)$ 分别定义为

```
sysg =tf (numg,deng)
sysh =tf (numh,denh)
```

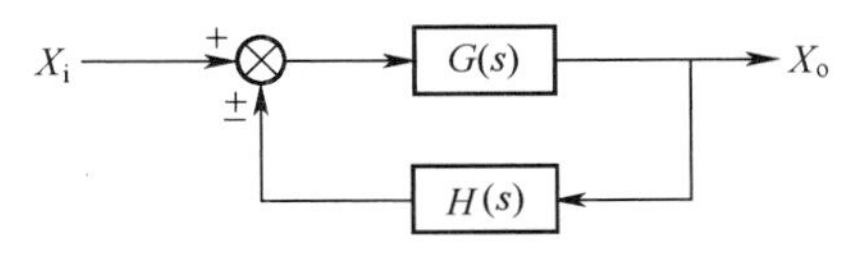

图 2-35　系统的反馈连接

则整个反馈系统给出为

```
sys = feedback(sysg,sysh,sign)
```

或

```
[num,den] = feedback(numg,deng,numh,denh,sign)
```

如果系统具有单位反馈函数，即 H(s) = 1，在 MATLAB 中则可用 cloop 函数实现，系统可以给出为

```
[num,den] = cloop(numg,deng,sign)
```

注意,在处理反馈系统时,sign 是可选参数,MATLAB 假设反馈是负反馈(缺省值)。如果系统中有正反馈,则 sign=1,如

```
sys = feedback(sysg,sysh,+1)
```

对正反馈系统,也可以在 sys 语句中使用"- sysh",即

```
sys = feedback(sysg,-sysh)
```

例 2-20 用 MATLAB 对图 2-36 所示多回路反馈控制系统进行化简。

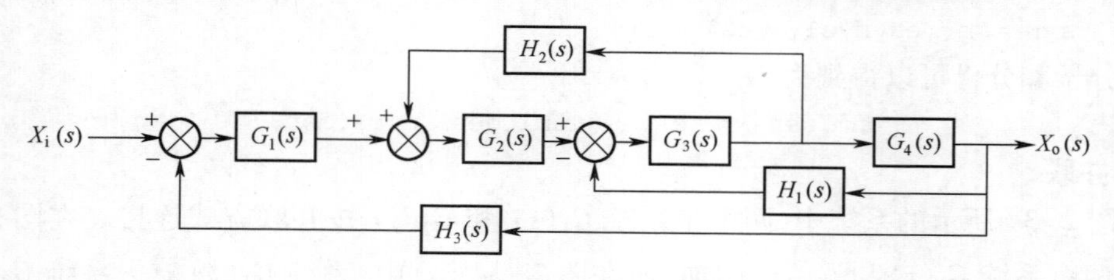

图 2-36 多回路反馈控制系统

解 本例的目的在于计算闭环传递函数 $G(s)=\dfrac{X_o(s)}{X_i(s)}$。

条件如下:

$$G_1(s)=\frac{1}{s+10},G_2(s)=\frac{1}{s+1}$$

$$G_3(s)=\frac{s^2+1}{s^2+4s+4},G_4(s)=\frac{s+1}{s+6}$$

$$H_1(s)=\frac{s+1}{s+2},H_2(s)=2,H_3(s)=1$$

计算过程可分为以下 5 步:

第 1 步:将系统内各传递函数输入 MATLAB;

第 2 步:将 H_2 移至 G_4 之后;

第 3 步:消去回路 $G_3G_4H_1$;

第 4 步:消去含有 H_2 的回路;

第 5 步:消去剩下的回路并计算 G(s)。

按照上述 5 步编制程序如下:

```
>>numg1 = [1];deng1 = [1 10];
>>numg2 = [1];deng2 = [1 1];
>> numg3 = [1 0 1];deng3 = [1 4 4];
>>numg4 = [1 1];deng4 = [1 6];
>>numh1 = [1 1];denh1 = [1 2];
>>numh2 = [2];denh2 = [1];
>>numh3 = [1];denh3 = [1];                            %第 1 步
>>n1 = conv(numh2,deng4);d1 = conv(denh2,numg4);      %第 2 步
>>[n2a,d2a]=series(numg3,deng3,numg4,deng4);
>>[n2,d2]=feedback(n2a,d2a,numh1,denh1);              %第 3 步
>> [n3a,d3a]=series(numg2,deng2,n2,d2);
```

```
>>[n3,d3]=feedback(n3a,d3a,n1,d1,1);                    %第4步
>>[n4,d4]=series(numg1,deng1,n3,d3);
>>[num,den]=cloop(n4,d4);
>> sys=tf(num,den)                                      %第5步
Transfer function:
                     s^5 + 4 s^4 + 6 s^3 + 6 s^2 + 5 s + 2
---------------------------------
2 s^7 + 36 s^6 + 223 s^5 + 778 s^4 + 1767 s^3 + 2356 s^2 + 1430 s + 252
```

要注意的是,严格说来将 MATLAB 计算所得的这个结果称为闭环传递函数并不确切。严格意义上的传递函数定义为经过零-极点对消之后的输入-输出关系。计算 $G(s)$ 的零极点时可以发现,$G(s)$ 的分子、分母有公因式$(s+1)$。因此,必须消除公因式后,才能确保所求得的函数是严格意义上的传递函数。

当一个传递函数不是互质的(即有互相可以抵消的零、极点)时,可以使用 minreal 命令抵消它们的公因式而得到一个较低阶的模型,其命令格式如下:

```
[numr,denr] =mineral(num,den)
```

下列程序实现了框图化简中的最后步骤——消除公因式,所得的闭环传递函数为 $G(s)=\text{num/den}$。可以看出,使用了函数 minreal 之后,分母多项式的次数由 7 减少为 6,这意味着有 1 对零-极点对消了。

```
>> numg = [1 4 6 6 5 2];
>> deng = [2 36 223 778 1767 2356 1430 252];
>> [num,den] = minreal(numg,deng)
1 pole-zero(s) cancelled
num =
        0         0    0.5000    1.5000    1.5000    1.5000    1.0000
den =
1.0000   17.0000   94.5000  294.5000  589.0000  589.0000  126.0000
>> sys = tf(num,den)
Transfer function:
                  0.5 s^4 + 1.5 s^3 + 1.5 s^2 + 1.5 s + 1
---------------------------------
s^6 + 17 s^5 + 94.5 s^4 + 294.5 s^3 + 589 s^2 + 589 s + 126
```

本 章 小 结

本章主要介绍了经典控制理论中线性系统数学模型的基本形式及建立方法,需重点掌握的内容如下:

(1) 能够根据系统所遵循的物理定律,列写线性系统的微分方程。

(2) 传递函数是在初始条件为零时,系统输出量的拉普拉斯变换与输入量的拉普拉斯变换之比。掌握传递函数的特点,能够根据系统的微分方程求出系统的传递函数。

(3) 能够通过控制系统的原理图绘制系统方框图,运用等效变换原则化简方框图,并求得系统的传递函数。

（4）熟练掌握典型环节的传递函数。

（5）利用 MATLAB 描述控制系统的状态空间、传递函数和零极点增益等常见的数学模型，并实现任意两者之间的转换；利用 MATLAB 求解系统通过串联、并联、反馈连接及更一般的框图建模来建立系统的模型。

习　题

2-1　某系统在输入 $x(t)=1(t)$ 信号的作用下，其输出为 $y(t)=1+\frac{1}{2}e^{-3t}-\frac{3}{2}e^{-t}$，试求该系统的传递函数。

2-2　求图 2-37 所示无源网络的传递函数。

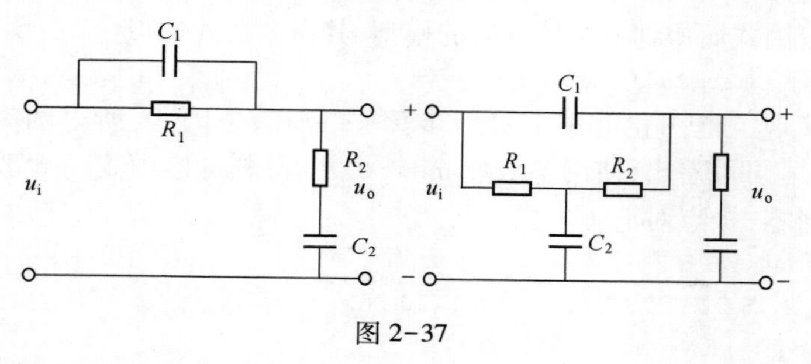

图 2-37

2-3　求图 2-38 所示各机械系统的传递函数。

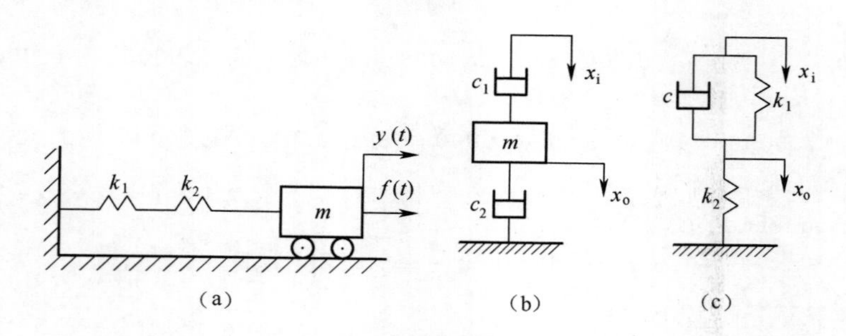

图 2-38

2-4　分别求出图 2-39 所示各有源网络的传递函数。

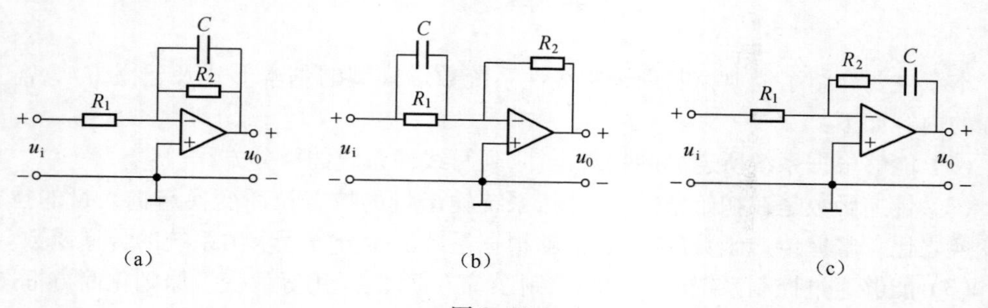

图 2-39

2-5 试分析当反馈环节 $H(s)=1$，前向通道传递函数 $G(s)$ 分别为惯性环节，微分环节，积分环节时，输入、输出的闭环传递函数。

2-6 若系统方框图如图 2-40 所示，

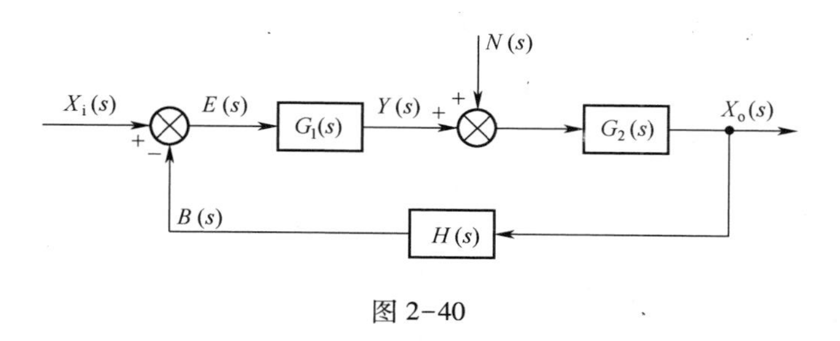

图 2-40

求：

(1) 以 $X_i(s)$ 为输入，当 $N(s)=0$ 时，分别以 $X_o(s)$，$Y(s)$，$E(s)$ 为输出的闭环传递函数。

(2) 以 $N(s)$ 为输入，当 $X_i(s)=0$ 时，分别以 $X_o(s)$，$Y(s)$，$E(s)$ 为输出的闭环传递函数。

2-7 求出图 2-41 所示系统的传递函数 $X_o(s)/X_i(s)$ 。

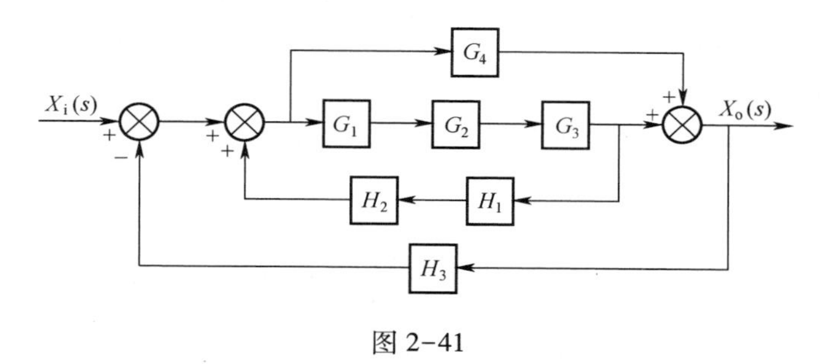

图 2-41

2-8 在图 2-42 所示反馈连接框图中，

$$G(s)=\frac{5s+12}{(s+0.5)(s+10)},H(s)=\frac{s+3}{s^2+7s+5}$$

利用 MATLAB 求此系统的传递函数。

2-9 如图 2-43 所示为一控制系统的控制框图，利用 MATLAB 求系统的闭环传递函数。

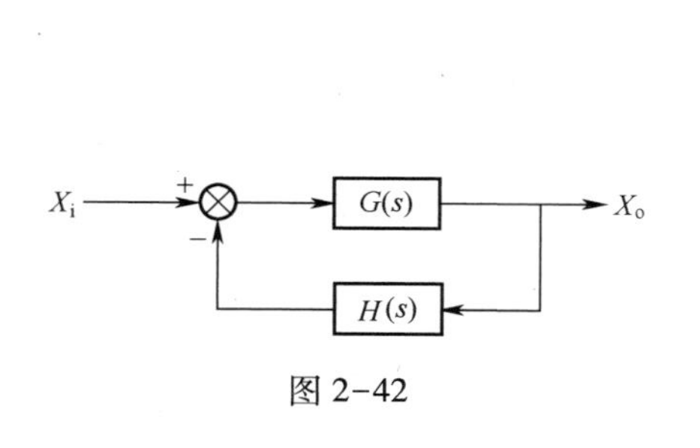

图 2-42

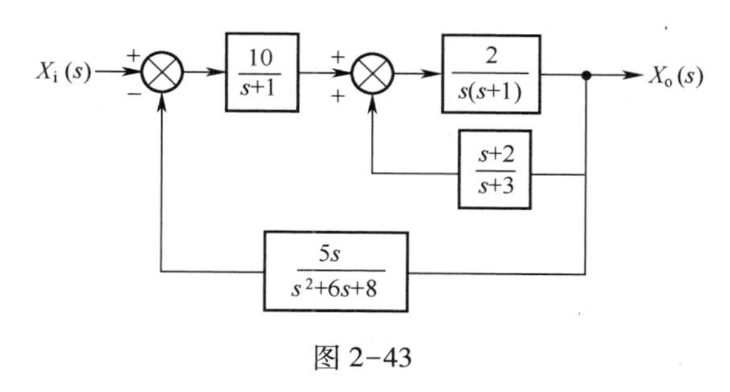

图 2-43

第3章 时间响应分析

内容提要

本章首先讨论系统的时间响应及其组成,接着对一阶、二阶系统典型的时间响应进行分析,在此基础上,介绍了瞬态响应的性能指标,最后,讨论系统的误差分析与计算。

3.1 时间响应的基本概念

3.1.1 概念

时间响应是指控制系统在输入作用下,被控变量(即系统的输出)随时间的变化情况。通过时间响应分析可以直接了解控制系统的动态性能。

为了明确了解系统时间响应的概念,首先来分析理论力学中已讲过的最简单的振动系统,即无阻尼的单自由度系统。

如图3-1所示,质量为 m 与弹簧刚度为 k 的单自由度系统在外力(即输入) $F\cos\omega t$ 的作用下,系统的动力学方程如下:

$$m\ddot{y}(t) + ky(t) = F\cos\omega t \tag{3-1}$$

按照微分方程解的结构理论,这一非齐次常微分方程的完全解由两部分组成:

$$y(t) = y_1(t) + y_2(t) \tag{3-2}$$

式中:$y_1(t)$ 是与其对应的齐次微分方程的通解;$y_2(t)$ 是其中一个特解。

由理论力学与微分方程中解的理论已知:

$$y_1(t) = A\sin\omega_n t + B\cos\omega_n t \tag{3-3}$$

$$y_2(t) = Y\cos\omega t \tag{3-4}$$

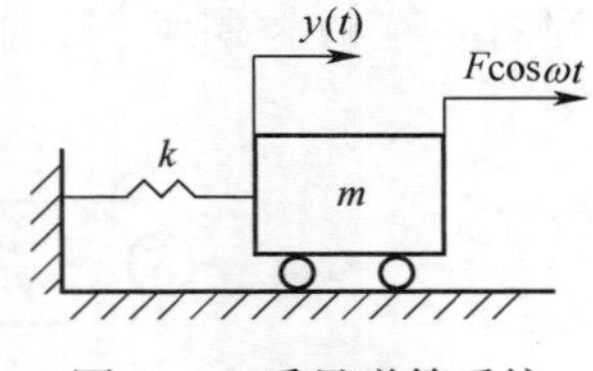

图3-1 质量弹簧系统

式中:$\omega_n = \sqrt{k/m}$ 为系统的无阻尼固有频率。

将式(3-4)代入式(3-1),有

$$(-m\omega^2 + k)Y\cos\omega t = F\cos\omega t$$

化简得

$$Y = \frac{F}{k} \cdot \frac{1}{1 - \lambda^2} \tag{3-5}$$

式中：$\lambda = \omega / \omega_n$。

于是，式(3-1)的完全解为

$$y(t) = A\sin\omega_n t + B\cos\omega_n t + \frac{F}{k} \cdot \frac{1}{1 - \lambda^2}\cos\omega t \tag{3-6}$$

式中的常数 A 与 B 可求出，将上式对 t 求导，有

$$\dot{y}(t) = A\omega_n\cos\omega_n t - B\omega_n\sin\omega_n t - \frac{F}{k} \cdot \frac{\omega}{1 - \lambda^2}\sin\omega t \tag{3-7}$$

设 $t=0$ 时，$y(t) = y(0)$，$\dot{y}(t) = \dot{y}(0)$，代入式(3-6)与式(3-7)，联立解得

$$A = \frac{\dot{y}(0)}{\omega_n}, B = y(0) - \frac{F}{k} \cdot \frac{1}{1 - \lambda^2}$$

代入式(3-6)，整理得

$$y(t) = \frac{\dot{y}(0)}{\omega_n}\sin\omega_n t + y(0)\cos\omega_n t - \frac{F}{k} \cdot \frac{1}{1 - \lambda^2}\cos\omega_n t + \frac{F}{k} \cdot \frac{1}{1 - \lambda^2}\cos\omega t \tag{3-8}$$

3.1.2 时间响应的组成

根据上述分析可知，式(3-8)第一、二项是由微分方程的初始条件（即系统的初始状态）引起的自由振动即自由响应，第三项是由作用力引起的自由振动即自由响应，其振动频率为 ω_n。因为它的幅值受到 F 及 ω 的影响，它的频率 ω_n 与作用力的频率 ω 完全无关，因此第三项的自由响应并不完全自由。第四项是由作用力引起的强迫振动即强迫响应，其振动频率即为作用力频率 ω。因此，系统的时间响应可从两方面分类，如式(3-8)所示，按振动性质可分为自由响应与强迫响应，按振动来源可分为零输入响应（即由“无输入时系统的初态”引起的自由响应）与零状态响应（即系统初态为零而仅由输入引起的响应）。

另外，还可以根据工作状态的不同，把系统的时间响应分为瞬态响应和稳态响应。系统稳定时，它的自由响应称为瞬态响应，即系统在某一输入信号的作用下其输出量从初始状态到稳定状态的响应过程。而稳态响应一般就是指强迫响应，即当某一信号输入时，系统在时间趋于无穷大时的输出状态。

因为实际的物理系统总是包含一些储能元件，如质量、弹簧、电感、电容等元件，所以当输入信号作用于系统时，系统的输出量不能立刻跟随输入量的变化，而是在系统达到稳态之前，表现为瞬态响应过程。

3.1.3 典型输入信号

控制系统的动态性能，可以通过系统在输入信号作用下的过渡过程来评价，而系统的响应过程不仅取决于系统本身的特性，而且还与输入信号的形式有关。在一般情况下大多数控制系统的实际输入信号可能预先是不知道的，而且在大多数情况下是随机的，例如在金属切削过程中，工件材料硬度和切削余量不均匀，切削刀具的磨损以及切削角度的变化等都会引起切削力的变化；又如在机电设备的运行过程中，电网电压的变化、设备负载

的波动以及环境因素的干扰等都是无法预先知道的,因此,控制系统的实际输入信号通常难以用简单的数学表达式表示出来。

在分析和设计控制系统时,需要有一个对各种控制系统的性能进行比较的基础,这个基础就是预先规定一些典型实验信号作为系统的输入信号,然后比较各种控制系统对这些典型输入信号的响应。因此,系统的时域分析就是建立在系统接受典型输入信号的基础之上。

选取典型输入信号时,必须考虑下列原则:

(1) 选取的输入信号应反映系统在工作过程中的大部分实际情况。

(2) 所选输入信号的形式应尽可能简单,便于用数学式表达及分析处理。

(3) 选取那些能使系统工作在最不利情况下的输入信号作为典型试验信号。

常见的典型输入信号如下:

1. 阶跃函数

阶跃函数是指输入量有一个突然的变化,如图 3-2 所示。

其数学表达式为

$$x_i(t)=\begin{cases}a & t\geqslant 0\\0 & t<0\end{cases}$$

式中:a 为常数,当 $a=1$ 时,该函数称为单位阶跃函数。

其拉普拉斯变换式

$$L[1(t)]=\frac{1}{s}$$

如指令的突然转换,电源的突然接通,开关、继电器接点的突然闭合,负荷的突变等,均可视为阶跃信号。阶跃信号是评价系统动态性能时应用较多的一种典型信号。

2. 斜坡函数

斜坡函数是指输入变量是等速度变化的,如图 3-3 所示。

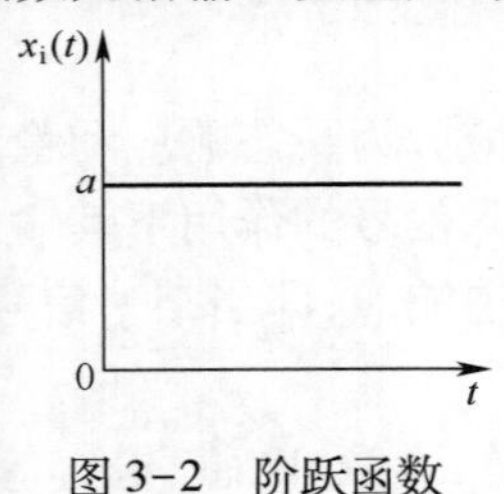

图 3-2 阶跃函数

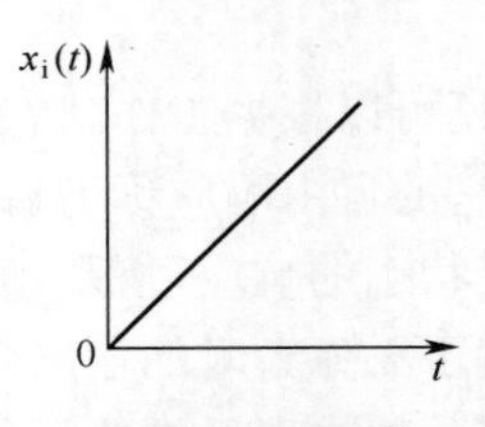

图 3-3 斜坡函数

其数学表达式为

$$x_i(t)=\begin{cases}at & t\geqslant 0\\0 & t<0\end{cases}$$

式中:a 为常数,当 $a=1$ 时,该函数称为单位斜坡函数。

其拉普拉斯变换式

$$L[t\cdot 1(t)]=\frac{1}{s^2}$$

3. 加速度函数

加速度函数是指输入变量是等加速度变化的,如图 3-4 所示。

其数学表达式为

$$x_{\mathrm{i}}(t)=\begin{cases}at^2 & t\geqslant 0\\ 0 & t<0\end{cases}$$

式中：a 为常数，当 $a=1/2$ 时，该函数称为单位加速度函数。

其拉普拉斯变换为

$$L\left[\frac{1}{2}t^2\right]=\frac{1}{s^3}$$

4. 脉冲函数

脉冲函数的数学表达式为

$$x_{\mathrm{i}}(t)=\begin{cases}\lim\limits_{h\to 0}\dfrac{a}{h} & 0<t<h\\ 0 & t<0\text{或}t>h\end{cases}$$

式中：a 为常数，因此当 $0<t<h$ 时该函数为无穷大。

脉冲函数如图 3-5 所示，其脉冲高度为 a/h，是无穷大；持续时间为 h，是无穷小；脉冲面积为 a。因此，通常脉冲强度是以其面积 a 衡量的。当面积 $a=1$ 时，脉冲函数称为单位脉冲函数，又称 δ 函数。

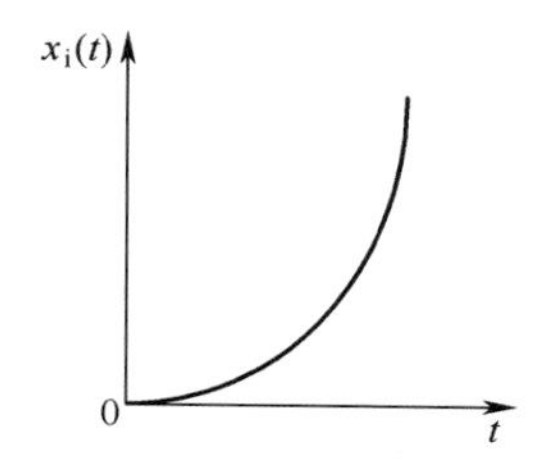

图 3-4　加速度函数

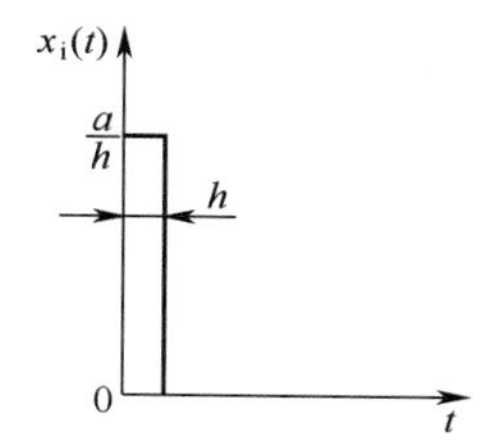

图 3-5　脉冲函数

$$\delta(t)=\begin{cases}\lim\limits_{h\to 0}\dfrac{1}{h} & 0<t<h\text{且}\int_{0_-}^{0^+}\delta(t)\,\mathrm{d}t=1\\ 0 & t<0\text{或}t>h\end{cases}$$

其拉普拉斯变换为

$$L[\delta(t)]=1$$

单位脉冲信号 $\delta(t)$ 在现实中是不存在的，只有数学上的意义，但它却是一个重要的数学工具。

5. 正弦函数

正弦函数如图 3-6 所示。

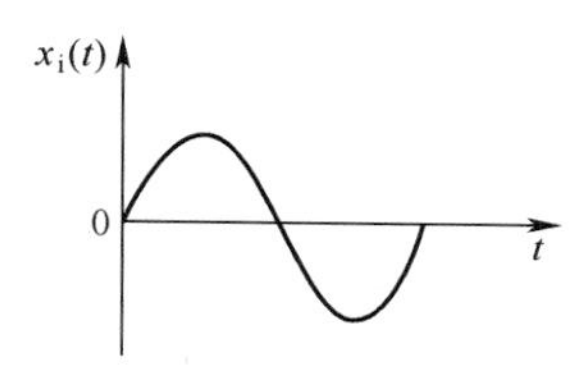

图 3-6　正弦函数

其数学表达式为

$$x_i(t)=\begin{cases}A\sin\omega t & t\geqslant 0\\ 0 & t<0\end{cases}$$

其拉普拉斯变换为

$$L[A\sin\omega t]=A\frac{\omega}{s^2+\omega^2}$$

3.2 一阶系统的时间响应

凡是能够用一阶微分方程描述的系统称为一阶系统,其方程的一般形式为

$$T\frac{\mathrm{d}x_o(t)}{\mathrm{d}t}+x_o(t)=x_i(t)$$

其传递函数为

$$G(s)=\frac{X_o(s)}{X_i(s)}=\frac{1}{Ts+1}$$

式中:T 为时间常数,对于不同的系统,T 由不同的物理量组成。它表达了一阶系统本身与外界作用无关的固有特性,也称为一阶系统的特征参数。从上面的表达式可以看出,一阶系统的典型形式是一阶惯性环节,如图 3-7 所示。下面分析一阶惯性环节在典型输入信号作用下的时间响应。

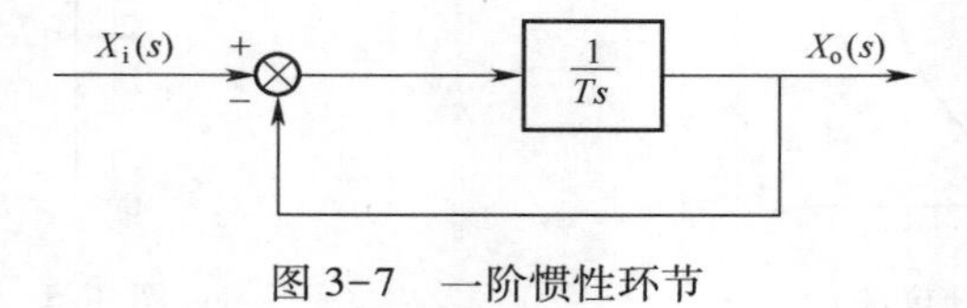

图 3-7 一阶惯性环节

3.2.1 一阶系统的单位阶跃响应

系统在单位阶跃信号作用下的输出称为单位阶跃响应。单位阶跃信号 $x_i(t)=1(t)$ 的拉普拉斯变换为 $X_i(s)=1/s$,则一阶惯性环节在单位阶跃信号作用下,输出的拉普拉斯变换为

$$X_o(s)=G(s)X_i(s)=\frac{1}{Ts+1}\cdot\frac{1}{s}=\frac{1}{s}-\frac{1}{s+1/T}$$

将上式进行拉普拉斯反变换,得出一阶惯性环节的单位阶跃响应为

$$x_o(t)=L^{-1}[X_o(s)]=1-\mathrm{e}^{-\frac{1}{T}t}\qquad t\geqslant 0 \tag{3-9}$$

根据式(3-9),当 t 取 T 的不同倍数时,可得出表 3-1 的数据。一阶惯性环节在单位阶跃信号作用下的时间响应曲线图 3-8 所示,它是一条单调上升的指数曲线,并且随着自变量的增大,其值趋近于 1。

表 3-1 一阶惯性环节的单位阶跃响应

t	0	T	$2T$	$3T$	$4T$	$5T$	…	$+\infty$
$x_o(t)$	0	0.632	0.865	0.950	0.982	0.993	…	1

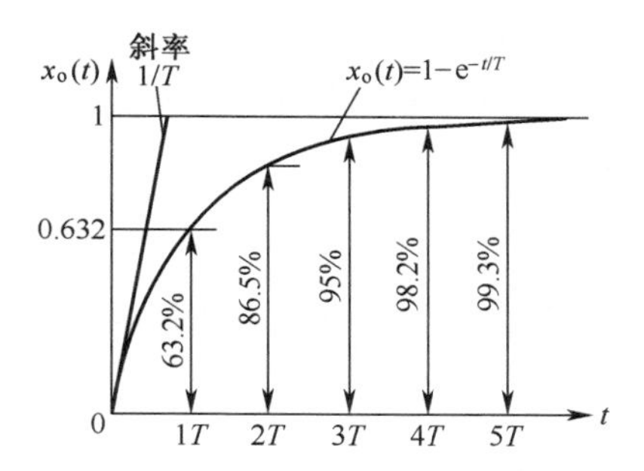

图 3-8　一阶系统单位阶跃响应曲线

从式(3-9)和图 3-8 中可以得出:

(1) 一阶惯性环节是稳定的,无振荡。

(2) 当 $t = T$ 时, $x_o(t) = 0.632$,即经过时间 T ,曲线上升到 0.632 的高度;反过来,如果用实验的方法测出响应曲线达到 0.632 高度点时所用的时间,则该时间就是一阶惯性环节的时间常数 T 。

(3) 经过时间 $3T \sim 4T$,响应曲线已达到稳态值的 95%~98%,在工程上可以认为其瞬态响应过程基本结束,系统进入稳态过程。由此可见,时间常数 T 反映了一阶惯性环节的固有特性,其值越小,系统惯性越小,响应速度越快。

(4) 因为

$$\frac{\mathrm{d}x_o(t)}{\mathrm{d}t}\bigg|_{t=0} = \frac{1}{T}\mathrm{e}^{-\frac{1}{T}t}\bigg|_{t=0} = \frac{1}{T}$$

所以,在 $t = 0$ 处,响应曲线的切线斜率为 $1/T$。

(5) 将式(3-9)改写为

$$\mathrm{e}^{-\frac{1}{T}t} = 1 - x_o(t)$$

两边取对数,得

$$\left(-\frac{1}{T}\lg\mathrm{e}\right) = \lg[1 - x_o(t)]$$

其中, $-(1/T)\lg\mathrm{e}$ 为常数。

由上式可知, $\lg[1 - x_o(t)]$ 与时间 t 为线性关系,以时间 t 为横坐标, $\lg[1 - x_o(t)]$ 为纵坐标,则可以得到如图 3-9 所示的一条经过原点的直线。

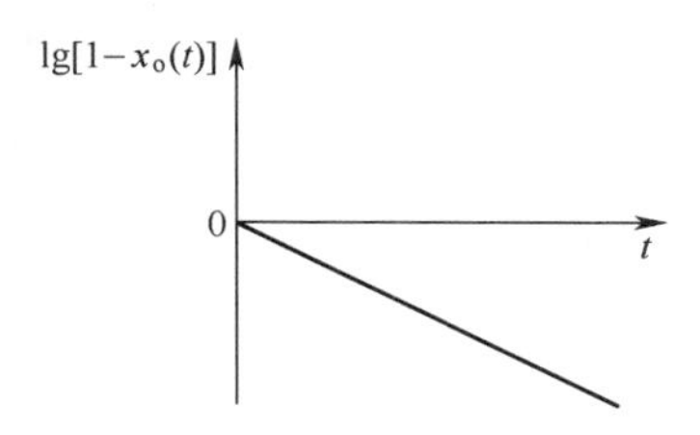

图 3-9　一阶惯性环节识别曲线

因此,可以得出如下的一阶惯性环节的识别方法:通过实验得出某系统的单位阶跃响应 $x_o(t)$,将值 $[1 - x_o(t)]$ 标在半对数坐标纸上,如果得出一条直线,则可以认为该系统为一阶惯性环节。

时间常数 T 越小，$x_o(t)$ 上升速度越快，达到稳态所用的时间越短，也就是系统惯性越小；反之，T 越大，系统对信号的响应越缓慢，惯性越大。如图 3-10 所示，所以 T 的大小反映了一阶系统惯性的大小。

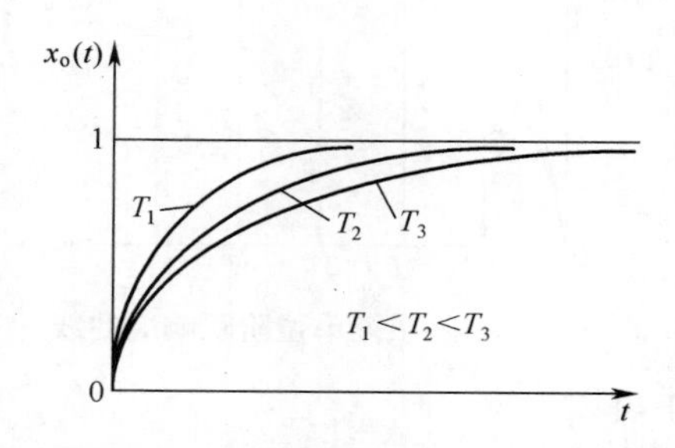

图 3-10 时间常数不同的一阶系统单位阶跃响应曲线

下面分析 T 对系统的影响。

从响应开始到进入稳态所经过的时间称为调整时间（或过渡过程时间）；理论上讲，系统结束瞬态过程进入稳态，要求 $t \to \infty$，而工程上瞬态过程结束与否和系统要求的精度有关。如果系统允许有 2%（或 5%）的误差，那么当输出值达到稳定值的 98%（或 95%）时，就认为系统瞬态过程结束。由表 3-1 可得 $t = 4T$ 时，响应值 $x_o(4T) = 0.982$，$t = 3T$ 时，$x_o(3T) = 0.95$，因此调整时间 t_s 值为

$$t_s = 4T \qquad \text{（误差范围 2\%时）}$$

$$t_s = 3T \qquad \text{（误差范围 5\%时）}$$

可以用 t_s 的大小作为评价系统响应快慢的指标。应当指出，调整时间只反映系统的特性，与输入无关。通常希望系统响应速度越快越好，调整构成系统的元件参数，减小 T 值，可以提高系统的快速性。

3.2.2 一阶系统的单位脉冲响应

系统在单位脉冲信号作用下的输出称为单位脉冲响应。单位脉冲信号 $x_i(t) = \delta(t)$ 的拉普拉斯变换为 $X_i(s) = 1$，则一阶惯性环节在单位脉冲信号作用下输出的拉普拉斯变换为

$$X_o(s) = G(s)X_i(s) = \frac{1}{Ts+1} \cdot 1 = \frac{1/T}{s+1/T}$$

将上式进行拉普拉斯反变换，得出一阶惯性环节的单位脉冲响应为

$$x_o(t) = L^{-1}[X_o(s)] = \frac{1}{T}e^{-\frac{1}{T}t} \quad t \geq 0 \tag{3-10}$$

根据式(3-10)，可以求得其时间响应曲线，如图 3-11 所示，它是一条单调下降的指数曲线。

3.2.3 一阶系统的单位斜坡响应

系统在单位斜坡信号作用下的输出称为单位斜坡响应。单位斜坡信号 $x_i(t) = t$ 的拉普拉斯变换为 $X_i(s) = 1/s^2$，则一阶惯性环节在单位斜坡信号作用下输出的拉普拉斯变换为

$$X_o(s)=G(s)X_i(s)=\frac{1}{Ts+1}\cdot\frac{1}{s^2}=\frac{1}{s^2}-\frac{T}{s}+\frac{T}{s+1/T}$$

将上式进行拉普拉斯反变换，得出一阶惯性环节的单位斜坡响应为

$$x_o(t)=L^{-1}[X_o(s)]=t-T+T\mathrm{e}^{-\frac{1}{T}t}\quad t\geqslant 0 \tag{3-11}$$

根据式(3-11)，可以求得其时间响应曲线，如图3-12所示，是一条单调上升的指数曲线。

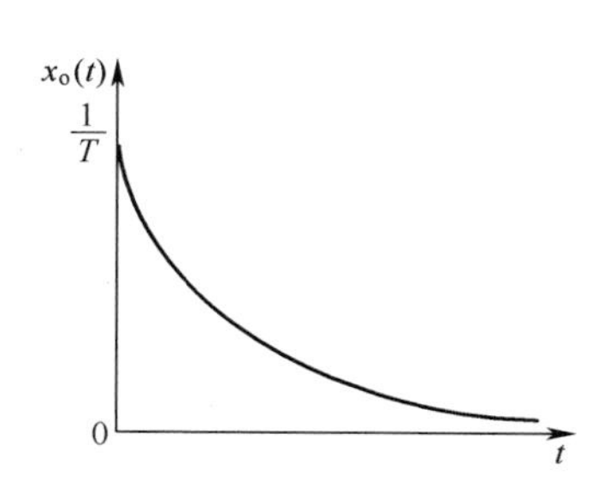

图3-11　一阶系统单位脉冲响应曲线

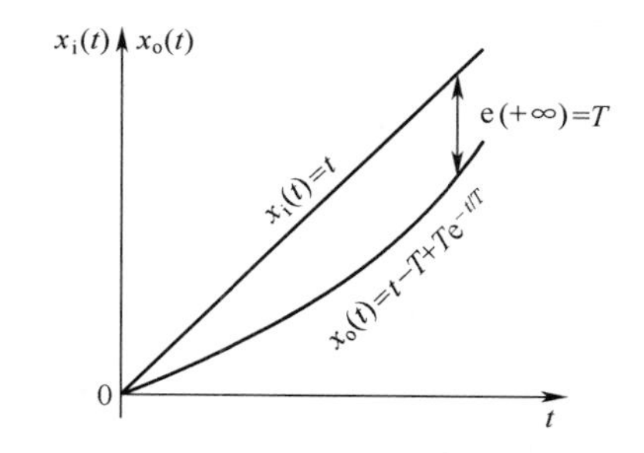

图3-12　一阶系统单位速度响应曲线

3.2.4　线性定常系统时间响应的性质

已知单位脉冲信号 $\delta(t)$ 、单位阶跃信号 $1(t)$ 以及单位斜坡信号 t 之间的关系为

$$\begin{cases}\delta(t)=\dfrac{\mathrm{d}}{\mathrm{d}t}[1(t)]\\[2ex] 1(t)=\dfrac{\mathrm{d}}{\mathrm{d}t}[t]\end{cases} \tag{3-12}$$

又已知一阶惯性环节在这三种典型输入信号作用下的时间响应分别为

$$x_{o\delta}(t)=\frac{1}{T}\mathrm{e}^{-\frac{1}{T}t}$$

$$x_{o1}(t)=1-\mathrm{e}^{-\frac{1}{T}t}$$

$$x_{ot}(t)=t-T+T\mathrm{e}^{-\frac{1}{T}t}$$

显然可以得出

$$\begin{cases}x_{o\delta}(t)=\dfrac{\mathrm{d}}{\mathrm{d}t}[x_{o1}(t)]\\[2ex] x_{o1}(t)=\dfrac{\mathrm{d}}{\mathrm{d}t}[x_{ot}(t)]\end{cases} \tag{3-13}$$

由式(3-12)和式(3-13)可知，单位脉冲、单位阶跃和单位速度三个典型输入信号之间存在着微分和积分的关系，而且一阶惯性环节的单位脉冲响应、单位阶跃响应和单位速度响应之间也存在着同样的微分和积分的关系。因此，系统对输入信号导数的响应，可以通过系统对该输入信号响应的导数来求得；而系统对输入信号积分的响应，可以通过系统对该输入信号响应的积分来求得，其积分常数由初始条件确定。这是线性定常系统时间响应的一个重要性质，即如果系统不同的输入信号之间存在微分和积分关系，则系统的时间响应也存在对应的微分和积分关系。

3.3 二阶系统的时间响应

凡是能够用二阶微分方程描述的系统称为二阶系统。在工程上，虽然控制系统多为高阶系统，但在一定条件下，可以近似地用一个二阶系统来表示。因此深入研究和分析二阶系统的特性，具有重要的实际意义。从物理上讲，二阶系统总包含两个独立的储能元件，能量在两个元件之间交换，使系统具有往复振荡的趋势。当阻尼不够大时，系统呈现出振荡的特性，所以，二阶系统也称为二阶振荡环节。

典型二阶系统的数学模型如图 3-13 所示。

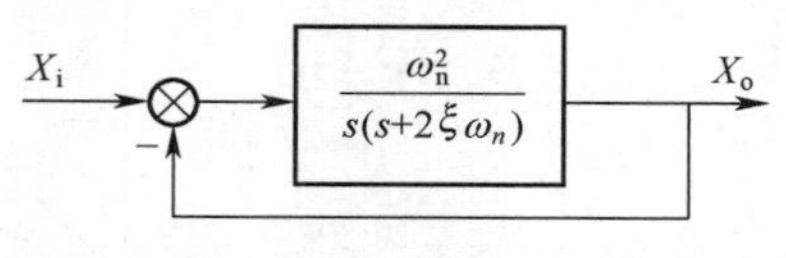

图 3-13　二阶系统模型

典型二阶系统的传递函数为

$$G(s)=\frac{X_o(s)}{X_i(s)}=\frac{\omega_n^2}{s^2+2\xi\omega_n s+\omega_n^2}$$

二阶系统的特征方程为

$$s^2+2\xi\omega_n s+\omega_n^2=0$$

有两个极点

$$s_{1,2}=-\xi\omega_n\pm\omega_n\sqrt{\xi^2-1}$$

显然，二阶系统的极点与二阶系统的阻尼比 ξ 和固有频率 ω_n 有关，尤其是阻尼比 ξ 更为重要。随着阻尼比 ξ 取值的不同，二阶系统的极点在复平面上的位置分布也各不相同。如图 3-14 所示。

（1）当 $0<\xi<1$ 时，二阶系统称为欠阻尼系统，其特征方程的根是一对共轭复根，即极点是一对共轭复数极点

$$s_{1,2}=-\xi\omega_n\pm j\omega_n\sqrt{1-\xi^2}$$

令 $\omega_d=\omega_n\sqrt{1-\xi^2}$，称为有阻尼振荡角频率，则有

$$s_{1,2}=-\xi\omega_n\pm j\omega_d$$

（2）当 $\xi=1$ 时，二阶系统称为临界阻尼系统，其特征方程的根是两个相等的负实根，即具有两个相等的负实数极点

$$s_{1,2}=-\xi\omega_n$$

（3）当 $\xi>1$ 时，二阶系统称为过阻尼系统，其特征方程的根是两个不相等的负实数极点。

$$s_{1,2}=-\xi\omega_n\pm\omega_n\sqrt{\xi^2-1}$$

（4）当 $\xi=0$ 时，二阶系统称为零阻尼系统，其特征方程的根是一对共轭虚根，即具有一对共轭虚数极点

$$s_{1,2}=\pm j\omega_n$$

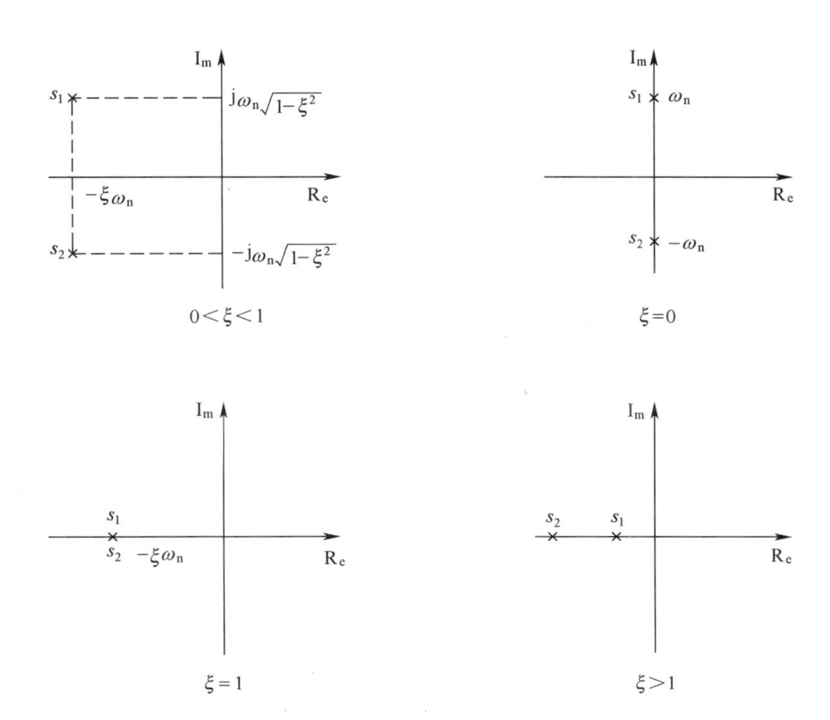

图 3-14　二阶系统极点分布

（5）当 $\xi < 0$ 时，二阶系统称为负阻尼系统，此时系统不稳定。

3.3.1　二阶系统的单位阶跃响应

单位阶跃信号 $x_i(t)=1(t)$ 的拉普拉斯变换为 $X_i(s)=1/s$，则二阶系统在单位阶跃信号作用下的输出的拉普拉斯变换为

$$X_o(s)=G(s)X_i(s)=\frac{\omega_n^2}{s(s^2+2\xi\omega_n s+\omega_n^2)}$$

将上式进行拉普拉斯反变换，得出二阶系统的单位阶跃响应为

$$x_o(t)=L^{-1}[X_o(s)]=L^{-1}\left[\frac{\omega_n^2}{s(s^2+2\xi\omega_n s+\omega_n^2)}\right]$$

下面根据阻尼比 ξ 的不同取值情况来分析二阶系统的单位阶跃响应。

1. 欠阻尼状态（$0<\xi<1$）

在欠阻尼状态下，二阶系统传递函数的特征方程的根是一对共轭复根，即系统具有一对共轭复数极点，则二阶系统在单位阶跃信号作用下输出的拉氏变换可展开成部分分式，即

$$\begin{aligned}X_o(s)&=\frac{\omega_n^2}{s(s^2+2\xi\omega_n s+\omega_n^2)}\\&=\frac{1}{s}-\frac{s+\xi\omega_n}{(s+\xi\omega_n)^2+\omega_d^2}-\frac{\xi}{\sqrt{1-\xi^2}}\cdot\frac{\omega_d}{(s+\xi\omega_n)^2+\omega_d^2}\end{aligned}$$

将上式进行拉普拉斯反变换，得出二阶系统在欠阻尼状态时的单位阶跃响应为

$$x_o(t)=1-e^{-\xi\omega_n t}\cos\omega_d t-\frac{\xi}{\sqrt{1-\xi^2}}e^{-\xi\omega_n t}\sin\omega_d t$$

即

$$x_o(t)=1-\frac{e^{-\xi\omega_n t}}{\sqrt{1-\xi^2}}(\sqrt{1-\xi^2}\cos\omega_d t+\xi\sin\omega_d t)\quad t\geqslant 0$$

令 $\tan\varphi=\sqrt{1-\xi^2}/\xi$，根据图 3-15 的关系可知，$\sin\varphi=\sqrt{1-\xi^2}$，$\cos\varphi=\xi$，则有

$$\sqrt{1-\xi^2}\cos\omega_d t+\xi\sin\omega_d t=\sin\varphi\cos\omega_d t+\cos\varphi\sin\omega_d t=\sin(\omega_d t+\varphi)$$

所以，

$$x_o(t)=1-\frac{e^{-\xi\omega_n t}}{\sqrt{1-\xi^2}}\sin(\omega_d t+\varphi)\quad t\geqslant 0 \tag{3-14}$$

二阶系统在欠阻尼状态下的单位阶跃响应曲线如图 3-16 所示，它是一条以 ω_d 为频率的衰减振荡曲线。从图中可以看出，随着阻尼比 ξ 的减小，其振荡幅值增大。

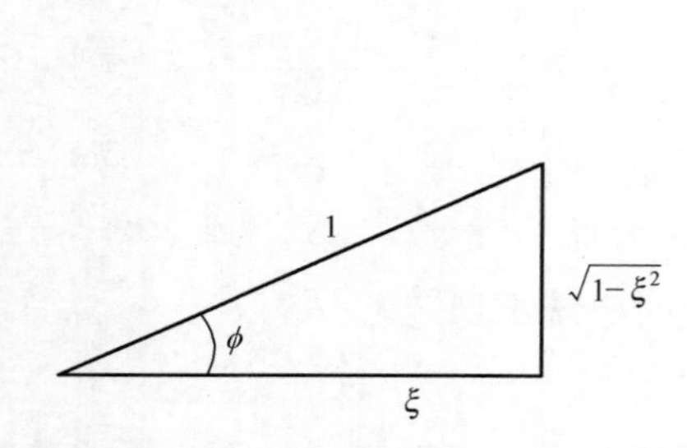

图 3-15　φ 与阻尼比 ξ 的关系

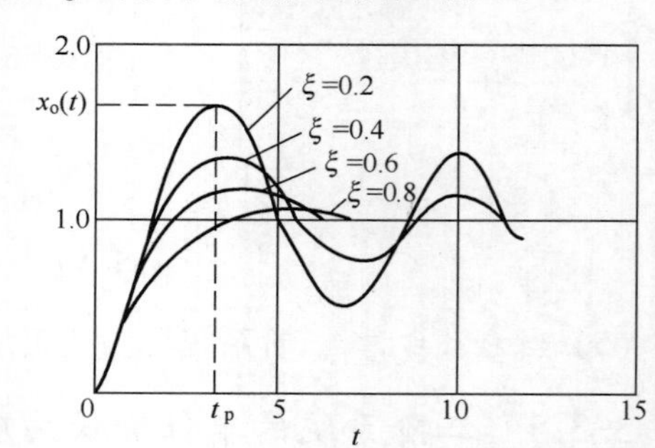

图 3-16　欠阻尼二阶系统的单位阶跃响应

2. 临界阻尼状态(ξ=1)

在临界阻尼状态下，二阶系统传递函数的特征方程的根是二重负实根，即系统具有两个相等的负实数极点，则二阶系统在单位阶跃信号作用下输出的拉普拉斯变换可展开部分分式，即

$$X_o(s)=\frac{\omega_n^2}{s(s^2+2\xi\omega_n s+\omega_n^2)}$$

$$=\frac{\omega_n^2}{s(s+\omega_n)^2}=\frac{1}{s}-\frac{1}{s+\omega_n}-\frac{\omega_n}{(s+\omega_n)^2}$$

将上式进行拉普拉斯反变换，得出二阶系统在临界阻尼状态时的单位阶跃响应为

$$x_o(t)=1-e^{-\omega_n t}-\omega_n t e^{-\omega_n t}$$

即

$$x_o(t)=1-e^{-\omega_n t}(1+\omega_n t)\quad t\geqslant 0 \tag{3-15}$$

二阶系统在临界阻尼状态下的单位阶跃响应曲线如图 3-17 所示，它是一条无振荡、无超调的单调上升曲线。

3. 过阻尼状态(ξ>1)

在过阻尼状态下，二阶系统传递函数的特征方程的根是两个不相等的负实根，即系统

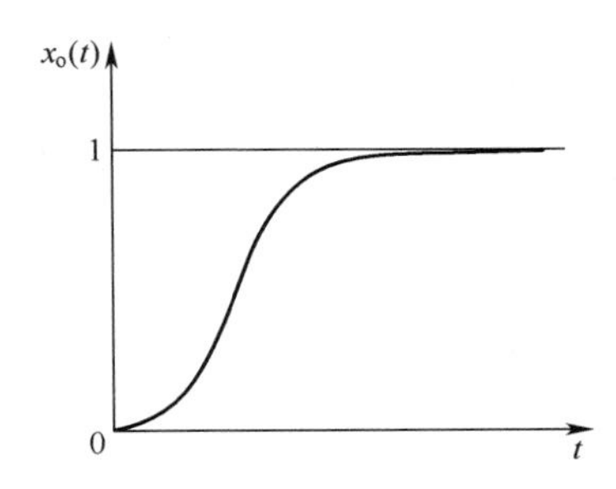

图 3-17　临界阻尼二阶系统的单位阶跃响应曲线

具有两个不相等的负实数极点，$s_1=-\xi\omega_n+\omega_n\sqrt{\xi^2-1}$，$s_2=-\xi\omega_n-\omega_n\sqrt{\xi^2-1}$，令 $s_1=-1/T_1$，$s_2=-1/T_2$，且有 $\omega_n^2=s_1s_2=1/(T_1T_2)$，这时传递函数可以写成

$$\frac{X_o(s)}{X_i(s)}=\frac{\omega_n^2}{s^2+2\xi\omega_n s+\omega_n^2}=\frac{\omega_n^2}{(s-s_1)(s-s_2)}=\frac{1/(T_1T_2)}{(s+1/T_1)(s+1/T_2)}$$

单位阶跃输入，$X_i(s)=1/s$，其响应的拉普拉斯变换为

$$X_o(s)=\frac{1/(T_1T_2)}{(s+1/T_1)(s+1/T_2)}\ \frac{1}{s}=\frac{a}{s}+\frac{b_1}{s+1/T_1}+\frac{b_2}{s+1/T_2}$$

式中：a，b_1，b_2 为待定系数，解出 $a=1$，$b_1=-T_1/(T_1-T_2)$，$b_2=T_2/(T_1-T_2)$，代入上式并取拉普拉斯反变换得

$$x_o(t)=1+\frac{1}{T_1-T_2}(-T_1\mathrm{e}^{-t/T_1}+T_2\mathrm{e}^{-t/T_2})$$

或写成

$$x_o(t)=1+\frac{\omega_n}{2\sqrt{\xi^2-1}}\left(\frac{\mathrm{e}^{s_1t}}{s_1}-\frac{\mathrm{e}^{s_2t}}{s_2}\right)\tag{3-16}$$

二阶系统在过阻尼状态下的单位阶跃响应曲线如图 3-18 所示，仍是一条无振荡、无超调的单调上升曲线，而且过渡过程时间较长。

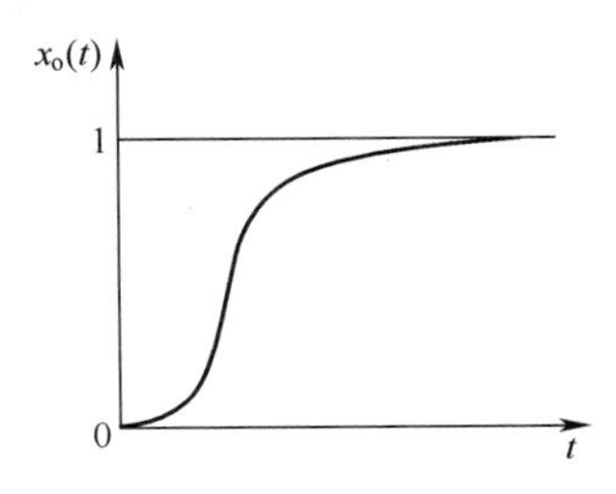

图 3-18　过阻尼二阶系统的单位阶跃响应曲线

4. 无阻尼状态($\xi=0$)

在无阻尼状态下，二阶系统传递函数的特征方程的根是一对共轭虚根，即系统具有一对共轭虚数极点，则二阶系统在单位阶跃信号作用下输出的拉普拉斯变换可展开成部分分式

$$X_o(s)=\frac{\omega_n^2}{s(s^2+2\xi\omega_n s+\omega_n^2)}$$
$$=\frac{\omega_n^2}{s(s^2+\omega_n^2)}=\frac{1}{s}-\frac{s}{s^2+\omega_n^2}$$

将上式进行拉普拉斯反变换,得出二阶系统在无阻尼状态时的单位阶跃响应为

$$x_o(t)=1-\cos\omega_n t \quad t\geqslant 0 \tag{3-17}$$

二阶系统在零阻尼状态下的单位阶跃响应曲线如图 3-19 所示,它是一条无阻尼等幅振荡曲线。

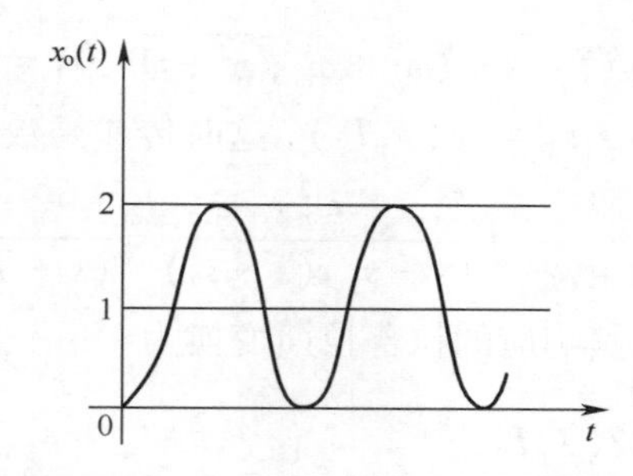

图 3-19 无阻尼二阶系统的单位阶跃响应曲线

5. 负阻尼状态($\xi<0$)

在负阻尼状态下,考察下式

$$x_o(t)=1-\frac{e^{-\xi\omega_n t}}{\sqrt{1-\xi^2}}\sin(\omega_d t+\varphi) \quad t\geqslant 0$$

当 $\xi<0$ 时,有 $-\xi\omega_n t>0$,因此当 $t\to+\infty$ 时,这说明 $x_o(t)$ 是发散的,也就是说,当 $\xi<0$ 时,系统输出无法达到与输入形式一致的稳定状态。所以负阻尼的二阶系统不能工作,称为不稳定的系统。

综上所述,二阶系统的单位阶跃响应就其振荡特性而言,当 $\xi<0$ 时,系统是发散的,将引起系统不稳定,应当避免产生。当 $\xi\geqslant 1$ 时,响应不存在超调,没有振荡,但过渡过程时间较长。当 $0<\xi<1$ 时,产生振荡,且 ξ 越小,振荡越严重。当 $\xi=0$ 时出现等幅振荡。对于欠阻尼二阶系统,如果阻尼比 ξ 在 0.4~0.8 之间,其响应曲线能较快地达到稳态值,同时振荡也不严重。因此对于二阶系统,除了一些不允许产生振荡的应用情况外,通常希望系统既有相当的快速性,又有阻尼使其只有一定程度的振荡,因此实际的工程系统常常设计成欠阻尼状态,且阻尼比 ξ 以选择在 0.4~0.8 之间为宜。

此外,当阻尼比 ξ 一定时,固有频率 ω_n 越大,系统能更快达到稳定值,响应的快速性越好。

例 3-1 已知系统的传递函数为 $G(s)=\dfrac{2s+1}{s^2+2s+1}$,试求系统的单位阶跃响应和单位脉冲响应。

解 (1) 当单位阶跃信号输入时,$x_i(t)=1(t)$,$X_i(s)=1/s$,则系统在单位阶跃信号作用下的输出的拉普拉斯变换为

$$X_o(s)=G(s)X_i(s)=\frac{2s+1}{s(s^2+2s+1)}=\frac{1}{s}+\frac{1}{(s+1)^2}-\frac{1}{s+1}$$

将上式进行拉普拉斯反变换,得出系统的单位阶跃响应为

$$x_o(t)=L^{-1}[X_o(s)]=1+te^{-t}-e^{-t}$$

(2) 当单位脉冲信号输入时, $x_i(t)=\delta(t)$,由于$\delta(t)=\frac{d}{dt}[1(t)]$,根据线性定常系统时间响应的性质,如果系统的输入信号存在微分关系,则系统的时间响应也存在对应的微分关系,因此系统的单位脉冲响应为

$$x_o(t)=\frac{d}{dt}[1+te^{-t}-e^{-t}]=2e^{-t}-te^{-t}$$

3.3.2 二阶系统的单位脉冲响应

当输入信号 $x_i(t)$ 为单位脉冲信号时, $X_i(s)=1$,二阶系统的单位脉冲响应

$$X_o(s)=\frac{\omega_n^2}{s^2+2\xi\omega_n s+\omega_n^2}$$

取拉普拉斯反变换,得其时间响应 $x_o(t)$ 。

1. 当 $0<\xi<1$ 时

$$X_o(s)=\frac{\omega_n^2}{s^2+2\xi\omega_n s+\omega_n^2}\cdot X_i(s)=\frac{\frac{\omega_n}{\sqrt{1-\xi^2}}(\omega_n\sqrt{1-\xi^2})}{(s+\xi\omega_n)^2+(\omega_n\sqrt{1-\xi^2})^2}$$

经拉普拉斯反变换可得

$$x_o(t)=\frac{\omega_n}{\sqrt{1-\xi^2}}e^{-\xi\omega_n t}\sin\omega_d t \quad t\geq 0$$

其响应曲线如图 3-20 所示。

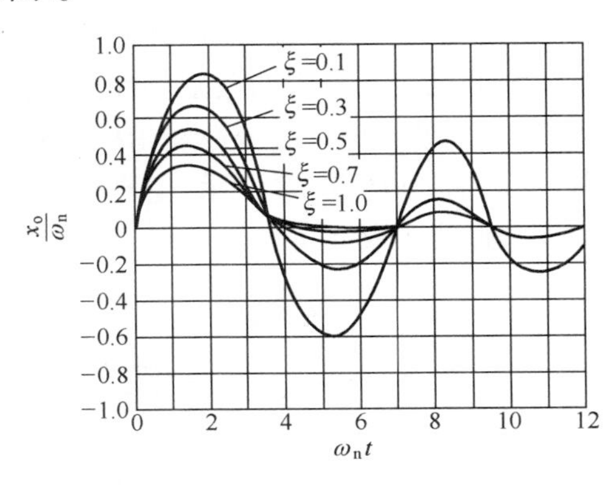

图 3-20 欠阻尼二阶系统的单位脉冲响应曲线

2. 当 $\xi=1$ 时

$$X_o(s)=\frac{\omega_n^2}{s^2+2\xi\omega_n s+\omega_n^2}\cdot X_i(s)=\frac{\omega_n^2}{(s+\omega_n)^2}$$

经拉普拉斯反变换得

$$x_{\mathrm{o}}(t)=\omega_n^2 t\mathrm{e}^{-\omega_n t} \quad t \geqslant 0$$

其响应曲线如图 3-21 所示。

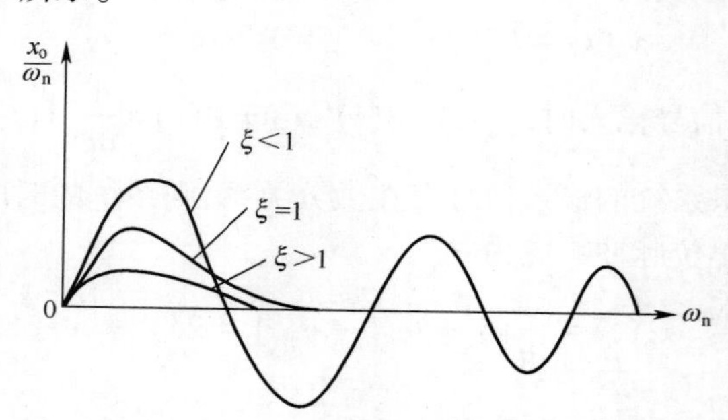

图 3-21　临界阻尼和过阻尼二阶系统的单位脉冲响应曲线

3. 当 $\xi>1$ 时

$$X_{\mathrm{o}}(s)=\frac{\omega_n^2}{s^2+2\xi\omega_n s+\omega_n^2}X_{\mathrm{i}}(s)$$

$$=\frac{\omega_n}{2\sqrt{\xi^2-1}}\left[\frac{1}{s+(\xi-\sqrt{\xi^2-1})\omega_n}-\frac{1}{s+(\xi+\sqrt{\xi^2-1})\omega_n}\right]$$

经拉普拉斯反变换得

$$x_{\mathrm{o}}(t)=\frac{\omega_n}{2\sqrt{\xi^2-1}}\left[\mathrm{e}^{-(\xi-\sqrt{\xi^2-1})\omega_n t}-\mathrm{e}^{-(\xi+\sqrt{\xi^2-1})\omega_n t}\right]$$

其响应曲线如图 3-21 所示。

3.4　瞬态响应的性能指标

对控制系统的基本要求是其响应的稳定性、准确性和快速性。控制系统的性能指标是评价系统动态品质的定量指标，是定量分析的基础。性能指标往往用几个特征量来表示，既可以在时域提出，也可以在频域提出。时域性能指标比较直观，是以系统对单位阶跃输入信号的时间响应形式给出的，如图 3-22 所示，主要有上升时间 t_{r}、峰值时间 t_{p}、最大超调量 M_{P}、调整时间 t_{s} 以及振荡次数 N 等。

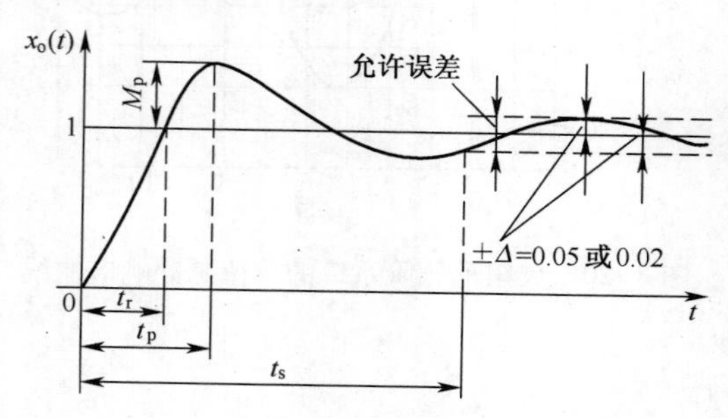

图 3-22　控制系统的时域性能指标

1. 上升时间 t_r

响应曲线从零时刻出发首次到达稳定值所需的时间称为上升时间 t_r。对于没有超调的系统,从理论上讲,其响应曲线到达稳态值的时间需要无穷大,因此,一般将其上升时间 t_r 定义为响应曲线从稳态值的10%上升到稳态值的90%所需的时间。

二阶系统在欠阻尼状态下的单位阶跃响应由式(3-14)给出,即

$$x_o(t) = 1 - \frac{e^{-\xi\omega_n t}}{\sqrt{1-\xi^2}}\sin(\omega_d t + \varphi) \quad (t \geqslant 0)$$

式中:$\omega_d = \omega_n\sqrt{1-\xi^2}$;$\varphi = \arctan\dfrac{\sqrt{1-\xi^2}}{\xi}$。

根据上升时间 t_r 的定义,有 $x_o(t_r) = 1$ 代入上式,可得

$$1 = 1 - \frac{e^{-\xi\omega_n t_r}}{\sqrt{1-\xi^2}}\sin(\omega_d t_r + \varphi)$$

即

$$\frac{e^{-\xi\omega_n t_r}}{\sqrt{1-\xi^2}}\sin(\omega_d t_r + \varphi) = 0$$

因为 $e^{-\xi\omega_n t_r} \neq 0$,且 $0 < \xi < 1$,所以必须

$$\sin(\omega_d t_r + \varphi) = 0$$

故有

$$\omega_d t_r + \varphi = k\pi \quad k = 0, \pm 1, \pm 2, \cdots$$

由于 t_r 被定义为第一次到达稳态值的时间,因此上式中应取 $k = 1$,于是得

$$t_r = \frac{\pi - \varphi}{\omega_d}$$

将 $\omega_d = \omega_n\sqrt{1-\xi^2}$,$\varphi = \arctan\dfrac{\sqrt{1-\xi^2}}{\xi}$ 代入上式,得

$$t_r = \frac{\pi - \arctan\dfrac{\sqrt{1-\xi^2}}{\xi}}{\omega_n\sqrt{1-\xi^2}} \tag{3-18}$$

由式(3-18)可见,当 ξ 一定时,ω_n 增大,t_r 就减小;当 ω_n 一定时,ξ 增大,t_r 就增大。

2. 峰值时间 t_p

响应曲线从零时刻出发首次到达第一个峰值所需的时间,称为峰值时间 t_p。

根据峰值时间 t_p 的定义,在二阶系统下,有 $\dfrac{dx_0(t)}{dt}\Big|_{t=t_p} = 0$,将式(3-14)求导并代入 t_p,可得

$$\frac{\xi\omega_n}{\sqrt{1-\xi^2}}e^{-\xi\omega_n t_p}\sin(\omega_d t_p + \varphi) - \frac{\omega_d}{\sqrt{1-\xi^2}}e^{-\xi\omega_n t_p}\cos(\omega_d t_p + \varphi) = 0$$

因为 $e^{-\xi\omega_n t_p} \neq 0$,且 $0 < \xi < 1$,所以

$$\tan(\omega_d t_p + \varphi) = \frac{\omega_d}{\xi\omega_n} = \frac{\sqrt{1-\xi^2}}{\xi} = \tan\varphi$$

从而有

$$\omega_d t_p + \varphi = \varphi + k\pi \quad k = 0,\ \pm 1,\ \pm 2, \cdots$$

由于 t_p 为到达第一个峰值的时间，因此上式中应取 $k=1$，于是得

$$t_p = \frac{\pi}{\omega_d} = \frac{\pi}{\omega_n\sqrt{1-\xi^2}} \tag{3-19}$$

由式(3-19)可见，当 ξ 一定时，ω_n 增大，t_p 就减小；当 ω_n 一定时，ξ 增大，t_p 就增大。t_p 与 t_r 随 ω_n 和 ξ 的变化趋势相同。

将有阻尼振荡周期定义为

$$T_d = \frac{2\pi}{\omega_d} = \frac{2\pi}{\omega_n\sqrt{1-\xi^2}}$$

则峰值时间 t_p 是有阻尼振荡周期 T_d 的一半。

3. 最大超调量 M_P

响应曲线的最大峰值与稳态值的差称为最大超调量 M_P，即

$$M_P = x_o(t_p) - x_o(\infty)$$

或者用百分数(%)表示

$$M_P = \frac{x_o(t_p) - x_o(\infty)}{x_o(\infty)} \times 100\%$$

根据最大超调量 M_P 的定义，有二阶系统的 $M_P = x_0(t_p) - 1$，将峰值时间 $t_p = \dfrac{\pi}{\omega_d}$ 代入上式，整理后可得

$$M_p = e^{-\frac{\xi\pi}{\sqrt{1-\xi^2}}} \tag{3-20}$$

由式(3-20)可见，最大超调量 M_P 只与系统的阻尼比 ξ 有关，而与固有频率 ω_n 无关，所以 M_P 是系统阻尼特性的描述。因此，当二阶系统的阻尼比 ξ 确定后，就可以求出相应的最大超调量 M_P；反之，如果给定系统所要求的最大超调量 M_P，则可以由它来确定相应的阻尼比 ξ。M_P 与 ξ 的关系如表 3-2 所列。

表 3-2　不同阻尼比的最大超调量

ξ	0	0.1	0.2	0.3	0.4	0.5	0.6	0.7	0.8	0.9	1
M_P/%	100	72.9	52.7	37.2	25.4	16.3	9.5	4.6	1.5	0.2	0

由式(3-20)和表 3-2 可知，阻尼比 ξ 越大，则最大超调量 M_P 就越小，系统的平稳性就越好。当取 $\xi = 0.4 \sim 0.8$ 时，相应的 $M_P = 25.4\% \sim 1.5\%$。

4. 调整时间 t_s

在响应曲线的稳态值上，用 $\pm\Delta$ 作为允许误差范围，响应曲线到达并将永远保持在这一允许误差范围内所需的时间称为调整时间 t_s，允许误差范围 $\pm\Delta$ 一般取稳态值的 ±5% 或 ±2%。

在欠阻尼状态下，二阶系统的单位阶跃响应是幅值随时间按指数衰减的振荡过程，响应曲线的幅值包络线为 $1 \pm \dfrac{e^{-\xi\omega_n t_s}}{\sqrt{1-\xi^2}}$，整个响应曲线总是包容在这一对包络线之内，同时，

这两条包络线对称于响应特性的稳态值,如图 3-23 所示。响应曲线的调整时间 t_s 可以近似地认为是响应曲线的幅值包络线进入允许误差范围 $\pm\Delta$ 之内的时间,因此有

$$1 \pm \frac{e^{-\xi\omega_n t_s}}{\sqrt{1-\xi^2}} = 1 \pm \Delta$$

也即

$$\frac{e^{-\xi\omega_n t_s}}{\sqrt{1-\xi^2}} = \Delta$$

或写成

$$e^{-\xi\omega_n t_s} = \Delta\sqrt{1-\xi^2}$$

将上式两边取对数,可得

$$t_s = \frac{-\ln\Delta - \ln\sqrt{1-\xi^2}}{\xi\omega_n}$$

在欠阻尼状态下,当 $0 < \xi < 0.7$ 时,$0 < -\ln\sqrt{1-\xi^2} < 0.34$;$0.02 < \Delta < 0.05$ 时,$3 < -\ln\Delta < 4$,因此 $-\ln\sqrt{1-\xi^2}$ 相对于 $-\ln\Delta$ 可以忽略不计,所以有

$$t_s \approx \frac{-\ln\Delta}{\xi\omega_n} \tag{3-21}$$

故取 $\Delta = 0.05$ 时,$t_s \approx \dfrac{3}{\xi\omega_n}$;取 $\Delta = 0.02$ 时,$t_s \approx \dfrac{4}{\xi\omega_n}$。

当 ξ 一定时,ω_n 越大,t_s 就越小,即系统的响应速度越快。若 ω_n 一定,以 ξ 为自变量,对 t_s 求极值,可得 $\xi = 0.707$ 时,t_s 为极小值,即系统的响应速度最快。而当 $\xi < 0.707$ 时,ξ 越小则 t_s 越大;当 $\xi > 0.707$ 时,ξ 越大则 t_s 越大。如图 3-24 所示。

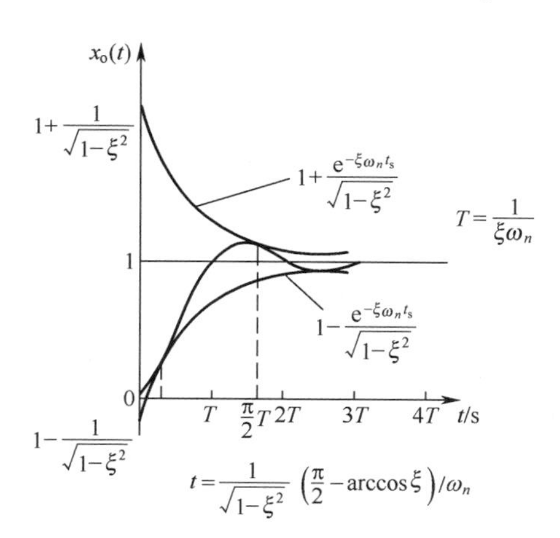

图 3-23 欠阻尼二阶系统单位阶跃响应曲线的幅值包络线

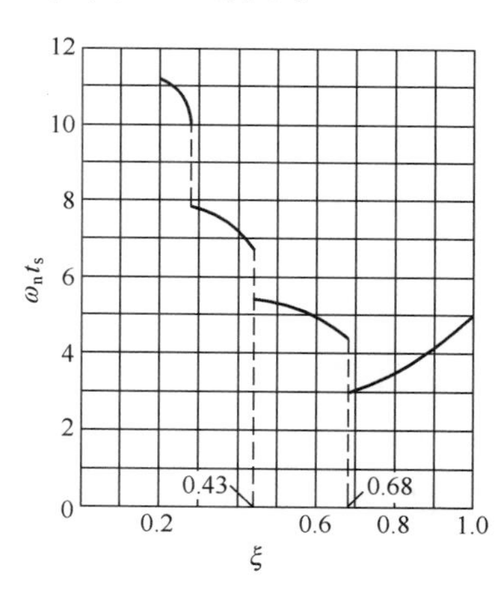

图 3-24 二阶系统时间与阻尼比的关系

5. 振荡次数 N

振荡次数 N 在调整时间 t_s 内定义,实测时可按响应曲线穿越稳态值的次数的一半来计数。

以上各项性能指标中,上升时间 t_r、峰值时间 t_p、调整时间 t_s 反映系统时间响应的快速性,而最大超调量 M_P 和振荡次数 N 则反映系统时间响应的平稳性。

根据振荡次数 N 的定义，二阶系统的振荡次数 N 可以用调整时间 t_s 除以有阻尼振荡周期 T_d 来近似地求得，即

$$N = \frac{t_s}{T_d} = t_s \cdot \frac{\omega_n \sqrt{1-\xi^2}}{2\pi} \tag{3-22}$$

取 $\Delta = 0.05$ 时，$t_s = \dfrac{3}{\xi\omega_n}, N = \dfrac{3\sqrt{1-\xi^2}}{2\xi\pi}$；

取 $\Delta = 0.02$ 时，$t_s = \dfrac{4}{\xi\omega_n}, N = \dfrac{2\sqrt{1-\xi^2}}{\xi\pi}$。

由此可见，振荡次数 N 只与系统的阻尼比 ξ 有关，而与固有频率 ω_n 无关。阻尼比 ξ 越大，振荡次数 N 越小，系统的平稳性就越好。所以，振荡次数 N 也直接反映了系统的阻尼特性。

综上所述，二阶系统的固有频率 ω_n 和阻尼比 ξ 与系统过渡过程的性能有着密切的关系。要使二阶系统具有满意的动态性能，必须选取合适的固有频率 ω_n 和阻尼比 ξ。增大阻尼比 ξ，可以减弱系统的振荡性能，即减小超调量 M_P 和振荡次数 N，但是增大了上升时间 t_r 和峰值时间 t_p。如果阻尼比 ξ 过小，系统的平稳性又不能符合要求。所以，通常要根据所允许的最大超调量 M_P 来选择阻尼比 ξ。阻尼比 ξ 一般选择在 0.4~0.8 之间，然后再调整固有频率 ω_n 的值以改变瞬态响应时间。当阻尼比 ξ 一定时，固有频率 ω_n 越大，系统响应的快速性越好，即上升时间 t_r、峰值时间 t_p 和调整时间 t_s 越小。

例 3-2 如图 3-25 所示控制系统，欲使系统的最大超调量等于 0.2，峰值时间等于 1s，试确定增益 K 与 K_h 的数值，并确定在此 K 与 K_h 数值下，系统的上升时间 t_r 和调整时间 t_s。

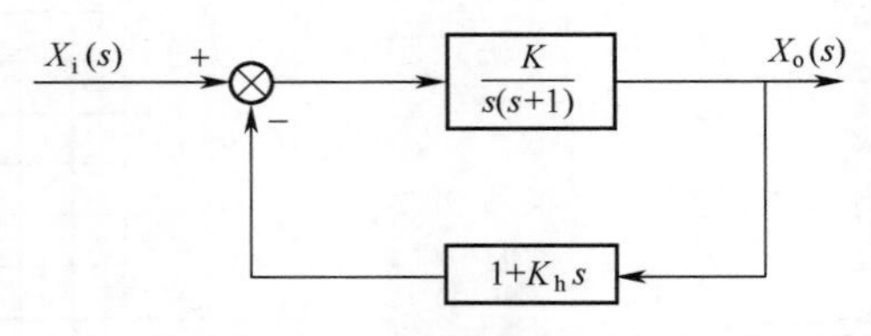

图 3-25 控制系统方框图

解 依题意，

$$M_p = e^{-\frac{\xi\pi}{\sqrt{1-\xi^2}}} = 0.2$$

解之，得 $\xi = 0.456$

依题意 $t_p = \pi/\omega_d = 1\text{s}$

则 $\omega_d = \pi(\text{rad/s})$

$$\omega_n = \frac{\omega_d}{\sqrt{1-\xi^2}} = \frac{\pi}{\sqrt{1-0.456^2}} = 3.53(\text{rad/s})$$

$$\frac{X_o(s)}{X_i(s)} = \frac{\dfrac{K}{s(s+1)}}{1+\dfrac{K(1+K_h s)}{s(s+1)}} = \frac{K}{s^2+(KK_h+1)s+K} = \frac{\omega_n^2}{s^2+2\xi\omega_n s+\omega_n^2}$$

所以 $K=\omega_n^2=3.53^2=12.5(\mathrm{rad}^2/\mathrm{s}^2)$

$$K_{\mathrm{h}}=\frac{2\xi\omega_n-1}{K}=\frac{2\times0.456\times3.53-1}{12.5}=0.178(\mathrm{s})$$

$$t_{\mathrm{r}}=\frac{1}{\omega_{\mathrm{d}}}\left(\pi-\arctan\frac{\sqrt{1-\xi^2}}{\xi}\right)=\frac{1}{\pi}\left(\pi-\arctan\frac{\sqrt{1-0.456^2}}{0.456}\right)=0.65(\mathrm{s})$$

$$t_{\mathrm{s}}=\frac{4}{\xi\omega_n}=\frac{4}{0.456\times3.53}=2.48(\mathrm{s})\qquad（系统进入\pm2\%的误差范围）$$

例 3-3 图 3-26(a)所示为一机械系统，当在质量 m 上施加 8.9N 阶跃力后，记录其位移的时间响应曲线如图 3-26(b)所示，试求该系统的质量 m、弹性系数 k 和黏性阻尼系数 f 的数值。

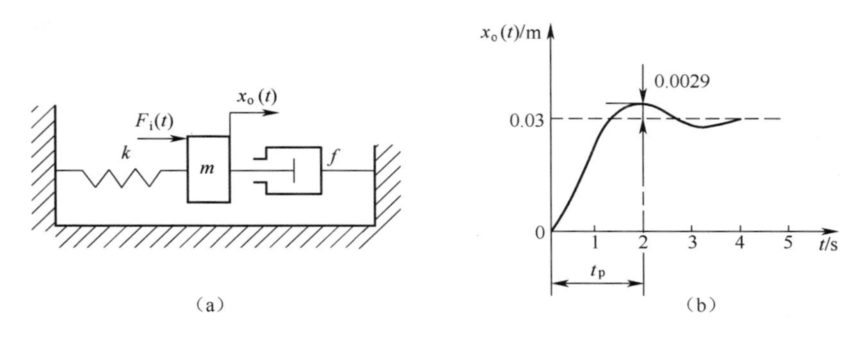

图 3-26

解 根据牛顿第二定律

$$F_{\mathrm{i}}(t)-kx_{\mathrm{o}}(t)-f\frac{\mathrm{d}x_{\mathrm{o}}(t)}{\mathrm{d}t}=m\frac{\mathrm{d}x_{\mathrm{o}}^2(t)}{\mathrm{d}t^2}$$

进行拉普拉斯变换，并整理得

$$(ms^2+fs+k)X_{\mathrm{o}}(s)=F_{\mathrm{i}}(s)$$

$$\frac{X_{\mathrm{o}}(s)}{F_{\mathrm{i}}(s)}=\frac{1}{ms^2+fs+k}=\frac{\frac{1}{k}\cdot\frac{k}{m}}{s^2+\frac{f}{m}s+\frac{k}{m}}=\frac{\frac{1}{k}\omega_n^2}{s^2+2\xi\omega_ns+\omega_n^2}$$

$$X_{\mathrm{o}}(s)=\frac{1}{ms^2+fs+k}F_{\mathrm{i}}(s)=\frac{1}{ms^2+fs+k}\cdot\frac{8.9}{s}$$

由终值定理得

$$x_{\mathrm{o}}(\infty)=\lim_{s\to0}sX_{\mathrm{o}}(s)=\lim_{s\to0}s\frac{1}{ms^2+fs+k}\cdot\frac{8.9}{s}=\frac{8.9}{k}=0.03(\mathrm{m})$$

$$k=\frac{8.9}{0.03}=297(\mathrm{N/m})$$

$$M_{\mathrm{p}}=\mathrm{e}^{-\frac{\xi\pi}{\sqrt{1-\xi^2}}}=\frac{0.0029}{0.03}$$

解得 $\xi=0.6$

$$\omega_n = \frac{\pi}{t_p\sqrt{1-\xi^2}} = \frac{\pi}{2\sqrt{1-0.6^2}} = 1.96(\mathrm{rad/s})$$

$$m = \frac{k}{\omega_n^2} = \frac{297}{1.96^2} = 77.3(\mathrm{kg})$$

$$f = 2\xi\omega_n m = 2 \times 0.6 \times 1.96 \times 77.3 = 181.8(\mathrm{N \cdot s/m})$$

3.5 误差分析与计算

稳态误差是指过渡过程结束后,系统实际的输出量与希望的输出量之间的偏差,这是稳态性能的测度。系统的稳态性能不仅取决于系统的结构与参数,还和输入的类型有关。

这里研究的稳态误差是指系统在没有随机干扰作用时,元件也是理想线性的情况下,系统仍然可能存在的误差。

3.5.1 基本概念

1. 系统的误差 $e(t)$ 与偏差 $\varepsilon(t)$ 的计算

1) 误差与偏差

设 $x_{or}(t)$ 是控制系统所希望的输出, $x_o(t)$ 是其实际的输出,则误差定义为

$$e(t) = x_{or}(t) - x_o(t)$$

其拉普拉斯变换记为 $E_1(s)$ (为避免与偏差 $E(s)$ 混淆,用下标 1 区别),

$$E_1(s) = X_{or}(s) - X_o(s) \tag{3-23}$$

控制系统的偏差定义为

$$\varepsilon(t) = x_i(t) - h(t) * x_o(t)$$

式中: $h(t)$ 为反馈回路的单位脉冲响应函数, $\varepsilon(t)$ 的拉普拉斯变换为

$$E(s) = X_i(s) - H(s)X_o(s) \tag{3-24}$$

式中: $H(s)$ 为反馈回路的传递函数,现求偏差 $E(s)$ 与误差 $E_1(s)$ 之间的关系。

由第 1 章可知,一个闭环的控制系统之所以能对输出 $X_o(s)$ 起自动控制作用,就在于运用偏差 $E(s)$ 进行控制,即当 $X_o(s) \neq X_{or}(s)$ 时,由于 $E(s) \neq 0$, $E(s)$ 就起控制作用,力图将 $X_o(s)$ 值调节到 $X_{or}(s)$ 值;反之,当 $X_o(s) = X_{or}(s)$ 时,应有 $E(s) = 0$,即 $E(s)$ 不再对 $X_o(s)$ 进行调节,因此,当 $X_o(s) = X_{or}(s)$ 时,有

$$E(s) = X_i(s) - H(s)X_o(s) = X_i(s) - H(s)X_{or}(s) = 0$$

故

$$X_i(s) = H(s)X_{or}(s)$$

或

$$X_{or}(s) = \frac{1}{H(s)}X_i(s) \tag{3-25}$$

由式(3-23)、式(3-24)和式(3-25)可求得在一般情况下系统的误差与偏差间的关系为

$$E(s) = H(s)E_1(s)$$

或

$$E_1(s)=\frac{1}{H(s)}E(s) \tag{3-26}$$

由上可知，求出偏差后即可求出误差，对单位反馈系统来说，$H(s)=1$，故偏差 $\varepsilon(t)$ 与误差 $e(t)$ 相同，上述关系如图 3-27 所示。

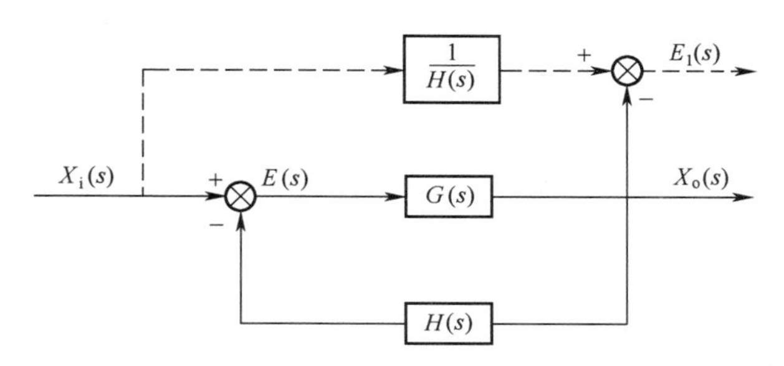

图 3-27　控制系统方框图

2）误差 $e(t)$ 的一般计算公式

为了在一般情况下分析、计算系统的误差 $e(t)$，设输入 $X_i(s)$ 与干扰 $N(s)$ 同时作用于系统，如图 3-28 所示。

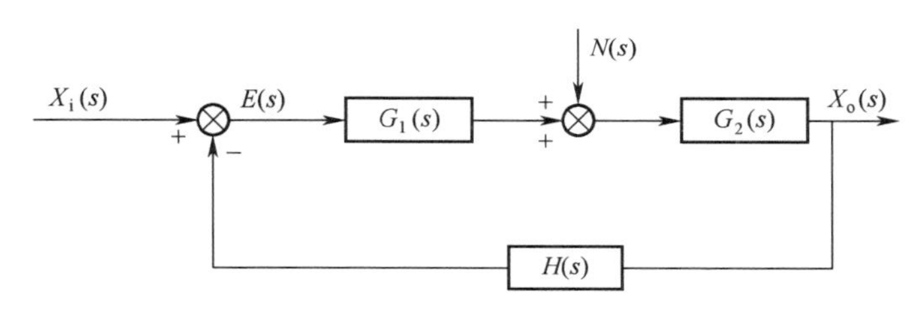

图 3-28　干扰作用下的闭环系统

现可求得在图示情况下的 $X_o(s)$，即

$$\begin{aligned}X_o(s)&=\frac{G_1(s)G_2(s)}{1+G_1(s)G_2(s)H(S)}X_i(s)+\frac{G_2(s)}{1+G_1(s)G_2(s)H(s)}N(s)\\&=G_{X_i}(s)X_i(s)+G_N(s)N(s)\end{aligned} \tag{3-27}$$

式中：$G_{X_i}(s)=\dfrac{G_1(s)G_2(s)}{1+G_1(s)G_2(s)H(S)}$ 为输入与输出之间的传递函数；$G_N(s)=\dfrac{G_2(s)}{1+G_1(s)G_2(s)H(s)}$ 为干扰与输出之间的传递函数。

将式(3-25)、式(3-27)代入式(3-23)得

$$\begin{aligned}E_1(s)&=X_{or}(s)-X_o(s)=\frac{X_i(s)}{H(s)}-G_{X_i}(s)X_i(s)-G_N(s)N(s)\\&=\left[\frac{1}{H(s)}-G_{X_i}(s)\right]X_i(s)+[-G_N(s)]N(s)\\&=\Phi_{X_i}(s)X_i(s)+\Phi_N(s)N(s)\end{aligned} \tag{3-28}$$

式中

$$\Phi_{X_i}(s)=\frac{1}{H(s)}-G_{X_i}(s)\qquad \Phi_N(s)=-G_N(s)$$

其中，$\Phi_{X_i}(s)$ 为无干扰 $n(t)$ 时误差 $e(t)$ 对于输入 $x_i(t)$ 的传递函数；$\Phi_N(s)$ 为无输入 $x_i(t)$ 时误差 $e(t)$ 对于干扰 $n(t)$ 的传递函数。$\Phi_{X_i}(s)$ 和 $\Phi_N(s)$ 总称为误差传递函数，反映了系统的结构与参数对误差的影响。

2. 稳态误差

由上述分析可知，对于高阶系统，求解误差 $e(t)$ 与求解系统的输出 $x_o(t)$ 一样困难，然而，如果关心的只是衡量系统最终控制精度的性能指标，即系统控制过程平稳下来以后的误差，也就是系统误差 $e(t)$ 的瞬态分量消失以后的稳态误差，问题就简单了。

稳定系统误差的终值称为稳态误差。当时间趋于无穷时，$e(t)$ 的极限存在，则稳态误差 e_{ss} 为

$$e_{ss} = \lim_{t \to +\infty} e(t) \tag{3-29}$$

3.5.2 稳态误差的计算

根据拉普拉斯变化的终值定理，稳态误差为

$$e_{ss} = \lim_{t \to \infty} e(t) = \lim_{s \to 0} sE_1(s) \tag{3-30}$$

式中：$E_1(s)$ 为误差响应 $e(t)$ 的拉普拉斯变换。

式(3-30)的使用条件是：$sE_1(s)$ 在[s]平面的右半部和虚轴上必须解析，即 $sE_1(s)$ 的全部极点都必须分布在 s 平面的左半部。坐标原点的极点一般归入 s 平面的左半部来考虑。

当系统的传递函数确定以后，由输入信号引起的误差与输入信号之间的关系可以确定，如图 3-27 所示：

$$\begin{aligned} E_1(s) &= X_{or}(s) - X_0(s) = \frac{1}{H(s)} X_i(s) - \frac{G(s)}{1 + G(s)H(s)} X_i(s) \\ &= \frac{1}{H(s)[1 + G(s)H(s)]} X_i(s) = \Phi_{X_i}(s) X_i(s) \end{aligned} \tag{3-31}$$

式中：$\Phi_{X_i}(s) = \dfrac{E_1(s)}{X_i(s)} = \dfrac{1}{H(s)[1 + G(s)H(s)]}$ 为误差对于输入信号（控制信号）的闭环传递函数。将式(3-31)代入式(3-30)中，得稳态误差计算公式：

$$e_{ss} = \lim_{s \to 0} sE_1(s) = \lim_{s \to 0} s \frac{1}{H(s)[1 + G(s)H(s)]} X_i(s) \tag{3-32}$$

式中：$H(s)$，$G(s)$ 分别为系统的反馈传递函数和前向传递函数；$G(s)H(s)$ 为系统的开环传递函数。用式(3-32)可以计算不同输入信号 $X_i(s)$ 产生的稳态误差。

例 3-4 系统方框图如图 3-29 所示，当输入信号 $x_i(t) = t$ 时，求系统的稳态误差。

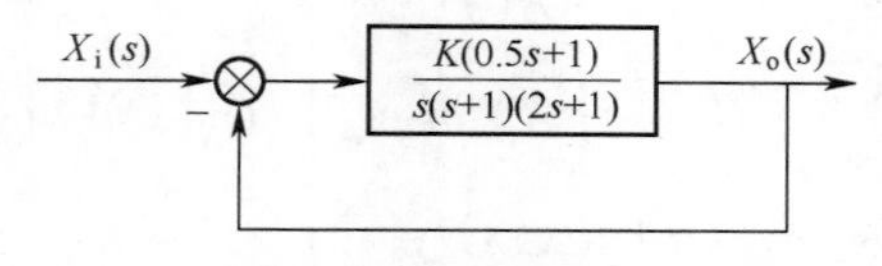

图 3-29 系统方框图

解 由于必须是稳定系统计算稳态误差才有意义，所以应先判别系统是否稳定，判别

系统稳定性的方法将在第 5 章中叙述,本节所涉及的系统都是稳定的。

由题意知,输入信号 $x_i(t)=t$,其拉普拉斯变换 $X_i(s)=1/s^2$,将传递函数和输入信号代入式(3-32)中,得稳态误差为

$$e_{ss}=\lim_{s\to 0}s\frac{s(s+1)(2s+1)}{s(s+1)(2s+1)+K(0.5s+1)}\frac{1}{s^2}=\frac{1}{K}$$

计算结果表明,稳态误差的大小与系统的开环增益 K 有关,K 越大,e_{ss} 越小。

3.5.3 输入信号作用下的稳态误差与系统的关系

当只有输入作用时,一般控制系统的方框图如图 3-28 所示,其开环传递函数 $G(s)H(s)$ 可写成典型环节串联相乘的形式

$$G(s)H(s)=\frac{K(\tau_1 s+1)\cdots(\tau_2^2 s^2+2\xi'\tau_2 s+1)\cdots}{s^{\nu}(T_1 s+1)\cdots(T_2^2 s^2+2\xi' T_2 s+1)\cdots} \tag{3-33}$$

式中:K 为开环增益(注意上式中各括号内的常数项都为 1),ν 为开环传递函数中包含积分环节的数目。根据 ν 来区分系统的型别,把 $\nu=0$ 的系统称为 0 型系统,$\nu=1$ 的系统称为Ⅰ型系统,$\nu=2$ 的系统称为Ⅱ型系统,依次类推。

稳态误差与系统的型别有关,下面分析位置、速度和加速度三种信号输入时系统的稳态误差。为了便于说明,下面以 $H(s)=1$ 的情况进行讨论。

(1) 输入位置信号(阶跃函数)时,$X_i(s)=r_0/s$,r_0 表示位置信号的幅值,是常数。稳态误差为

$$e_{ss}=\lim_{s\to 0}s\frac{1}{H(s)[1+G(s)H(s)]}\frac{r_0}{s} \tag{3-34}$$

当 $H(s)=1$ 时,并把式(3-33)代入式(3-34)中得

$$e_{ss}=\frac{r_0}{1+\lim\limits_{s\to 0}G(s)H(s)}=\frac{r_0}{1+\lim\limits_{s\to 0}(K/s^{\nu})}=\begin{cases}\dfrac{r_0}{1+K} & \nu=0\\ 0 & \nu\geqslant 1\end{cases} \tag{3-35}$$

式(3-35)表明,在阶跃输入下,系统消除误差的条件是 $\nu\geqslant 1$,即在开环传递函数中至少要有一个积分环节。

(2) 输入速度信号(斜坡函数)时,$x_i(t)=v_0 t\cdot 1(t)$,$X_i(s)=v_0/s^2$,其中常数 v_0 表示输入信号速度的大小。系统的稳态误差为

$$e_{ss}=\lim_{s\to 0}s\frac{1}{1+G(s)H(s)}\frac{v_0}{s^2}=\frac{v_0}{\lim\limits_{s\to 0}(sK/s^{\nu})}=\begin{cases}\infty & \nu=0\\ \dfrac{v_0}{K} & \nu=1\\ 0 & \nu\geqslant 2\end{cases} \tag{3-36}$$

式(3-36)表明,斜坡输入下系统消除误差的条件是 $\nu \geqslant 2$。

(3) 输入等加速度信号(抛物线函数) $x_i(t) = a_0t^2/2$ 时,常数 a_0 是加速度的大小,则 $X_i(s) = a_0/s^3$,系统的稳态误差为

$$e_{ss} = \lim_{s\to0} s \frac{1}{1 + G(s)H(s)} \frac{a_0}{s^3} = \frac{a_0}{\lim\limits_{s\to0} s^2 G(s)H(s)}$$

$$= \frac{a_0}{\lim\limits_{s\to0} \frac{s^2K}{s^\nu}} = \begin{cases} \infty & \nu = 0, \nu = 1 \\ \frac{a_0}{K} & \nu = 2 \\ 0 & \nu \geqslant 3 \end{cases} \tag{3-37}$$

这种情况下系统消除误差的条件是 $\nu \geqslant 3$,即开环传递函数中至少要有三个积分环节。

由上边分析看出,同样一种输入信号,对于结构不同的系统产生的稳态误差不同,系统型别越高,误差越小,即跟踪输入信号的无差能力越强。所以系统的型别反映了系统无差的度量,故又称无差度。0 型、Ⅰ型和Ⅱ型系统又分别称为 0 阶无差,一阶无差和二阶无差系统。因此,型别是从系统本身结构的特征上,反映了系统跟踪输入信号的稳态精度。另一方面,型别相同的系统输入不同信号引起的误差不同,即同一个系统对不同信号的跟踪能力不同,从另一个角度反映了系统消除误差的能力。

将三种典型输入下的稳态误差与系统型别之间的关系综合在表 3-3 中,可由此根据具体控制信号的形式,从精度要求方面正确选择系统型别。

表 3-3　单位反馈控制系统在不同输入信号作用下的稳态误差

系统型别 ν	阶跃输入 $r_0 \cdot 1(t)$	斜坡输入 $v_0t \cdot 1(t)$	抛物线函数 $a_0t^2/2$
0	$\frac{r_0}{1+K}$	∞	∞
Ⅰ	0	$\frac{v_0}{K}$	∞
Ⅱ	0	0	$\frac{a_0}{K}$

从表中可清楚看出,在主对角线上,稳态误差是有限的;在对角线以上,稳态偏差为无穷大;在对角线以下,稳态误差为 0。

增加系统开环传递函数中的积分环节和增大开环增益,是消除和减小系统稳态误差的途径。但 ν 和 K 值的增大,都会造成系统的稳定性变坏,设计者的任务正在于合理地解决这些相互制约的矛盾,选取合理的参数。

应当指出,上述信号中的位置、速度和加速度是广义的,如在温度控制系统中的"位置"表示温度信号,"速度"则表示温度的变化率。

例 3-5　引入比例加微分控制系统的方框图如图 3-30 所示,若输入信号

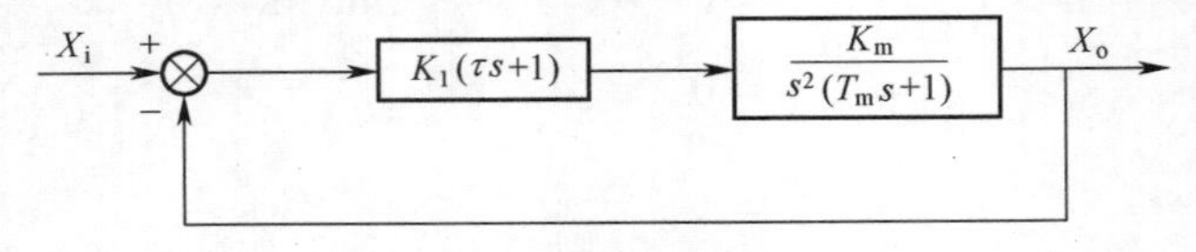

图 3-30　例 3-5 的系统方框图

$$x_i(t) = 1(t) + t + \frac{t^2}{2},$$

试求系统的稳态误差。

解 该系统的开环传递函数中含有两个积分环节,是Ⅱ型系统;开环增益为 K_1K_m,因此

当输入 $x_i(t) = 1(t)$ 时, $e_{ss1} = 0$

当输入 $x_i(t) = t$ 时, $e_{ss2} = 0$

当输入 $x_i(t) = t^2/2$ 时, $e_{ss3} = 1/K = 1/(K_1K_m)$

所以,系统的稳态误差为

$$e_{ss} = e_{ss1} + e_{ss2} + e_{ss3} = 1/(K_1K_m)$$

最后说明几点,第一,系统必须是稳定的,否则计算稳态误差没有意义。第二,上述公式及表3-3中的K值是系统开环增益,即在开环传递函数中,各环节中的常数项须化成1的形式。第三,表3-3显示的规律是在单位反馈情况下建立的,在非单位反馈情况下,如果 $H(s)$ 的分子和分母中均不含有 $s = 0$ 的因子,其稳态误差与表3-3的结果相差一个常数倍。如果 $H(s)$ 中含有 $s = 0$ 的因子,其稳态误差应当用式(3-32)计算。第四,上述结论只适用于输入信号作用下系统的稳态误差,不适用于干扰作用下的稳态误差。

3.5.4 干扰引起的稳态误差和系统的总误差

在实际控制系统中,不但存在给定的输入信号 $X_i(s)$,还存在干扰作用 $N(s)$,如图3-28所示。如果干扰不是随机的,而是能测量出来的简单信号,并且知道其作用点,这时可以计算由干扰引起的稳态误差。利用线性系统的叠加原理,系统总的误差即为输入及干扰信号单独作用时产生的误差之和。

显然,由作用 $X_i(s)$ 得到的误差为

$$e_{ssi} = \lim_{s\to 0} s \cdot \frac{1}{H(s)[1 + G_1(s)G_2(s)H(s)]} \cdot X_i(s)$$

由于扰动作用 $N(s)$ 引起的误差为

$$e_{ssn} = \lim_{s\to 0} s \cdot \left(-\frac{G_2(s)}{1 + G_1(s)G_2(s)H(s)}\right) \cdot N(s)$$

上式很容易从图3-31中推出。

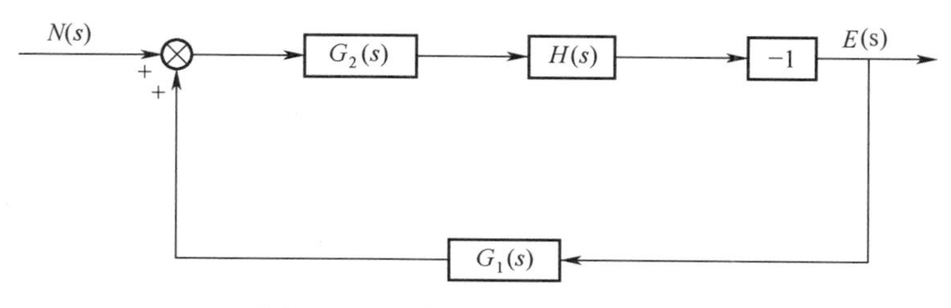

图3-31 干扰引起偏差的方框图

因此,总的稳态误差为

$$e_{ss} = e_{ssi} + e_{ssn}$$

例 3-6 系统结构图如图 3-32 所示，当输入信号 $x_i(t) = 1(t)$ ，干扰 $N(t) = 1(t)$ 时，求系统总的稳态误差 e_{ss} 。

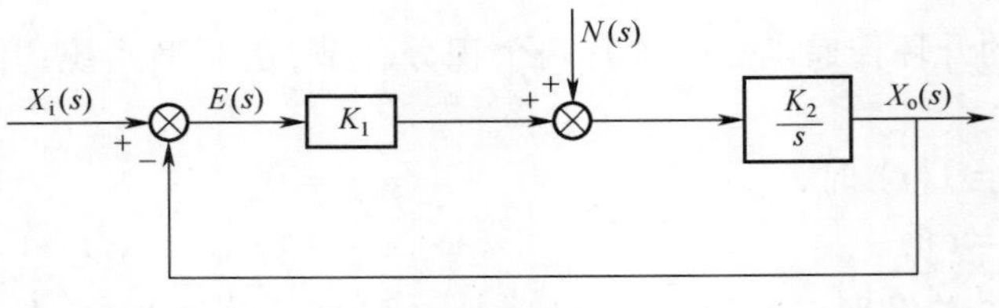

图 3-32 系统方框图

解 输入引起的稳态误差

$$e_{ssi} = \lim_{s \to 0} s \cdot \frac{1}{1 + \frac{K_1 K_2}{s}} \cdot \frac{1}{s} = 0$$

干扰引起的稳态误差

$$e_{ssn} = \lim_{s \to 0} s \cdot \frac{-\frac{K_2}{s}}{1 + \frac{K_1 K_2}{s}} \cdot \frac{1}{s} = \lim_{s \to 0} \frac{-K_2}{s + K_1 K_2} = -\frac{1}{K_1}$$

所以，系统总的稳态误差为

$$e_{ss} = e_{ssi} + e_{ssn} = -\frac{1}{K_1}$$

3.6 基于 MATLAB 的控制系统时域分析

利用时域分析方法能够了解控制系统的动态性能，如系统的上升时间、调节时间、最大超调量和稳态误差都可以通过系统在给定输入信号作用下的过渡过程来评价。但是对于高于二阶的系统，绘制其时域响应曲线的实际步骤是通过计算机仿真实现的。MATLAB 控制系统工具箱提供了多种线性系统在特定输入信号作用下的时间响应曲线的函数，例如可以用 step 函数、impulse 函数和 lsim 函数对线性连续系统的时间响应进行仿真计算。其中 step 函数用于生成单位阶跃响应；impulse 函数用于生成单位脉冲响应；lsim 函数用于生成对任意输入的时间响应。

1. 单位阶跃响应

单位阶跃响应函数 step 的调用格式为

```
step(num,den)或 step(sys)
```

其中 sys 可以由函数 tf 或函数 zpk 得到。该命令将生成一个单位阶跃响应图形，并将在屏幕上显示一条响应曲线。计算的间隔 Δt 以及响应的时间范围由 MATLAB 来决定。

如果希望 MATLAB 对于每个 Δt 秒都计算出响应，并画出 $0 \leqslant t \leqslant T$ 的响应曲线（这里 T 是 Δt 的整数倍数），在程序中输入语句

$$t = 0: \Delta t: T$$

并应用命令

```
step(num,den,t)或 step(sys,t)
```

这里 t 是使用者指定的时间。

仿真时间 t 的选择：

（1）对于典型二阶系统根据其响应时间的估算公式 $t_s = \dfrac{3 \sim 4}{\xi\omega_n}$ 可以确定。

（2）对于高阶系统往往其响应时间很难估计，一般采用试探的方法，把 t 选大一些，看看响应曲线的结果，最后再确定其合适的仿真时间。

（3）一般来说，先不指定仿真时间，由 MATLAB 自己确定，然后根据结果，最后确定合适的仿真时间。

（4）在指定仿真时间时，步长的不同会影响到输出曲线的光滑程度，一般不易取太大。

如果阶跃命令存在一个左边变量，如

```
y =step(num,den,t) 或 y = step(sys,t)
```

那么 MATLAB 生成系统的单位阶跃响应，但是不能在屏幕上显示曲线。必须使用 plot 命令来显示响应曲线。注意，时间 t 是事先定义的矢量，阶跃响应矢量 y 与矢量 t 有相同的维数。

例 3-7 假设系统的开环传递函数为

$$G_k(s) = \frac{20}{s^4 + 8s^3 + 36s^2 + 40s}$$

试求该系统在单位负反馈下的阶跃响应曲线和最大超调量。

解 MATLAB 程序如下：

```
% example3_3_1.m
numk = 20;denk = [1 8 36 40 0];
[num,den] = cloop(numk,denk);
t = 0:0.1:10;
[y,x,t] = step(num,den,t);
plot(t,y,'black')
M = ((max(y)-1)/1) * 100;
disp(['最大超调量 = ',num2str(M),'%'])
```

执行结果为：最大超调量 M=2.5546%，单位阶跃响应曲线如图 3-33 所示。Disp 函数为 MATLAB 提供的命令窗口输出函数，其调用格式为 disp(变量名)，其中，变量名既可以为字符串，也可以为变量矩阵。

在求出系统的单位阶跃响应以后，根据系统瞬态性能指标的定义，可以得到系统的上升时间、峰值时间、最大超调量和调整时间等性能指标。另外，鼠标置于图形上，右击鼠标，在快捷菜单中选择 Grid（网格）功能也可以给图形添加网格线。鼠标置于 Characteristics（特性）项，在子菜单中选择 Peak Response（响应峰值）、Settling Time（调整时间）、Rise Time（上升时间）和 Steady State（稳态值），MATLAB 将在响应曲线上标出这些点的位置。将鼠标置于响应曲线的任意位置，单击，MATLAB 都将显示与该点对应的时间及响应值。

例 3-8 对于典型二阶系统

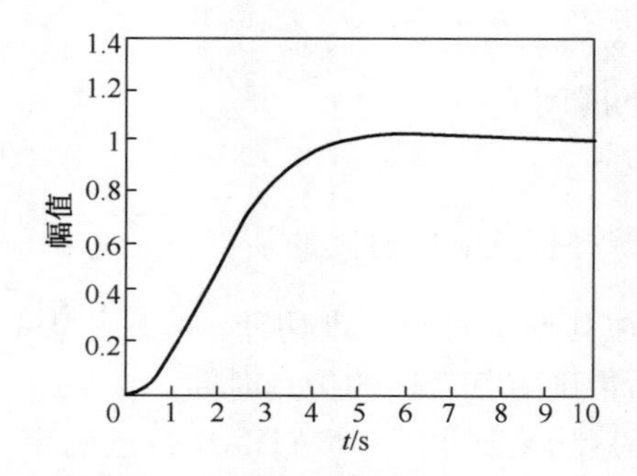

图 3-33　例 3-7 阶跃响应曲线

$$G(s)=\frac{\omega_n^2}{s^2+2\xi\omega_n s+\omega_n^2}$$

试绘制出无阻尼固有频率 $\omega_n=6$，阻尼比 ξ 从 0.2～1.0（间隔 0.2）及 2.0 时系统的单位阶跃响应曲线。

解　MATLAB 程序如下：

```
% example3_3_2.m
wn = 6;zeta = [0.2:0.2:1.0,2.0];
figure(1);hold on
for I = zeta
num = wn.^2;
den = [1,2 * I * wn,wn.^2];
step(num,den);end
title('Step Response');hold off
```

执行后可得到如图 3-34 所示的单位阶跃响应曲线。

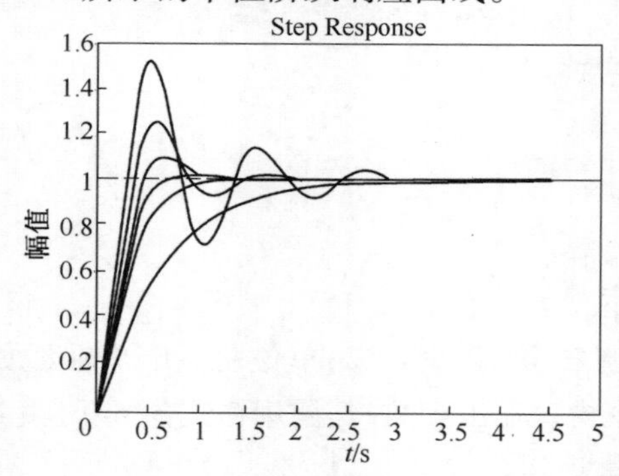

图 3-34　例 3-8 单位阶跃响应曲线

2. 单位脉冲响应

求取系统单位脉冲响应的函数 impulse 和单位阶跃函数 step 的调用格式完全一致。

例 3-9　对于下列系统传递函数

$$\frac{X_o(s)}{X_i(s)}=\frac{50}{25s^2+2s+1}$$

下列 MATLAB 程序 example8_3_3. m 将给出该系统的单位脉冲响应曲线。该单位脉冲响应曲线如图 3-35 所示。

解

```
% example3_3_3.m
num =[50];
den = [25,2,1];
impulse(num,den)
grid
title('Unit-Impulse Response of G(s)= 50 /(25s^2+2s+1)')
```

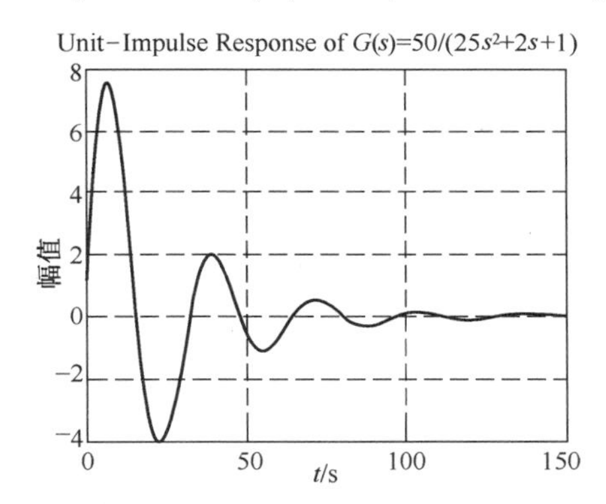

图 3-35　例 3-9 单位脉冲响应曲线

3. 任意函数作用下系统的响应

命令 lsim 产生线性定常系统对于任意输入的响应。函数 lsim 的调用格式为

```
lsim(sys,u,t) 或 lsim(num,den,u,t)
```

产生对于输入 u 的系统响应。这里 u 为输入,t 表示计算对 u 响应的时间。(响应时间范围、时间增量都用语句说明)。

命令

```
y = lsim(sys,u,t) 或 y = lsim(num,den,u,t)
```

返回输出响应 y。没有曲线被画出。需要画出响应曲线时,使用命令 plot。

注意,命令

```
lsim(sys1,sys2,…,u,t)
```

在一幅图上画出系统 sys1,sys2,…的响应曲线。此外要注意,在使用命令 lsim 时,我们能够对于斜坡输入、加速度输入以及任何其他用 MATLAB 生成的时间函数输入获得系统的响应。

例如

```
t = 0:0.01:5;
u = sin(t);
lsim(sys,u,t)
```

为系统对 $u(t)=\sin(t)$ 在 5s 之内的输入响应仿真。

例 3-10　已知单位负反馈控制系统的开环传递函数为

$$G(s)=\frac{25}{s(s+4)}$$

求其闭环传递函数,并绘制输入信号为 $x_i(t)=1+0.2\sin(4t)$ 时,系统的时域响应曲线 $x_o(t)$ 。

解　MATLAB 程序如下:

```
% example3_3_4.m
```

```
numk = 25;denk = conv([1 0],[1 4]);
[num,den] = cloop(numk,denk);
printsys(num,den)
t = 0:0.1:5;
r = 1+0.2 * sin(4 * t);
y = lsim(num,den,r,t);
plot(t,r,t,y)
grid
xlabel('t(s)');ylabel('y(t)');
text(0.7,1.2,'r','fontsize',10);
text(0.9,1.4,'y','fontsize',10);
```

程序的运行结果为

```
num den =
            25
   --------------------
   s^2 + 4 s + 25
```

系统的响应曲线如图 3-36 所示。在上例中,函数 text 使用 fontsize(字号大小)来改变文本字号。

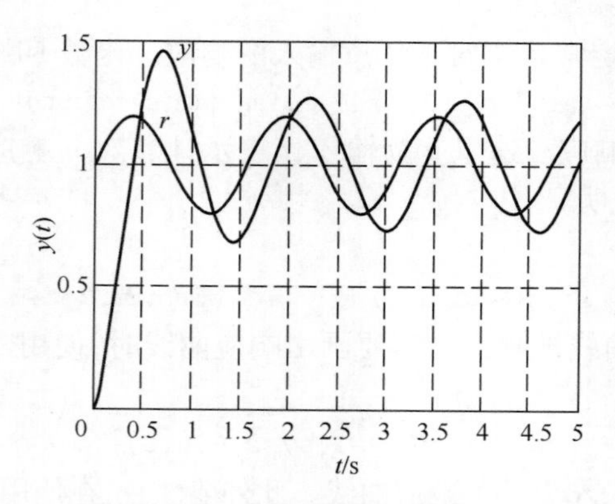

图 3-36　例 3-10 系统的响应曲线

在 MATLAB 中没有斜坡响应命令,除了用上面的函数 lsim 之外还可利用阶跃响应命令求斜坡响应,先用 s 除 $G(s)$,再利用阶跃响应命令。

例 3-11　对于下列闭环系统:

$$\frac{X_o(s)}{X_i(s)}=\frac{50}{25s^2+2s+1}$$

对于单位斜坡输入量 $X_i(s)=\dfrac{1}{s^2}$,则

$$X_o(s)=\frac{50}{25s^2+2s+1}\frac{1}{s^2}=\frac{50}{(25s^2+2s+1)s}\frac{1}{s}=\frac{50}{25s^3+2s^2+s}\frac{1}{s}$$

下列 MATLAB 程序 example8_3_5. m 将给出该系统的单位斜坡响应曲线。该单位斜坡响应曲线如图 3-37 所示。

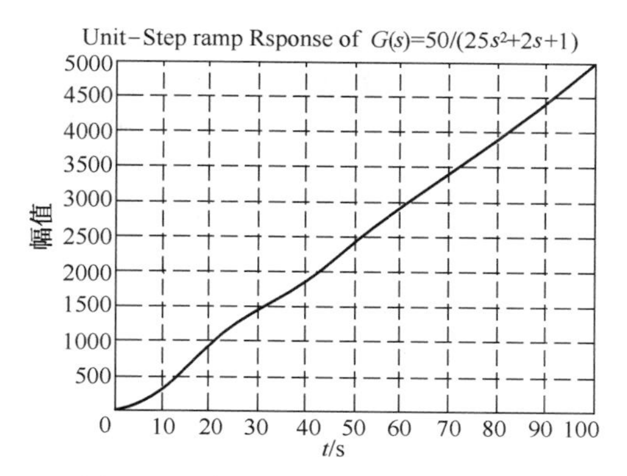

图 3-37　例 3-11 单位斜坡响应曲线

解

```
% example3_3_5.m
num = [50];
den = [25,2,1,0];
t = 0:0.01:100;
step(num,den,t)
grid
title('Unit-Step ramp Response of G(s)= 50/(25s^2+2s+1)')
```

本 章 小 结

本章主要介绍了一阶、二阶系统的时间响应、瞬态性能指标及稳态误差，需重点掌握的内容如下：

（1）时域分析法是通过求解控制系统在典型输入信号下的时间响应来分析系统的稳定性、快速性和准确性，具有直观、准确、物理概念清楚的特点，是学习和研究自动控制原理的最基本的方法。

（2）系统的输出不仅取决于系统本身的结构参数、初始状态，而且和输入信号的形式有关。如果将输入信号规定为统一的形式，则系统响应由系统本身的结构、参数来确定，因而更便于对各种系统进行比较和研究。自动控制系统常用的典型输入信号有下面几种形式：阶跃函数、斜坡函数、脉冲函数和正弦函数。

（3）对一、二阶系统理论分析的结果，是分析高阶系统的基础。一阶系统的典型形式是一阶惯性环节，时间常数 T 反映了一阶惯性环节的固有特性，其值越小，系统惯性越小，响应越快。

（4）瞬态响应的性能指标可以评价系统过渡过程的快速性和平稳性。时域分析中，常以单位阶跃响应的超调量 M_p 、调整时间 t_s 等指标来评价控制系统瞬态性能。

（5）典型二阶系统的两个特征参数阻尼比 ξ 和自然振荡频率 ω_n 决定了二阶系统的动态过程。其中 ξ 值不同时，系统响应形式也不同。实际工作中，最常见的是 $0<\xi<1$ 的欠阻尼情况，此时，系统的单位阶跃响具有衰减振荡特性，有超调。ξ 越大，M_p 越小，系统响应平稳性越好。ω_n 值主要影响系统的调整时间 t_s ，当阻尼比 ξ 一定时，固有频率 ω_n 越大，系统响应的快速性越好。

(6) 系统的稳态误差是系统的稳态性能测度，它标志着系统的控制精度。稳态误差既和系统的结构、参数有关，也和输入信号的形式、大小有关。系统型别越高，开环增益越大，系统的稳态误差越小。

(7) 利用 MATLAB 求取单输入单输出系统在单位阶跃输入、单位脉冲输入和任意输入信号作用下的时域响应，根据系统瞬态性能指标的定义，得出系统的上升时间、峰值时间、最大超调量和调整时间等性能指标。

习　题

3-1　时间响应由哪两个部分组成？各部分的定义是什么？

3-2　设温度计能在 1min 内指示出实际温度值的 98%，并且假设温度计为一阶系统，求时间常数。如果将温度计放在澡盆内，澡盆的温度依 10℃/min 的速度线性变化，求温度计示值的误差是多大？

3-3　系统的传递函数为 $G(s)=\dfrac{10}{0.2s+1}$，利用图 3-38 所示的方框图将系统的调整时间减小为原来的 0.1，放大系数不变，求 K_0 和 K_1 的值。

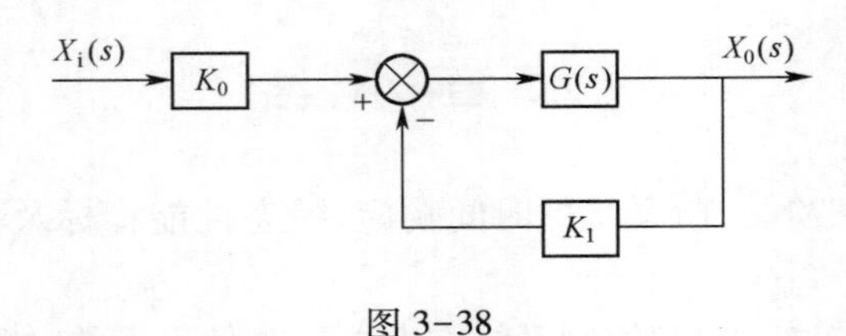

图 3-38

3-4　某典型二阶系统的单位阶跃响应如图 3-39 所示。试确定系统的闭环传递函数。

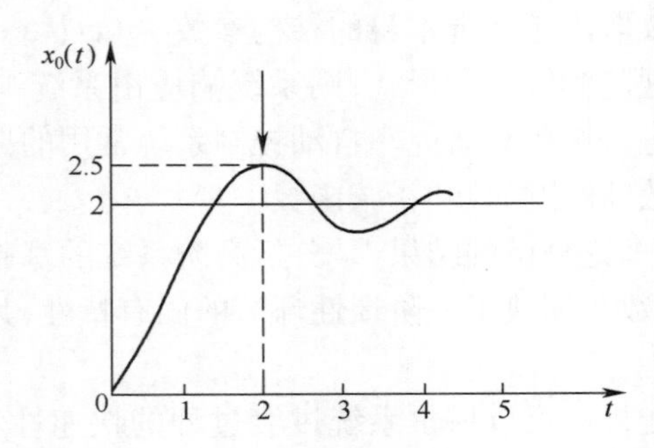

图 3-39　某典型二阶系统的单位阶跃响应传递函数

3-5　已知单位反馈系统的开环传递函数 $G_K(s)=\dfrac{K}{Ts+1}$，

(1) $K=20$, $T=0.2$；(2) $K=1.6$, $T=0.1$；(3) $K=2.5$, $T=1$ 三种情况时的单位阶跃响应，并分析开环增益 K 与时间常数 T 对系统性能的影响。

3-6 要使图 3-40 所示系统的单位阶跃响应的最大超调量等于 25%，峰值时间 t_p 为 2s，试确定 K 和 K_f 的值。

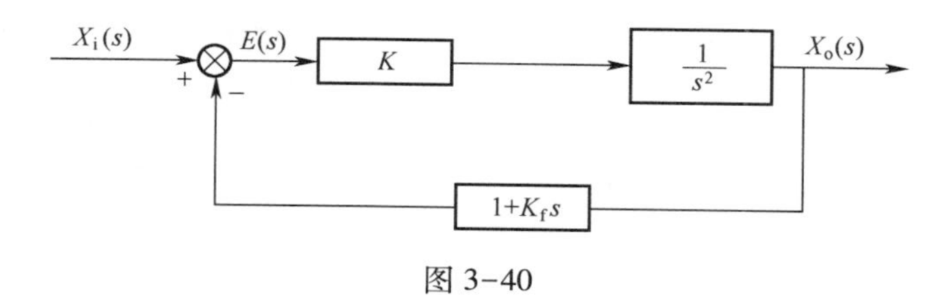

图 3-40

3-7 设单位反馈控制系统的开环传递函数为 $G_K(s)=\dfrac{1}{s(s+1)}$，试求该系统单位阶跃响应时的上升时间，峰值时间，超调量和调整时间。

3-8 对图 3-41 所示的系统，试求：

(1) K_h 是多少时，$\xi=0.5$

(2) 单位阶跃响应的超调量和调整时间

(3) 比较 $K_h=0$ 与 $K_h\neq 0$ 时系统的性能。

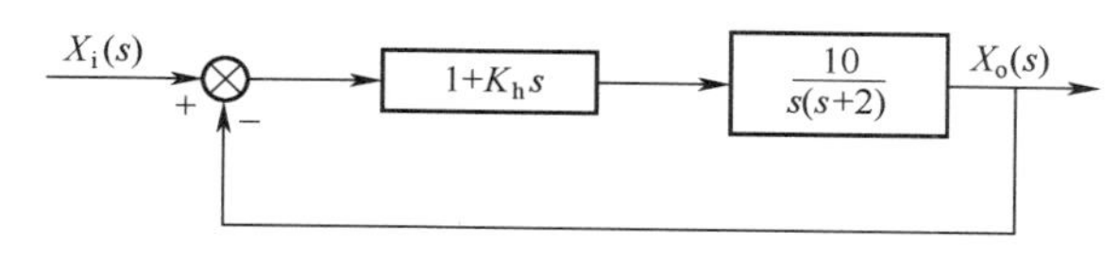

图 3-41

3-9 已知一单位反馈控制系统的闭环传递函数为

$$\frac{Y(s)}{X(s)}=\frac{Ks+b}{s^2+as+1}$$

试确定其开环传递函数 $G(s)$。并证明在单位斜坡函数作用下，系统的稳态误差为

$$e_{ss}=\frac{1}{K_v}=\frac{a-K}{b}$$

3-10 单位反馈系统的开环传递函数为 $G_K(s)=\dfrac{K}{s(s+1)(s+5)}$，其斜坡函数输入时，系统的稳态误差的 $e_{ss}=0.01$，试确定系统的 K 值。

3-11 已知单位反馈系统的闭环传递函数为 $G(s)=\dfrac{a_{n-1}s+a_n}{s^n+a_1s^{n-1}+\cdots+a_{n-1}s+a_n}$ 求斜坡函数输入和抛物线函数输入时的稳态误差。

3-12 已知二阶振荡环节的传递函数 $G(s)=\dfrac{\omega_n^2}{s^2+2\xi\omega_n s+\omega_n^2}$，其中 $\omega_n=0.4$，ξ 从 0 变化到 2，利用 MATLAB 求此系统的单位阶跃响应曲线、脉冲响应曲线和斜坡响应曲线。

3-13 某位置随动系统的方框图如图 3-42 所示，试利用 MATLAB 求此系统的单位阶跃响应曲线。

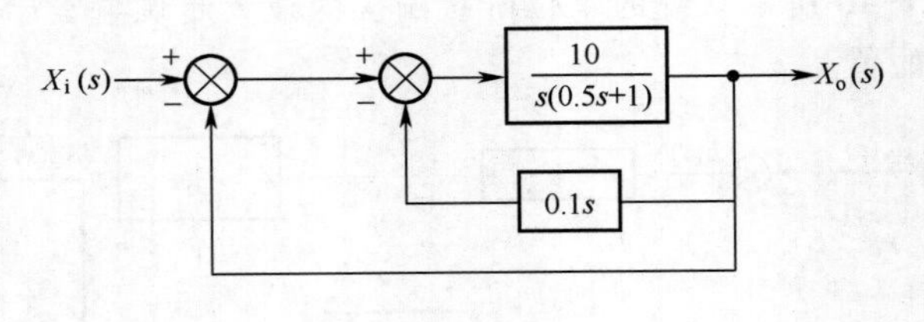

图 3-42

第4章　频率特性分析

内容提要

本章主要阐述系统频率特性的基本概念、典型环节和控制系统频率特性图的绘制方法,并介绍了系统性能的频域分析法。

频域分析法借助系统的频率特性来分析系统的性能,因而也称为频率特性或频率法。频域分析法是一种图解分析方法,它依据系统的又一种数学模型——频率特性,不必求解系统的微分方程,就可以根据系统的开环频率特性分析闭环系统性能,并能方便地分析系统中各参数对系统性能的影响,进而指出改善系统性能的途径。因此,频域分析法对于控制系统的分析和设计是一种十分重要的方法。

4.1　频率特性的基本概念

4.1.1　频率响应和频率特性

系统对正弦输入信号的稳态响应称为频率响应。

对于线性定常系统,输入某一频率的正弦信号,经过充分长的时间后,系统的输出响应仍是同频率的正弦信号,而且输出与输入的正弦幅值之比和相位之差,对于一定的系统来讲是完全确定的。当不断改变输入正弦信号的频率($0\to\infty$)时,该幅值比和相位差的变化情况即称为系统的频率特性,用 $G(\mathrm{j}\omega)$ 表示,下面举例说明。

例4-1　某线性系统传递函数为 $G(s)=\dfrac{K}{Ts+1}$,输入正弦信号 $x_\mathrm{i}(t)=A_0\sin\omega t$,求该系统的稳态输出 $x_\mathrm{o}(t)$。

解　输入信号的拉普拉斯变换为 $X_\mathrm{i}(s)=A_0\omega/(s^2+\omega^2)$

输出 $x_\mathrm{o}(t)$ 的拉普拉斯变换为

$$X_\mathrm{o}(s)=\frac{K}{Ts+1}\frac{A_0\omega}{s^2+\omega^2}=\frac{a}{Ts+1}+\frac{bs+d}{s^2+\omega^2}$$

式中:a,b,d 为待定系数,取拉普拉斯反变换加以整理可得输出

$$x_\mathrm{o}(t)=\frac{A_0K}{\sqrt{1+\omega^2T^2}}\sin(\omega t-\arctan\omega T)+\frac{\omega TA_0K}{1+\omega^2T^2}\mathrm{e}^{-t/T}$$

当 $t\to\infty$,稳态输出为

$$x_\mathrm{o}(t)=\frac{K}{\sqrt{1+\omega^2T^2}}A_0\sin(\omega t-\arctan\omega T)=A(\omega)A_0\sin[\omega t+\varphi(\omega)]$$

由结果可看出,比例系数 $A(\omega)$ 以及输入输出间的相位差 $\varphi(\omega)$,两个量都是频率 ω 的函数,并与系统参数 K,T 有关。

式中:

$$A(\omega) = |G(\mathrm{j}\omega)| = \frac{K}{\sqrt{1+\omega^2T^2}} \tag{4-1}$$

$$\varphi(\omega) = \angle G(\mathrm{j}\omega) = -\arctan\omega T \tag{4-2}$$

$G(\mathrm{j}\omega)$ 的模 $A(\omega)$ 称为系统的幅频特性, $G(\mathrm{j}\omega)$ 的幅角 $\varphi(\omega)$ 称为系统的相频特性, $G(\mathrm{j}\omega)$ 包含着输出和输入的幅值比和相位差,故又称为幅相频率特性。

4.1.2 频率特性的求取方法

频率特性一般可以通过以下三种方法求取:

(1) 依据频率特性的定义求取,即把输入以正弦函数代入,求其稳态解,取输出稳态分量和输入正弦函数的复数之比(例 4-1 中所用的方法)。

(2) 根据系统的传递函数求取频率特性,即将 $s = \mathrm{j}\omega$ 代入系统传递函数 $G(s)$ 中,就可以直接得到系统的频率特性。以例 4-1 系统为例, $G(s) = \frac{K}{Ts+1}$,将 $s = \mathrm{j}\omega$ 代入,即得 $G(\mathrm{j}\omega) = \frac{K}{\mathrm{j}\omega T+1}$,取它的模 $|G(\mathrm{j}\omega)|$ 和幅角 $\angle G(\mathrm{j}\omega)$,结果与前面例 4-1 的结果是一致的。

(3) 通过实验测得频率特性。对于那些难以用传递函数或微分方程等数学模型描述的系统,无法用上面两种方法来求取频率特性。但是,基于线性系统对输入谐波信号的响应,输出仍为同频率的谐波信号这一特性和频率特性的一些概念,可以通过实验的方法来获得系统的频率特性。这种实验方法在工程实际中常常被采用。

实验求取系统频率特性,就是改变输入谐波信号的频率,并测出与此相应的输出信号的幅值和相位,然后求出对应频率下两信号的幅值比和相位差,以此分别做出它们与频率的关系曲线,从而获得系统的幅频特性曲线和相频特性曲线。由此曲线还可以近似地推出系统频率特性的表达式。

4.2 频率特性的图示法

4.2.1 频率特性的极坐标图

系统频率特性 $G(\mathrm{j}\omega)$ 是一个向量。当 ω 取不同值时,可以算出相应的幅频特性 $|G(\mathrm{j}\omega)|$ 和相频特性 $\angle G(\mathrm{j}\omega)$ 值。这样就可以在极坐标复平面上画出 ω 由 $0 \to \infty$ 时的 $G(\mathrm{j}\omega)$ 向量,将各向量端点连成曲线即得到系统的幅相频率特性曲线,通常称为极坐标图或奈奎斯特(Nyquist)图。

$G(\mathrm{j}\omega)$ 的极坐标图绘制时需要逐点做出,因此不便于徒手作图。一般情况下,依据作图原理,可以粗略地绘制出极坐标图的草图。在需要准确作图时,可以借助计算机辅助绘图工具完成 $G(\mathrm{j}\omega)$ 的极坐标图绘制。

4.2.2 频率特性的对数坐标图

频率特性的对数坐标图即对数频率特性曲线，又称伯德(Bode)图。对数频率特性曲线由对数幅频和对数相频两条特性曲线及其坐标组成，是工程中广泛使用的一组曲线。

对数频率特性曲线的横坐标表示频率 ω，按对数分度，其单位是弧度/秒(rad/s)或秒$^{-1}$(s^{-1})。

对数幅频特性曲线的纵坐标按 $20\lg|G(j\omega)|$ 均匀分度，其单位是分贝，记作 dB，通常以 $L(\omega)$ 代表纵坐标，即

$$L(\omega)=20\lg|G(j\omega)|$$

对数相频特性曲线的纵坐标表示 $G(j\omega)$ 的相位，按均匀分度，其单位是度，通常用 $\varphi(\omega)$ 代表纵坐标。

由以上方法构成的坐标系称为半对数坐标系，Bode 图的坐标系如图 4-1 所示，其优点是：

(1) 横轴采用对数分度，但标出的是频率 ω 本身的数值，因此，横轴的刻度是不均匀的。

(2) 横轴压缩了高频段，扩展了低频段。

(3) 在 ω 轴上，对应于频率每变化一倍，称为一倍频程，例如 ω 从 1~2，2~4，10~20 等，其长度都相等。对应于频率每增大十倍的频率范围，称为十倍频程(dec)，例如 ω 从 1~10，2~20，10~100 等，所有十倍频程在 ω 轴上的长度都相等。

(4) 可以将幅值的乘除化为加减。

(5) 可以采用简便方法绘制近似的对数幅频曲线。

(6) 对一些难以建立传递函数的环节或系统，将实验获得的频率特性数据画成对数频率特性曲线，能方便地进行系统分析。

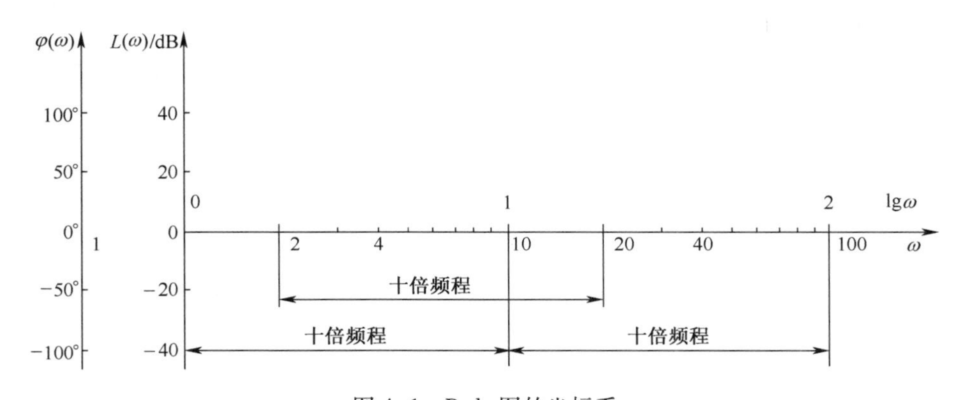

图 4-1　Bode 图的坐标系

4.3 典型环节的频率特性

开环传递函数总可以分解为一些常见因式的乘积，这些常见的因式称为典型环节。因此研究典型环节的频率特性曲线的绘制方法和特点很有必要，本节叙述各典型环节频

率特性曲线的绘图要点及绘制方法。

4.3.1 比例环节

比例环节的传递函数为

$$G(s) = K$$

频率特性为

$$G(j\omega) = K$$

1. 比例环节的极坐标图

由频率特性求得比例环节幅频特性及相频特性为

$$A(\omega) = K \tag{4-3}$$

$$\varphi(\omega) = 0° \tag{4-4}$$

其幅相图如图 4-2 所示。

可见,不管频率 ω 为何值,幅相频率特性曲线都是实轴上的一点。

2. 比例环节的 Bode 图

由式(4-3)、式(4-4)可知,比例环节的对数幅频特性和相频特性分别为

$$L(\omega) = 20\lg K$$

$$\varphi(\omega) = 0°$$

可见,比例环节的幅频特性是与频率 ω 无关的常量 K,所以 Bode 图中的幅频特性图是一条值为 $20\lg K$(dB) 且平行于横轴的直线。又因为比例环节的相频特性是与频率 ω 无关的常量,所以 Bode 图中的相频特性图是一条与横轴重合的直线。比例环节的 Bode 图如图 4-3 所示。

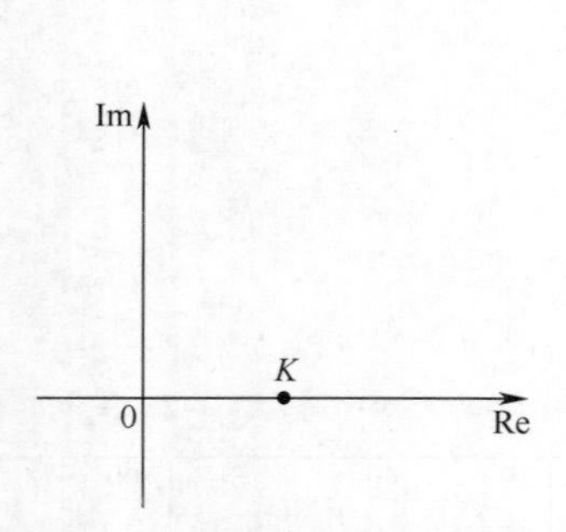

图 4-2 比例环节的极坐标图

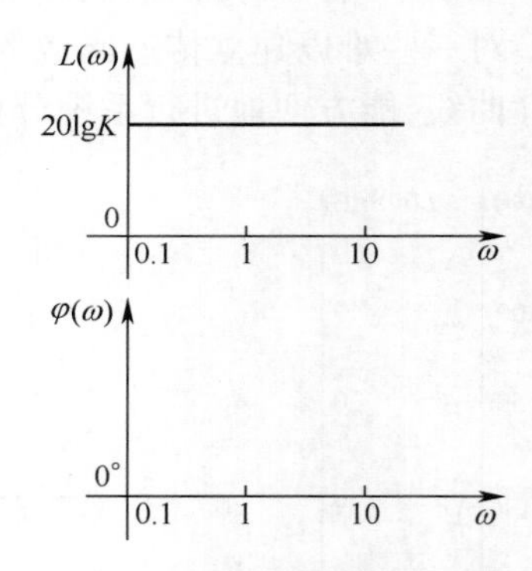

图 4-3 比例环节的 Bode 图

4.3.2 惯性环节

惯性环节的传递函数为

$$G(s) = \frac{1}{Ts + 1}$$

频率特性为

$$G(j\omega) = \frac{1}{j\omega T + 1}$$

1. 惯性环节的极坐标图

由频率特性求得其幅频特性和相频特性分别为

$$A(\omega)=\frac{1}{\sqrt{1+(\omega T)^2}} \tag{4-5}$$

$$\varphi(\omega)=-\arctan\omega T \tag{4-6}$$

由式(4-5)、式(4-6)看出，当 ω 由 $0\to\infty$，惯性环节的幅频特性由 1 衰减到 0，在 $\omega=1/T$ 处，其值为 $1/\sqrt{2}$；相频特性由 0°变到-90°，在 $\omega=1/T$ 处，其值为-45°。惯性环节的极坐标图如图 4-4 所示。

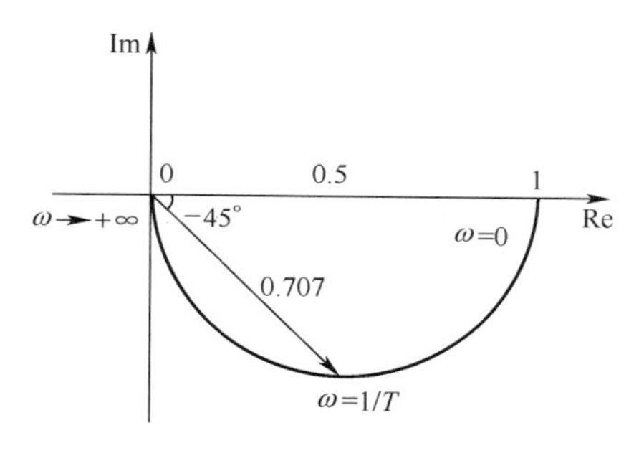

图 4-4　惯性环节的极坐标图

2. 惯性环节的 Bode 图

由式(4-5)，惯性环节的对数幅频特性为

$$L(\omega)=20\lg\frac{1}{\sqrt{1+T^2\omega^2}}=-20\lg\sqrt{1+T^2\omega^2} \tag{4-7}$$

当 $\omega T\ll1$，即 $\omega\ll1/T$ 时，$L(\omega)\approx0(\mathrm{dB})$，所以在低频段对数幅频特性曲线近似为零分贝线。即零分贝线是对数幅频特性曲线的低频渐近线。

当 $\omega T\gg1$，即 $\omega\gg1/T$ 时，$L(\omega)\approx-20\lg\omega T$，所以在高频段，对数幅频特性曲线近似为一条斜率为-20dB/dec 且与横轴交于 $\omega=1/T$ 点的直线，该直线是对数幅频特性曲线的高频渐近线。

由以上可知，惯性环节的对数幅频特性曲线可由两条渐近线构成的折线近似。两条渐近线交点处的频率 $\omega=1/T$，称为惯性环节的交接频率或转折频率。惯性环节的渐近幅频特性图如图 4-5 所示。

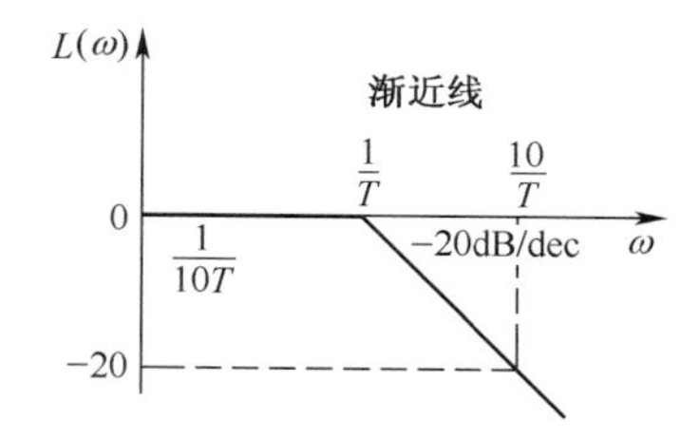

图 4-5　惯性环节的渐近幅频特性图

由惯性环节的相频特性 $\varphi(\omega)=-\arctan\omega T$，有

$\omega=0$ 时，$\varphi(\omega)=0°$；

$\omega = 1/T$ 时，$\varphi(\omega) = -45°$；

$\omega = \infty$ 时，$\varphi(\omega) = -90°$。

所以对数相频特性对称于点（$1/T, -45°$），而且在 $\omega = 0$ 时，$\varphi(\omega) \to 0°$，在 $\omega = \infty$ 时，$\varphi(\omega) \to -90°$。

惯性环节的对数幅频特性渐近线与准确对数幅频特性曲线之间的误差 $\Delta L(\omega)$ 由下式计算

$$\Delta L(\omega) = \begin{cases} -20\lg\sqrt{(\omega T)^2 + 1} & \omega \ll 1/T \\ -20\lg\sqrt{(\omega T)^2 + 1} + 20\lg\omega T & \omega \gg 1/T \end{cases} \tag{4-8}$$

误差最大值出现在 $\omega = 1/T$ 处，其数值为

$$\Delta L\left(\frac{1}{T}\right) = -20\lg\sqrt{2} \approx -3(\text{dB})$$

在 $\omega = 0.1(1/T) \sim 10(1/T)$ 区间的误差见表 4-1。根据表 4-1 绘制的惯性环节渐近幅频特性修正曲线如图 4-6 所示，惯性环节渐近幅频特性经表 4-1 给出的数据或图 4-6 所示修正曲线修正后取得的精确幅频特性如图 4-7 所示。

表 4-1　惯性环节渐近幅频特性修正表

$\frac{\omega}{1/T}$	0.1	0.25	0.4	0.5	1	2	2.5	4	10
误差/dB	-0.04	-0.32	-0.65	-1	-3.01	-1	-0.65	-0.32	-0.04

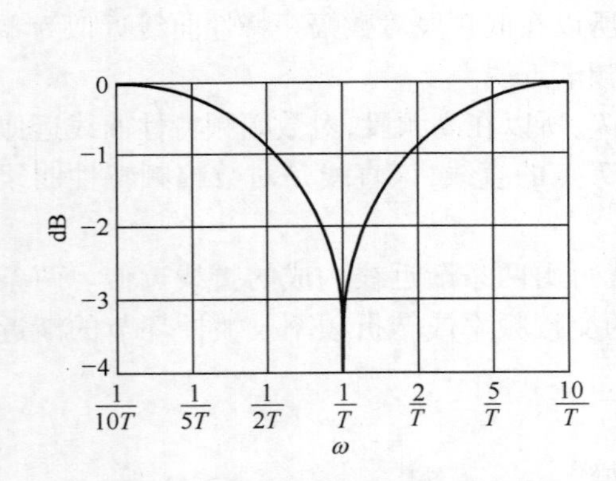

图 4-6　惯性环节渐近幅频特性修正曲线

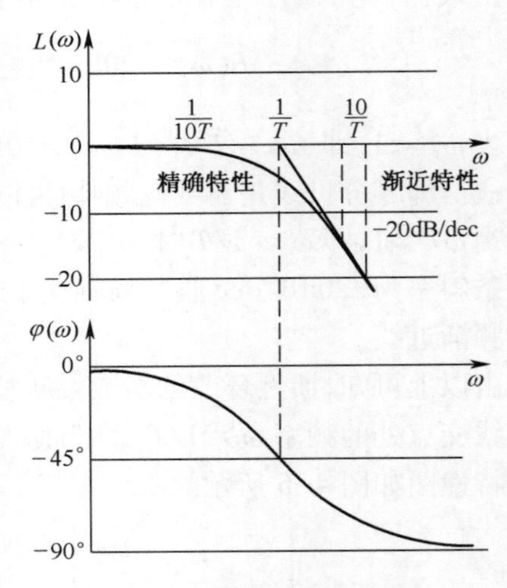

图 4-7　惯性环节 Bode 图

4.3.3　积分环节

积分环节的传递函数

$$G(s) = \frac{1}{s}$$

频率特性

$$G(\mathrm{j}\omega)=\frac{1}{\mathrm{j}\omega}$$

1. 积分环节的极坐标图

由频率特性求得其幅频特性和相频特性分别为

$$A(\omega)=\frac{1}{\omega} \tag{4-9}$$

$$\varphi(\omega)=-90° \tag{4-10}$$

由式(4-9)、式(4-10)看出,当 ω 由 $0\to\infty$,积分环节的幅频特性由无穷大衰减到 0,其相频特性为与 ω 无关的常量-90°。积分环节的极坐标图如图 4-8 所示。

2. 积分环节的 Bode 图

积分环节的对数幅频特性为

$$L(\omega)=20\lg\frac{1}{\omega}=-20\lg\omega$$

可见,频率 ω 每增加 10 倍,对数幅频特性就下降 20dB,故积分环节的对数幅频特性曲线是一条穿过横轴上点 $\omega=1$,斜率为-20dB/dec 的直线。

积分环节的对数相频特性为

$$\varphi(\omega)=-90°$$

故积分环节的对数相频特性曲线是一条平行于横轴,纵坐标为-90°的直线。积分环节的 Bode 图如图 4-9 所示。

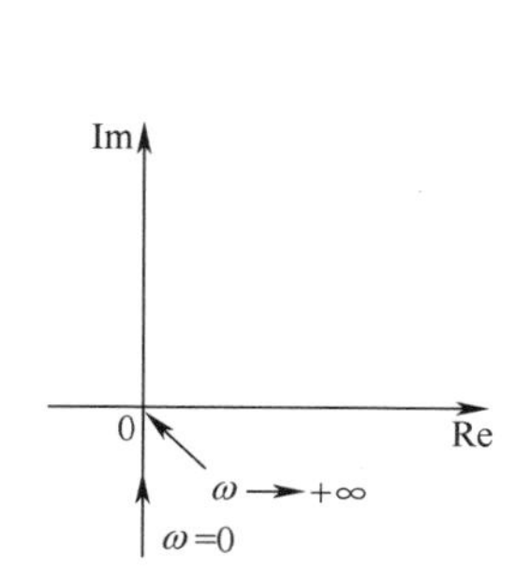

图 4-8 积分环节的极坐标图

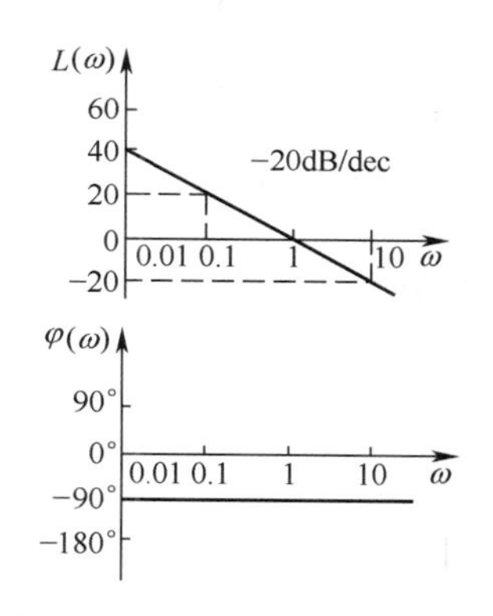

图 4-9 积分环节的 Bode 图

4.3.4 微分环节

微分环节的传递函数

$$G(s)=s$$

频率特性

$$G(\mathrm{j}\omega)=\mathrm{j}\omega$$

1. 微分环节的极坐标图

由频率特性求得其幅频特性和相频特性分别为

$$A(\omega)=|G(\mathrm{j}\omega)|=\omega \tag{4-11}$$

$$\varphi(\omega)=\angle G(\mathrm{j}\omega)=90° \tag{4-12}$$

由式(4-11)、式(4-12)看出,当 ω 由 $0\to\infty$,微分环节的幅频特性由 0 变到无穷大,其相频特性是常量 90°。微分环节的极坐标图如图 4-10 所示。

2. 微分环节的 Bode 图

微分环节的对数幅频特性为

$$L(\omega)=20\lg|G(\mathrm{j}\omega)|=20\lg\omega$$

可见,频率 ω 每增加 10 倍,对数幅频特性就上升 20dB,故微分环节的对数幅频特性曲线是一条穿过横轴上点 $\omega=1$,斜率为 20dB/dec 的直线。

微分环节的对数相频特性为

$$\varphi(\omega)=90^{\circ}$$

故微分环节的对数相频特性曲线是一条平行于横轴,纵坐标为 90°的直线。

微分环节的 Bode 图如图 4-11 所示。

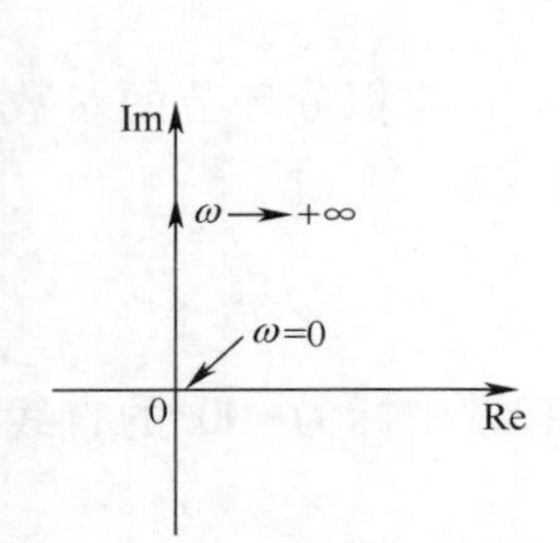

图 4-10 微分环节的极坐标图

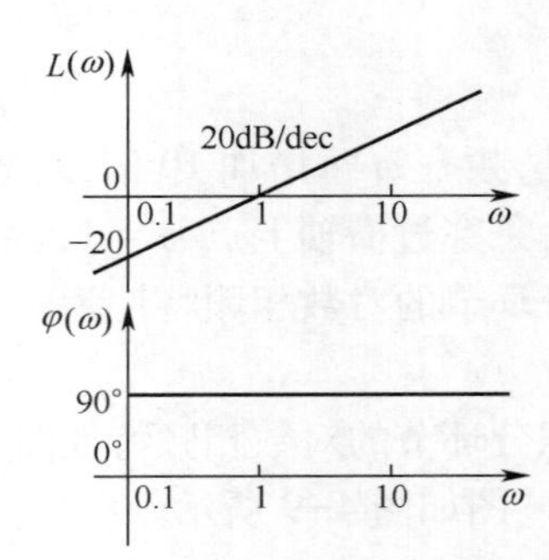

图 4-11 比例环节的 bode 图

4.3.5 振荡环节

振荡环节的传递函数

$$G(s)=\frac{1}{T^{2}s^{2}+2\xi Ts+1}\qquad 0<\xi<1$$

频率特性

$$G(\mathrm{j}\omega)=\frac{1}{(\mathrm{j}\omega)^{2}T^{2}+\mathrm{j}2\xi\omega T+1}$$

1. 振荡环节的极坐标图

由频率特性求得其幅频特性和相频特性分别为

$$A(\omega)=|G(\mathrm{j}\omega)|=\frac{1}{\sqrt{(1-\omega^{2}T^{2})^{2}+(2\xi\omega T)^{2}}}\tag{4-13}$$

$$\varphi(\omega)=\angle G(\mathrm{j}\omega)=\begin{cases}-\arctan\dfrac{2\xi\omega T}{1-\omega^{2}T^{2}} & \omega\leqslant\dfrac{1}{T}\\ -\pi-\arctan\dfrac{2\xi\omega T}{1-\omega^{2}T^{2}} & \omega>\dfrac{1}{T}\end{cases}\tag{4-14}$$

令 $\omega_n=1/T$,由式(4-13)、式(4-14)得

$$\omega=0\text{ 时},\ A(\omega)=1,\ \varphi(\omega)=0^{\circ}\tag{4-15}$$

$$\omega = \omega_n \text{ 时}, A(\omega) = 1/2\xi,\ \varphi(\omega) = -90° \tag{4-16}$$

$$\omega = \infty \text{ 时}, A(\omega) = 0,\ \varphi(\omega) = -180° \tag{4-17}$$

振荡环节的幅频特性和相频特性同时是角频率 ω 及阻尼比 ξ 的二元函数，ξ 越小，幅频特性曲线的值越大，当 ξ 小到一定程度时，幅频特性曲线将会出现峰值：

$$M_r = A(\omega_r)$$

式中：ω_r 为谐振频率；M_r 为谐振峰值。

$$\omega_r = \omega_n\sqrt{1-2\xi^2}$$

$$M_r = A(\omega)\big|_{\max} = \frac{1}{2\xi\sqrt{1-\xi^2}}$$

当 ω 由 $0\to\infty$ 时，$A(\omega)$ 由 $1\to0$，$\varphi(\omega)$ 由 $0°\to-180°$。振荡环节频率特性的极坐标图始于点（1,j0），终于点（0,j0），曲线和虚轴交点的频率就是无阻尼固有频率，此时的幅值是 $1/2\xi$，曲线在第三、四象限，ξ 取值不同，极坐标图的形状也不同，振荡环节的极坐标图如图 4-12 所示。

2. 振荡环节的 Bode 图

由式(4-13) 得振荡环节的对数幅频特性为

$$L(\omega) = 20\lg|G(j\omega)| = -20\lg\sqrt{(1-T^2\omega^2)^2+(2\xi T\omega)^2}$$

当 $\omega \ll \omega_n$ 时，$L(\omega) \approx 0\text{dB}$，这说明在低频段幅频特性是与横轴重合的直线；

当 $\omega \gg \omega_n$ 时，$L(\omega) \approx -40\lg T\omega$，这说明在高频段幅频特性是一条始于点(1,j0)，斜率为-40dB/dec 的直线。上述两条直线在横轴上的转折频率 $\omega_n = 1/T$ 处相交，从而构成振荡环节的渐近幅频特性，如图 4-13 所示。

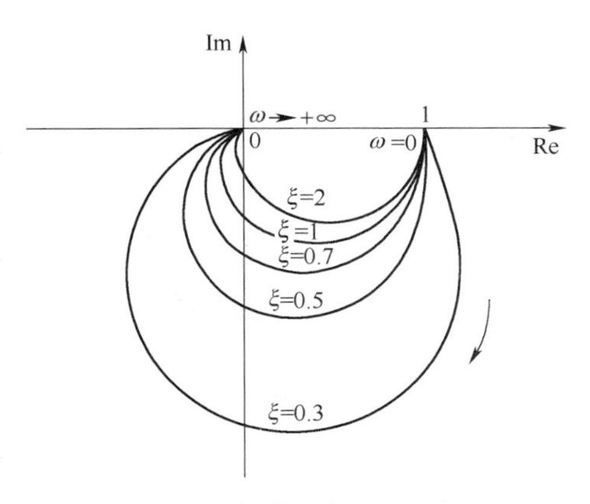

图 4-12　振荡环节的极坐标图

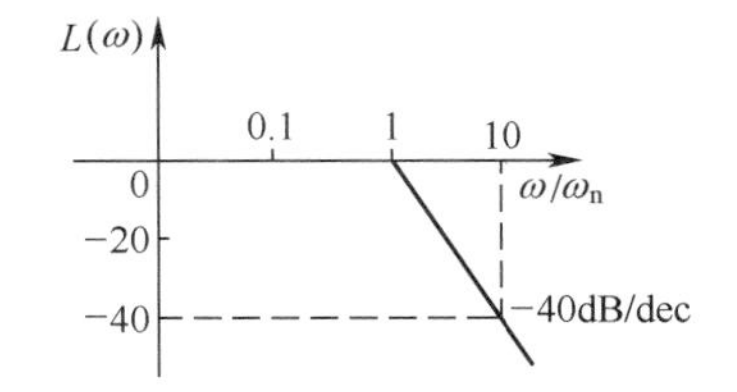

图 4-13　振荡环节的渐近幅频特性

振荡环节的精确幅频特性与渐近幅频特性之间的误差为

$$-20\lg\sqrt{(1-T^2\omega^2)^2+(2\xi T\omega)^2} - 0(\text{dB}) \qquad \omega < \omega_n$$

$$-20\lg\sqrt{(1-T^2\omega^2)^2+(2\xi T\omega)^2} - (-40\lg T\omega)(\text{dB}) \qquad \omega > \omega_n$$

$$-20\lg\sqrt{(1-T^2\omega^2)^2+(2\xi T\omega)^2} = -20\lg 2\xi(\text{dB}) \qquad \omega = \omega_n$$

由上列各式可看出，振荡环节的精确幅频特性与渐近幅频特性之间的误差是角频率 ω 及阻尼比 ξ 的二元函数。因此，用来修正渐近幅频特性的修正曲线也因 ξ 的不同而有多条，如图 4-14 所示。

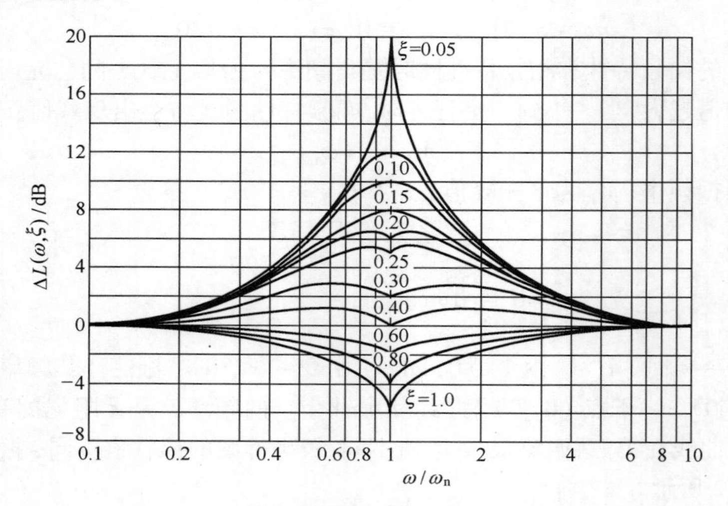

图 4-14　振荡环节渐近幅频特性修正曲线

基于渐近幅频特性，经修正取得的振荡环节的精确幅频特性如图 4-15 所示。

由式(4-15)、式(4-16)、式(4-17)可看出，振荡环节的相频特性也是角频率 ω 及阻尼比 ξ 的二元函数，当 ω 由 $0\to\infty$ 时，$\varphi(\omega)$ 由 $0°\to-180°$，在转折频率 $\omega_n=1/T$ 处通过 $-90°$。振荡环节的相频特性对由 $\omega_n=1/T$ 及 $\varphi(\omega)=-90°$ 确定的点斜对称。振荡环节的相频特性如图 4-15 所示。

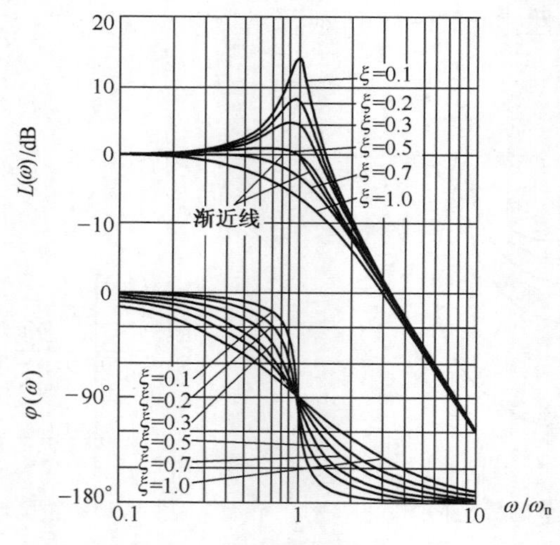

图 4-15　振荡环节的 bode 图

4.3.6　延迟环节

延迟环节的传递函数

$$G(s)=\mathrm{e}^{-\tau s}$$

频率特性

$$G(\mathrm{j}\omega)=\mathrm{e}^{-\mathrm{j}\tau\omega}$$

1. 延迟环节的极坐标图

由频率特性求得其幅频特性和相频特性分别为

$$A(\omega) = 1 \tag{4-18}$$

$$\varphi(\omega) = -\tau\omega = -57.3\tau\omega(°) \tag{4-19}$$

所以,延迟环节的频率特性的极坐标图是一单位圆。其幅值恒为 1,而相位 $\varphi(\omega)$ 则随 ω 顺时针方向的变化成正比变化,即端点在单位圆上无限循环,如图 4-16 所示。

2. 延迟环节的 Bode 图

由式(4-18)得延迟环节的对数幅频特性为

$$L(\omega) = 0$$

即对数幅频特性为 0dB 线。

相频特性为 $\varphi(\omega) = -\tau\omega$,随着 ω 的增加而线性增加,在线性坐标中,$\varphi(\omega)$ 应是一条直线,但对数相频特性是一曲线,如图 4-17 所示。

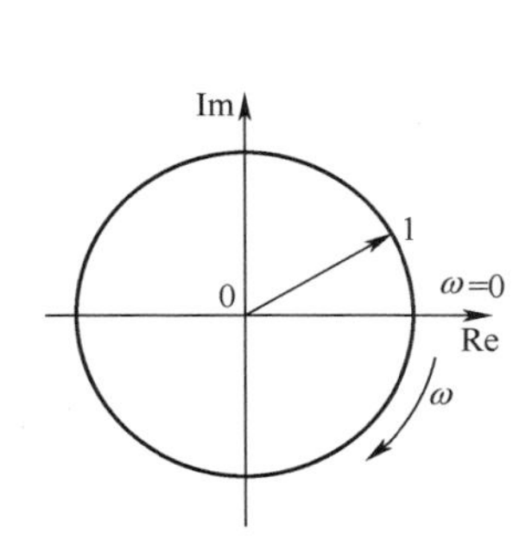

图 4-16 延迟环节的极坐标图

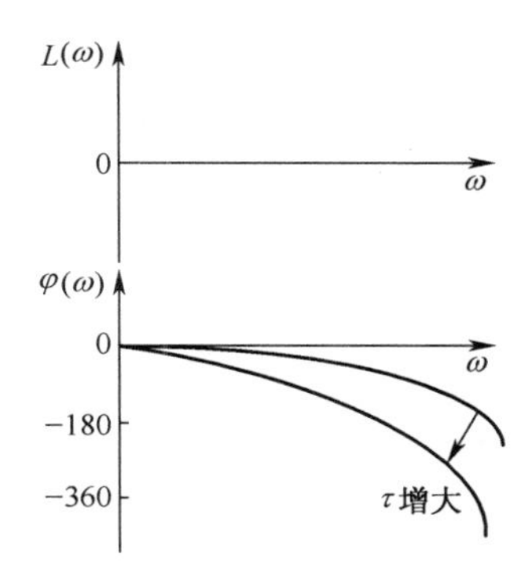

图 4-17 延迟环节的 Bode 图

4.3.7 一阶微分环节

频率特性

$$G(j\omega) = 1 + j\omega T$$

1. 极坐标图

幅频特性为

$$A(\omega) = \sqrt{1 + \omega^2 T^2}$$

相频特性为

$$\varphi(\omega) = \arctan\omega T$$

当频率 ω 从 $0 \to \infty$ 时,实部始终为单位 1,虚部则随着 ω 线性增长。所以,它的极坐标图如图 4-18 所示。

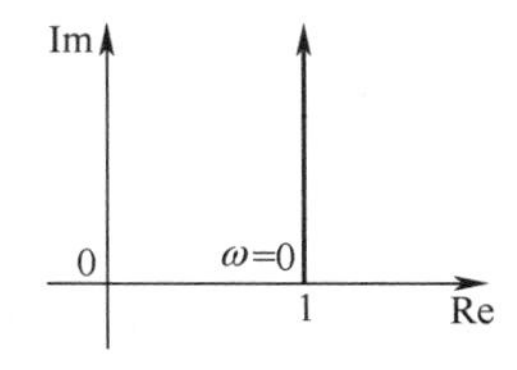

图 4-18 一阶微分环节的极坐标图

2. Bode 图

对数幅频特性表达式为

$$L(\omega) = 20\lg\sqrt{1 + \omega^2 T^2}$$

对数相频特性表达式为

$$\varphi(\omega) = \arctan\omega T$$

从上面的表达式可以看出，由于一阶微分环节与惯性环节的对数幅频特性和对数相频特性相差一个负号，它们的 Bode 图以横轴互为镜像。则一阶微分环节的 Bode 图如图 4-19 所示。

4.3.8 二阶微分环节

频率特性为

$$G(\mathrm{j}\omega) = \frac{s^2 + 2\xi\omega_n + \omega_n^2}{\omega_n^2}\Big|_{s=\mathrm{j}\omega} = \left(1 - \frac{\omega^2}{\omega_n^2}\right) + \mathrm{j}2\xi\frac{\omega}{\omega_n}$$

它的极坐标图如图 4-20 所示。由于二阶微分环节与振荡环节的传递函数互为倒数，因此，其 Bode 图可以参照振荡环节的 Bode 图翻转画出。

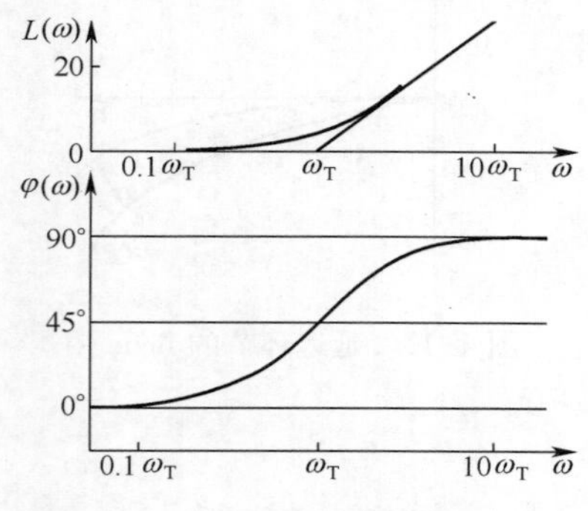

图 4-19 一阶微分环节的 Bode 图

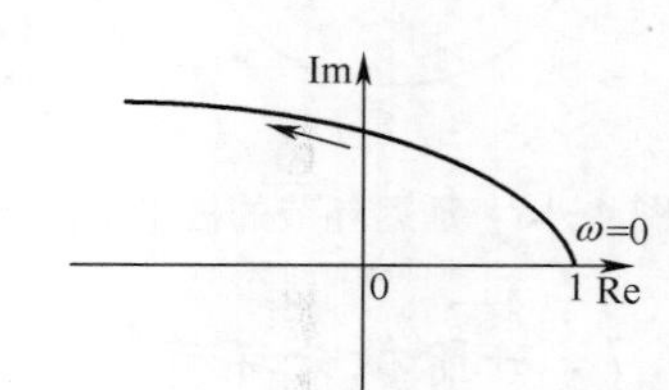

图 4-20 二阶微分环节的极坐标图

4.4 系统开环频率特性

在掌握了典型环节频率特性的基础上，可以做出系统的开环频率特性曲线，即开环极坐标图和开环 Bode 图，进而可以利用这些图形对所研究的系统进行分析。而闭环频率特性由于徒手作图困难，需要借助于计算机以及专用格式的图表，近些年来应用逐渐减少。

4.4.1 系统的开环 Bode 图的绘制

1. 一般步骤

在熟悉了典型环节的 Bode 图后，绘制系统的 Bode 图就比较容易了，特别是按渐近线绘制 Bode 图很方便。

绘制系统的 Bode 图的一般步骤如下：

(1) 将系统传递函数 $G(s)$ 转化为若干个标准形式的典型环节的传递函数（即惯性、微分、振荡环节的传递函数中的常数项均为 1）的乘积形式；

(2) 由传递函数 $G(s)$ 求出频率特性 $G(\mathrm{j}\omega)$；

(3) 确定各典型环节的转折频率；

(4) 做出各环节的对数幅频特性的渐近线；

(5) 根据误差修正曲线对渐近线进行修正，得出各环节的对数幅频特性的精确曲线；

(6) 将各环节的对数幅频特性叠加(不包括系统总的增益 K)；

(7) 将叠加后的曲线垂直移动 $20\lg K$，得到系统的对数幅频特性；

(8) 做各环节的对数相频特性图，然后叠加而得到系统总的对数相频特性；

(9) 有延时环节时，对数幅频特性不变，对数相频特性则应加上 $-\tau\omega$。

2. 举例

例 4-2 设系统开环传递函数 $G(s)=\dfrac{10(s+3)}{s(s+2)(s^2+s+2)}$，绘制该系统的 Bode 图。

解 首先将系统传递函数写成标准形式

$$G(s)=\frac{7.5\left(\dfrac{s}{3}+1\right)}{s\left(\dfrac{s}{2}+1\right)\left(\dfrac{s^2}{2}+\dfrac{s}{2}+1\right)}$$

根据系统传递函数求得频率特性 $G(\mathrm{j}\omega)$

$$G(\mathrm{j}\omega)=\frac{7.5\left(\dfrac{\mathrm{j}\omega}{3}+1\right)}{(\mathrm{j}\omega)\left(\dfrac{\mathrm{j}\omega}{2}+1\right)\left[\dfrac{(\mathrm{j}\omega)^2}{2}+\dfrac{\mathrm{j}\omega}{2}+1\right]} \tag{4-20}$$

由式(4-20)可知该系统由下列典型环节组成：

放大环节：7.5

积分环节：$\dfrac{1}{\mathrm{j}\omega}$

振荡环节：$\dfrac{1}{\dfrac{(\mathrm{j}\omega)^2}{2}+\dfrac{\mathrm{j}\omega}{2}+1}$，转折频率 $\omega_1=\sqrt{2}$

惯性环节：$\dfrac{1}{\dfrac{\mathrm{j}\omega}{2}+1}$，转折频率 $\omega_2=2$

一阶微分环节：$\dfrac{\mathrm{j}\omega}{3}+1$，转折频率 $\omega_3=3$

将转折频率 ω_1、ω_2、ω_3 在横坐标上按照顺序标出，见图 4-21。按式(4-20)求出系统对数幅频特性

$$L(\omega)=20\lg 7.5-20\lg\omega-20\lg\sqrt{1+\left(\frac{\omega}{2}\right)^2}+$$

$$20\lg\sqrt{1+\left(\frac{\omega}{3}\right)^2}-20\lg\sqrt{\left(1-\frac{\omega^2}{2}\right)^2+\left(\frac{\omega}{2}\right)^2}$$

当 $\omega \ll \omega_1 = \sqrt{2}$ 而接近于零时,

$$L(\omega) = 20\lg 7.5 - 20\lg\omega$$

令 $\omega = 1$,则

$$L(\omega) = 20\lg 7.5$$

这样,在横坐标轴 $\omega = 1$ 处垂直向上取 20lg7.5 得到一点,它就是近似曲线要穿过的点。由前述知道积分环节对数幅频特性的斜率是-20dB/dec,所以可以经过上述这一点,绘制 ω 很小时的系统开环近似对数幅频特性曲线,即低频渐近线。将低频渐近线延长至 $\omega_1 = \sqrt{2}$ 处,在这以后由于振荡环节的对数幅频特性曲线渐近线的斜率是-40dB/dec,因此在 ω_1 处,系统的渐近线的斜率经叠加后变成-60dB/dec,该直线一直延长到下一个转折频率 $\omega_2 = 2$ 处。此后,由于惯性环节对数幅频特性曲线的渐近线斜率为-20dB/dec,所以在 ω_2 处,系统的渐进线的斜率应为-80dB/dec,一直延长到转折频率 $\omega_3 = 3$ 处。由于微分环节的对数幅频特性曲线渐近线的斜率为+20dB/dec,故从 ω_3 处起系统的渐近线斜率又变为-60dB/dec。如此,就得到了系统开环近似的对数幅频特性,如图 4-21 所示。为了得到精确曲线,对上述近似曲线加以修正,即在每一转折频率处,以及低于和高于转折频率的一倍频程处加以修正就可以得到精确曲线了,如图 4-21 所示。

绘制系统的相频特性曲线必须先画出所有环节的相频特性,见图 4-21。$\varphi_1(\omega)$、$\varphi_2(\omega)$ 分别为放大环节和积分环节的相频特性,$\varphi_3(\omega)$ 为振荡环节的相频特性,$\varphi_4(\omega)$ 和 $\varphi_5(\omega)$ 各为惯性环节和一阶微分环节的相频特性。然后将它们的相角在相同的频率下代数相加,这样就画出了完整的相频曲线 $\varphi(\omega)$,如图 4-21 所示。

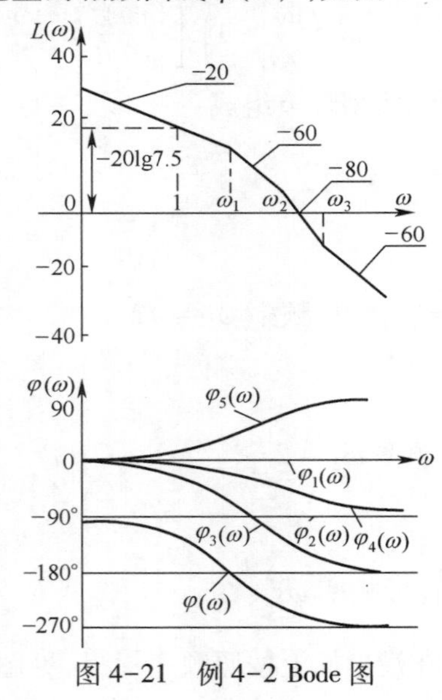

图 4-21　例 4-2 Bode 图

4.4.2　系统开环 Nyquist 图的绘制

1. 一般步骤

(1) 分别写出开环系统中各个典型环节的幅频特性和相频特性。

(2) 写出开环系统的 $A(\omega)$ 和 $\varphi(\omega)$ 表达式。

(3) 分别求出 $\omega=0$ 和 ω 为无穷时的 $G(j\omega)$。

(4) 求 Nyquist 图与实轴的交点,交点可用 $\mathrm{Im}[G(j\omega)]=0$ 求出。

(5) 求 Nyquist 图与虚轴的交点,交点可用 $\mathrm{Re}[G(j\omega)]=0$ 求出。

(6) 必要时再画出中间几点,勾画大致曲线。

2. 举例

例 4-3 已知系统开环传递函数为 $G(s)=\dfrac{K}{s^2(T_1s+1)(T_2s+1)}$,试绘制其 Nyquist 图。

解 系统频率特性为

$$G(j\omega)=\frac{K}{(j\omega)^2(j\omega T_1+1)(j\omega T_2+1)}$$

组成该系统的典型环节为比例环节、积分环节、惯性环节。

实频特性和虚频特性

$$U(\omega)=\frac{-K(1-T_1T_2\omega^2)}{\omega^2[1+(\omega T_1)^2][1+(\omega T_2)^2]}$$

$$V(\omega)=\frac{K(T_1+T_2)}{\omega[1+(\omega T_1)^2][1+(\omega T_2)^2]}$$

曲线的起始点和终点为

$$\lim_{\omega\to 0}\mathrm{Re}[G(j\omega)]=-\infty$$

$$\lim_{\omega\to 0}\mathrm{Im}[G(j\omega)]=\infty$$

$$\lim_{\omega\to\infty}\mathrm{Re}[G(j\omega)]=0$$

$$\lim_{\omega\to\infty}\mathrm{Im}[G(j\omega)]=0$$

$$\lim_{\omega\to 0}|G(j\omega)|=\infty$$

$$\lim_{\omega\to 0}\angle G(j\omega)=-180^\circ$$

$$\lim_{\omega\to\infty}|G(j\omega)|=0$$

$$\lim_{\omega\to\infty}\angle G(j\omega)=-360^\circ$$

曲线的特征点:

$$\text{当 } \mathrm{Re}[G(j\omega)]=0 \text{ 时},\ \omega=\frac{1}{\sqrt{T_1T_2}}$$

$$\mathrm{Im}[G(j\omega)]=\frac{K(T_1T_2)^{3/2}}{T_1+T_2}$$

含有两个积分环节的二阶系统,其频率特性的 Nyquist 图在低频段将沿负实轴趋于无穷远处,如图 4-22 所示。

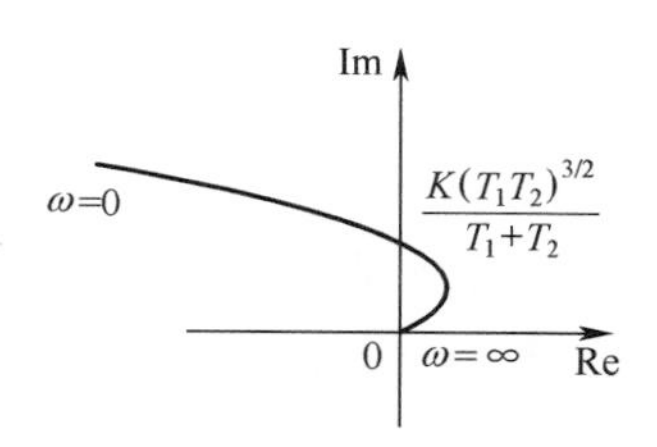

图 4-22　例 4-2 Nyquist 图

4.4.3 开环频率特性与闭环系统性能的关系

系统开环频率特性的求取比闭环频率特性的求取方便,且对于最小相位系统,幅频特性和相频特性之间有确定的对应关系,因此,可由开环频率特性来分析和设计系统的动态响应和稳态性能。

实际系统的开环对数幅频特性 $L(\omega)$ 一般都符合如图 4-23 所示的特征:左端(频率较低的部分)高;右端(频率较高的部分)低。可将 $L(\omega)$ 人为地分为三个频段:低频段、中频段和高频段。需要指出的是,三频段的划分是相对的,各频段之间没有严格的界限。但它反映了对控制系统性能影响的主要方面,为进一步确定开环频域指标和闭环系统性能之间的关系,指出了原则和方向。

开环对数频率特性的三个频段包含了闭环系统性能不同方面的信息,即低频段、中频段和高频段分别表征了系统的稳定性、动态特性和抗干扰能力。下面分别进行讨论。

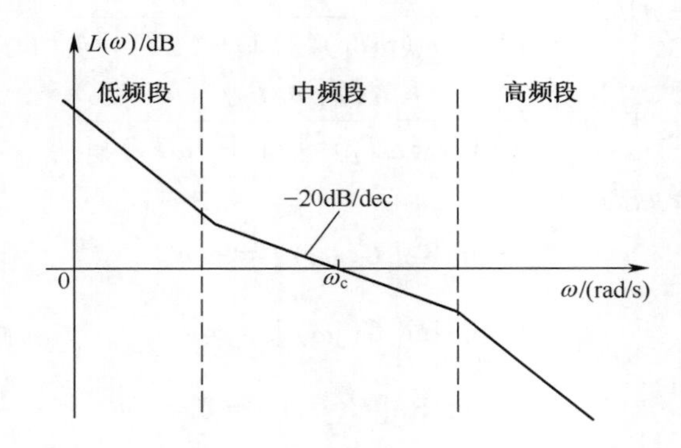

图 4-23 对数频率特性三频段的划分

1. 低频段与稳态精度

在对数频率特性图中,低频段通常是指 $L(\omega)$ 曲线在第一个转折频率以前的频段。此段的特性由开环传递函数中的积分环节和开环增益决定。设低频段对应的开环传递函数为

$$G(s)=\frac{K}{s^{\nu}}$$

$$L(\omega)=20\lg|G(\mathrm{j}\omega)|=20\lg\frac{K}{\omega^{\nu}}=20\lg K-20\nu\lg\omega$$

由 3.5 节可知,系统稳态精度,即稳态误差 e_{ss} 的大小,取决于系统的开环增益 K 和系统的型别(积分环节个数 ν)。而积分环节个数 ν 决定着低频渐近线的斜率,开环增益 K 则决定着渐近线的高度。因此,开环对数幅频特性的低频渐近线斜率越大(指绝对值)、位置越高,对应的开环系统积分环节个数 ν 越多、开环增益 K 越大,系统的稳态误差 e_{ss} 越小、稳态精度越高。

2. 中频段与动态性能

在对数频率特性图中,中频段是指 $L(\omega)$ 在开环截止频率 ω_c(即穿越 0dB 线的频率)附近的频段,这段特性集中反映闭环系统动态响应的平稳性和快速性。

下面对对数幅频特性中频段的斜率和宽度分两种情况进行分析。

(1)中频段斜率为-20dB/dec 设 $L(\omega)$ 曲线中频段斜率为-20dB/dec,且有较宽的频率区域,其对应的开环传递函数可近似为

$$G(s) \approx \frac{K}{s} = \frac{\omega_c}{s}$$

若系统为单位反馈系统,则闭环传递函数为

$$\Phi(s) = \frac{G(s)}{1 + G(s)} = \frac{\omega_c/s}{1 + \omega_c/s} = \frac{1}{s/\omega_c + 1} = \frac{1}{Ts + 1}$$

式中:$T=1/\omega_c$为时间常数。

此时系统相当于一个一阶系统,其阶跃响应按指数规律变化,没有振荡,即具有较高的稳定程度,且 $t_s = (3 \sim 4)/\omega_c$,ω_c 越大,t_s 越小,系统的快速性越好。

(2)中频段斜率为-40dB/dec 设 $L(\omega)$ 曲线中频段斜率为-40dB/dec,且有较宽的频率区域,其对应的开环传递函数可近似为

$$G(s) \approx \frac{K}{s^2} = \frac{\omega_c^2}{s^2}$$

若系统为单位反馈系统,则闭环传递函数为

$$\Phi(s) = \frac{G(s)}{1 + G(s)} = \frac{(\omega_c/s)^2}{1 + (\omega_c/s)^2} = \frac{\omega_c^2}{s^2 + \omega_c^2}$$

此时系统相当于 $\xi = 0$ 的二阶系统,系统处于临界稳定状态,动态过程持续振荡。因此,中频段斜率如为-40dB/dec,所占区域不宜太宽,否则 $\sigma\%$ 、t_s 显著增大。

若中频段斜率小于-40dB/dec 时,闭环系统将难以稳定,因此,通常中频段斜率取-20dB/dec,且应占有一定的频域宽度,即可获得较好的稳定性,依靠提高开环截止频率 ω_c ,获得较好的快速性。

3. 高频段与动态性能

在对数频率特性图中,高频段通常是指 $L(\omega)$曲线在 $\omega>10\omega_c$以后的频段。这部分特性是由系统中时间常数很小且频带很高的部件决定的。由于远离 ω_c,一般分贝值又较低,故对系统动态性能影响不大,近似分析时,可将多个小惯性环节等效为一个小惯性环节,其时间常数等于被代替的多个小惯性环节的时间常数之和。

另外,从系统抗干扰性的角度看,高频段特性是有其意义的,由于高频段开环幅频特性曲线一般较低,即 $L(\omega)\ll 0$,$|G(j\omega)|\ll 1$,故对单位反馈系统,有

$$|\phi(j\omega)| = \frac{|G(j\omega)|}{|1 + G(j\omega)|} \approx |G(j\omega)|$$

即在高频段,闭环幅频特性近似等于开环幅频特性。因此,开环对数幅频特性在高频段的幅值,直接反映了系统对高频干扰信号的抑制能力,高频部分的幅值越低,系统的抗干扰能力越强,即高频衰减能力越强。

综上所述,为了设计一个合理的控制系统,对开环对数幅频特性的形状要求如下:低频段要有一定的高度和斜率;中频段的斜率最好为-20dB/dec,且具有足够的宽度;高频段采用迅速衰减的特性,以抑制不必要的高频干扰。

4.5 最小相位系统

4.5.1 最小相位系统的定义

在 s 右半平面既无极点,也无零点的传递函数,称为最小相位传递函数;否则,称为非最小相位传递函数。

具有最小相位传递函数的系统,称为最小相位系统。

例如,某两个单位反馈的控制系统的开环传递函数分别为

$$G_1(s) = \frac{T_1 s + 1}{T_2 s + 1} \qquad G_2(s) = \frac{-T_1 s + 1}{T_2 s + 1} \qquad 0 < T_1 < T_2$$

显然,$G_1(s)$ 的零点为 $z = -1/T_1$,极点为 $p = -1/T_2$,如图 4-24(a)所示。$G_2(s)$ 的零点为 $z = 1/T_1$,极点为 $p = -1/T_2$,如图 4-24(b)所示。根据最小相位系统的定义,具有 $G_1(s)$ 的系统是最小相位系统,而具有 $G_2(s)$ 的系统是非最小相位系统。

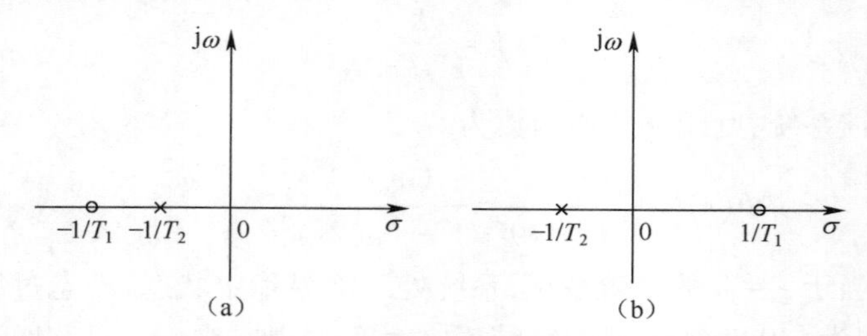

图 4-24 最小相位系统和非最小相位系统

4.5.2 最小相位系统的特点

对于稳定系统而言,根据最小相位传递函数的定义可推知:最小相位系统的相位变化范围最小,这是因为:

$$G(j\omega) = \frac{K(1 + j\tau_1\omega)(1 + j\tau_2\omega)\cdots(1 + j\tau_m\omega)}{(1 + jT_1\omega)(1 + jT_2\omega)\cdots(1 + jT_n\omega)}$$

对于稳定系统,$T_1, T_2, \cdots, T_n$ 均为正值,$\tau_1, \tau_2, \cdots, \tau_m$ 可正可负,而最小相位系统的 τ_1, $\tau_2, \cdots, \tau_m$ 均为正值,从而有

$$\varphi_1(\omega) = \sum_{i=1}^{m} \arctan\tau_i\omega - \sum_{j=1}^{n} \arctan T_j\omega$$

非最小相位系统,若有 q 个零点在 s 平面的右半平面,则有

$$\varphi_2(\omega) = \sum_{i=q+1}^{m} \arctan\tau_i\omega - \sum_{k=1}^{q} \arctan\tau_k\omega - \sum_{j=1}^{n} \arctan T_j\omega$$

比较上面的两个相位表达式可知,稳定系统中最小相位系统的相位变化范围最小。在上例中,两个系统具有同一幅频特性,而相频特性却不同,如图 4-25 所示,这就说明了

上述结论。这一结论可用来判断稳定系统是否为最小相位系统。在对数频率特性曲线上,可以通过检验幅频特性的高频渐近线和频率为无穷大时的相位来确定该系统是否为最小相位系统。如果频率趋于无穷大时,幅频特性的渐近线斜率为$-20(n-m)$dB/dec(其中n、m分别为传递函数中分母、分子多项式的阶数),而相角在频率趋于无穷大时为$-90°(n-m)$,则该系统为最小相位系统,否则为非最小相位系统。

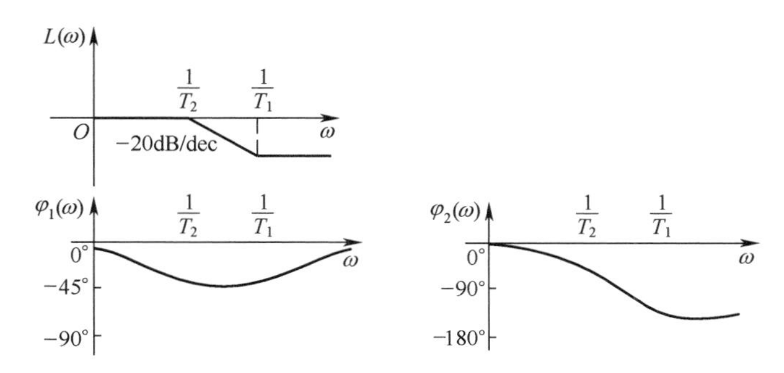

图 4-25　最小相位系统和非最小相位系统的 Bode 图

4.6　系统闭环频率特性

4.6.1　闭环频率特性

1. 闭环频率特性

为了研究自动控制系统的性能指标,仅知道系统的开环频率特性是不够的。为此有必要进一步研究系统的闭环频率特性。控制系统的闭环频率特性可以通过闭环传递函数直接求得,也可以通过开环频率特性得到。

设控制系统的闭环传递函数为

$$\Phi(s)=\frac{G(s)}{1+G(s)H(s)}$$

式中:$G(s)$为前向通道的传递函数;$H(s)$为反馈通道的传递函数。

则闭环频率特性

$$\Phi(\mathrm{j}\omega)=\frac{G(\mathrm{j}\omega)}{1+G(\mathrm{j}\omega)H(\mathrm{j}\omega)}=M(\omega)\mathrm{e}^{\mathrm{j}\varphi(\omega)}$$

式中:$M(\omega)$为闭环频率特性的幅值;$\varphi(\omega)$为闭环频率特性的相角。

一般情况下,求解系统的闭环频率特性十分复杂繁琐,工程上通常采用向量法。

如图 4-26 所示单位反馈系统,其闭环传递函数

$$\Phi(s)=\frac{G(s)}{1+G(s)}$$

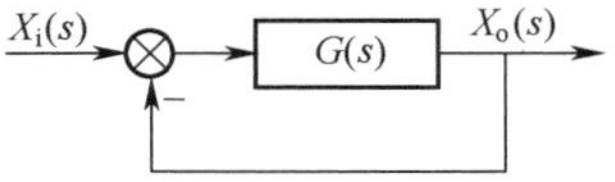

图 4-26　单位反馈系统

用 $s=\mathrm{j}\omega$ 代入上式,就可得到系统的闭环频率特性表示为

$$\Phi(\mathrm{j}\omega)=\frac{G(\mathrm{j}\omega)}{1+G(\mathrm{j}\omega)}$$

式中: $G(\mathrm{j}\omega)$ 是单位负反馈系统的开环频率特性。

设系统的开环频率特性如图 4-27 所示。由图可见,

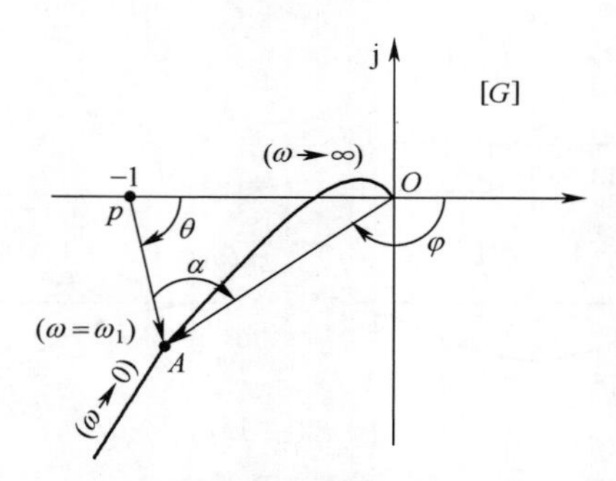

图 4-27 开环频率特性与闭环频率特性的向量关系

当 $\omega=\omega_1$ 时,向量 $\overrightarrow{OA}$ 表示 $G(\mathrm{j}\omega_1)$ 。向量 $\overrightarrow{PA}$ 表示 $1+G(\mathrm{j}\omega_1)$ 。因此,闭环频率特性 $\Phi(\mathrm{j}\omega_1)$ 可由两个向量之比而求得,即

$$\Phi(\mathrm{j}\omega_1)=\frac{\overrightarrow{OA}}{\overrightarrow{PA}}$$

以及

$$M(\omega_1)=\frac{|\overrightarrow{OA}|}{|\overrightarrow{PA}|}$$

$$\phi(\omega_1)=\angle\overrightarrow{OA}-\angle\overrightarrow{PA}=\varphi-\theta=\alpha$$

可见,只要给出系统的开环频率特性 $G(\mathrm{j}\omega)$,就可在 $\omega=0\to\infty$ 的范围内逐点绘制系统的闭环频率特性。用这种方法求取闭环频率特性,几何意义清晰,容易理解,但过程较麻烦。

2. 等 M 圆(等幅值轨迹)

将系统开环频率特性写成复数形式: $G(\mathrm{j}\omega)=P+\mathrm{j}Q$,则系统的闭环频率特性

$$\Phi(\mathrm{j}\omega)=\frac{P+\mathrm{j}Q}{1+P+\mathrm{j}Q}$$

$$M(\omega)=|\Phi(\mathrm{j}\omega)|=\left|\frac{P+\mathrm{j}Q}{1+P+\mathrm{j}Q}\right|=\frac{\sqrt{P^2+Q^2}}{\sqrt{(1+P)^2+Q^2}}$$

将 $M(\omega)$ 记作 M,上式两边平方,整理可得

$$P^2(1-M^2)-2M^2P-M^2+(1-M^2)Q^2=0$$

若 $M=1$,上式变为 $P=-\frac{1}{2}$,这是一条通过 $\left(-\frac{1}{2},\mathrm{j}0\right)$ 点平行于虚轴的直线。

若 $M\neq1$,上式变为

$$\left(P - \frac{M^2}{1 - M^2}\right)^2 + Q^2 = \left(\frac{M^2}{1 - M^2}\right)^2$$

对于给定的 M 值,这是一个圆的方程。M 为不同值时的一簇圆,称为 G 平面上的等 M 圆或等幅值轨迹,如图 4-28 所示。由图可看出,等 M 圆在 G 平面上是以实轴为对称的,它们的圆心均在实轴上。当 $M=1$ 时,它是一条过点$(-1/2,\mathrm{j}0)$且平行于虚轴的直线(无穷大圆弧)。当 $M>1$ 时,等 M 圆在 $P=-1/2$ 直线的左边,随着 M 的增大,等 M 圆越来越小,最后收敛于$(-1,\mathrm{j}0)$点。当 $M<1$ 时,等 M 圆在 $P=-1/2$ 直线的右边,随着 M 的减小,等 M 圆越来越小,最后收敛于原点。

对单位反馈系统而言,根据 $G(\mathrm{j}\omega)$ 曲线与等 M 圆簇的交点得到对应的 M 值和 ω 值,便可绘制出闭环幅频特性 $M(\omega)$ 。

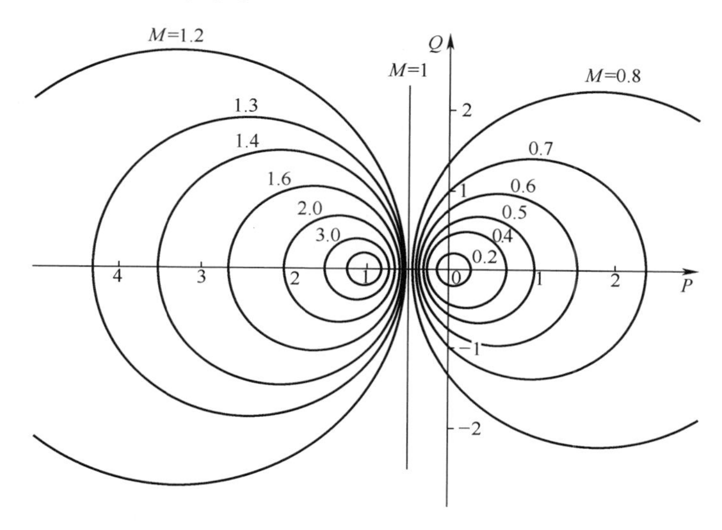

图 4-28　等 M 圆簇

3. 等 N 圆(等相角轨迹)

用类似的方法进一步研究系统的闭环相频特性 $\phi(\omega)$ 及其在 G 平面上的图形。

$$\phi(\omega) = \angle\Phi(\omega) = \arctan\frac{Q}{P^2 + P + Q^2}$$

令 $\tan\phi(\omega) = \dfrac{Q}{P^2 + P + Q^2} = N$,整理后可得

$$\left(P + \frac{1}{2}\right)^2 + \left(Q - \frac{1}{2N}\right)^2 = \frac{1}{4} + \left(\frac{1}{2N}\right)^2 \tag{4-21}$$

这也是一个圆的方程。当 N 或 $\phi(N=\tan\phi(\omega))$ 为一定值时,它在 G 平面上是一个圆,改变 N 或 ϕ 的大小,它们在 G 平面上就构成了如图 4-29 所示的一簇圆,这簇圆的圆心都在虚轴左侧与虚轴距离为 1/2 且平行于虚轴的直线上,称这簇圆为等 N 圆或等相角轨迹。由图 4-29 可看出,等 N 圆簇中每个圆都通过坐标原点和$(-1,\mathrm{j}0)$点,且等 N 圆实际上是等相角正切的圆,当相角增加$\pm180°$时,其正切相等,因而在同一个圆上。需要指出,等 N 圆实际上并不是一个完整的圆,而只是一段圆弧,例如 $\phi(\omega)=60°$ 和 $\phi(\omega)=180°$ 的圆弧是同一个圆的一部分。因此,用等 N 圆来确定闭环系统的相角时,就必须确

定适当的 ϕ 值。应从对应于 $\phi(\omega)=0°$ 的零频率开始，逐渐增加频率直到高频，所得到的闭环相频曲线应该是连续的。

对单位反馈系统而言，根据 $G(j\omega)$ 曲线与等 N 圆簇的交点得到对应的 N 值和 ω 值，便可绘制出闭环相频特性 $\phi(\omega)$。

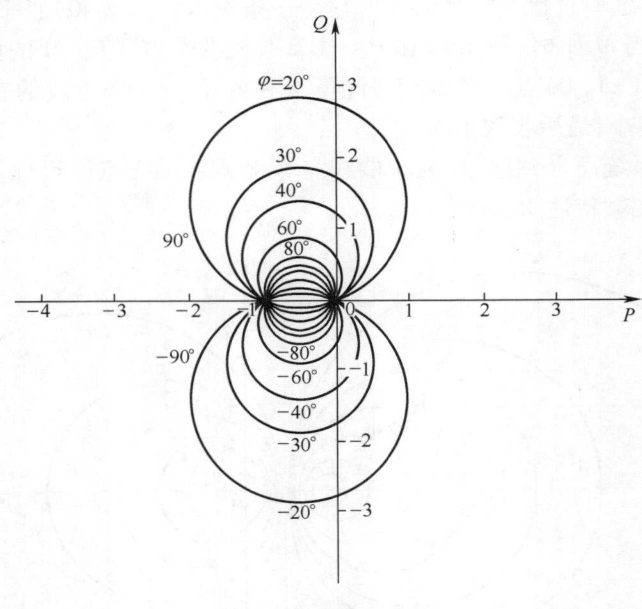

图 4-29　等 N 圆簇

4. 尼柯尔斯(Nichols)图

尼柯尔斯(Nichols)图，也称对数幅相频率特性图。它是将对数幅频特性和相频特性两条曲线合并成的一条曲线，是一种以 ω 为参变量，横坐标为相频特性（单位一般为度)，纵坐标为对数幅频特性(单位一般为 dB)的图示法，如图 4-30 所示。

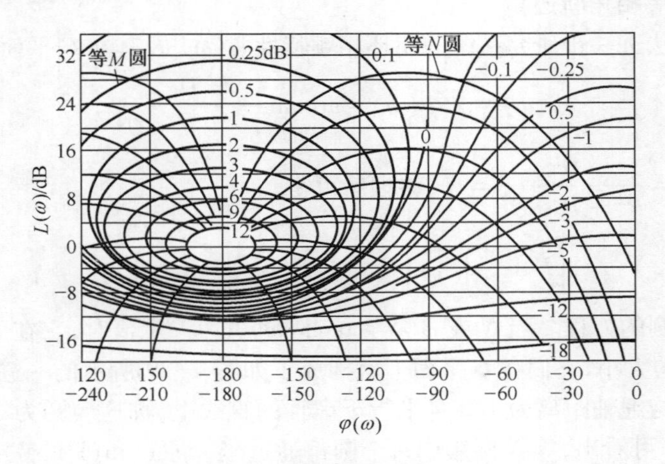

图 4-30　尼柯尔斯(Nichols)图

尼柯尔斯图线由两簇曲线组成，一簇是对应于闭环频率特性的幅值（$20\lg M$）为定值时的轨迹；另一簇则是对应于闭环频率特性的相角（ϕ）为定值时的轨迹。在绘有等 M

圆和等 N 圆的对数幅相平面上，画出系统的开环对数幅相频率特性曲线。该曲线与等 M 圆和等 N 圆的交点即给出了每一频率下闭环系统的对数幅值和相角。

5. 非单位反馈系统的闭环频率特性

上文以单位反馈系统为例，介绍了利用等 M 圆和等 N 圆求取闭环频率特性的方法。对于一般的非单位反馈系统，如图 4-31(a)所示，则可等效成如图 4-31(b)所示的方框图，其中单位反馈部分的闭环频率特性可按上述方法求取，再与频率特性 $1/H(\mathrm{j}\omega)$ 相乘，即可得到总的闭环频率特性。

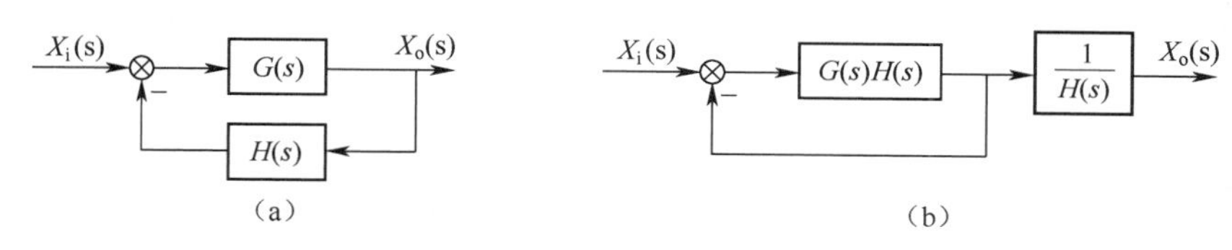

图 4-31　非单位反馈控制系统

4.6.2　频率特性的特征量

闭环系统的动态频域指标主要是依据其幅频特性提出来的。图 4-32 所示是典型闭环系统的幅频特性曲线 $M(\omega)$，它在低频段的变化比较缓慢，随着频率的升高，将出现谐振峰值，继而以较大的坡度衰减至零。反映这种闭环系统典型幅频特性变化规律的特征量，即动态频域指标主要有以下几个。

(1) 零频幅值 $M(0)$：定义为频率 $\omega=0$ 时，闭环幅频特性函数的值。该指标反映系统在阶跃信号作用下是否存在静差。

(2) 谐振峰值 M_r：定义为闭环幅频特性的最大值。该指标主要反映闭环系统的相对稳定性。其值越大，则闭环系统的振荡越严重，因而稳定性就越差。

(3) 截止频率 ω_b：定义为闭环幅频特性衰减至 $0.707M(0)$ 时的频率。该指标表示闭环系统的工作频率范围 $0\sim\omega_b$，其值越大，闭环系统对输入的响应就越快，即瞬态过程的过渡过程时间越短。因此，截止频率 ω_b 反映了闭环系统响应的快慢。

(4) 谐振频率 ω_r：指系统产生峰值时对应的频率。

(5) 复现频率 ω_m：定义为幅频特性与零频幅值 $M(0)$ 之差第一次达到 Δ 时的频率值。

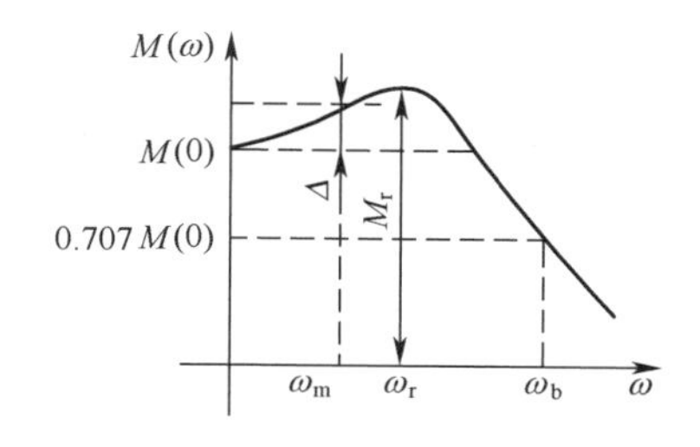

图 4-32　闭环幅频特性曲线

上面给出的反映闭环系统的动态频域指标，以谐振峰值 M_r 和截止频率 ω_b 这两个指标最具代表性。

4.6.3 二阶系统的频域性能指标

具有单位反馈的二阶系统,其开环传递函数为

$$G(s)=\frac{K}{s(Ts+1)}=\frac{\omega_n^2}{s(s+2\xi\omega_n)}$$

式中:$\omega_n=\sqrt{K/T}$,是系统的无阻尼自由振荡频率;$\xi=1/(2\sqrt{KT})$ 为系统的阻尼系数,一般情况下 $0<\xi<1$。

系统的闭环传递函数为

$$\Phi(s)=\frac{\omega_n^2}{s^2+2\xi\omega_n s+\omega_n^2}$$

显然,这个闭环系统是由一个振荡环节组成的,闭环系统的幅频特性为

$$M(\omega)=\frac{\omega_n^2}{\sqrt{(\omega_n^2-\omega^2)^2+(2\xi\omega_n\omega)^2}}$$

令 $\omega=0$,可得零频幅值

$$M(0)=1$$

令 $\frac{\mathrm{d}M(\omega)}{\mathrm{d}\omega}=0$,可得当 $\xi<0.707$ 时,系统存在谐振频率 ω_{r} 和谐振峰值 M_{r},分别为

$$\omega_{\mathrm{r}}=\omega_n\sqrt{1-2\xi^2}$$

$$M_{\mathrm{r}}=1/(2\xi\sqrt{1-\xi^2})$$

又令 $M(\omega_{\mathrm{b}})=0.707M(0)=0.707$,可求得系统的截止频率 ω_{b} 为

$$\omega_{\mathrm{b}}=\omega_n\sqrt{1-2\xi^2+\sqrt{2-4\xi^2+4\xi^4}}$$

4.7 频率实验法估计系统的数学模型

由前可知,稳定系统的频率响应为与输入同频率的正弦信号,而幅值衰减和相角滞后为系统的幅频特性和相频特性的特征,因此可以运用频率响应实验确定稳定系统的数学模型。

4.7.1 频率实验法一般步骤

频率响应实验原理如图 4-33 所示。

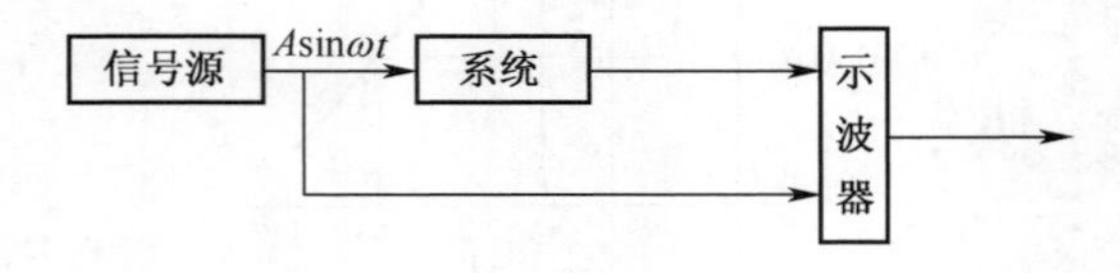

图 4-33 频率响应实验原理图

频率实验法一般步骤:

(1) 选择信号源输出的正弦信号的幅值,以使系统处于非饱和状态。

（2）在一定频率范围内，改变输入正弦信号的频率，记录各频率点处系统输出信号的波形。

（3）由稳态段的输入输出信号的幅值比和相位差绘制对数频率特性曲线。

（4）从低频段起，将实验所得的对数幅频曲线用斜率为 0dB/dec，±20dB/dec，±40dB/dec，…等直线分段近似，获得对数幅频渐近特性曲线。

（5）由对数幅频渐近特性曲线确定最小相位条件下系统的传递函数，这是对数幅频渐近特性曲线绘制的逆问题，下面举例说明其方法和步骤。

4.7.2 举例

例 4-4 图 4-34 为由频率响应实验获得的某最小相位系统的对数幅频曲线和对数幅频渐近特性曲线，试确定系统传递函数。

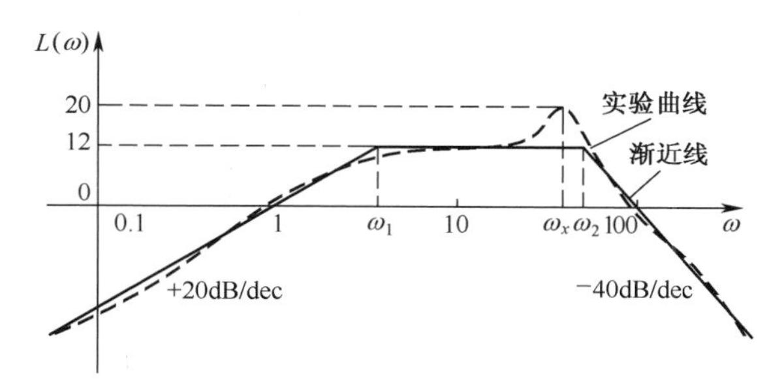

图 4-34 系统对数幅频曲线和对数幅频渐近特性曲线

解 （1）确定系统积分或微分环节的个数。因为对数幅频渐近特性曲线的低频渐近线的斜率为-20ν dB/dec，而由图 4-34 知低频渐近线斜率为+20dB/dec，故有 $\nu=-1$，系统含有一个微分环节。

（2）确定系统传递函数结构形式。由于对数幅频渐近特性曲线为分段折线，其各转折点对应的频率为所含一阶环节或二阶环节的交接频率，每个交接频率处斜率的变化取决于环节的种类，本例中共有两个交接频率：

$\omega=\omega_1$ 处，斜率变化−20dB/dec，对应惯性环节。

$\omega=\omega_2$ 处，斜率变化−40dB/dec，可以对应振荡环节，也可以为惯性环节，本例中，对数幅频特性在 ω_2 附近存在谐振现象，故应为振荡环节。因此所测系统应具有下述传递函数：

$$G(s)=\frac{Ks}{\left(1+\dfrac{s}{\omega_1}\right)\left(\dfrac{s^2}{\omega_2^2}+2\xi\dfrac{s}{\omega_2}+1\right)}$$

其中参数 ω_1，ω_2，ξ 及 K 待定。

（3）由给定条件确定传递函数参数。低频渐近线的方程为

$$L_a(\omega)=20\lg\frac{K}{\omega^{\nu}}=20\lg K-20\nu\lg\omega$$

由给定点 $(\omega,L_a(\omega))=(1,0)$ 及 $\nu=-1$ 得 $K=1$。

根据直线方程式

$$L_a(\omega_a) - L_a(\omega_b) = k(\lg\omega_a - \lg\omega_b)$$

及给定点

$$\omega_a = 1 \,,\; L_a(\omega_a) = 0 \,,\; \omega_b = \omega_1 \,,\; L_a(\omega_b) = 12 \,,\; k = 20$$

得

$$\omega_1 = 10^{\frac{12}{20}} = 3.98$$

再由给定点 $\omega_a = 100, L_a(\omega_a) = 0, \omega_b = \omega_2, L_a(\omega_b) = 12, k = -40$

得

$$\omega_2 = 10^{(-\frac{12}{40}+\lg 100)} = 50.1$$

由前知,在谐振频率 ω_r 处,振荡环节的谐振峰值为

$$20\lg M_r = 20\lg \frac{1}{2\xi\sqrt{1-\xi^2}}$$

而根据叠加性质,本例中 $20\lg M_r = 20 - 12 = 8(\mathrm{dB})$,故有

$$4\xi^4 - 4\xi^2 + 10^{-\frac{8}{20}} = 0$$

解得

$$\xi_1 = 0.335 \,,\; \xi_2 = 0.942$$

因为 $0 < \xi < 0.707$ 时,存在谐振峰值,故应选 $\xi = 0.335$。

于是,所测系统的传递函数为

$$G(s) = \frac{s}{\left(\frac{s}{3.98}+1\right)\left(\frac{s^2}{50.1^2}+\frac{0.67s}{50.1}+1\right)}$$

值得注意的是,实际系统并不都是最小相位系统,而最小相位系统可以和某些非最小相位系统具有相同的对数幅频特性曲线,因此具有非最小相位环节和延迟环节的系统,还需依据上述环节对相频特性的影响并结合实测相频特性予以确定。

4.8 利用 MATLAB 进行控制系统的频率分析

Bode 图和 Nyquist 图是系统频率特性的两种重要的图形表示形式,也是对系统进行频率特性分析的重要方法。无论是 Bode 图还是 Nyquist 图,都非常适于用计算机进行绘制。MATLAB 提供了绘制对数坐标图的 bode 函数和绘制系统频率特性极坐标图的 nyquist 函数,通过这些函数,不仅可以得到系统的频率特性图,而且还可以得到系统的幅频特性、相频特性、实频特性和虚频特性,从而可以通过计算得到系统的频域特征量。

1. Bode 图

在 MATLAB 中,命令 bode 用来计算连续时间线性定常系统的频率响应幅值和相位角。

bode 命令的各种格式如下:

```
bode(num,den)
[mag,phase,w] = bode(num,den)
[mag,phase,w] = bode(num,den,w)
```

命令中 w 表示频率 ω 。

上述第一个命令输入计算机之后,MATLAB 会在屏幕上绘制出相应系统的 Bode 图。由于没有明确给出频率 ω 的范围,MATLAB 能在系统频率响应的范围内自动选取 ω 值绘图。

第二种形式的命令自动生成一行矢量的频率点,但不显示频率特性曲线。

在第三种形式中,由于用在定义的频率范围内,如果比较各种传递函数的频率响应,第三种方式显得更方便一些。

当调用左边参数输入命令

```
[mag,phase,w] = bode(num,den,w)
```

时,则命令 bode 以矩阵的形式返回系统的频率响应幅值、相位和频率。系统频率响应的幅值、相位可在用户指定的频率点处进行评估。相位角以度为单位表示,但不显示频率特性曲线。幅值用以下命令转化为分贝:

```
magdB = 20 * log10(mag)
```

若具体地给出频率 ω 的范围,则可使用命令 logspace(d1,d2)或者 logspace(d1,d2,n)。logspace(d1,d2)产生一个包含 50 个点的矢量,在 10^{d1} 和 10^{d2} 之间的空间上进行对数平分。也就是说,为了在 0.1rad/s 和 100rad/s 之间产生 50 个点,可输入命令

```
w= logspace(-1,2)
```

logspace(d1,d2,n)产生 n 个点,在 10^{d1} 和 10^{d2} 之间进行对数平分。如为了在 1rad/s 和 1000rad/s 之间产生 100 个点,可输入命令

```
w= logspace(0,3,100)
```

有了幅值(单位:分贝)、相位和 ω 这些数据就可以利用 MATLAB 的下列绘图命令在同一个窗口上同时绘制出系统的 Bode 图。

```
subplot(2,1,1)        % 图形窗口分割成 2 × 1 的两个区域,选中第一个区域
semilogx(w, magdB)    % 在当前窗口横轴为对数坐标的半对数坐标系里生成对数幅频特性曲
                        线,纵轴以 magdB 线性分度
subplot(2,1,2)        % 激活图形窗口的第二个区域
semilogx(w, phase)    % 在半对数坐标系中绘制对数相频特性曲线,纵轴以相角线性分度
```

如果只想绘制出系统的 Bode 图,而对获得幅值和相位的具体数值并不感兴趣,则可采用如下简单的调用格式

```
bode(num,den)或 bode(num,den,w)
```

例 4-5 对于下列系统传递函数

$$G(s) = \frac{10(s+3)}{s(s+2)(s^2+s+2)}$$

下列 MATLAB 程序 example5_8_1.m 将给出该系统对应的 Bode 图。其 Bode 图如图 4-35 所示。

解

```
% example4_8_1.m
num = [10,30];
den1 = [1, 0];
den2 = [1,2];
den3 = [1,1,2];
```

```
den = conv(den3,conv(den1,den2));
w = logspace(-2,3,100)
bode(num,den,w)
grid
title('Bode Diagram of G(s)= 10(s+3)/s(s+2)(s^2+s+2)')
```

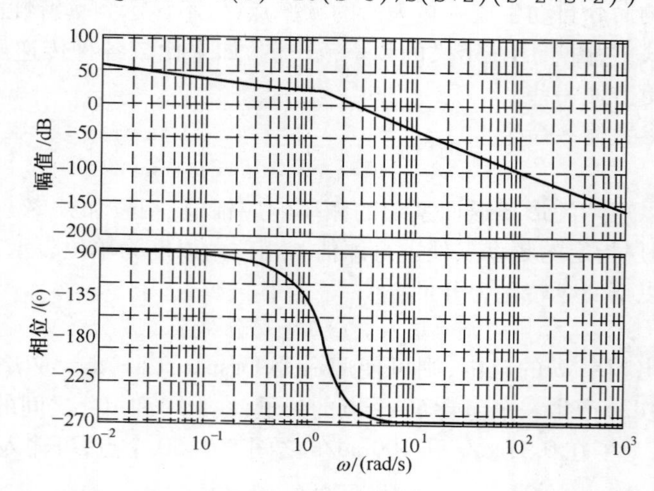

图 4-35　G(s)= 10(s+3)/s(s+2)(s^2+s+2)的 Bode 图

2. Nyquist 图

控制系统的 Nyquist 图既可用于判别闭环系统的稳定性,也能确定系统的相对稳定性。由于 Nyquist 图的绘制工作量很大,因此在分析时一般只能画出它的示意图。但如用 MATLAB 去绘制,则不仅快捷方便,而且所得的图形亦较精确。

如果已知系统的传递函数,则可应用 MATLAB 的命令

```
nyquist(num,den)
```

就能在屏幕上自动生成系统的 Nyquist 图。

当用户需要指定的频率矢量 $\boldsymbol{\omega}$ 时,可用命令 nyquist(num,den,w),ω 的单位为 s^{-1},系统的频率响应就是在那些指定的频率点上计算得到的。

nyquist 命令还有两种等号左边含有变量的形式:

```
[re,im,w] = nyquist(num,den)
```

或

```
[re,im,w] = nyquist(num,den,w)
```

MATLAB 将以矩阵形式返回系统的频率响应,矩阵包括 re、im 和 w,屏幕上不显示图形。因为 MATLAB 仅做了系统频率响应实部、虚部的计算与排列工作。矩阵的 re 和 im 包含系统频率响应的实部和虚部,由矢量 ω 中指定的频率点评估。

如果要产生 Nyquist 图,则需加命令

```
plot(re,im)
```

命令 plot 根据已算好的实部和虚部数值,画出系统的 Nyquist 图。

由于用 nyquist 命令绘图时,[GH]平面实轴和虚轴的范围是 MATLAB 自动确定的。在绘制 Nyquist 图时,若要自行确定实轴和虚轴的范围,则需要用下面的命令

```
v = [-x,x,-y,y]
```

及

```
axis(v)
```

另外，我们也可以将以上两行命令合并为一个

```
axis([-x,x,-y,y])
```

因为 v 命令属高层图形命令，axis(v)不能更改已设定的坐标。若要更改已设定的坐标范围，只要取出 re 和 im 的数据，并调用 plot、v 和 axis(v)3 条命令，就能实现设置新的坐标范围。

用 MATLAB 绘制 Nyquist 图时，坐标范围的选定是很重要的，因为它涉及图形的质量。若仅需要画出 ω 由 $0\to\infty$ 部分的 Nyquist 图，则只要把 plot 命令括号中的函数内容作如下的修改使之变为：

```
plot(re(:,:),im(:,:))
```

值得注意的是，由于 nyquist 命令自动生成的坐标尺度固定不变，nyquist 函数可能会生成异常的 Nyquist 图，也可能会丢失一些重要的信息。在这种情况下，为了重点关注 Nyquist 图在(-1,j0)点附近的形状，着重分析系统的稳定性，需要首先调用 axis 函数，自行定义坐标轴的显示尺度，以提高图形的分辨率；而在生成 Nyquist 图时，需要左边带有参数说明的完整的形式调用 nyquist 函数，然后，调用绘图命令 plot 绘制更细致的 Nyquist 图。

例 4-6 对于下列系统传递函数

$$G(s)=\frac{50}{25s^2+2s+1}$$

下列 MATLAB 程序 example5_8_2. m 将给出该系统对应的 Nyquist 图。其 Nyquist 图如图 4-36 所示。

解

```
% example4_8_2.m
num = [50];
den = [25,2,1];
nyquist(num,den)
grid
title('Nyquist Plot of G(s)= 50/(25s^2+2s+1)')
```

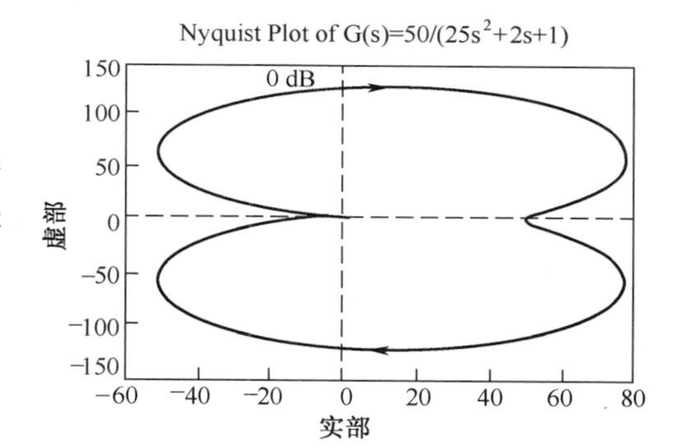

图 4-36 $G(s)=50/(25s^2+2s+1)$的 Nyquist 图

本 章 小 结

本章主要介绍了分析控制系统性能的频率特性法，需重点掌握的内容如下：

(1) 频率特性反映线性系统在谐波信号的作用下，其稳态输出与输入之比与频率的关系特性。系统的频率特性与传递函数具有下面简单的关系：

$$G(\mathrm{j}\omega)=G(s)\big|_{s=\mathrm{j}\omega}$$

(2) 系统的频率特性一般分为幅频特性和相频特性。幅频特性表示系统稳态输出的幅值与输入信号的幅值之比随输入信号频率变化的关系特性；相频特性表示系统稳态输出信号的相位与输入信号的相位之差随输入信号频率变化的关系特性，即对于频率特性

$$G(\mathrm{j}\omega)=A(\omega)\mathrm{e}^{\mathrm{j}\varphi(\omega)}$$

$$A(\omega)=\frac{|X_o(j\omega)|}{|X_i(j\omega)|}$$

$$\varphi(\omega)=\varphi_o(\omega)-\varphi_i(\omega)$$

(3) 系统频率特性的图形表示方法主要有两种:极坐标图法和对数频率特性图法。系统频率特性的极坐标图又称为 Nyquist 图,它是变量 s 沿复平面上的虚轴变化时在 $G(s)$ 平面上得到的映射。并且频率 ω 从 $0\to\infty$ 的极坐标曲线 $G(j\omega)$ 和频率 ω 从 $0\to-\infty$ 的极坐标曲线 $G(-j\omega)$ 对称于 $G(s)$ 平面上的实轴;系统的对数频率特性图又称为 Bode 图,它是将系统的幅频特性和相频特性分别画出的一种图形表示,分别称为对数幅频特性图和(对数)相频特性图。对于最小相位系统,其对数幅频特性图与相频特性图具有确定的对应关系。

(4) 开环对数频率特性的三个频段包含了闭环系统性能不同方面的信息,即低频段、中频段和高频段分别表征了系统的稳定性、动态特性和抗干扰能力。为了设计一个合理的控制系统,对开环对数幅频特性的形状要求如下:低频段要有一定的高度和斜率;中频段的斜率最好为-20dB/dec,且具有足够的宽度;高频段采用迅速衰减的特性,以抑制不必要的高频干扰。

(5) 利用等 M 圆和等 N 圆可由开环频率特性求取闭环频率特性,并可求得闭环频率特性的频域性能指标。

(6) 系统的频域响应特性与时域响应特性有着密切的关系,这种关系可归结为反映系统性能的频域指标与时域指标的关系。它对于一阶系统和二阶系统是确定的,而对于高阶系统,由于其复杂性很难建立起确切的关系。

(7) 利用 MATLAB 提供的 bode 函数和 nyquist 函数绘制系统的 Bode 图和 Nyquist 图等,不仅可以得到系统的频率特性图,而且还可以得到系统的幅频特性、相频特性、实频特性和虚频特性,从而通过计算得到系统的频域特征量。

习　题

4-1 某单位反馈系统的开环传递函数为 $G(s)=\dfrac{5}{s+1}$,试求下列输入时,输出的稳态响应表达式。

(1) $x_i(t)=\sin(t+30°)$　　(2) $x_i(t)=3\cos(2t-60°)$

4-2 试画出具有下列传递函数的极坐标图。

(1) $G(s)=\dfrac{1}{0.01s+1}$　　(2) $G(s)=\dfrac{1}{s(0.1s+1)}$

(3) $G(s)=\dfrac{2(0.3s+1)}{s^2(5s+1)}$　　(4) $G(s)=\dfrac{7.5(0.3s+1)(s+1)}{s(s^2+12s+100)}$

(5) $G(s)=\dfrac{(0.2s+1)(0.025s+1)}{s^2(0.005s+1)(0.001s+1)}$　　(6) $G(s)=5e^{-0.1s}$

4-3 试画出传递函数 $G(s)=\dfrac{aTs+1}{Ts+1}$ 的极坐标图,其中 $a=0.2,T=2$。

4-4 试画出具有下列传递函数的 Bode 图。

(1) $G(s)=\dfrac{1}{0.5s+1}$　　(2) $G(s)=\dfrac{1}{1-0.5s}$

(3) $G(s)=\dfrac{2(s+5)}{s^2(0.5s+1)}$　　(4) $G(s)=\dfrac{s+1}{s(s+0.1)(s+20)}$

(5) $G(s)=\dfrac{5(s+0.5)}{s(s^2+s+1)(s^2+4s+25)}$

4-5 已知一些元件的对数幅频特性曲线如图题 4-5,试写出它们的传递函数。

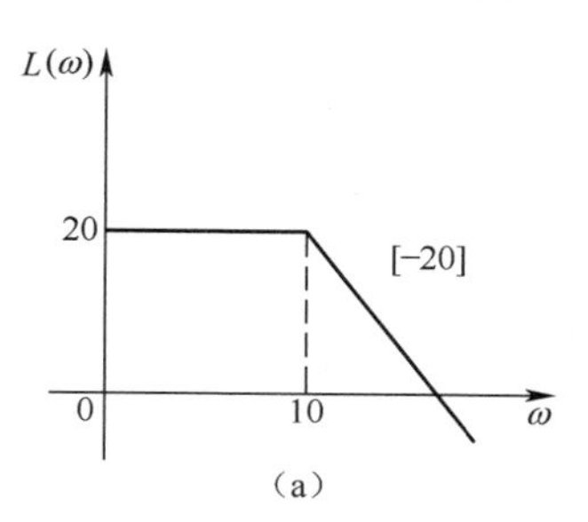

(a)

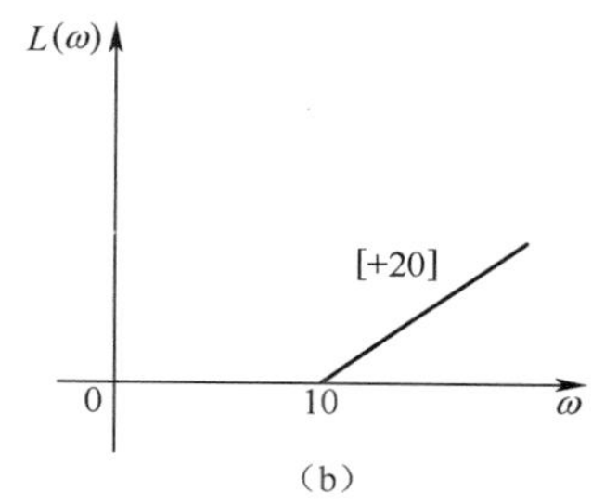

(b)

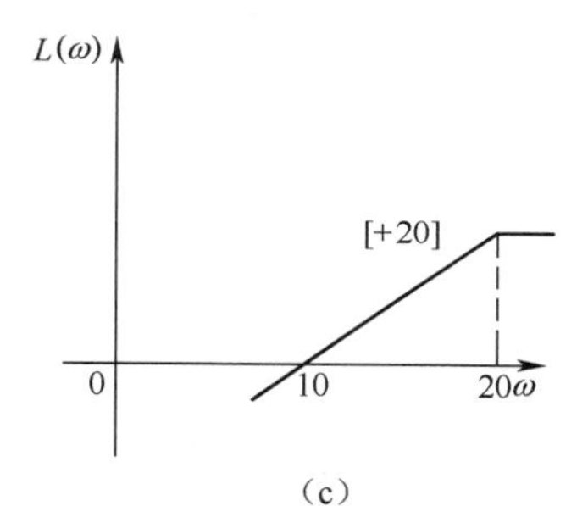

(c)

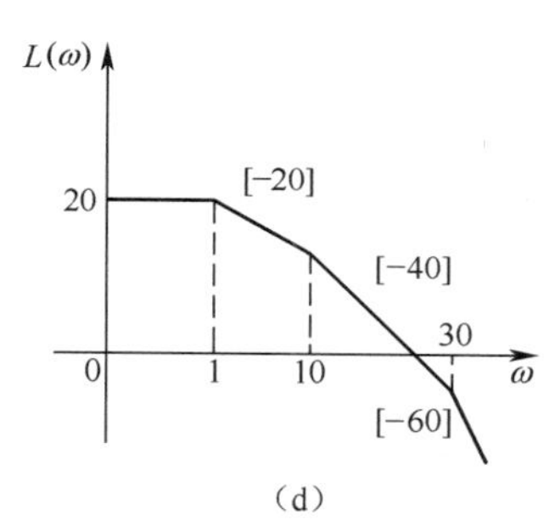

(d)

图 4-37　题 4-5 图

第 5 章　控制系统的稳定性

内 容 提 要

稳定性是控制系统重要的性能指标之一，是系统正常工作的首要条件。本章仅研究线性定常系统的稳定性问题，介绍了线性系统稳定性的概念、稳定的条件及常用的几种稳定性判据：Routh 稳定判据和 Nyquist 稳定判据，最后介绍系统的相对稳定性及其表示形式。

5.1　系统稳定的条件

5.1.1　稳定性的概念

在给出系统稳定性的定义之前，先分析下面的例子。如图 5-1(a)所示单摆，假设在外界扰动作用下，单摆由原来的位置 a 向左偏移到 b，当外界扰动消失后，在重力作用下由位置 b 向右回到位置 a，并在惯性作用下继续向右运动到位置 c，此后又开始向左运动，即单摆在平衡位置 a 附近做反复振荡运动，经过一定时间后，在空气阻力的作用下，单摆重新回到原始平衡位置 a，此时称单摆是稳定的。

如图 5-1(b)所示倒立摆，该摆在位置 d 时是平衡的，当受到外界扰动作用时会偏离平衡位置，且即使扰动消除后也不会回到原来的平衡位置，此时称倒立摆是不稳定的。

上面的例子说明，系统稳定性反映的是扰动消除后的时间响应的性质。可以这样来定义：系统稳定性是指系统受到扰动作用偏离平衡状态后，当扰动消失，系统经过自身调节能否以一定的准确度恢复到原平衡状态的性能。若当扰动消失后，系统能逐渐恢复到原来的平衡状态，则称系统是稳定的，否则称系统为不稳定。线性系统的这种稳定性只取决于系统内部的结构和参数，而与初始条件和外作用的大小无关。

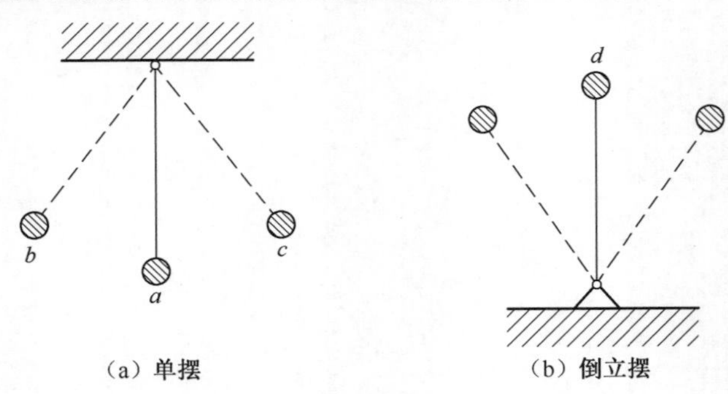

图 5-1　稳定系统与不稳定系统

系统的稳定性概念又分绝对稳定性和相对稳定性。

1. 绝对稳定性

在研究控制系统时，我们必须能够根据元件的性能，预测出系统的动态性能，其中最重要的性能就是绝对稳定性，即系统是稳定的还是不稳定的。如果控制系统没有受到任何扰动，同时也没有输入信号的作用，系统的输出量保持在某一状态上，则控制系统处于平衡状态。如果线性定常系统在初始条件的作用下，其输出量最终返回它的平衡状态，那么这种系统是稳定的。如果线性定常系统的输出量呈现为持续不断的等幅振荡过程，则称其为临界稳定。如果系统在初始条件作用下，其输出量无限制地偏离其平衡状态，则称该系统是不稳定的。实际上，物理系统的输出量只能增大到一定的范围，此后或者受到机械制动装置的限制，或者系统遭到破坏，也可能当输出量超过一定数值后，系统变成非线性的，从而使线性微分方程不再适用。因此，绝对稳定性是系统能够正常工作的前提。

2. 相对稳定性

除了绝对稳定性外，我们还需考虑系统的相对稳定性，即稳定系统的稳定程度。对于线性定常系统而言，系统的相对稳定性通常用稳定性裕量（包括幅值裕量和相位裕量）进行定量衡量。

关于运动稳定性的数学定义，是由俄国学者李雅普诺夫（A. M. Ляпунов）首先建立的，这里不作介绍，如有兴趣可参看有关论著。

5.1.2 系统稳定的充要条件

一般反馈控制系统如图 5-2 所示，系统的传递函数为

$$\Phi(s)=\frac{X_o(s)}{X_i(s)}=\frac{G(s)}{1+G(s)H(s)} \tag{5-1}$$

设系统传递函数的分母等于零，即可得出系统的特征方程

$$1+G(s)H(s)=0 \tag{5-2}$$

系统的稳定性取决于特征方程，只要能确定式（5-2）的根落在［s］复平面的左半部分，系统就是稳定的。下面将导出线性系统稳定的条件。

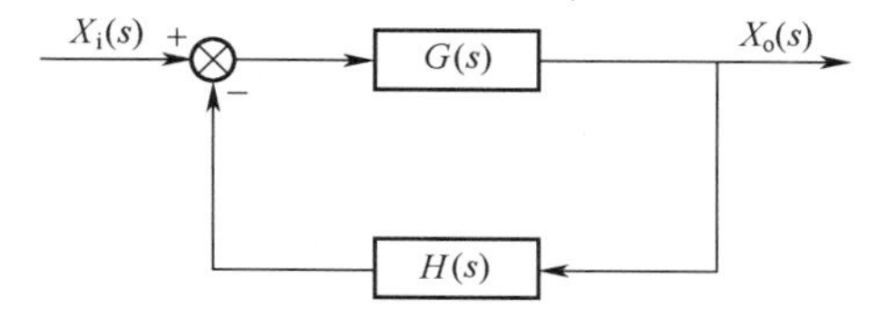

图 5-2 反馈控制系统

设线性系统在初始条件为零时，输入一个理想单位脉冲函数 $\delta(t)$，这相当于系统在扰动信号作用下，输出信号偏离原平衡工作点的情形。若线性系统的单位脉冲响应函数 $x_o(t)$ 随时间的推移趋于零，即

$$\lim_{t\to\infty}x_o(t)=0\ ,$$

则系统稳定。若 $\lim\limits_{t\to\infty}x_o(t)=\infty$，则系统不稳定。

系统输入理想单位脉冲函数 $\delta(t)$，它的拉普拉斯变换函数等于 1，所以系统输出的

拉普拉斯变换为

$$X_o(s)=\frac{G(s)}{1+G(s)H(s)}=\frac{G'(s)}{(s-s_1)(s-s_2)\cdots(s-s_n)}$$

式中：$s_i(i=1,2,\cdots,n)$ 为系统特征方程的根，也就是系统的闭环极点。

设 n 个特征根彼此不等，并将上式分解成部分分式之和的形式，即

$$X_o(s)=\frac{c_1}{(s-s_1)}+\frac{c_2}{(s-s_2)}+\cdots+\frac{c_n}{(s-s_n)}=\sum_{i=1}^{n}\frac{c_i}{s-s_i}$$

式中：$c_i(i=1,2,\cdots,n)$ 为待定系数，其值可利用留数求得。

对上式进行拉普拉斯反变换，得到系统的脉冲响应函数为

$$x_o(t)=\sum_{i=1}^{n}c_i e^{s_i t} \tag{5-3}$$

从式(5-3)可以看出，要满足条件 $\lim\limits_{t\to\infty}x_o(t)=0$，只有当系统的特征根 $s_i(i=1,2,\cdots,n)$ 全部具有负实部方能实现。

因此，系统稳定的充要条件为：系统的特征方程根必须全部具有负实部；反之，若特征根中有一个以上具有正实部时，则系统必为不稳定。或者说系统稳定的充分必要条件为：系统传递函数的极点全部位于[s]复平面的左半部。

若有部分闭环极点位于虚轴上，而其余极点全部在[s]平面左半部时，便会出现临界稳定状态。

由上述稳定条件可知，稳定系统在幅值为有界输入信号作用下，其输出也必定为幅值有界；而对不稳定系统来说，则不能断言其输出幅值为有界。

一般情况下，确定系统稳定性的方法有两种：直接计算或间接得知系统特征方程式(5-2)的根；确定保证式(5-2)的根具有负实部的系统参数的区域。

显然，采用对特征方程求解的方法，虽然非常直观，但对于高阶系统是困难的。为此，设法不必解出根来，而能决定系统稳定性的准则就具有工程实际意义了，即应用第二种类型判断系统稳定性时，根据特征根的分布，看其是否全部具有负实部，并以此来判别系统的稳定性，由此形成了 Routh 判据、Nyquist 判据等方法。

5.2 Routh 稳定判据

1877 年由英国数学家劳斯(E. J. Routh)提出的判断系统稳定性的代数判据，称为 Routh 稳定判据。其根据是：使系统稳定时，必须满足系统特征方程式的根全部具有负实部。但该判据并不直接对特征方程式求解，而是利用特征方程式(即高次代数方程)根与系数的代数关系，由特征方程中已知的系数，间接判别出方程的根是否具有负实部，从而判定系统是否稳定。因此又称作代数稳定性判据。

下面介绍应用代数判据分析系统的稳定性问题，关于代数判据的数学推导过程从略。

5.2.1 Routh 表

Routh 表由系统特征方程的系数构成如下：

$$
\begin{array}{c|ccccc}
s^n & a_n & a_{n-2} & a_{n-4} & a_{n-6} & \cdots \\
s^{n-1} & a_{n-1} & a_{n-3} & a_{n-5} & a_{n-7} & \cdots \\
s^{n-2} & b_1 & b_2 & b_3 & b_4 & \cdots \\
s^{n-3} & c_1 & c_2 & c_3 & c_4 & \cdots \\
s^{n-4} & d_1 & d_2 & d_3 & d_4 & \cdots \\
\vdots & \vdots & \vdots & \vdots & \vdots & \\
s^0 & \cdots & & & &
\end{array}
$$

表中

$$
b_1 = -\frac{1}{a_{n-1}}\begin{vmatrix} a_n & a_{n-2} \\ a_{n-1} & a_{n-3} \end{vmatrix},\ b_2 = -\frac{1}{a_{n-1}}\begin{vmatrix} a_n & a_{n-4} \\ a_{n-1} & a_{n-5} \end{vmatrix},
$$

$$
b_3 = -\frac{1}{a_{n-1}}\begin{vmatrix} a_n & a_{n-6} \\ a_{n-1} & a_{n-7} \end{vmatrix},\cdots
$$

直至其余 b 均为零。

$$
c_1 = -\frac{1}{b_1}\begin{vmatrix} a_{n-1} & a_{n-3} \\ b_1 & b_2 \end{vmatrix},\ c_2 = -\frac{1}{b_1}\begin{vmatrix} a_{n-1} & a_{n-5} \\ b_1 & b_3 \end{vmatrix},
$$

$$
c_3 = -\frac{1}{b_1}\begin{vmatrix} a_{n-1} & a_{n-7} \\ b_1 & b_4 \end{vmatrix},\cdots
$$

$$
d_1 = -\frac{1}{c_1}\begin{vmatrix} b_1 & b_2 \\ c_1 & c_2 \end{vmatrix},\qquad d_2 = -\frac{1}{c_1}\begin{vmatrix} b_1 & b_3 \\ c_1 & c_3 \end{vmatrix},\cdots
$$

计算上述各数的公式是有规律的,自 s^{n-2} 行以下,每行的数都可由该行上边两行的数算得,等号右边的二阶行列式中,第一列都是上两行中第一列的两个数,第二列是被算数右上方的两个数,等号右边的分母是上一行中左起第一个数。

5.2.2 Routh 稳定判据

采用 Routh 判据判别系统的稳定性,步骤如下:

(1) 列出系统特征方程为

$$
a_n s^n + a_{n-1} s^{n-1} + \cdots + a_1 s + a_0 = 0 \tag{5-4}
$$

式中:$a_n > 0$,各项系数均为实数。

由代数理论中韦达定理所指出的方程根与系数的关系可知,所有根均分布在[s]复平面左半部的必要条件是:特征方程式(5-4)的各项系数均为正值,即 $a_i > 0(i = 0,1,2,\cdots,n)$。若任一项系数为负或为零(缺项),则为不稳定系统。要得到系统稳定的充要条件,需进行第二步。

(2) 按系统的特征方程式列写 Routh 表。

(3) 系统稳定的充要条件是:第一列各数均为正数,系统特征方程含有正实部根的数目等于第一列中数值符号的改变次数。如果第一列中有负数,则系统不稳定,

在具体计算中为了方便,常常把表中某一行的数都乘(或除)以一个正数,而不会影响第一列数值的符号,即不影响稳定性的判别。表中空缺的项,运算时以零代入。

5.2.3 Routh 表首列构成的四种情形

在应用 Routh 判据时，Routh 表第一列元素可能出现如下情况：

(1) 第一列元素均不为零(常规情况)；

(2) 第一列元素中有元素为零，且该行其余元素不全为零；

(3) Routh 表中出现全零行；

(4) 同(3)并在虚轴上有重根。

下面分别就这四种情况进行讨论。

1. 第一列元素均不为零。

例 5-1 系统的特征方程为

$$s^5 + 6s^4 + 14s^3 + 17s^2 + 10s + 2 = 0$$

试用 Routh 判据确定系统是否稳定。

解 系统特征方程所有系数均为正实数。列出 Routh 表(下边列出两个表，左边的表为了和原 Routh 表的形式对照，右边一个表是为了数值计算方便，二者对判断系统稳定性的作用是一样的)。

$$\begin{array}{c|ccc} s^5 & 1 & 14 & 10 \\ s^4 & 6 & 17 & 2 \\ s^3 & \frac{67}{6} & \frac{58}{6} & \\ s^2 & \frac{791}{67} & 2 & \\ s^1 & \frac{6150}{791} & & \\ s^0 & 2 & & \end{array} \quad \text{或} \quad \begin{array}{c|ccc} s^5 & 1 & 14 & 10 \\ s^4 & 6 & 17 & 2 \\ s^3 & 67 & 58 & \\ s^2 & 791 & 134 & \\ s^1 & 36900 & & \\ s^0 & 134 & & \end{array} \quad \begin{array}{l} \\ \\ \text{(同乘以 6)} \\ \text{(同乘以 67)} \\ \text{(同乘以 791)} \\ \\ \end{array}$$

由上面计算可知 Routh 表中第一列数值全部为正实数，所以系统是稳定的。

例 5-2 已知系统的特征方程为

$$s^5 + 2s^4 + s^3 + 3s^2 + 4s + 5 = 0$$

判断系统的稳定性。

解 它的所有系数均为正实数。列出 Routh 表

$$\begin{array}{c|ccc} s^5 & 1 & 1 & 4 \\ s^4 & 2 & 3 & 5 \\ s^3 & -\frac{1}{2} & \frac{3}{2} & \\ s^2 & 9 & 5 & \\ s^1 & \frac{16}{9} & & \\ s^0 & 5 & & \end{array} \quad \text{或} \quad \begin{array}{c|ccc} s^5 & 1 & 1 & 4 \\ s^4 & 2 & 3 & 5 \\ s^3 & -1 & 3 & \\ s^2 & 9 & 5 & \\ s^1 & 16 & & \\ s^0 & 5 & & \end{array} \quad \begin{array}{l} \\ \\ \text{(同乘以 2)} \\ \\ \text{(同乘以 9)} \\ \\ \end{array}$$

考察第一列数值符号的变化，数值在 $2 \rightarrow -1 \rightarrow 9$ 处符号发生了两次改变，所以系统不稳定，特征方程有两个正实部根。

例 5-3 焊接机器人(图 5-3(a))焊接头由机械臂带动,自动到达不同焊接位置。焊接头位置控制系统如图 5-3(b)所示,确定使系统稳定的 K 和 a 的变化范围。

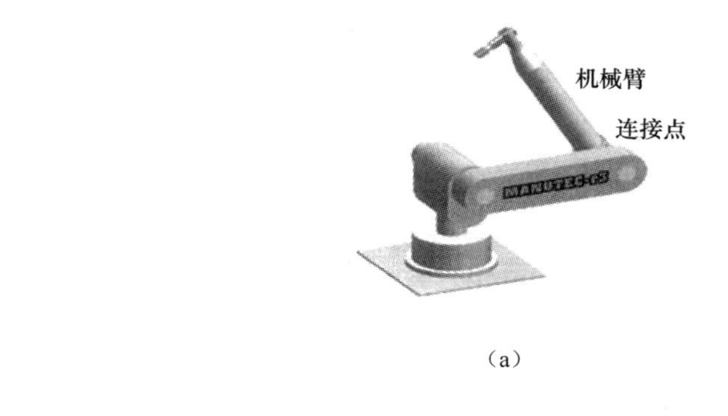

(a)

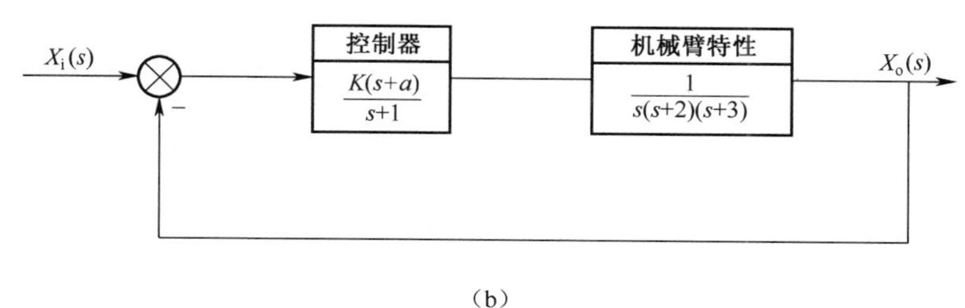

(b)

图 5-3 焊接头位置控制系统

解 系统特征方程为

$$s^4 + 6s^3 + 11s^2 + (K + 6)s + Ka = 0$$

首先,特征方程的各项系数均大于零,满足系统稳定的必要条件。其次,其 Routh 表为

$$\begin{array}{c|ccc} s^4 & 1 & 11 & Ka \\ s^3 & 6 & K+6 & \\ s^2 & b_1 & Ka & \\ s^1 & c_1 & & \\ s^0 & Ka & & \end{array}$$

其中,$b_1 = \dfrac{60 - K}{6}$,$c_1 = \dfrac{b_1(K + 6) - 6Ka}{b_1}$。

由 Routh 判据得,系统稳定充分必要条件为

$$\begin{cases} 60 - K > 0 \\ (60 - K)(K + 6) - 36Ka > 0 \\ Ka > 0 \end{cases}$$

解得系统稳定时 K 和 a 的变化范围

$$K < 60$$

$$a < \frac{(60 - K)(K + 6)}{36K}$$

2. 第一列元素中有元素为零,且该行其余元素不全为零

在这种情况下,计算下一行第一个元素时,该元素必将趋于无穷大,以致 Routh 表的计算无法进行,这时可用一个很小的正数 ε 来代替这个零,从而可以使 Routh 表继续算下去。

例 5-4 设系统的特征方程为

$$s^4 + 3s^3 + s^2 + 3s + 1 = 0$$

试利用 Routh 判据判别系统的稳定性。

解 首先,特征方程的各项系数均大于零,满足系统稳定的必要条件。

其次,其 Routh 为

$$\begin{array}{c|ccc} s^4 & 1 & 1 & 1 \\ s^3 & 3 & 3 & \\ s^2 & 0 \to \varepsilon & 1 & \\ s^1 & 3 - \dfrac{3}{\varepsilon} & & \\ s^0 & 1 & & \end{array}$$

因为 ε 很小而且 $0 < \varepsilon < 1$,则 $3 - 3/\varepsilon < 0$,所以表中第一列变号两次,故系统有两个正实部根,是不稳定的。

3. Routh 表中出现全零行。

出现这种情况是由于特征多项式存在关于原点对称的根:$s = \pm\sigma$ 或 $s = \pm j\omega$。处理方法:可以用该行上面一行的元素构成一个辅助多项式 $P(s)$,取此辅助多项式的一阶导数所得到的一组系数来代替该行,然后继续计算 Routh 表中的其余各个元素,最后再按照前述方法进行判断。

例 5-5 设系统的特征方程为

$$s^6 + 2s^5 + 8s^4 + 12s^3 + 20s^2 + 16s + 16 = 0$$

试利用 Routh 判据判别系统的稳定性。

解 首先,特征方程的各项系数均大于零,满足系统稳定的必要条件。

其次,其 Routh 表为

$$\begin{array}{c|cccc} s^6 & 1 & 8 & 20 & 16 \\ s^5 & 2 & 12 & 16 & 0 \\ s^4 & 2 & 12 & 16 & 0 \quad P(s) = 2s^4 + 12s^2 + 16 \\ s^3 & 0 \to 8 & 0 \to 24 & 0 & \quad P'(s) = 8s^3 + 24s \\ s^2 & 6 & 16 & 0 & \\ s^1 & 8/3 & 0 & & \\ s^0 & 16 & 0 & & \end{array}$$

由上述 Routh 表可以看出,第一列中元素的符号全为正号,说明系统的特征方程没有正实部的根,即在 [s] 平面的右半平面没有闭环极点。但是,由于 s^3 行的元素全为零,则说明存在两个大小相等符号相反的实根和(或)两个共轭虚根,可由辅助多项式构成的辅助方程 $P(s) = 0$ 来求得。

$$P(s) = 2s^4 + 12s^2 + 16 = 0$$

解上述辅助方程,可求得两对共轭虚根

$$p_{1,2} = \pm\sqrt{2}\mathrm{j}, p_{3,4} = \pm 2\mathrm{j}$$

系统存在共轭虚根,表明系统处于临界稳定状态。

4. Routh 表中出现全零行,并在虚轴上有重根。

如果特征方程在虚轴上仅有单根,则系统响应是持续的正弦振荡,此时系统为临界稳定状态,如例 5-5。如果虚根是重根,则系统响应是不稳定的,且具有 $t\sin(\omega t + \varphi)$ 的形式,而 Routh 判据不能发现这种形式的不稳定。

例 5-6 设系统的特征方程为

$$s^5 + s^4 + 2s^3 + 2s^2 + s + 1 = 0$$

试利用 Routh 判据判别系统的稳定性。

解 首先,特征方程的各项系数均大于零,满足系统稳定的必要条件。

其次,其 Routh 表为

$$\begin{array}{c|cccl}
s^5 & 1 & 2 & 1 & \qquad P_1(s) = s^4 + 2s^2 + 1 \\
s^4 & 1 & 2 & 1 & \\
s^3 & 0 \to 4 & 0 \to 4 & 0 & \qquad P_1'(s) = 4s^3 + 4s \\
s^2 & 1 & 1 & & \\
s^1 & 0 \to 2 & 0 & & \qquad P_2(s) = s^2 + 1 \\
s^0 & 1 & & & \qquad P_2'(s) = 2s
\end{array}$$

由上述 Routh 表可以看出,首列无符号变化,故系统除有两对相同共轭虚根±j 外,无其他不稳定极点,容易错误判断系统处于临界稳定状态。

对于特征方程阶次较低(如 $n < 4$)的系统来说,利用 Routh 判据可将稳定条件写成下列简单的形式。

$n = 2: a_2 > 0, a_1 > 0, a_0 > 0$;

$n = 3: a_3 > 0, a_2 > 0, a_1 > 0, a_0 > 0; a_2a_1 - a_3a_0 > 0$;

$n = 4: a_4 > 0, a_3 > 0, a_2 > 0, a_1 > 0, a_0 > 0; a_3a_2a_1 - a_4a_1^2 - a_3^2a_0 > 0$。

5.3 Nyquist 稳定判据

前面介绍的稳定性判据,都是基于系统的微分方程或传递函数等参数模型。但在工程中,比较原始、直接的资料是用实验得到的频率特性等实验数据,而且,频率特性具有更清晰的物理意义。所以,工程技术人员更希望直接用实验得到的系统频率特性等来分析、设计系统。1932 年,美国 Bell 实验室的 Nyquist 提出了一种应用开环频率特性曲线来判别闭环系统稳定性的判据,即 Nyquist 判据,简称奈氏判据。

在系统初步设计和校正中经常采用频率特性的图解方法,这就为用奈氏图或 Bode 图判断系统的稳定性带来了方便。因为这时系统的参数尚未最后确定,一些元件的数学表达式常常是未知的,仅有在实验中得到的频率特性曲线可供采用。应用奈氏判据,无论是由解析法还是由实验方法获得的开环频率特性曲线,都可用来分析系统的稳定性。

奈氏判据仍是根据系统稳定的充分必要条件导出的一种方法。对于图 5-2 所示的控制系统,闭环传递函数 $\Phi(s)$ 与开环传递函数 $G(s)H(s)$ 之间有着确定的关系如式(5-1)所列。欲使系统稳定,必须满足系统特征方程的根(即闭环极点)全部位于[s]复平面的左半部,奈氏判据正是将开环频率特性 $G(j\omega)H(j\omega)$ 与系统的闭环极点联系起来的判据。

利用 Nyquist 稳定判据不但可以判断系统是否稳定(绝对稳定性),也可以确定系统的稳定程度(相对稳定性),还可以用于分析系统的动态性能以及指出改善系统性能指标的途径。因此,Nyquist 稳定判据是一种重要而实用的稳定性判据,工程上应用十分广泛。

5.3.1 理论基础

由于闭环系统的稳定性取决于闭环特征根的性质,因此,运用开环频率特性研究闭环系统的稳定性时,首先应明确开环频率特性与闭环特征方程之间的关系,然后,进一步寻找它与闭环特征根之间的规律性。

假设控制系统的一般结构如图 5-2 所示。

$$G(s)H(s)=\frac{M(s)}{N(s)}$$

式中:$M(s)$、$N(s)$ 为 s 的多项式,其 s 的最高幂次分别为 m、n,且 $n \geqslant m$。

闭环特征方程可写成

$$N(s)+M(s)=0$$

可见,$N(s)$ 及 $N(s)+M(s)$ 分别为开环和闭环的特征多项式。将它们的特征多项式联系起来,引入辅助函数 $F(s)$,即

$$\begin{aligned}F(s)&=\frac{N(s)+M(s)}{N(s)}\\&=1+G(s)H(s)\\&=\frac{(s-\lambda_1)(s-\lambda_2)\cdots(s-\lambda_n)}{(s-p_1)(s-p_2)\cdots(s-p_n)}\end{aligned} \tag{5-5}$$

以 $s=j\omega$ 代入式(5-5),则有

$$F(j\omega)=1+G(j\omega)H(j\omega) \tag{5-6}$$

式(5-5)和式(5-6)确定了系统开环频率特性和闭环特征多项式之间的关系。可以看出,$1+G(s)H(s)$ 的极点 $p_i(i=1,2,\cdots,n)$ 即开环传递函数 $G(s)H(s)$ 的极点;而 $1+G(s)H(s)$ 的零点 λ_i ($i=1,2,\cdots,n$) 正是闭环传递函数的极点,建立这个关系是证明奈氏判据的第一步。

奈氏判据的理论基础是复变函数中的幅角定理,也称映射定理,它是幅角定理在工程控制中的具体应用,下面首先介绍幅角定理。

假设复变函数 $F(s)$ 为单值,且除了[s]平面上有限的奇点外,处处都为连续的正则函数,也就是说 $F(s)$ 在[s]平面上除奇点外处处解析,那么,对于[s]平面上的每一个

解析点,在 [$F(s)$] 平面上必有一点(称为映射点)与之对应。

例如,系统的开环传递函数为

$$G(s)H(s)=\frac{1}{s(s+1)}$$

其辅助函数是

$$F(s)=1+G(s)H(s)=\frac{s^2+s+1}{s(s+1)}$$

除奇点 $s=0$ 和 $s=-1$ 外,在 [s] 平面上任取一点,如

$$s_1=1+\text{j}2$$

则

$$F(s_1)=\frac{(1+\text{j}2)^2+(1+\text{j}2)+1}{(1+\text{j}2)(1+\text{j}2+1)}=0.95-\text{j}0.15$$

如图 5-4 所示,在 $s=-10$ 平面上有点 $F(s_1)=0.95-\text{j}0.15$ 与 [s] 平面上的点 s_1 对应, $F(s_1)$ 就叫做 $s_1=1+\text{j}2$ 在 [$F(s)$] 平面上的映射点。

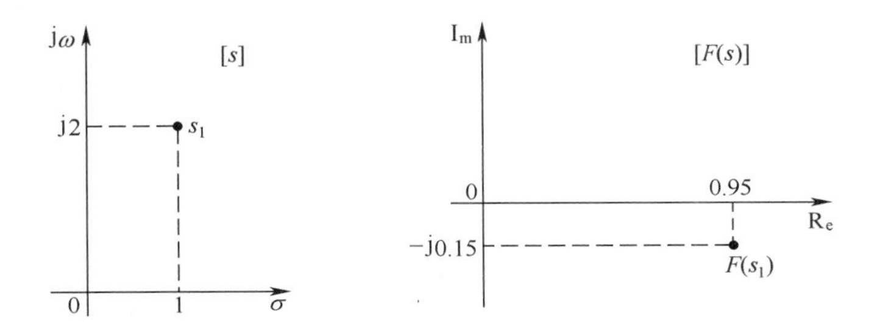

图 5-4 [s] 平面上的点在 [$F(s)$] 平面上的映射

如果解析点 s_1 在 s 平面上沿封闭曲线 Γ_S (Γ_S 不经过 $F(s)$ 的奇点)按顺时针方向连续变化一周,那么辅助函数 $F(s)$ 在 [$F(s)$] 平面上的映射也是一条封闭曲线 Γ_F ,但其变化方向可以是顺时针的,也可以是逆时针的,这要依据辅助函数 $F(s)$ 的性质而定,如图 5-5 所示。

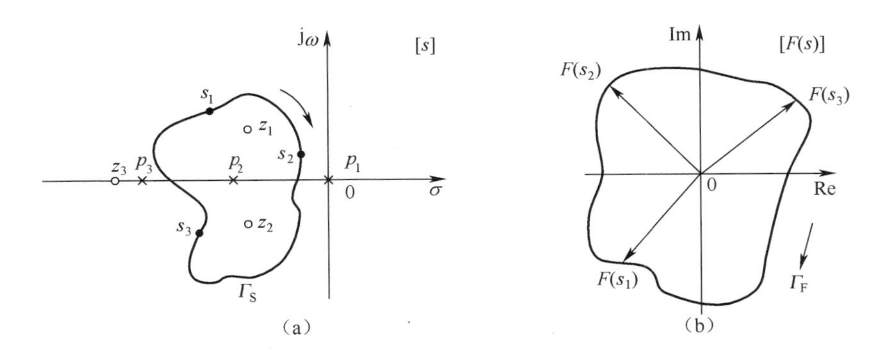

图 5-5 [s] 平面到 [$F(s)$] 平面的映射

幅角定理(映射定理):设 $F(s)$ 在 [s] 平面上,除有限个奇点外,为单值的连续正则函数,若在 [s] 平面上任选一封闭曲线 Γ_S,并使 Γ_S 不通过 $F(s)$ 的奇点,则 [s] 平面上的封闭曲线 Γ_S 映射到 [$F(s)$] 平面上也是一条封闭曲线 Γ_F。当解析点 s 按顺时针方向沿 Γ_S 变化一周时,则在 [$F(s)$] 平面上,Γ_F 曲线按逆时针方向旋转的周数 N(每旋转 2π 弧度为一周),或 Γ_F 按逆时针方向包围 [$F(s)$] 平面原点的次数,等于封闭曲线 Γ_S 内包含 $F(s)$ 的极点数 P 与零点数 Z 之差。即

$$N = P - Z$$

式中:若 $N > 0$,则 Γ_F 按逆时针方向绕 [$F(s)$] 平面坐标原点 N 周;若 $N < 0$,则 Γ_F 按顺时针绕 [$F(s)$] 平面坐标原点 N 周;且若 $N = 0$,则 Γ_F 不包围 [$F(s)$] 平面坐标原点。

在图 5-5 中,[s] 平面上有三个极点 p_1, p_2, p_3 和三个零点 z_1, z_2, z_3。被 Γ_S 曲线包围的零点有 z_1, z_2 两个,即 $Z = 2$,包围的极点只有 p_2,即 $P = 1$,则

$$N = P - Z = 1 - 2 = -1$$

说明 Γ_S 映射到 [$F(s)$] 平面上的封闭曲线 Γ_F 顺时针绕 [$F(s)$] 平面原点一周。

由幅角定理,我们可以确定辅助函数 $F(s)$ 被封闭曲线 Γ_S 所包围的极点数 P 与零点数 Z 的差值 $P - Z$。

前面已经指出,$F(s)$ 的极点数等于开环传递函数 $G(s)H(s)$ 的极点数,因此当从 [$F(s)$] 平面上确定了封闭曲线 Γ_F 的旋转周数 N 以后,则在 [s] 平面上封闭曲线 Γ_S 包含的零点数 Z(即系统的闭环极点数)便可简单地由下式计算出来

$$Z = P - N$$

封闭曲线 Γ_S 和 Γ_F 的形状是无关紧要的,因为它不影响上述结论。

关于幅角定理的数学证明请读者参考有关书籍,这里仅从几何图形上简单说明。

设有辅助函数为

$$F(s) = \frac{(s - z_1)(s - z_2)(s - z_3)}{(s - p_1)(s - p_2)(s - p_3)}$$

其零、极点在 [s] 平面上的分布如图 5-6 所示,在 [s] 平面上作一封闭曲线 Γ_S,Γ_S 不通过上述零、极点,在封闭曲线 Γ_S 上任取一点 s_1,其对应的辅助函数 $F(s_1)$ 的幅角应为

$$\angle F(s_1) = \sum_{j=1}^{3} \angle(s_1 - z_j) - \sum_{i=1}^{3} \angle(s_1 - p_i)$$

当解析点 s_1 沿封闭曲线 Γ_S 按顺时针方向旋转一周后再回到 s_1 点,从图中可以发现,所有位于封闭曲线 Γ_S 外面的辅助函数的零、极点指向 s_1 的向量转过的角度都为 0,而位于封闭曲线 Γ_S 内的辅助函数的零、极点指向 s_1 的向量都按顺时针方向转过 2π 弧度(一周)。这样,对图 5-6(a),$Z = 1$,$P = 0$,$\angle F(s_1) = -2\pi$,即 $N = -1$,$F(s_1)$ 绕 [$F(s)$] 平面原点顺时针旋转一周;对图 5-6(b),$Z = 0$,$P = 1$,$\angle F(s_1) = 2\pi$,即 $N = 1$,$F(s_1)$ 绕 [$F(s)$] 平面原点逆时针旋转一周;对图 5-6(c),$Z = 1$,$P = 1$,$\angle F(s_1) = 0$,即 $N = 0$,$F(s_1)$ 不包围 [$F(s)$] 平面原点。将上述分析推广到一般情况则有

$$\angle F(s) = 2\pi(P - Z) = 2\pi N$$

由此得到幅角定理表达式为

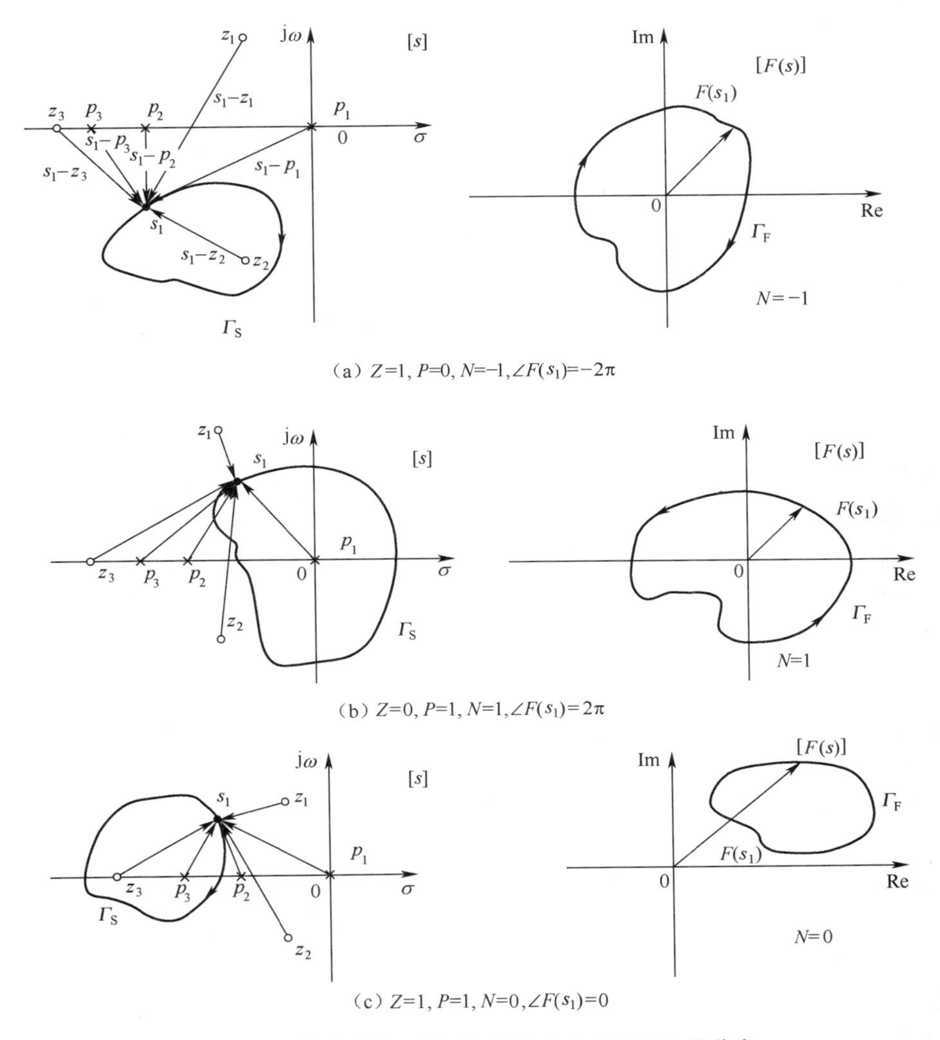

（a）$Z=1, P=0, N=-1, \angle F(s_1)=-2\pi$

（b）$Z=0, P=1, N=1, \angle F(s_1)=2\pi$

（c）$Z=1, P=1, N=0, \angle F(s_1)=0$

图 5-6 辅助函数 $F(s)$ 零、极点在 $[s]$ 平面上的分布

5.3.2 Nyquist 轨迹及其映射

为了分析反馈控制系统的稳定性，只需判断是否存在 $[s]$ 平面右半部的闭环极点。根据复变函数中的保角映射关系，对于复平面 $[s]$ 上的一条连续封闭曲线，在 $[1+G(s)H(s)]$ 复平面上必有一条封闭曲线与之对应。在证明奈氏判据时，取 $[s]$ 平面上的封闭曲线 Γ_S，包围整个 $[s]$ 平面的右半部，即沿着虚轴由 $-\mathrm{j}\infty \to +\mathrm{j}\infty$，再沿着半径为 ∞ 的半圆构成封闭曲线，见图 5-7。

若将 $1+G(s)H(s)$ 的零点 λ_i（$i=1,2,\cdots,n$）和极点 p_i（$i=1,2,\cdots,n$）画在 $[s]$ 平面上，那么，封闭曲线 Γ_S 把实部为正的极点和零点都包围进去，即包围了所有实部为正的开环极点和闭环极点（下面简称开环右极点和闭环右极点）。$[s]$ 平面上 Γ_S 曲线沿虚轴的部分，即当变量 s 沿 $[s]$ 平面的虚轴从 $-\infty$ 到 $+\infty$ 变化时，映射到 $[1+G(s)H(s)]$

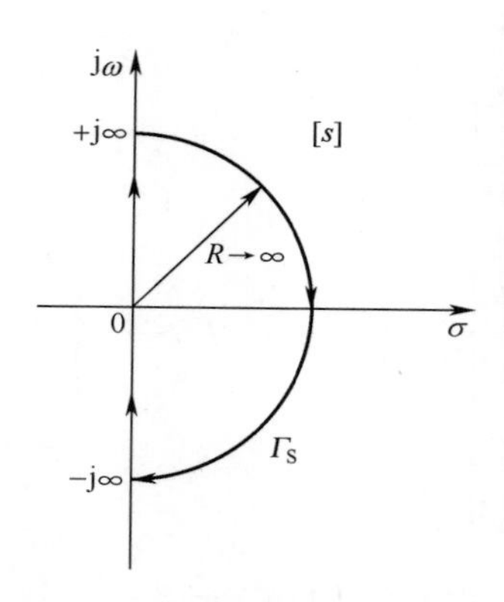

图 5-7 [s] 平面上的封闭曲线

平面上是 $1+G(\mathrm{j}\omega)H(\mathrm{j}\omega)$ 曲线。而 $G(\mathrm{j}\omega)H(\mathrm{j}\omega)$ 曲线正是系统的开环奈氏图。

在复平面 $[1+G(s)H(s)]$ 和 $[G(s)H(s)]$ 之间的实轴坐标相差 1，$[1+G(s)H(s)]$ 复平面（简写 $[1+GH]$ 平面）的坐标原点正是 $[G(s)H(s)]$ 复平面（简写 $[GH]$ 平面）上的 $(-1,\mathrm{j}0)$ 点。如果由 Γ_S 映射的曲线在 $[1+GH]$ 平面上包围其坐标原点，在 $[GH]$ 平面上则包围 $(-1,\mathrm{j}0)$ 点。即当 $1+G(\mathrm{j}\omega)H(\mathrm{j}\omega)=0$ 时，有 $G(\mathrm{j}\omega)H(\mathrm{j}\omega)=-1$。

Γ_S 曲线的另一部分即无穷大半圆部分，映射到 $[GH]$ 平面上的原点（当 $n>m$ 时），或映射到 $[GH]$ 平面的实轴上某定点（$n=m$ 时）。

5.3.3 Nyquist 稳定判据

根据幅角定理可得：

$$Z=P-N \tag{5-7}$$

式中：Z 为闭环右极点个数，正整数或零；P 为开环右极点个数，正整数或零；N 为 ω 从 $-\infty\rightarrow+\infty$ 变化时，$G(\mathrm{j}\omega)H(\mathrm{j}\omega)$ 封闭曲线在 $[GH]$ 平面内包围 $(-1,\mathrm{j}0)$ 点的次数。当 $N>0$ 时，是按逆时针方向包围的情况；当 $N<0$ 时，是顺时针包围的情况；当 $N=0$ 时，表示曲线不包围 $(-1,\mathrm{j}0)$ 点。

由式(5-7)，则可根据开环右极点个数 P 和开环奈氏曲线对 $(-1,\mathrm{j}0)$ 点的包围次数 N，来判断闭环右极点数 Z 是否等于零。若要系统稳定，闭环不能有右极点，即必须使 $Z=0$，也就是要求 $N=P$。开环传递函数 $G(s)H(s)$ 通常是一些简单环节串联相乘的形式，因此开环右极点数 P 容易求出。N 的确定则须画出开环奈氏图，ω 从 $-\infty\rightarrow0\rightarrow+\infty$ 的开环奈氏图是一条关于实轴对称的封闭曲线，只要画出 ω 从 $0\rightarrow\infty$ 的那一半曲线，按镜象对称原则便可得到 ω 从 $-\infty\rightarrow0$ 的另一半曲线，如图 5-8 所示。奈氏曲线对 $(-1,\mathrm{j}0)$ 点的包围情况 N 即可得出。有了 P 和 N，便可确定 Z。

为了简单起见，通常只画出 ω 从 $0\rightarrow\infty$ 的 $G(\mathrm{j}\omega)H(\mathrm{j}\omega)$ 曲线，当仅用正半部分奈氏曲线判别系统的稳定性时，包围次数应当增加一倍才符合式(5-7)的关系。即把式(5-7)改写为

$$Z=P-2N \tag{5-8}$$

式中：N 为 ω 从 $0\rightarrow\infty$ 的 $G(\mathrm{j}\omega)H(\mathrm{j}\omega)$ 曲线对 $(-1,\mathrm{j}0)$ 点包围的次数，N 的正负及 P、Z 的意义同式(5-7)。

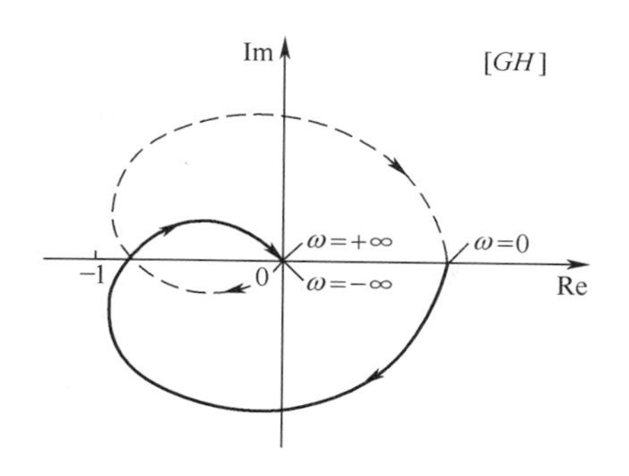

图 5-8　ω 从 $-\infty \to +\infty$ 的奈氏曲线图

按式(5-8),系统稳定时,即当 $Z=0$ 时应满足

$$P = 2N \tag{5-9}$$

或

$$N = P/2 \tag{5-10}$$

归纳上述,按式(5-10)的关系给出奈氏判据的结论:

当 ω 从 $0 \to \infty$ 变化时,开环频率特性曲线 $G(\mathrm{j}\omega)H(\mathrm{j}\omega)$ 逆时针包围点 $(-1,\mathrm{j}0)$ 的次数 N 如果等于开环右极点数的一半 $P/2$,则闭环系统是稳定的,否则系统不稳定。

应用奈氏判据判断系统稳定性的一般步骤如下:

首先,绘制 ω 从 $0 \to \infty$ 变化时的开环频率特性曲线,即开环奈氏图,并在曲线上标出 ω 从 $0 \to \infty$ 增加的方向。根据曲线包围 $(-1,\mathrm{j}0)$ 点的次数和方向,求出 N 的大小及正负。为此可从 $(-1,\mathrm{j}0)$ 点向 $G(\mathrm{j}\omega)H(\mathrm{j}\omega)$ 曲线上作一矢量,并计算这个矢量当 ω 从 $0 \to \infty$ 变化时相应转过的"净"角度,规定逆时针旋转方向为正角度方向,并按转过 360° 折算 $N=1$,转过 $-360°$ 折算 $N=-1$。要注意 N 的正负及 $N=0$ 的情况,见图 5-9。

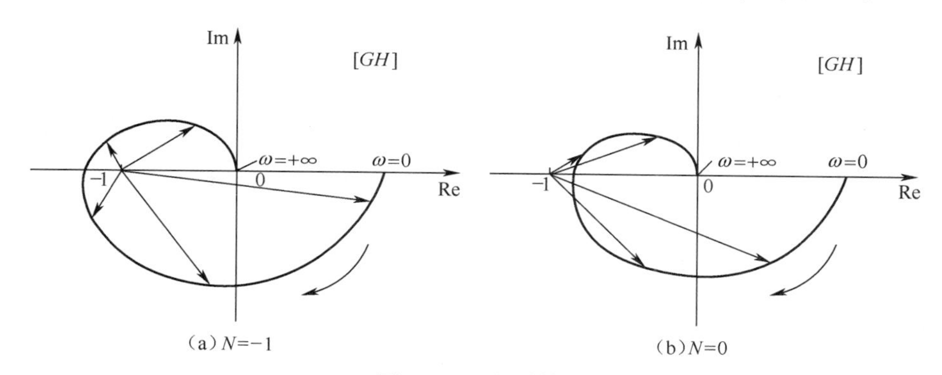

图 5-9　N 的计算

然后,由给定的开环传递函数确定开环右极点数 P,并按奈氏判据判断系统的稳定性。若 $N=P/2$,则闭环系统稳定,否则不稳定。如果 $G(\mathrm{j}\omega)H(\mathrm{j}\omega)$ 曲线刚好通过 $(-1,\mathrm{j}0)$ 点,表明闭环系统有极点位于虚轴上,系统处于临界稳定状态,归入不稳定情况。

5.3.4　应用举例

在应用奈氏判据时,根据开环传递函数是否包含 $s=0$ 的极点(即开环传递函数中是否包含积分环节),可分为以下两种情况:

1. 开环传递函数中没有 $s=0$ 的极点

例 5-7 单位负反馈系统的开环传递函数为

$$G(s)=\frac{K}{0.1s+1}$$

试用奈氏判据判断 $K=4$ 和 $K=-4$ 情况下系统的稳定性。

解 做出 $K=4$ 和 $K=-4$ 时的开环奈氏图，见图 5-10。

$K=4$ 时，开环奈氏图如图 5-10(a) 所示，可以明显看出曲线不包围 $(-1,\mathrm{j}0)$ 点，所以 $N=0$。

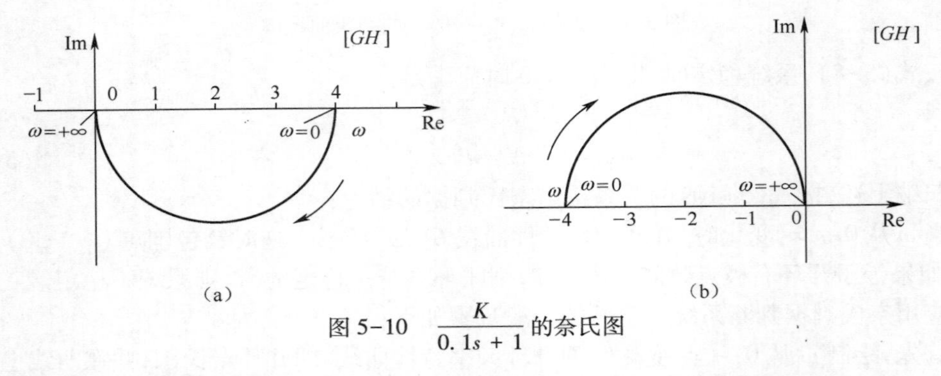

图 5-10 $\dfrac{K}{0.1s+1}$ 的奈氏图

由开环传递函数可知，开环极点为 $s=-10$，因此开环无右极点，$P=0$。

由判据知系统在 $K=4$ 时是稳定的。

当 $K=-4$ 时，开环奈氏图如图 5-10(b) 所示，这时开环极点没有变化，但曲线顺时针包围 $(-1,\mathrm{j}0)$ 点半周，即

$$N=-\frac{1}{2}\neq\frac{P}{2}$$

可见在 $K=-4$ 时系统不稳定。

这个例题说明，系统在开环无右极点的情况下，闭环是否稳定须用判据判断以后才能知道，并不存在开环稳定 $(P=0)$，闭环一定稳定的必然关系。

例 5-8 已知单位反馈系统开环传递函数

$$G(s)=\frac{2}{s-1}$$

试判别闭环系统的稳定性。

解 做出开环奈氏曲线，如图 5-11 所示。由图可见，$G(\mathrm{j}\omega)$ 正向包围 $(-1,\mathrm{j}0)$ 点半圈，即 $N=1/2$；由 $G(s)$ 可知开环是不稳定的，有一个正根，即 $P=1$，故 $N=P/2$，闭环系统稳定。

从上述这两个例子可以看出，开环系统稳定，但若各部件以及被控对象的参数选择不当，很可能保证不了闭环系统的稳定性；而开环系统不稳定，只要合理地选择控制装置，完全能使闭环系统稳定。

例 5-9 设系统的开环传递函数为

$$G(s)H(s)=\frac{K}{(T_1s+1)(T_2s+1)(T_3s+1)}$$

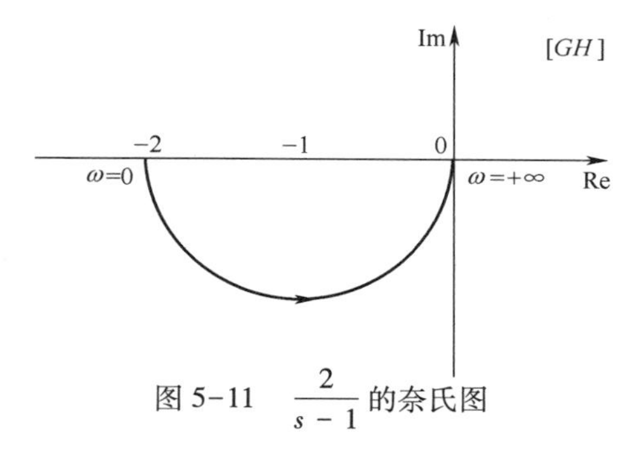

图 5-11 $\dfrac{2}{s-1}$ 的奈氏图

判断闭环系统的稳定性。

解 系统的开环频率特性为

$$G(\mathrm{j}\omega)H(\mathrm{j}\omega)=\frac{K}{(1+\mathrm{j}\omega T_1)(1+\mathrm{j}\omega T_2)(1+\mathrm{j}\omega T_3)}$$

当 $\omega=0$ 时,

$$|G(\mathrm{j}\omega)H(\mathrm{j}\omega)|=K$$
$$\angle G(\mathrm{j}\omega)H(\mathrm{j}\omega)=0^{\circ}$$

当 $\omega=\infty$ 时

$$|G(\mathrm{j}\omega)H(\mathrm{j}\omega)|=0$$
$$\angle G(\mathrm{j}\omega)H(\mathrm{j}\omega)=-270^{\circ}$$

其开环奈氏图的大致形状如图 5-12 所示。曲线从正实轴上的 K 点开始,顺时针旋转穿过三个象限,沿 -270° 线终止于原点。当 K 值较小时如曲线①所示,不包围 $(-1,\mathrm{j}0)$ 点, $N=0$。

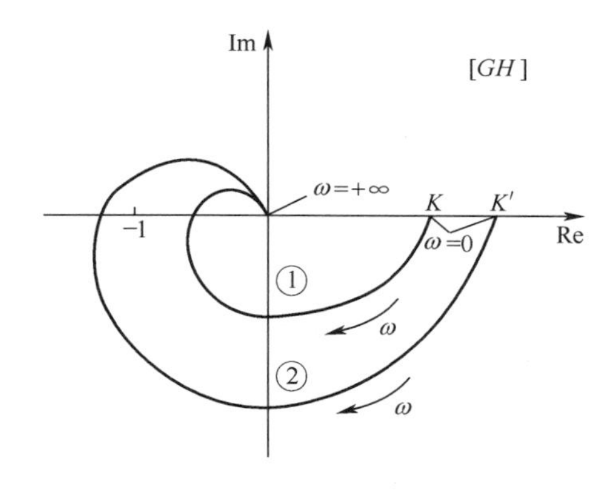

图 5-12 三阶系统的开环奈氏图

当 K 值增大到 K',曲线的相位不变,仅幅值增大,如曲线②,顺时针包围 $(-1,\mathrm{j}0)$ 点一周,即 $N=-1$。因为开环无右极点, $P=0$。所以曲线①所示情况下,闭环系统稳定。曲线②的情况系统不稳定。可见开环增益 K 的增大,不利于系统的稳定性。从系统稳态误差的角度来说, K 的增大有利于稳态误差的减小。为了兼顾精度和稳定性,需要在系统中加补偿环节。

2. 开环传递函数中有 $s=0$ 的极点

当系统中串联有积分环节,即开环传递函数有 $s=0$ 的极点时,需将奈氏判据进行相应的处理如下。

在[s]平面上的封闭曲线 Γ_s 向[$1+GH$]平面上映射时,Γ_s 是沿虚轴前进的,现在原点处有极点,Γ_s 曲线应以该点为圆心,以无穷小为半径的圆弧按逆时针方向绕过该点,如图 5-13 所示。由于绕行半径为无限小,因此可以认为所有不在原点上的右极点和右零点仍能被包括在 Γ_s 封闭曲线之内。这时开环右极点数 P 已不再包含 $s=0$ 处的极点。

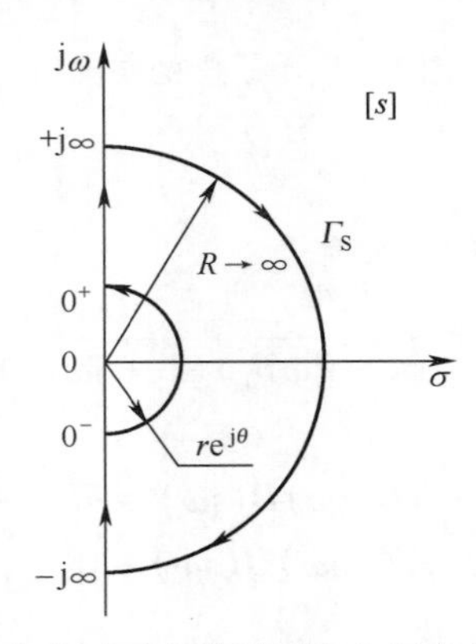

图 5-13 [s]平面上避开原点上极点的封闭曲线

由于积分环节在 $\omega=0$ 时的相角为 $-90°$,幅值为 ∞,其影响将使含有积分环节的开环奈氏图在 $\omega=0$ 时的起点不是实轴上的一个定值点,而是沿某一个坐标轴趋于 ∞。如图 5-14 所示。因此 ω 从 $-\infty\to+\infty$ 的开环奈氏曲线不封闭,无法识别曲线对 $(-1,j0)$ 点的包围情况。遇到这种情况,可以作辅助曲线,如图 5-14 中的虚线所示。

辅助曲线的做法如下:以无穷大为半径,从奈氏曲线的起始端沿反时针方向绕过 $\nu 90°$ 作圆和实轴相交,这个圆就是辅助曲线。ν 是开环传递函数中含有积分环节的个数。

设系统的开环传递函数为

$$G(s)H(s)=\frac{K\prod\limits_{j=1}^{m}(s-z_j)}{s^{\nu}\prod\limits_{i=1}^{n-\nu}(s-p_i)} \tag{5-11}$$

式中:ν 为开环传递函数中含有积分环节的个数。

当 s 沿无穷小半圆逆时针方向移动时,有

$$s=\lim_{r\to 0} r\mathrm{e}^{j\theta} \tag{5-12}$$

将式(5-12)代入式(5-11)中,得

$$G(s)H(s)\Big|_{s=\lim\limits_{r\to 0} r\mathrm{e}^{j\theta}}=\lim_{r\to 0}\frac{|K'|\mathrm{e}^{j\varphi_0}}{r^{\nu}}\mathrm{e}^{-j\nu\theta} \tag{5-13}$$

式中:$K'=K\dfrac{(-z_1)(-z_2)\cdots(-z_m)}{(-p_1)(-p_2)\cdots(-p_{n-\nu})}$,由于复数根的共轭性,故 K' 是实数;φ_0 为 表示其他环节(除去积分环节)在 $\omega=0$ 时的相角和。对于最小相位系统 $\varphi_0=0°$,对于非最小

相位系统 $\varphi_0 = k(\pm 180°)$，$(k = 0,1,2,3,\cdots)$。

根据式(5-13)可以确定当 s 沿小半圆从 $\omega = 0^-$ 变化到 $\omega = 0^+$ 时，$[s]$ 平面上半径为无穷小的圆弧映射在 $[GH]$ 平面上为无限大半径的圆弧，幅角由 φ_0 变化 $\nu(-90°)$，复数 $G(\mathrm{j}\omega)H(\mathrm{j}\omega)$ 的矢量端点轨迹就是图 5-14 中的虚线辅助线，即开环奈氏图的增补段。

经过以上的处理，原奈氏判据仍可使用。

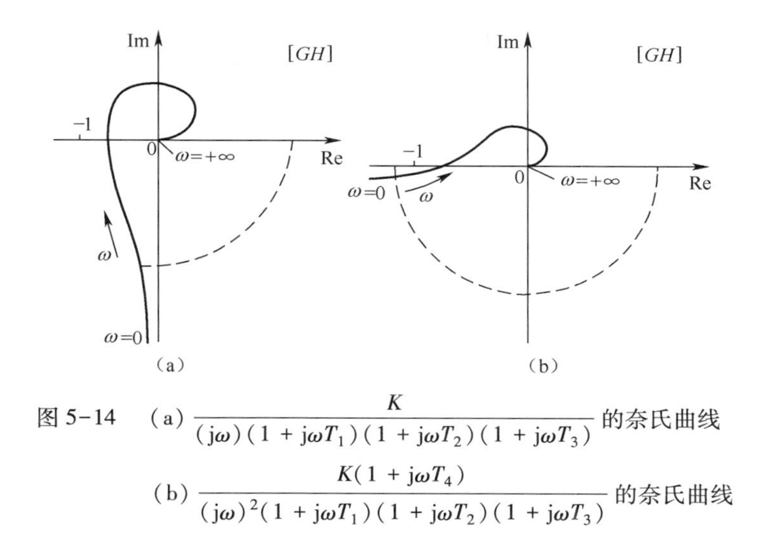

图 5-14　(a) $\dfrac{K}{(\mathrm{j}\omega)(1+\mathrm{j}\omega T_1)(1+\mathrm{j}\omega T_2)(1+\mathrm{j}\omega T_3)}$ 的奈氏曲线

(b) $\dfrac{K(1+\mathrm{j}\omega T_4)}{(\mathrm{j}\omega)^2(1+\mathrm{j}\omega T_1)(1+\mathrm{j}\omega T_2)(1+\mathrm{j}\omega T_3)}$ 的奈氏曲线

例如图 5-14 中的两个系统，开环均无右极点，即 $P = 0$，增补(加辅助线)后的开环奈氏曲线又都不包围 $(-1,\mathrm{j}0)$ 点，$N = 0$，所以由奈氏判据可以判断两个系统都是稳定的。

例 5-10　设某非最小相位系统的开环传递函数为

$$G(s)H(s) = \frac{K}{s(Ts-1)}$$

试判断该系统的稳定性。

解　做出开环奈氏图如图 5-15 所示，根据作辅助线的方法，由奈氏曲线的起始端 $(\omega = 0$ 端)，以无穷大为半径，沿反时针方向旋转 90°，交于负实轴，形成图中的虚线部分。(注意，此处没有交于正实轴，是因为开环传递函数中只一个积分环节，$\nu = 1$，辅助线只有 90° 范围的幅角，而除去积分环节的其他环节 $\dfrac{K}{Ts-1}$，在 $\omega = 0$ 时的相角和 $\varphi_0 =$

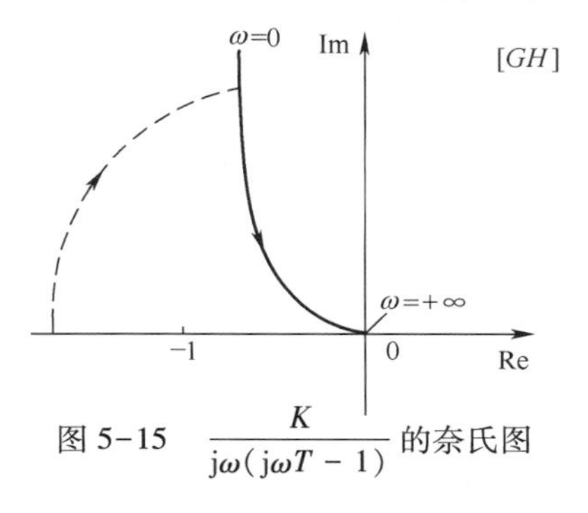

图 5-15　$\dfrac{K}{\mathrm{j}\omega(\mathrm{j}\omega T-1)}$ 的奈氏图

-180°。在确定奈氏曲线包围 $(-1,j0)$ 点的次数和方向时,应将虚线和实线连续起来看,整个曲线的旋转方向仍按 ω 增大的方向。这样,由图 5-15 可以看出,曲线顺时针包围 $(-1,j0)$ 点半圈,即 $N=-1/2$。

检查开环极点:$s_1=0$, $s_2=1/T$,其中 s_2 是正实数,是一个右极点,而 $s_1=0$,不算右极点。所以开环右极点数 $P=1$。由奈氏判据得知系统不稳定。

例 5-11 Ⅱ型系统开环传递函数如下,试判断闭环系统的稳定性。

$$G_1(s)H(s)=\frac{10}{s^2(0.15s+1)}$$

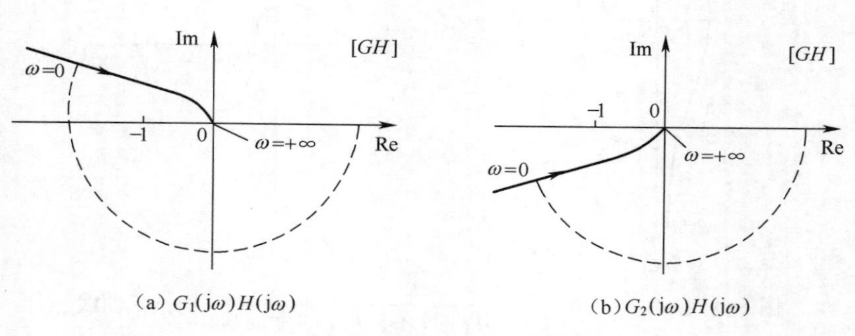

图 5-16 例 5-11 的开环奈氏图

解 作出开环奈氏图如图 5-16(a)所示,由图知 $N=-1$,即顺时针包围 $(-1,j0)$ 点一周。开环传递函数无右极点,$P=0$,所以系统不稳定。

如果在原系统中串入一个一阶微分环节 $(2.5s+1)$,使开环传递函数变成

$$G_2(s)H(s)=\frac{10(2.5s+1)}{s^2(0.15s+1)}$$

利用一阶微分环节的正相位角度,使原开环频率特性的相位滞后量减小,在开环奈氏图上希望曲线不要到达第二象限,只在第四、第三象限就不会包围 $(-1,j0)$ 点。其开环奈氏图示于图 5-16 (b)。

这一例子说明,通过串联一阶微分环节的"校正"作用,有可能使Ⅱ型系统变得稳定。

3. 开环频率特性曲线比较复杂时奈氏判据的应用。

如图 5-17 所示的开环奈氏图,若用对 $(-1,j0)$ 点的包围圈数来确定 N,就很不方便,为此引出"穿越"的概念。

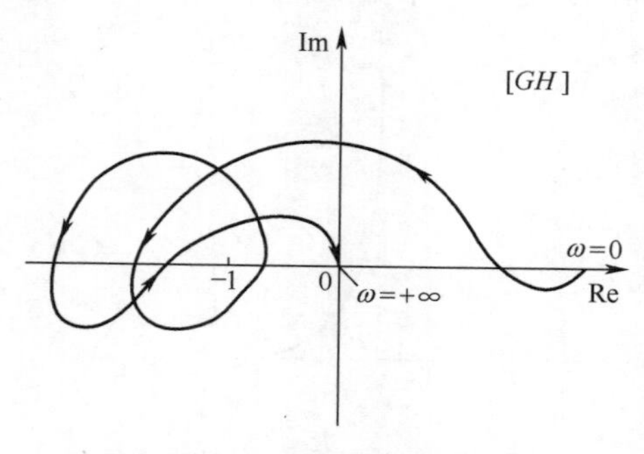

图 5-17 复杂的开环奈氏图

所谓“穿越”，指开环奈氏曲线穿过(−1,j0)点左边的实轴部分。若曲线由上而下穿过 $-1 \to -\infty$ 实轴段时称“正穿越”，曲线由下而上穿过时称“负穿越”。穿过(−1,j0)以左的实轴一次，则穿越次数为1，若曲线始于或止于(−1,j0)以左的实轴上，则穿越次数为1/2。

正穿越相当于奈氏曲线逆时针包围(−1,j0))点，对应相角增大，负穿越相当于曲线顺时针包围(−1,j0)点，对应相角减小，注意，曲线穿过(−1,j0)点以右的实轴不谓穿越。

这样，奈氏判据可以写成：当 ω 从0变到 ∞ 时，若开环频率特性曲线在(−1,j0)点以左实轴上的正穿越次数减去负穿越次数等于 $P/2$，则系统是稳定的，否则不稳定。其中 P 为开环右极点数。

应用这个判据可判断图5-17系统的稳定性，由图看出，正穿越次数为2，负穿越次数为1，开环右极点数 $P=2$。正穿越次数减去负穿越次数等于 $P/2$，所以系统稳定。

4. 对数频率特性的奈氏判据

开环频率特性 $G(\mathrm{j}\omega)H(\mathrm{j}\omega)$ 可以用奈氏图表示，也可以用Bode图表示，这两种图形有如下对应关系：

(1) 奈氏图上的单位圆(圆心为坐标原点，半径为1)，在Bode图的幅频特性上是零分贝线，因为单位圆上 $|G(\mathrm{j}\omega)H(\mathrm{j}\omega)|=1$。

故

$$20\lg|G(\mathrm{j}\omega)H(\mathrm{j}\omega)|=20\lg 1=0\mathrm{dB}$$

(2) 奈氏图上的负实轴在Bode图的相频特性上是 $-180°$ 水平线，因为负实轴上的点，相角是 $-180°$。

根据上文“穿越”的概念，开环奈氏曲线对(−1,j0)以左的实轴穿越时，$G(\mathrm{j}\omega)H(\mathrm{j}\omega)$ 向量应具备两个条件：幅值大于1，相角等于 $-180°$。穿越一次，相角等于 $-180°$ 一次。幅值小于1时无所谓“穿越”。把这两个条件转换在开环Bode图上，就是 $L(\omega)>0\mathrm{dB}$ 时，相频曲线穿过 $-180°$ 线一次，谓一次穿越，$L(\omega)<0\mathrm{dB}$ 时无所谓“穿越”。

正穿越为角度增大，在奈氏图上，自上而下穿过时幅角增大为正穿越。在Bode图上，$L(\omega)>0$ 下的相频曲线自下而上穿过 $-180°$ 线时幅角增大为正穿越；反之，相频曲线由上而下穿过 $-180°$ 线角度减小，为负穿越。

根据上述对应关系，对数频率特性的奈氏判据表述如下：

系统稳定的充要条件是：在开环Bode图上 $L(\omega)>0\mathrm{dB}$ 的所有频段内，相频特性曲线 $\varphi(\omega)$ 在 $-180°$ 线上正负穿越次数之差等于 $P/2$。如果恰在 $L(\omega)=0\mathrm{dB}$ 处相频曲线穿过 $-180°$ 线，系统是临界稳定状态。

用上述判据可知图5-18所示两个开环Bode图对应的系统，闭环状态下都是稳定的。

遇到开环传递函数中含有积分环节时，应当按(2)中所述开环有 $s=0$ 的极点的情况处理，将Bode图中对数相频曲线的起始端($\omega \to 0$ 端)与其他环节(除去积分环节)在 $\omega \to 0$ 时的相角和 φ_0 连接起来，再检查是否穿越 $-180°$ 线。此时如果 φ_0 起于 $-180°$，算半次穿越，其正负仍按相角增加为正，相角减小为负。举例说明如下：

例5-12 试用Bode图判断具有下列开环传递函数的非最小相位系统的稳定性。

$$G(s)H(s)=\frac{10(s+3)}{s(s-1)}$$

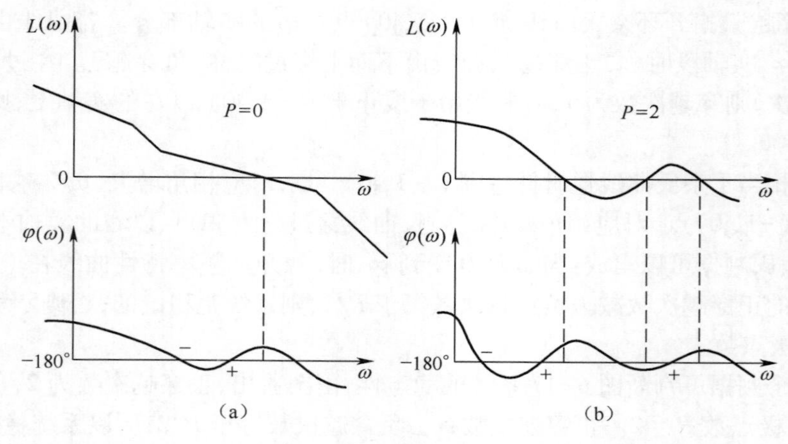

图 5-18　开环 Bode 图

解　(1)传递函数化成标准形式

$$G(s)H(s)=\frac{30\left(\frac{s}{3}+1\right)}{s(s-1)}$$

(2) 做出开环 Bode 图。

把开环传递函数分解成四个基本环节:①放大环节 $K=30$, $20\lg 30=29.5\text{dB}$;②积分环节 $1/s$;③一阶微分环节($s/3+1$),转折频率为 3,其相频曲线如图 5-19 中曲线③所示;④一阶不稳定环节 $1/(s-1)$,转折频率为 1,它的幅值与惯性环节 $1/(s+1)$ 的幅值相同,但 ω 从 $0\rightarrow\infty$ 变化时 $1/(s-1)$ 的幅角是由 $-180°$ 变化到 $-90°$,其相频曲线如图 5-19 中曲线④所示。在图 5-19 中画出 $G(\mathrm{j}\omega)H(\mathrm{j}\omega)$ 的对数幅频渐近线[图中标以 $L(\omega)$]和对数相频特性曲线[图中标以 $\varphi(\omega)$]。

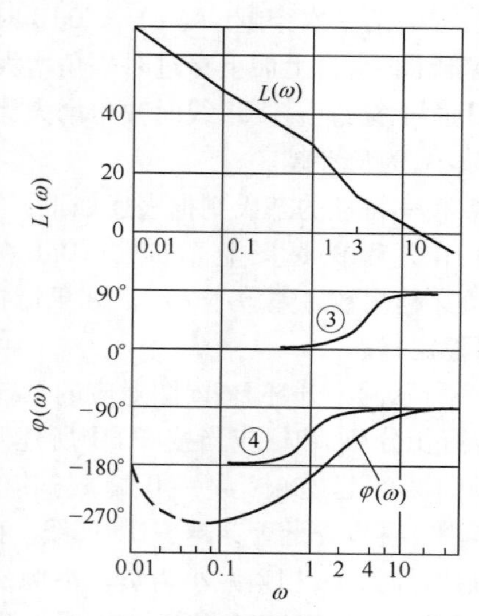

图 5-19　$\dfrac{10(s+3)}{s(s-1)}$ 的 Bode 图

（3）判断闭环系统的稳定性。

开环传递函数中有一个右极点，$P = 1$。

根据上述奈氏判据检查 $L(\omega) > 0\text{dB}$ 的频率范围内相频曲线在 $-180°$ 线上的穿越情况。相频曲线起于 $-270°$ 线，终于 $-90°$ 线，有一次正穿越。但此时应考虑开环传递函数中有 $s = 0$ 的极点的情况，须做相应的处理。该系统开环传递函数中含有一个积分环节，而其他三个环节在 $\omega \to 0$ 时的相角和为 $\varphi_0 = -180°$。所以应当由 $-180°$ 与相频特性起始端连起来再进行判断。连接部分如图 5-19 中虚线所示，它相当于开环奈氏图中的辅助线（增补段）。经过增补以后的相频曲线起于 $-180°$ 线向下行，所以计入半次负穿越。最后按稳定判据：

$$正穿越次数-负穿越次数 = 1 - 1/2 = P/2$$

所以，这个非最小相位系统是稳定的。但是，若不按开环有 $s = 0$ 极点的情况处理，必然得到错误的结果。

5. 延时系统稳定性的判别

设带有延时环节的反馈控制系统的开环传递函数为

$$G(s)H(s) = G_1(s)H_1(s)\mathrm{e}^{-\tau s} \tag{5-14}$$

式中：$G_1(s)H_1(s)$ 是除去延时环节的开环传递函数；τ 是延迟时间(s)。

式(5-14)表明延时环节在前向通道或在反馈通道中串接，对系统的稳定性影响是一样的。

延时环节 $\mathrm{e}^{-\tau s}$ 的频率特性 $\mathrm{e}^{-\mathrm{j}\omega\tau}$ 的幅值为 1，相角为 $-\omega\tau$。有延时环节的开环频率特性及幅频、相频特性为

$$G(\mathrm{j}\omega)H(\mathrm{j}\omega) = G_1(\mathrm{j}\omega)H_1(\mathrm{j}\omega)\mathrm{e}^{-\mathrm{j}\omega\tau} \tag{5-15}$$

$$|G(\mathrm{j}\omega)H(\mathrm{j}\omega)| = |G_1(\mathrm{j}\omega)H_1(\mathrm{j}\omega)| \tag{5-16}$$

$$\angle G(\mathrm{j}\omega)H(\mathrm{j}\omega) = \angle G_1(\mathrm{j}\omega)H_1(\mathrm{j}\omega) - \omega\tau \tag{5-17}$$

可见有延时环节对 $G_1(\mathrm{j}\omega)H_1(\mathrm{j}\omega)$ 的幅值无影响，只是相位比对应的没有延时环节的系统要滞后，也就是使 $G_1(\mathrm{j}\omega)H_1(\mathrm{j}\omega)$ 向量在每一个 ω 上都按顺时针方向多旋转 $\omega\tau$ 弧度。

应用有延时环节的开环奈氏图判断闭环系统稳定性的方法，和前边奈氏判据的用法是一样的。

例如有延时环节的系统，其开环传递函数是

$$G(s)H(s) = \frac{\mathrm{e}^{-\tau s}}{s(s+1)(s+2)}$$

系统中加入延时环节 $\mathrm{e}^{-\tau s}$ 后，开环奈式图随着延时时间常数 τ 取值的不同而变化，在图 5-20 中画出 τ 取不同值时的三条曲线进行对比。由图可见，$\tau = 0$ 时，也就是没有延时环节存在时，闭环系统是稳定的。随着 τ 的增大，系统的稳定性变坏，当 $\tau = 2\text{s}$ 时，$G(\mathrm{j}\omega)H(\mathrm{j}\omega)$ 曲线通过 $(-1,\mathrm{j}0)$ 点，系统处于临界稳定状态。$\tau = 4\text{s}$ 时，系统变得不稳定。延时环节常常使系统的稳定性变坏，而实际系统中又经常不可避免地存在延时环节，延迟时间 τ 短则几毫秒，长则数分钟，为了提高系统的稳定性，应当尽量减小延迟时间。

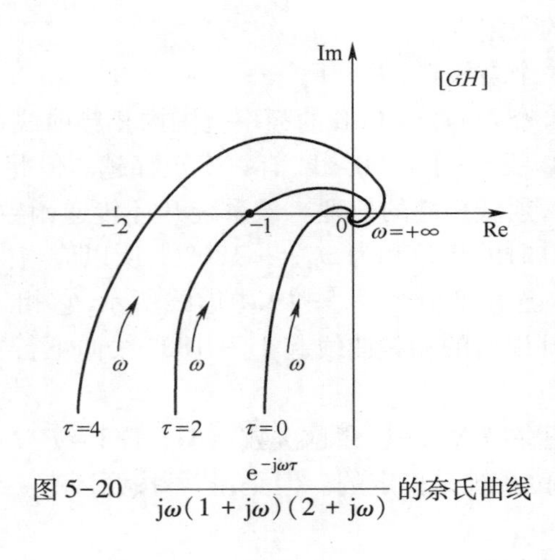

图 5-20 $\dfrac{e^{-j\omega\tau}}{j\omega(1+j\omega)(2+j\omega)}$ 的奈氏曲线

5.4 稳定性裕量

稳定性裕量可以定量地确定系统离开稳定边界的远近,是评价系统稳定性好坏的性能指标,是系统动态设计的重要依据之一。

从 Nyquist 稳定判据可知,若系统开环传递函数没有右半平面的极点,且闭环系统是稳定的,开环系统的 Nyquist 曲线离 $(-1,j0)$ 点越远,则闭环系统的稳定程度越高;开环系统的 Nyquist 曲线离 $(-1,j0)$ 点越近,则闭环系统的稳定程度越低,这就是通常所说的相对稳定性,通过 Nyquist 曲线对点 $(-1,j0)$ 的靠近程度来度量,其定量表示为相位裕量 γ 和幅值裕量 K_g 。

在图 5-21 中, $G(j\omega)H(j\omega)$ 曲线与单位圆相交时的频率 ω_c 称为幅值交界频率,当 $\omega=\omega_c$ 时, $|G(j\omega)H(j\omega)|=1$。在 Bode 图上 ω_c 是对数幅频特性曲线与 0dB 线相交时的频率。ω_c 也称幅值穿越频率及开环截止频率、开环剪切频率。

ω_g 称作相位交界频率。当 $\omega=\omega_g$ 时, $\angle G(j\omega)H(j\omega)=-180°$ 。此时开环奈氏曲线与负实轴相交。对数相频特性曲线在 ω_g 处穿过 $-180°$ 线, ω_g 也称相位穿越频率。

5.4.1 相位裕量

在幅值交界频率上,使系统达到不稳定边缘所需要附加的相角滞后量(或超前量),称为相位裕量,记作 γ 。

$$\gamma=\varphi(\omega_c)-(-180°)=180°+\varphi(\omega_c) \tag{5-18}$$

式中: $\varphi(\omega_c)$ 是开环频率特性在幅值交界频率 ω_c 上的相角。

最小相位系统稳定时开环奈氏曲线不包围 $(-1,j0)$ 点,即 $\varphi(\omega_c)$ 不应小于 $-180°$ 。

根据式(5-18),最小相位系统稳定时应当有正的相位裕量,即 $\gamma>0$,见图5-21(a)。

5.4.2 幅值裕量

在相位交界频率处开环频率特性幅值的倒数,称为幅值裕量,记为 K_g 。

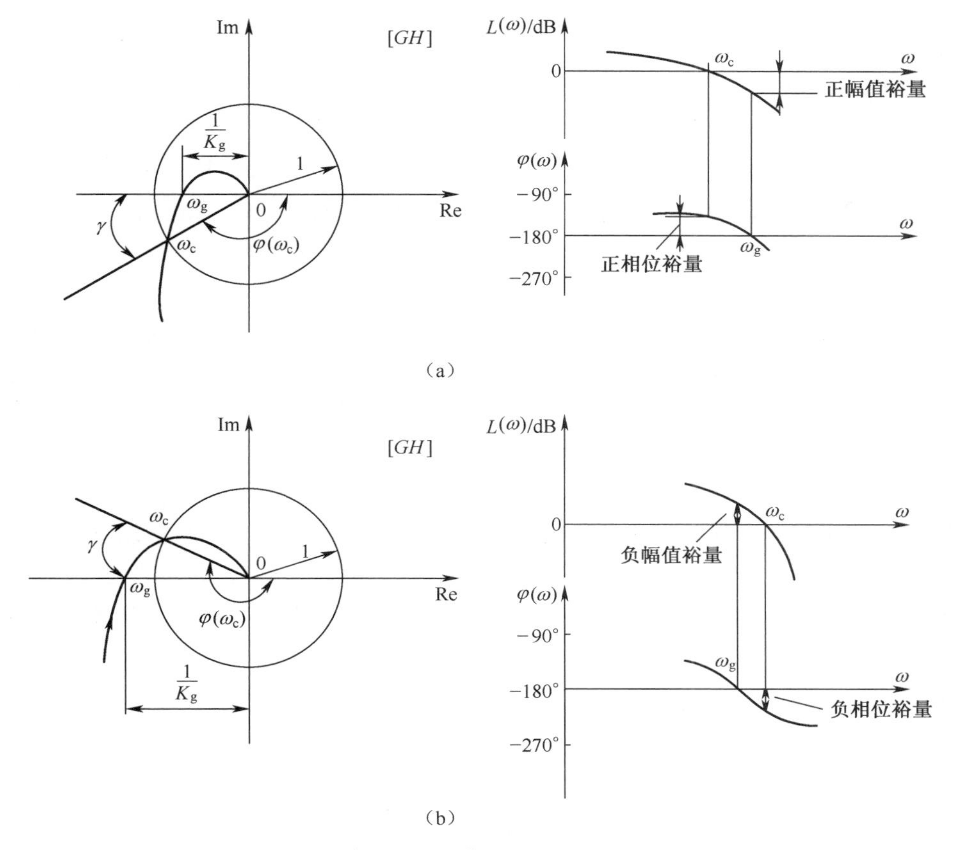

图 5-21 (a)正的相位裕量和幅值裕量 (b)负的相位裕量和幅值裕量

$$K_g = \frac{1}{|G(j\omega_g)H(j\omega_g)|} \tag{5-19}$$

在 Bode 图上,幅值裕量以分贝值表示,可记作 K_g(dB)。

$$\begin{aligned} K_g(\mathrm{dB}) &= 20\lg K_g \\ &= 20\lg \frac{1}{|G(j\omega_g)H(j\omega_g)|} \\ &= -20\lg|G(j\omega_g)H(j\omega_g)| \end{aligned}$$

最小相位系统闭环状态下稳定时,其开环奈氏曲线不能包围(−1,j0)点,因此 $|G(j\omega_g)H(j\omega_g)|<1$,即 $K_g>1$, $K_g(\mathrm{dB})>0\mathrm{dB}$,这种情况称系统具有正幅值裕量。和这种情况相反,则为负幅值裕量。

需要注意的是,在 Bode 图上 $K_g>1$ 是用 $-20\lg|G(j\omega_g)H(j\omega_g)|<0$ 来表示的,也就是正幅值裕量必须在 0dB 线的下面。见图 5-21(a)。图 5-21(b)表示负相位裕量和负幅值裕量的情况。

对于开环传递函数中存在右极点的系统,只有开环奈氏曲线包围(−1,j0)点时系统才能稳定,否则不能满足稳定条件。因此,非最小相位系统($P\neq0$ 的系统)稳定的时候,将具有负的相位裕量和幅值裕量。

5.4.3 几点说明

(1) 控制系统的相位裕量和幅值裕量,是开环奈氏曲线对 $(-1,j0)$ 点靠近的度量,因此,这两个裕量可以用作设计准则。

(2) 为了得到满意的性能,相位裕量应在 30° ~ 60° 之间,幅值裕量应当大于 6dB 。

(3) 对于最小相位系统,只有当相位裕量和幅值裕量都为正时,系统才是稳定的。为了确定系统的稳定性储备,必须同时考虑相位裕量和幅值裕量两项指标,只用其中一项指标不足以说明系统的相对稳定性。

(4) 对于最小相位系统,开环幅频和相频特性之间有确定的对应关系, 30° ~ 60° 的相位裕量,意味着在开环 Bode 图上,对数幅频特性曲线在幅值交界频率 ω_c 处的斜率必须大于 -40dB/dec 。在大多数实际系统中,为保证系统稳定,要求 ω_c 处的斜率为 -20 dB/dec ,如果 ω_c 处的斜率为 -40dB/dec ,系统即使稳定,相位裕量也较小,相对稳定性也是很差的。若 ω_c 处斜率为 -60dB/dec 或更陡,则系统肯定不会稳定。

例 5-13 设控制系统如图 5-22(a)所示。当 $K=10$ 和 $K=100$ 时,试求系统的相位、幅值裕量。

解 根据传递函数分别求出 $K=10$ 和 $K=100$ 时的开环 Bode 图,如图 5-21(b)所示。

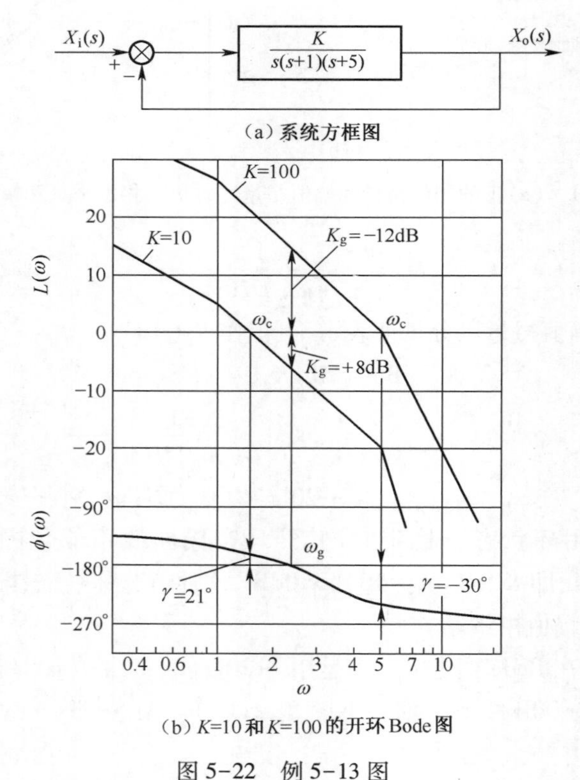

图 5-22 例 5-13 图

$K=10$ 与 $K=100$ 的对数相频曲线相同,并且对数幅频特性曲线的形状相同。但是 $K=100$ 的幅频曲线比 $K=10$ 的曲线向上平移 20dB ,并使幅频曲线与 0dB 线的交点频率

ω_c 向右移动。

由图上查出 $K=10$ 时相位裕量为 21°，幅值裕量为 8dB，都是正值。而 $K=100$ 时相位裕量为 -30°，幅值裕量为 -12dB。

由上边结果看出，$K=100$ 时，系统已经不稳定，$K=10$ 时，虽然系统稳定，但稳定裕量偏小。为了获得足够的稳定储备，必须将 γ 增大到 30° ~ 60°，这可以通过减小 K 值来达到。然而从稳定误差的角度考虑，不希望减小 K。因此必须通过增加校正环节来满足要求。

5.5 利用 MATLAB 进行控制系统的稳定性分析

给定一个控制系统，在 MATLAB 中，如果已知系统的特征方程，极易求出系统的特征根。根据特征根的分布情况，我们可直接地判断出系统稳定性。另外，可利用 MATLAB 在它的频域图形分析中看出系统的稳定性，并且 MATLAB 还提供了直接求解幅值裕度和相位裕度的函数，通过这些函数可以直接分析系统是否稳定以及系统的相对稳定性。

1. 利用 MATLAB 求系统的特征根或极点来判断系统的稳定性

(1) 若已知系统的特征方程，应用 MATLAB 的 roots 函数可以直接求出所有的特征根，从而判断系统是否稳定。roots(P)函数输入参量 P 是降幂排列特征方程系数向量。

(2) 如果控制系统传递函数以有理真分式形式给出时，MATLAB 提供的 tf2zp 函数可以用来求取系统所有零极点，进而实现对系统稳定性的判断。

例 5-14 给出控制系统闭环传递函数为

$$G_B(s)=\frac{3s^4+2s^3+s^2+4s+2}{3s^5+5s^4+s^3+2s^2+2s+1}$$

求取系统的闭环极点，并判别闭环系统的稳定性。

解法一 利用 roots 函数

```
den = [3 5 1 2 2 1];
p = roots(den);
disp('系统的特征根为'),disp(p)
ii = find(real(p)>0)
n1=length(ii)
if(n1>0)
disp('系统不稳定')
disp('位于右半复平面的特征根为')
disp(p(ii)),else disp('系统是稳定的')
end
```

运行结果

系统的特征根为

```
 -1.6067
  0.4103 + 0.6801i
  0.4103 - 0.6801i
 -0.4403 + 0.3673i
```

```
  -0.4403 - 0.3673i
ii =
     2
     3
n1 =
     2
```

系统不稳定

位于右半复平面的特征根为

```
  0.4103 + 0.6801i
  0.4103 - 0.6801i
```

解法二 利用 tf2zp 函数

```
num = [3 2 1 4 2];
den = [3 5 1 2 2 1];
[z,p] = tf2zp(num,den);
pzmap(num,den)
title('Pole-zero Map','Fontsize',10)
disp('系统的闭环极点为'),disp(p)
ii = find(real(p)>0)
n1=length(ii)
if(n1>0)
disp('系统不稳定')
disp('位于右半复平面的极点为')
disp(p(ii)),else disp('系统是稳定的')
end
```

运行结果与解法一相同,其零、极点分布图如图 5-23 所示。

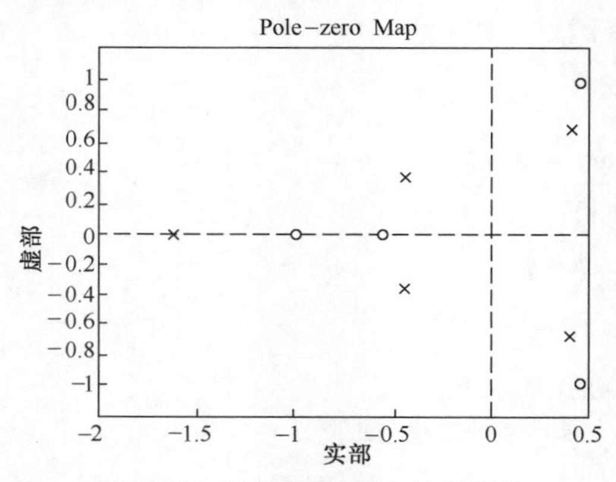

图 5-23 系统的零、极点的分布图

以上求出具体的零极点、画出零极点分布、明确指出系统不稳定,并指出引起系统不稳定的具体右根。其中 ii = find(real(p)>0),用来求取满足条件的极点的下标,以列向量表示。条件式为 real(p>0),其含义就是找出极点 p 中满足实部的值大于 0 的所有元素下标,并将结果返回到 ii 向量中去。这样如果找到了实部大于 0 的极点,则会将该极点的序号返回到 ii 下。如果最终的结果里 ii 的元素个数大于 0,则认为找到了不稳定极点,因而给出系统不稳定的提示,若产生的 ii 向量的元素个数为 0,则认为没有找到不稳定的极点,因而得出系统稳定的结论。

2. 利用 MATLAB 分析系统的相对稳定性

上例通过求解系统特征方程,得到系统的特征根,从特征根的分布情况可以判定系统是否稳定,且知道不稳定系统包含不稳定特征根的个数。但是,它不能判定一个系统的相对稳定性。MATLAB 控制系统工具箱提供的 margin 函数,可以求出系统的幅值裕量、相位裕量、幅值穿越频率和相位穿越频率,幅值裕量和相位裕量是针对开环 SISO 系统而言,它指示出系统闭环时的相对稳定性。当不带输出变量引用时,margin 可在当前图形窗口中绘制出带有幅值裕量及相应频率显示的 Bode 图,其中幅值裕量以分贝为单位。因而可以用于判定系统相对稳定性。该函数的调用格式为

[Gm,Pm,wcg,wcp]=margin(num,den)

可以看出,该函数能直接由系统的传递函数来求取系统的幅值裕量 Gm 和相位裕量 Pm,并求出幅值裕量和相位裕量处相应的频率值 wcg 和 wcp。

除了根据系统模型直接求取幅值和相位裕量外,MATLAB 的控制系统工具箱中还提供了由幅值和相位相应数据来求取裕量的方法,这时函数的调用格式为

[Gm,Pm,wcg,wcp]=margin(mag,phase,w)

式中,由 bode 函数获得的幅值(不是以 dB 为单位)、相角 phase 及角频率 w 矢量计算出系统幅值裕量和相角裕量以及幅值裕量和相位裕量处相应的频率值 wcg 和 wcp,而不直接绘出 Bode 图曲线。

在利用 MATLAB 自动绘图命令 bode(num,den)、nyquist(num,den)绘制的频率特性图形窗口中,进行适当的操作可以获得 MATLAB 自动提供的系统开环频率特性的特征量以及对应的闭环系统是否稳定等信息。光标置于频率特性图的其他位置,右键点击,MATLAB 显示功能选项菜单,其中“Characteristics”选项可以用来在特性曲线上标注 ω_c、ω_g 及 ω_p 等频率性能指标。将光标移到这些点上,MATLAB 将显示对应的频率值、幅值裕量、相位裕量及闭环系统是否稳定等信息。

例 5-15 已知一单位负反馈系统开环传递函数为

$$G_k(s)=\frac{K}{s(s+1)(s+5)}$$

试分别求取 $K=10$ 及 $K=100$ 时的相位裕量和幅值裕量。

解 MATLAB 程序如下:

```
% example5_3_9.m
K = 10; num1 = K;
Den=conv([1 s],[1 1 0)
[Gm1,Pm1,Wcg1,Wcp1] = margin(num1,den);
K = 100; num2 = K;
w=logspace(-1,1,100);
[mag2,phase2,w] = bode(num2,den);
[Gm2,Pm2,Wcg2,Wcp2] = margin(mag2,phase2,w);
subplot(2,1,1)
% 绘制幅频特性图
```

```
semilogx(w,20*log10(mag1),'-.',w,20*log10(mag2),'--');
xlabel('w(rad/s)','Fontsize',10)
ylabel('Magnitude (dB)','Fontsize',10)
grid
subplot(2,1,2)
% 绘制相频特性图及-180°度线
semilogx(w,phase1,'-.',w,phase2,'--',w,(w-180-w),'-');
xlabel('w(rad/s)','Fontsize',10)
ylabel('Phase(deg)','Fontsize',10)
grid
```

程序运行后可得到系统的 Bode 图(图 5-24)与计算的频域性能指标:

当 $K=10$ 时，幅值裕量 Gm1=3.0000,即 20*log10(3)=9.5424dB,相位裕量 Pm1=25.4489°,相角穿越频率 Wcg1=2.2361s^{-1},幅值穿越频率 Wcp1=1.2241s^{-1}。

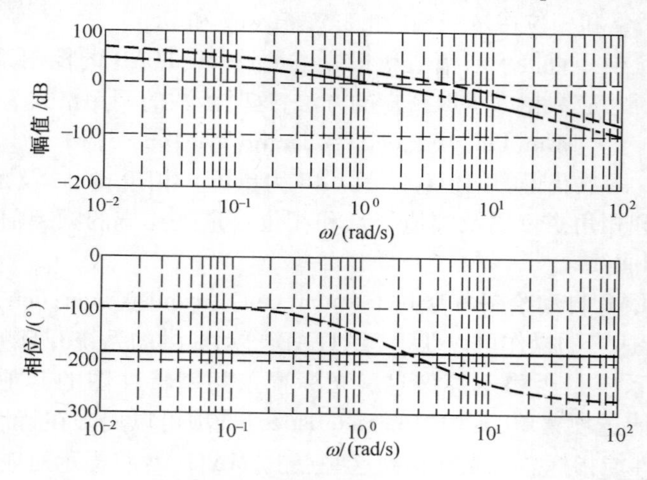

图 5-24　K 值不同的 Bode 图

当 $K=100$ 时,幅值裕量 Gm2=0.3000，即 20*log10(0.3)=-10.4576dB，相位裕量 Pm2=-23.5463°，相角穿越频率 Wcg2=2.2361s^{-1}，幅值穿越频率 Wcp2=3.9010s^{-1}。

由图可知,当 $K=100$ 时和 $K=10$ 时相比,系统的对数相频特性不变,即两条曲线重合,对数幅频特性上移 20dB。

频域性能指标数据说明 $K=10$ 时闭环系统稳定,但 $K=100$ 时系统闭环是不稳定的。

本 章 小 结

本章主要介绍了时域分析法及频域分析法中关于系统稳定性分析的相关内容,需重点掌握的内容如下:

(1) 线性系统的稳定性是系统正常工作的首要条件。一个不稳定的系统是根本无法复现给定的信号和抑制干扰信号的。

(2) 线性系统稳定的充要条件是系统特征方程的根全部具有负实部,或者说系统闭环传递函数的极点均在[s]平面的左半平面。系统的稳定性是系统固有的一种特性,由系统自身的结构、参数决定,而与初始条件和外部作用无关。

(3) 稳定性判别的代数判据是 Routh 稳定判据,它是线性系统稳定性的充分必要判据,无需求解特征根,直接通过特征方程的系数即可判断特征方程是否有位于 [s] 右半平面的根,从而确定系统的绝对稳定性。

(4) Nyquist 稳定判据是通过图解方法判断系统是否满足稳定的充分必要条件。因此,它是一种几何判据,可以在频域内通过系统的开环频率特性来判别闭环系统的稳定性,不仅可以用来判断闭环系统的绝对稳定性,而且还可以用来定义和估计系统的相对稳定性。

(5) 系统的相对稳定性可用稳定裕量来定量计算。稳定裕量可以确定系统离开稳定边界的远近,不但是衡量一个闭环系统稳定程度的指标,而且与系统性能有密切的关系,是系统动态设计的重要依据之一。通常有二种稳定裕量,即相位裕量 γ 和幅值裕量 K_g 。

(6) 利用 MATLAB 分析系统的稳定性并求取系统的幅值裕量和相位裕量。

习 题

5-1 试用赫尔维茨判据判断具有下列特征方程的系统的稳定性。

(1) $s^3+20s^2+9s+100=0$

(2) $s^3+20s^2+9s+200=0$

(3) $3s^4+10s^3+5s^2+s+2=0$

5-2 系统结构图如图 5-25 所示,试确定系统稳定时 K 的取值范围。

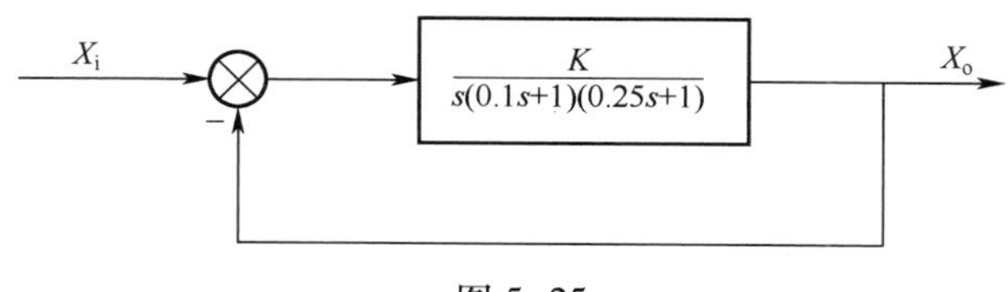

图 5-25

5-3 试确定图 5-26 所示各系统的开环放大系数 K 的稳定域,并说明积分环节数目对系统稳定性的影响。

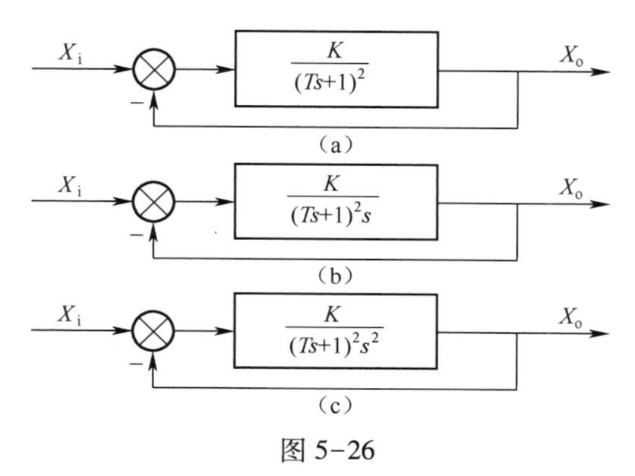

图 5-26

5-4 已知系统开环传递函数为

$$G(s)H(s)=\frac{K}{(10s+1)(2s+1)(0.2s+1)}$$

(1) $K=20$ 时,分析系统稳定性;

(2) $K=100$ 时,分析系统稳定性;

(3) 分析开环放大倍数 K 的变化对系统稳定性的影响。

5-5 设系统开环频率特性如图 5-27 所示,试判别系统的稳定性,其中 P 为开环右极点数,ν 为开环传递函数中的积分环节数目。

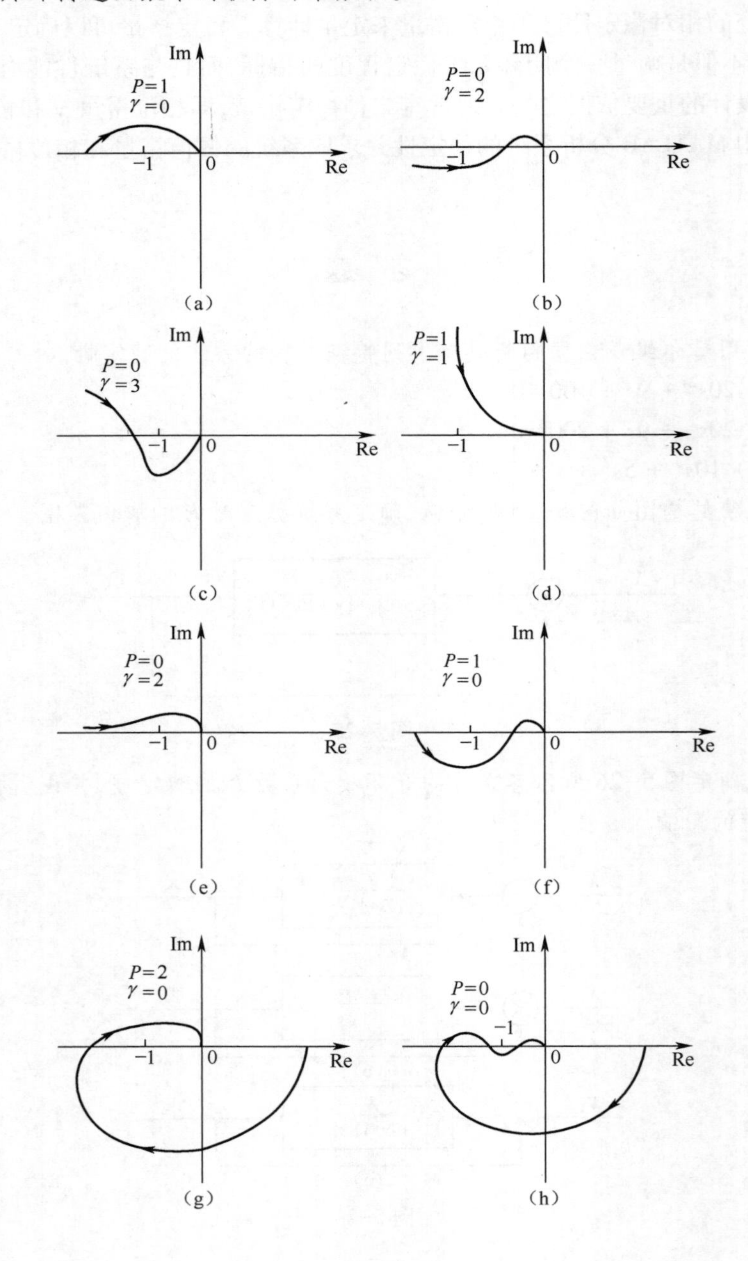

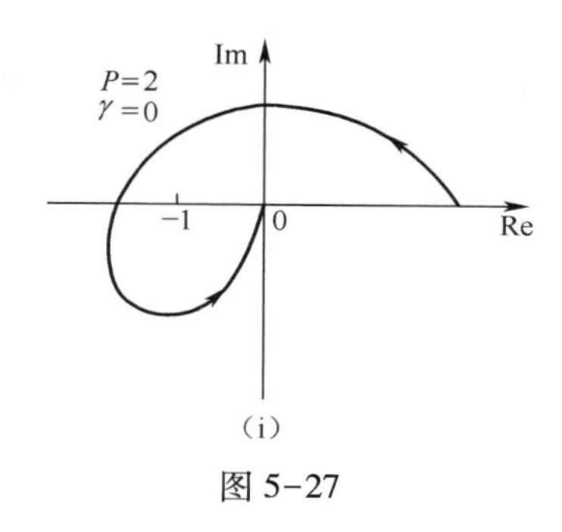

(i)

图 5-27

5-6 如图 5-28 所示为一负反馈系统的开环奈氏曲线,开环增益 $K = 500$,开环没有右极点。试确定使系统稳定的 K 值范围。

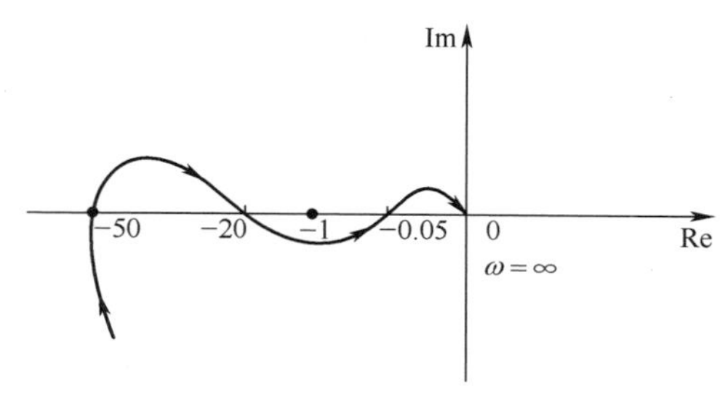

图 5-28

5-7 设系统的结构如图 5-29 所示。试判别该系统的稳定性,并求出其稳定裕量。图中 $K_1 = 0.5$,

(1) $G(s) = \dfrac{2}{s+1}$

(2) $G(s) = \dfrac{2}{s}$

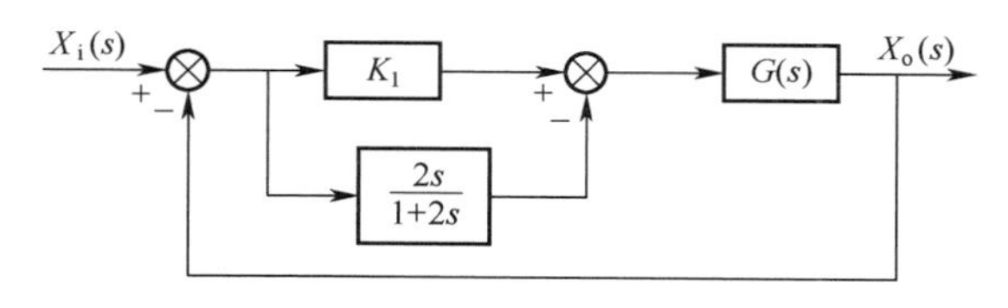

图 5-29

5-8 设单位反馈控制系统的开环传递函数为

$$G(s) = \frac{\alpha s + 1}{s^2}$$

试确定使相位裕量 $\gamma = 45°$ 的 α 值。

5-9 已知单位负反馈控制系统的开环传递函数 $G_0(s) = \dfrac{0.2(s+12)}{s(s+0.5)(s+0.8)(s+3)}$,试利用 MATLAB 判断此闭环系统的稳定性。要求用 Routh 判据和零极点图两种方法。

5-10 已知系统的开环传递函数为 $G_k(s)=\dfrac{K}{s(s+1)(0.1s+1)}$，利用 MATLAB 分别判定当开环放大系数 $K=$和 $K=20$ 时闭环系统的稳定性，并求出相位裕量和幅值裕量。

5-11 已知某系统的开环传递函数为 $G_k(s)=\dfrac{10(s^2-2s+5)}{(s+2)(s-0.5)}$，试在 MATLAB 中绘制系统的极坐标图，并利用奈氏稳定判据判定系统的闭环稳定性。

第6章　系统的综合与校正

本章主要介绍校正控制器的设计。涉及的校正装置包括滞后、超前、滞后-超前、PI、PD、PID校正器,介绍的设计方法包括频域设计法和时域设计法。简单介绍了反馈和顺馈校正装置。

6.1　概　　述

控制系统的分析技术——比如时域、频域、复数域分析技术,都是在为控制系统的设计奠定基础。控制系统的设计通常要包括下面几个步骤:

(1) 确定控制系统的指标;

(2) 确定控制器或校正环节的结构,该结构与被控制系统的结构密切相关;

(3) 确定控制器或校正环节的参数值,达到设计目的。

6.1.1　控制系统的性能指标

性能指标通常包括相对稳定性、稳态精度(误差)、瞬态响应性能指标、频率响应性能指标。在某些实际系统中还有一些其他的指标,如系统对环境参数变化的敏感性,即鲁棒性。系统的性能指标可以从不同的几个方面给出。

1. 时域性能指标

瞬态性能指标　系统的瞬态性能指标一般是在单位阶跃输入下,由输出的过渡过程给出的,实质上是由瞬态响应所决定的,它主要包括五个方面:

(1) 延迟时间 t_d;

(2) 上升时间 t_r;

(3) 峰值时间 t_p;

(4) 最大超调量 σ;

(5) 调整时间(或过渡过程时间)t_s。

此外,根据具体情况有时还对过渡过程提出其他要求,如在 t_s 间隔内的振荡次数,或还要求时间响应为单调无超调等。

稳态性能指标—指过渡过程结束后,实际的输出量与希望的输出量之间的偏差——稳态误差,这是稳态性能的测度。

2. 频域性能指标

频域性能指标包括:

(1) 相位(稳定)裕度 γ;

(2) 幅值(稳定)裕度 K_g;

(3) 复现频率 ω_m 及复现带宽 $0 \sim \omega_m$;

(4) 谐振频率 ω_r 及谐振峰值 M_r, $M_r = A_{max}$;

(5) 截止频率 ω_b 及截止带宽(简称带宽) $0 \sim \omega_b$。

线性系统的设计可以在时域完成,也可以在频域完成。例如,稳态精度通常针对系统的阶跃输入、斜坡输入以及加速度输入提出,因而更适合在时域完成设计。还有一些指标诸如最大超调量、上升时间以及调整时间是针对单位阶跃输入提出,更是需要在时域完成设计。但我们知道,相对稳定性还用幅值裕度、相位裕度和谐振峰值等指标来描述,这些都是典型的频域指标,而且通常还和 Bode 图、Nyquist 图、Nichols 图等同时出现。

对于一个典型的二阶系统,以上频域指标和时域指标间有简单的解析关系,然而,对于高阶系统,很难建立时域和频域指标之间的关系。事实上,在多种设计方法之间选择完全是设计者的个人爱好,或取决于设计者的知识构成。

在大多数情况下,系统性能的测试是以时域指标为标准的,如最大超调量、上升时间和调整时间。没有经验的设计者,很难理解幅值或相位稳定裕度等频域指标是怎样影响系统的时域指标的。例如,20dB 的幅值稳定裕度能否保证系统的最大超调量小于 10%,什么样的频域指标可以保证系统的超调小于 5%以及调整时间小于 0.01s。

习惯上,线性系统的设计方法都是依赖于一些图表,如 Bode 图、Nyquist 图、Nichols 图等。这种设计方法的优点是以上图表都可以近似地给出,或测量得到。对于高阶系统,这些方法仍然不会遇到什么问题。对于一些典型的系统,频域的设计方法甚至可以得到非常好的结果。

利用上升时间、延迟时间、调整时间和最大超调量等时域指标设计系统,要求被设计系统是一个二阶系统,或者可以近似为一个二阶系统。多数情况下,对于超过二阶以上的系统,时域设计方法很难完成。不过,高性能计算机和软件技术的快速发展改变了控制系统的设计手段。利用高性能软件,设计者很快就可以完成大量的时域计算工作,在极大程度上减少了利用手工、基于图表的频域设计工作。

很难有一种方法可以确定频域指标和时域指标的对应关系。工程上,人们通常估计出最小相位稳定裕度和谐振峰值,对于给定的系统,计算出一个稳定裕度、谐振峰值与系统时域指标之间的对应关系表,完成设计工作。频域技术在处理、解释噪声方面具有明显的优势,更重要的是,频域技术为工程技术人员提供了一种可选择的设计方法。本章通过时域和频域设计方法,介绍控制系统校正装置的设计。

3. 综合性能指标(误差准则)

综合性能指标是系统(特别是自动控制系统)性能的综合测度。它们是系统的希望输出与其实际输出之差的某个函数的积分。因为这些积分是系统参数的函数,因此,当系统的参数(特别是某些重要参数)取最优值时,综合性能指标将取极值,从而可以通过选择适当参数得到综合性能指标为最优的系统。目前使用的综合性能指标有多种,如误差积分性能指标、误差平方性能指标、广义误差平方积分性能指标,且对应每一种指标通常都有一些专门的设计方法,也涉及比较深一些的知识。

6.1.2 控制系统的校正

一般情况下,一个线性单输入单输出(Single Input and Single Output, SISO)系统的动态模型可以由图 6-1 描述,设计目标就是让输出 $x_o(t)$ 按希望的方式变化。该问题主要包括通过在整个时间段上确定控制信号 $x_i(t)$,以达到设计目标。

图 6-1 线性系统模型

传统的控制系统设计方法大部分依赖于所谓的"定结构设计"(fixed-configuration design)。设计者在设计早期就要决定系统的结构,并且该结构贯穿整个设计过程,余下的问题就是确定控制器的参数。由于大部分控制过程包含了对原系统的修正或补偿,通常使用"定结构"的设计过程也称为校正。图 6-2 显示的是常见的几种带校正器的系统的结构。

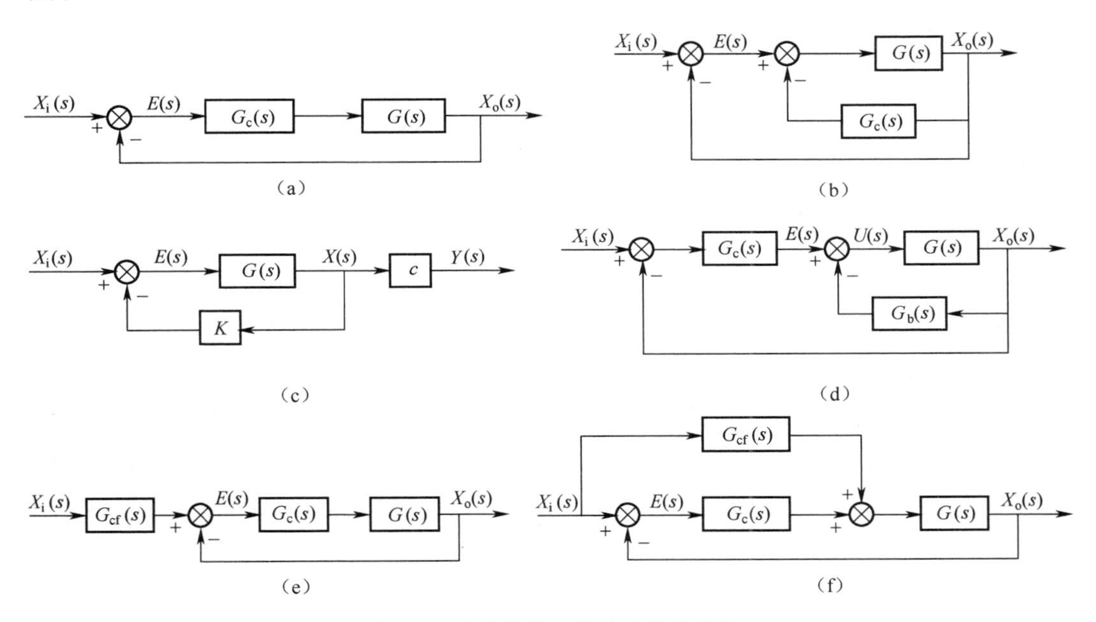

图 6-2 几种带校正器的系统的结构

(1) 串联校正 图 6-2(a)所示的是最常见的校正方案,即所谓的串联校正。校正装置(或称控制器)$G_c(s)$与被控过程 $G(s)$相"串联"。

(2) 反馈校正 图 6-2(b)中控制器被放在局部反馈通道上,称为反馈校正。

(3) 状态反馈校正 图 6-2(c)就是著名的状态反馈方案。系统的状态变量经过常值放大、组合,然后反馈为控制信号。这种方案的缺点是对于高阶系统而言,系统的状态变量数目比较大,需要很多的传感器来做检测工具。因此,这种结果的成本很高或说很不实际,即便是对于低阶系统,也不是把所有的状态变量都反馈回去,而是使用状态观测器或者估计器从系统的输出信号中来估计系统的状态变量。

图 6-2(a)、(b)、(c)所示的校正结构均具有一个自由度,无论控制器中有多少可以调整的参数,控制器的数量只有一个。一个自由度控制器的缺点是可以实现的性能指标有限,例如,某系统要求设计为具有一定量的稳定裕度,则可能导致稳定裕度对控制器参数的变化不敏感,或者说,由于闭环传递函数零点的作用,即便特征方程的根被设计为提供一定量的相对阻尼比,阶跃响应的超调量仍然会超标。图 6-2(d)、(e)、(f)的校正结构均有两个自由度。

(4) 串联-反馈校正　如图 6-2(d),由一个串联控制器和一个反馈控制器组成。

(5) 前馈校正　包括图 6-2(e)、(f),方案的关键是,前馈校正器 $G_{\mathrm{cf}}(s)$ 不在系统的环中,因而它不会影响到原系统的闭环特征方程的根,$G_{\mathrm{cf}}(s)$ 的关键作用是利用其根来为闭环系统增加特征根或者抵消闭环系统的特征根。

工程上最常见的校正方案之一就是 PID 控制器,是一种串联校正控制器。PID 控制器将反馈信号进行比例、积分、微分处理以后进行组合,施加到被控系统中。因为 PID 控制器的组件在时域中比较直观,因而通常在时域设计 PID 控制器。除 PID 之外,超前、滞后、带阻等校正器也常常使用,从它们的名字就可以看出,它们更适合在频域进行设计。总之,无论采用时域设计方法还是频域设计方法,都可以完成系统的设计。

图 6-2 所示的系统的控制方案都是连续的。事实上,这些结构一样可以应用到离散控制系统中。经过简单的处理和转换,控制器也同样可以应用到离散系统中。

控制系统的结构(图 6-2)确定以后,下一步设计人员就将面临如何选择控制器的类型,并配以合适的参数,来实现系统的性能指标。通常,控制器类型的选择受限于设计者的经验或知识范围。

在满足系统性能指标的前提下,应该选择最简单的校正器(控制器)。大多数情况下,控制器越复杂,其成本越高,可靠性越低,设计难度越大。为一个给定系统选择一个特定的控制器,常常依赖于设计者的个人经验,甚至是直觉。

控制器确定后,下一步就是确定控制器参数值,这些参数会单独或共同影响控制器的传递函数的参数。确定控制器参数值的基本计算办法就是利用以前学过的知识分析某个参数对设计指标的影响关系,在此基础上选择控制器参数以满足所有设计指标的要求。有时,按照这个设计过程简单进行就可以完成设计任务。更多情况下,此过程需要反复进行,因为控制器的参数会相互影响,并且同时影响设计指标,甚至对设计指标产生相反的效果。比如,通过对某个参数的调整可以达到满足系统的超调量的限制要求,但在设计另外一个参数时,为了满足上升时间的要求,很可能导致阶跃响应的超调量再次超过规定。所以,要设计的指标越多,控制器的被设计参数就越多,设计过程也会变得越复杂。

虽然很难有一种方法可以确定频域指标和时域指标的对应关系,为了在时域和频域都可以完成系统的设计工作,有一些基本规则还是需要掌握的。如上升时间和频宽相反变化,大相角稳定裕量、幅值稳定裕量和低谐振峰值将改善系统的阻尼。

6.2 串联校正

串联校正按校正环节 $G_{\mathrm{c}}(s)$ 的性质可分为:

(1) 开环增益调整;

（2）相位超前校正；

（3）相位滞后校正；

（4）相位滞后-超前校正。

其中，开环增益调整的实现比较简单。开环增益的调整可以改变闭环极点的位置，但不能改变闭环系统根轨迹的形状。增益的调整从开环 Bode 图上看，只能使对数幅频特性曲线上下平移，也不能改变曲线的形状。因此，单凭调整增益，往往不能很好地解决各指标之间相互制约的矛盾，还须附加校正装置。

6.2.1 相位超前校正

1. 超前校正装置的特性

图 6-3 所示为 RC 超前网络，其传递函数为

$$G_c(s)=\frac{V_0(s)}{V_i(s)}=\frac{R_2}{R_1+R_2}\frac{R_1Cs+1}{\dfrac{R_2}{R_1+R_2}R_1Cs+1} \tag{6-1}$$

设
$$R_1C=T,\ \frac{R_2}{R_1+R_2}=\alpha<1$$

则
$$G_c(s)=\alpha\frac{Ts+1}{\alpha Ts+1} \tag{6-2}$$

$G_c(s)$的频率特性如图 6-4 所示。其对数幅频渐近线曲线具有正斜率段，相频曲线具有正相位移。正相位移表明，系统在正弦信号输入时的稳态输出电压在相位上超前于输入，故称超前网络。

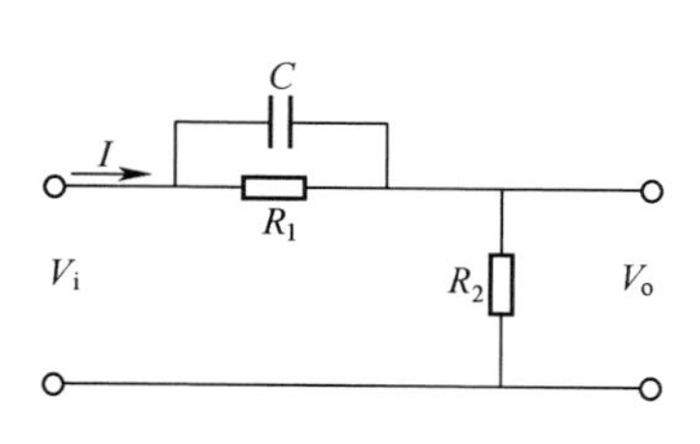

图 6-3 超前校正网络

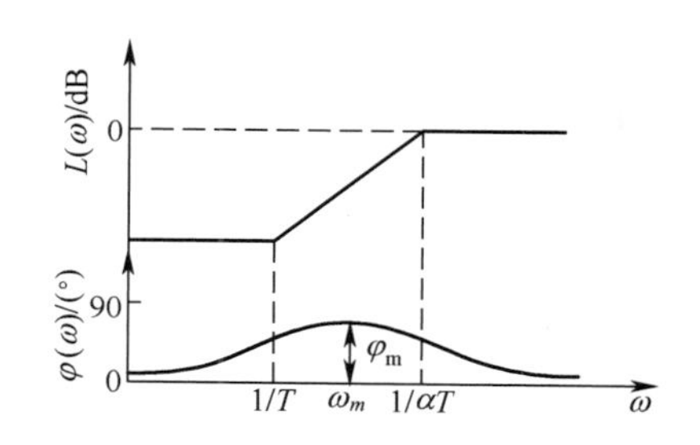

图 6-4 超前网络的 Bode 图

超前网络的幅频特性为

$$|G_c(j\omega)|=\alpha\frac{\sqrt{1+(T\omega)^2}}{\sqrt{1+(\alpha T\omega)^2}} \tag{6-3}$$

相频特性为

$$\angle G_c(j\omega)=\varphi=\arctan(T\omega)-\arctan(\alpha T\omega) \tag{6-4}$$

根据式(6-4)可以算出超前网络所提供的最大超前角为

$$\varphi_m=\arcsin\frac{1-\alpha}{1+\alpha} \tag{6-5}$$

φ_m发生在两个转折频率 $1/T$ 和 $1/(\alpha T)$ 的几何中点，对应的角频率 ω_m 可通过下式计算

求得

$$\lg\omega_m = \frac{1}{2}\left[\lg\frac{1}{T} + \lg\frac{1}{\alpha T}\right]$$

所以

$$\omega_m = \frac{1}{\sqrt{\alpha}T} \tag{6-6}$$

由图 6-4 可以看出,超前网络基本上是一个高通滤波器。

超前校正装置的主要作用是改变频率特性曲线的形状,产生足够大的相位超前角,以补偿原来系统中元件造成的过大的相角滞后。

2. 基于频率响应法的超前校正

考虑图 6-5 所示的系统。假设性能指标是以相位裕量、幅值裕量、静态速度误差系数等形式给出的,利用频率响应法设计超前校正装置的步骤描述如下:

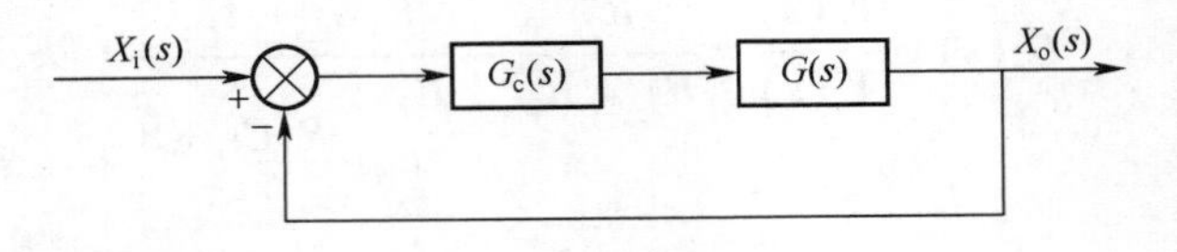

图 6-5 控制系统

假设有下列超前校正装置:

$$G_c(s) = K_c\alpha\frac{Ts+1}{\alpha Ts+1} = K_c\frac{s+\dfrac{1}{T}}{s+\dfrac{1}{\alpha T}} \quad 0<\alpha<1$$

定义

$$K_c\alpha = K$$

于是

$$G_c(s) = K\frac{Ts+1}{\alpha Ts+1}$$

校正系统的开环传递函数为

$$G_c(s)G(s) = K\frac{Ts+1}{\alpha Ts+1}G(s) = \frac{Ts+1}{\alpha Ts+1}KG(s) = \frac{Ts+1}{\alpha Ts+1}G_1(s)$$

式中:$G_1(s) = KG(s)$。

确定增益 K,使其满足给定静态误差系数的要求。

(1) 利用已经确定的增益 K,画出增益已经调整但尚未校正的系统 $G_1(j\omega)$ 的 Bode 图,求相位裕量。

(2) 确定需要对系统增加的相位超前角 ϕ。因为增加超前校正装置后,使增益交界频率向右方移动,并且减小了相位裕量,所以要求额外增加相位超前角 5~12°。

(3) 利用方程 $\sin\phi_m = \dfrac{\dfrac{1-\alpha}{2}}{\dfrac{1+\alpha}{2}} = \dfrac{1-\alpha}{1+\alpha}$ 确定衰减因子 α。确定未校正系统 $G_1(j\omega)$ 的幅值等于 $-20\lg(1/\sqrt{\alpha})$ 时的频率,选择此频率作为新的增益交界频率。该频率相应于 $\omega_m = 1/(\sqrt{\alpha}T)$,最大相位移 ϕ_m 就发生在这个频率上。

（4）超前校正装置的转角频率确定如下：

根据超前校正装置的零点确定转角频率：$\omega = \dfrac{1}{T}$

根据超前校正装置的零点确定转角频率：$\omega = \dfrac{1}{\alpha T}$

（5）利用在第一步中确定的 K 值和（4）中确定的 α 值，再根据下式，计算常数 K_c

$$K_c = \frac{K}{\alpha}$$

（6）检查幅值裕量，确认它是否满足要求。如果不满足要求，通过改变校正装置的零-极点位置，重复上述设计过程，直到获得满意的结果为止。

相位超前校正网络不是对所有的系统都有效，当计划采用相位超前校正网络时，需要考虑下面几点：

（1）带宽的考虑：如果原系统不稳定，或者稳定裕量很小，那么相位超前校正所要做的相位补偿 ϕ_m 就会非常大，参数 α 很小，导致校正器的带宽增加，这将给系统带来附加噪声，可能导致设计失败。另外，参数 α 很小可能导致鲁棒性问题，即校正器的指标对环境参数过于敏感。

（2）对于不稳定或者稳定裕量很小的系统，如果参数 α 很小，导致增益补偿过大，高增益放大器意味着高成本。

（3）当未校正系统的相位稳定裕量需要 90°以上的相角补偿时，无法使用单阶相位超前校正网络进行校正。

6.2.2 相位滞后校正

1. 滞后校正装置的特性

图 6-6 所示为 RC 滞后校正网络，其传递函数

$$G_c(s) = \frac{V_o(s)}{V_i(s)} = \frac{R_2Cs + 1}{\dfrac{R_1 + R_2}{R_2}R_2Cs + 1} \tag{6-7}$$

设

$$R_2C = T, \quad \frac{R_1 + R_2}{R_2} = \beta > 1$$

则

$$G_c(s) = \frac{Ts + 1}{\beta Ts + 1} = \frac{1}{\beta}\,\frac{s + (1/T)}{s + (1/\beta T)} \tag{6-8}$$

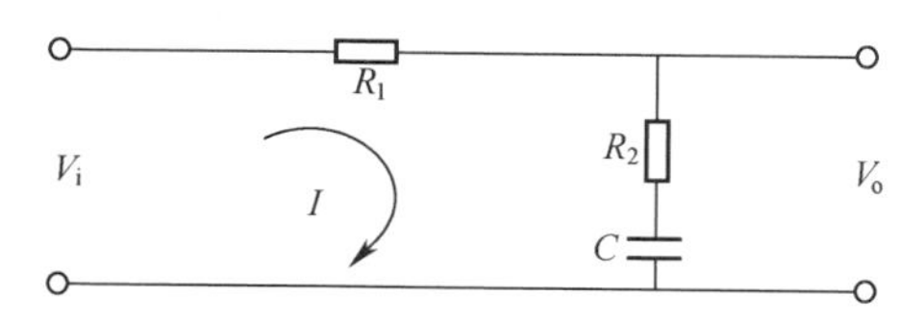

图 6-6　相位滞后网络

系统的对数频率特性如图 6-7 所示。由于传递函数式(6-8)中 $\beta T > T$,故对数幅频渐近曲线具有负斜率段,相频曲线出现负相移。负相移表明当正弦信号输入时,稳态输出电压在相位上滞后于输入,故称滞后网络。滞后网络的幅频特性为

$$|G_c(j\omega)| = \frac{1}{\beta}\frac{\sqrt{1+(T\omega)^2}}{\sqrt{1+(\beta T\omega)^2}} \tag{6-9}$$

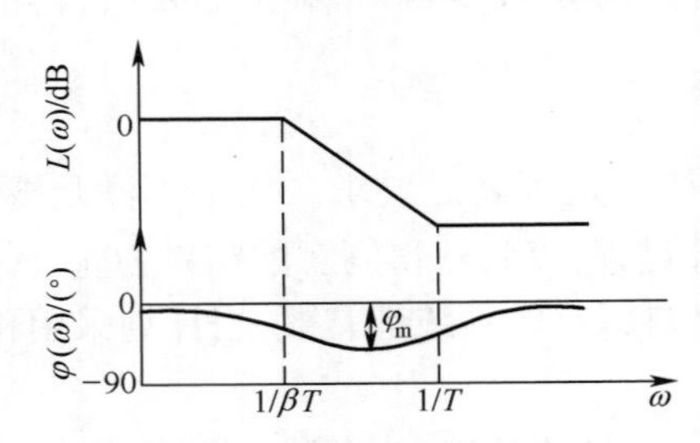

图 6-7　相位滞后网络的 Bode 图

相频特性为

$$\angle G_c(j\omega) = \varphi = \arctan(T\omega) - \arctan(\beta T\omega) < 0 \tag{6-10}$$

滞后网络的最大滞后角度 φ_m 及其对应的频率 ω_m 为

$$\varphi_m = \arcsin\frac{\beta - 1}{\beta + 1} \tag{6-11}$$

$$\omega_m = 1/\sqrt{\beta}T \tag{6-12}$$

由图 6-7 可以看出,滞后校正环节是一个低通滤波器。

滞后校正的作用主要是利用它的负斜率段,使被校正系统高频段幅值衰减,幅值交界频率左移,从而获得充分的相位裕量,其相位滞后特性在校正中作用并不重要。因此滞后校正环节的转折频率 $1/(\beta T)$ 和 $1/T$ 均应设置在远离幅值交界频率,靠近低频段的地方。

2. 基于频率响应法的滞后校正

滞后校正的主要作用是在高频段造成衰减,从而使系统获得足够的相位裕量。相位滞后特性在滞后校正中不重要。

用频率响应法为图 6-5 所示的系统设计滞后校正装置的步骤如下:

(1) 假设有下列滞后校正装置:

$$G_c(s) = K_c\beta\frac{Ts+1}{\beta Ts+1} = K_c\frac{s+\frac{1}{T}}{s+\frac{1}{\beta T}} \quad \beta > 1$$

定义

$$K_c\beta = K$$

于是

$$G_c(s) = K\frac{Ts+1}{\beta Ts+1}$$

已校正系统的开环传递函数为

$$G_c(s)G(s) = K\frac{Ts+1}{\beta Ts+1}G(s) = \frac{Ts+1}{\beta Ts+1}KG(s) = \frac{Ts+1}{\beta Ts+1}G_1(s)$$

式中：$$G_1(s) = KG(s)$$

确定增益 K,使系统满足给定静态误差常数的要求。

（2）如果经过增益调整的未校正系统 $G_1(j\omega) = KG(j\omega)$ 不满足有关相位裕量和幅值裕量的性能指标,则应寻找一个频率点,在这一点上,开环传递函数的相角等于 $-180°$ 加要求的相位裕量。要求的相位裕量等于指定的相位裕量加 5° ~ 12°（增加 5° ~ 12° 是为了补偿滞后校正装置的相位滞后）。选择此频率作为新增益交界频率。

（3）为了防止由滞后校正装置造成的相位滞后的有害影响,滞后校正装置的极点和零点必须配置得明显地低于新幅值交界频率,因此选择转角频率 $\omega = 1/T$（相应于滞后校正装置的零点）低于新的幅值交界频率 1 倍频程到 10 倍频程（如果滞后校正装置的时间常数不会很大,则转角频率 $\omega = 1/T$ 可以选择在新的幅值交界频率之下 10 倍频程处）。

我们把校正装置的极点和零点选择得足够小。这样,相位滞后就发生在低频范围内,从而将不会影响到相位裕量。

（4）确定使幅值曲线在新的幅值交界频率处下降到 0dB 所必需的衰减量。这一衰减量等于 $-20\lg\beta$,从而可以确定 β 值。另一个转角频率（相应于滞后校正装置的极点）可以由 $\omega = 1/(\beta T)$ 确定。

（5）利用在第一步中确定的 K 值和在第四步中确定的 β 值,根据下式计算常数 K_c：

$$K_c = \frac{K}{\beta}$$

6.2.3 相位滞后-超前校正

1. 滞后-超前校正装置的特性

超前校正可以增加频宽提高快速性,以及改善相对稳定性。滞后校正可以提高平稳性及稳态精度,而降低了快速性。工程上有大量系统无法单独使用其中一种校正装置达到满意的校正效果,如果同时采用滞后和超前校正,则可全面改善系统的控制性能。

图 6-8 所示为 RC 滞后—超前网络,其传递函数为

$$G_c(s) = \frac{V_o(s)}{V_i(s)} = \frac{(R_1C_1s + 1)(R_2C_2s + 1)}{(R_1C_1s + 1)(R_2C_2s + 1) + R_1C_2s} \tag{6-13}$$

设 $R_1C_1 = T_1$, $R_2C_2 = T_2$,设 $T_2 > T_1$,并使

$$R_1C_1 + R_2C_2 + R_1C_2 = \frac{T_1}{\beta} + \beta T_2 \qquad \beta > 1$$

则式(6-13)可写成

$$G_c(s) = \frac{T_1s + 1}{\alpha T_1s + 1} \cdot \frac{T_2s + 1}{\beta T_2s + 1} \qquad \alpha = 1/\beta < 1 \tag{6-14}$$

式(6-14)右端前半部分具有滞后网络作用,后半部分具有超前网络作用,对应的滞后-超前网络的对数频率特性曲线示于图 6-9。

可以看出,曲线的低频部分具有负斜率和负相移,起滞后校正作用,后一段具有正斜率和正相移,起超前校正作用。且高频段和低频段均无衰减。

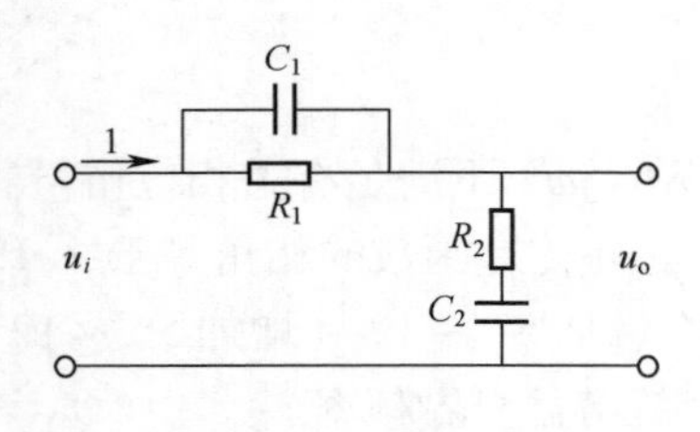

图 6-8　滞后-超前网络

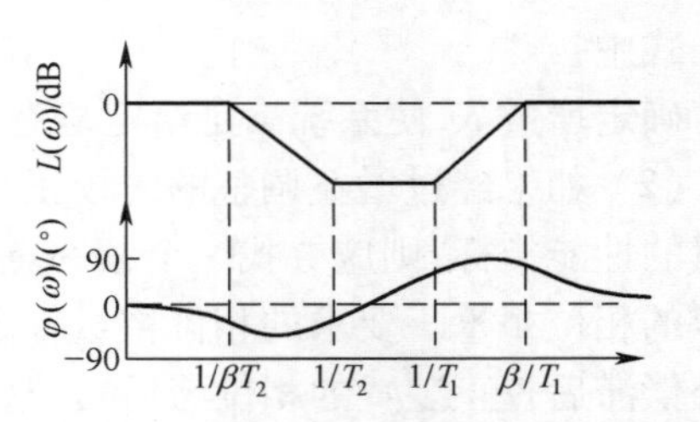

图 6-9　滞后-超前网络的 Bode 图

2. 基于频率响应法的滞后-超前校正

用频率响应法设计滞后-超前校正装置，实际上是前面讨论过的超前校正和滞后校正设计方法的综合。

假设滞后-超前校正装置具有下列形式：

$$G_c(s) = K_c \frac{(T_1 s + 1)(T_2 s + 1)}{\left(\frac{T_1}{\beta} + 1\right)(\beta T_2 s + 1)} = K_c \frac{\left(s + \frac{1}{T_1}\right)\left(s + \frac{1}{T_2}\right)}{\left(s + \frac{\beta}{T_1}\right)\left(s + \frac{1}{\beta T_2}\right)} \tag{6-15}$$

式中：$\beta > 1$。

滞后-超前校正装置的相位超前部分(包含 T_1 的部分)改变了频率响应曲线，这是因为它增加了相位超前角，并且在增益交界频率上增加了相位裕量。滞后-超前校正装置的相位滞后部分(包含 T_2 的部分)在增益交界频率附近引起响应的衰减。因此，它允许在低频范围内增大增益，从而改善系统的稳态特性。

6.3　反馈和顺馈校正

除了串联校正方法外，还常常采用反馈和顺馈校正的方法来改善系统品质。应用比较多的反馈校正是对系统的部分环节建立局部负反馈。反馈校正中，若 $G_c(s) = K$，则称为位置(比例)反馈，若 $G_c(s) = Ks$，则称为速度(微分)反馈，若 $G_c(s) = Ks^2$，则称为加速度反馈。

反馈校正通常需要传感器，因此，反馈校正的成本也相对高一些，常用的传感器有各种直线位移、角位移传感器、测速发电机、编码器、压力传感器、加速度计等。

从控制的观点看，反馈校正利用反馈能有效地改变被包围环节的动态结构参数，甚至在一定条件下能用反馈校正完全取代被包围环节，从而可以大大减弱这部分环节由于特性参数变化及各种干扰给系统带来的不利影响。

6.3.1　反馈校正

1. 位置反馈校正

图 6-10(a)是比例反馈包围惯性环节，回路的传递函数为

$$G(s) = \frac{\frac{K}{Ts + 1}}{1 + K_H \cdot \frac{K}{Ts + 1}} = \frac{K}{Ts + (1 + KK_H)} = \frac{K'}{T's + 1} \tag{6-16}$$

其中，$K' = K/(1+KK_H)$，$T' = T/(1+KK_H)$。结果仍是惯性环节，但时间常数由原来的 T 变为 T'，相应减小到了原来的 $1/(1+KK_H)$，反馈系数 K_H 越大，时间常数变得越小，校正后系统的带宽越大。

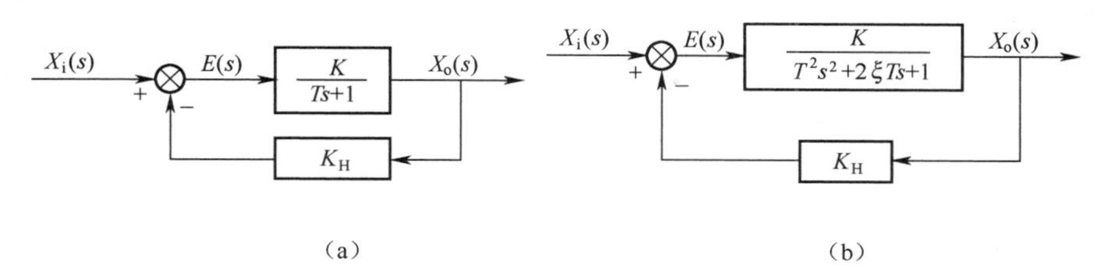

（a）　　　　　　　　（b）

图 6-10　位置反馈校正

图 6-10(b)是比例反馈包围二阶振荡环节，回路的传递函数为

$$G(s) = \frac{\dfrac{K}{T^2s^2+2\xi Ts+1}}{1+K_H \cdot \dfrac{K}{T^2s^2+2\xi Ts+1}} = \frac{K}{T^2s^2+2\xi Ts+(1+KK_H)}$$

$$= \frac{K'}{T'^2s^2+2\xi' T's+1} \tag{6-17}$$

其中，$K' = K/(1+KK_H)$，$T' = T/\sqrt{1+KK_H}$，$\xi' = \xi/\sqrt{1+KK_H}$。结果仍是二阶振荡环节，但固有频率由原来的 $1/T$ 变为校正后的 $1/T'$，增加到了原来的 $\sqrt{1+KK_H}$ 倍，系统的响应速度得到了提高，阻尼比由原来的 ξ 变为校正后的 ξ'，下降到了原来的 $1/\sqrt{1+KK_H}$，相对稳定性下降。所以，利用位置反馈($G_{cf}(s)=K_H$)校正二阶系统时，反馈增益 K_H 不能过大。工程实际中，大部分一阶系统是从高阶系统简化得到的，所以，对于简化后的一阶系统，含有位置反馈时，反馈增益也不能过大，否则会引起系统的振动，具体分析就不做介绍了。

2. 速度反馈校正

如图 6-11 所示的反馈回路，可以改变阻尼比。其回路传递函数经变换整理为

$$G(s) = \frac{\dfrac{K}{T^2s^2+2\xi Ts+1}}{1+K_Hs \cdot \dfrac{K}{T^2s^2+2\xi Ts+1}} = \frac{K}{T^2s^2+(2\xi T+KK_H)s+1} \tag{6-18}$$

图 6-11　速度反馈校正

结果仍为振荡环节，而阻尼比可显著增大，速度反馈可以有效地减弱小阻尼环节的不利影响，用速度反馈增加阻尼比时，并不影响系统的无阻尼固有频率。

6.3.2 顺馈校正

图 6-2(e)、(f)所示的系统中,$G_c(s)$属于串联校正,校正装置 $G_{cf}(s)$设在系统回路之外,信号向前传输,属于前馈和顺馈校正。设计系统时,可以先设计系统的回路,保证具有较好的动态性能,然后再设计顺馈校正装置 $G_{cf}(s)$,以提高对典型输入信号的稳态精度。根据图 6-2(e),闭环系统的传递函数为

$$\frac{Y(s)}{R(s)}=\frac{G_{cf}(s)G_c(s)G(s)}{1+G_c(s)G(s)} \tag{6-19}$$

误差传递函数为

$$\frac{E(s)}{R(s)}=\frac{1}{1+G_c(s)G(s)} \tag{6-20}$$

这就是说,可以通过设计 $G_c(s)$,使误差传递函数式(6-20)具有指定的特性,进一步设计 $G_{cf}(s)$,可以满足对输入-输出特性式(6-19)的要求,如稳态误差要求。通常情况下,我们通过串联校正控制器 $G_c(s)$来为系统提供指定的稳定性和性能指标。在串联校正过程中,只要 $G_c(s)$与 $G_{cf}(s)$不出现零极点对消情况(大多数情况如此),$G_c(s)$的零点总要成为闭环传递函数的零点,这些零点完全有可能造成系统性能指标发生不利的变化,这时就需要引进顺馈校正器,如图 6-2(e)、(f)中的 $G_{cf}(s)$,用于控制或抵消闭环传递函数中的不利零点的作用,图 6-2(e)和图 6-2(f)的作用基本一样,区别在于系统和硬件实现时的方式、成本不一样。

既然顺馈校正可以完全抵消或增加系统闭环传递函数中的零极点,那么顺馈校正就具有非常强的校正能力,但为什么还要采用反馈校正方式进行校正呢? 主要因为图 6-2(e)和图 6-2(f)中的 $G_c(s)$在系统的环外,系统对 $G_c(s)$的参数变化就会变得非常敏感,也就是说,顺馈校正不可能适用所有的环境,事实上,能用反馈和串联校正完成的校正工作,尽量少用顺馈和前馈校正。

6.4 PID 控制器

PID 控制器是工程上最常用的校正方案之一,它将反馈信号进行比例、积分、微分处理以后进行组合,施加到被控系统中。与滞后、超前、滞后-超前校正相比,PID 校正器具有设计简单、适应范围广等特点。现有的大部分控制系统设计软件都具有 PID 控制器的专门设计模块。因为 PID 控制器的组件在时域中比较直观,因而通常在时域设计 PID 控制器。本节分别介绍 PD 控制器、PI 控制器和 PID 控制器的校正原理,以时域的设计方法为主要分析手段,频域分析方法为辅助进行分析。另外,初步引入更加具有实际意义的计算方法,充分利用计算机及相关的软件,包括利用 MATLAB 进行相关的计算。

6.4.1 PD 控制器

1. PD 控制器的特性

(1) PD 控制器的构成。

图 6-12 为 PD 控制器的控制方案。假设被控对象为标准二阶系统，即有

$$G(s)=\frac{\omega_n^2}{s(s+2\xi\omega_n)} \tag{6-21}$$

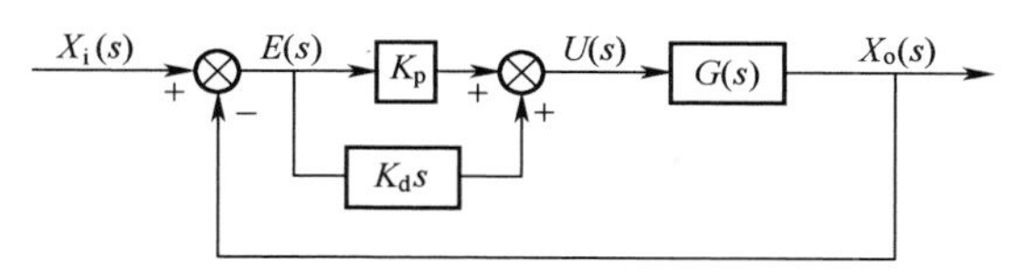

图 6-12 具有 PD 控制器的控制系统

PD 控制器的传递函数为

$$G_c(s)=K_p+K_d s \tag{6-22}$$

加到被控对象的控制信号为

$$u(t)=K_p e(t)+K_d\frac{\mathrm{d}e(t)}{\mathrm{d}t} \tag{6-23}$$

式中：K_p、K_d分别是比例常数和微分常数。

图 6-13 显示如何用电路实现 PD 控制器。在图 6-13 (a)中，K_p、K_d分别为

$$K_p=R_2/R_1 \qquad K_d=R_2C_1 \tag{6-24}$$

图 6-13 (a)电路简单一些，但 K_p、K_d不能独立进行选择。在图 6-13(b)中，K_p、K_d分别为

$$K_p=R_2/R_1 \qquad K_d=R_dC_d \tag{6-25}$$

电路比上一个电路稍微复杂一点，但两个参数可以独立选择。关于如何来更好地设计电路来实现控制器，这里不做进一步讨论。

经过校正以后的系统开环传递函数为

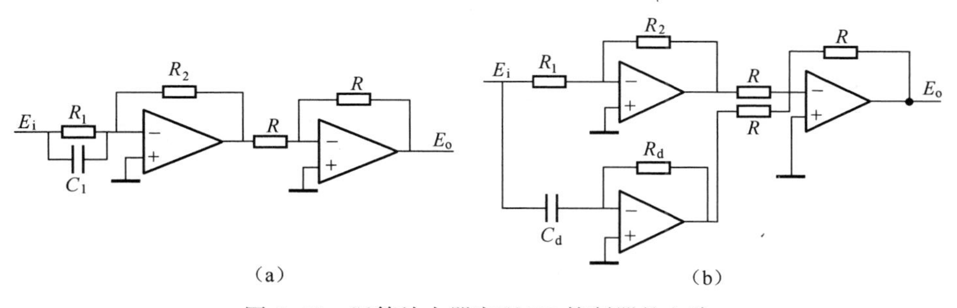

图 6-13 运算放大器实现 PD 控制器的电路

$$G(s)=\frac{Y(s)}{E(s)}=G_c(s)G(s)=\frac{\omega_n^2(K_p+K_d s)}{s(s+2\xi\omega_n)} \tag{6-26}$$

(2) PD 控制的时域解释。

对 PD 控制的一种理解是，由于 $\mathrm{d}e(t)/\mathrm{d}t$ 反映的是 $e(t)$的斜率，因而 PD 控制是一种预测控制。这就是说，通过计算 $e(t)$的斜率，PD 控制器可以预测误差的方向并利用它来改善控制过程。通常，就线性系统而言，单位阶跃响应的输出 $x_o(t)$或误差信号 $e(t)$的斜率越大，系统的超调量也越大。微分控制测量到 $e(t)$的即时斜率，提前预测到系统的过量超调，在此过量超调发生以前，为系统提供比较合适的修正。

只有当系统的稳态误差随时间发生变化时，微分控制才会影响到系统的稳态误差。

如果系统的稳态误差相对于时间是一个常数，微分控制为系统所提供的控制量为零。但如果稳态误差随着时间持续增加，微分控制则会向系统提供与 $\mathrm{d}e(t)/\mathrm{d}t$ 成正比的控制量，从而减小误差的幅值。

从式(6-26)可以看出，PD 控制器不会影响到系统的型别，所以对于单位反馈系统而言，PD 控制器不会影响到稳态误差。

(3) PD 控制器的频域解释。

PD 控制器的传递函数为

$$G_c(s) = K_p + K_d s = K_p\left(1 + \frac{K_d}{K_p}s\right) \tag{6-27}$$

在频域设计 PD 控制器，很容易用 Bode 图来说明设计方法。图 6-14 显示的是 $K_p = 1$ 时的 PD 校正器的 Bode 图。通常，K_p 可以和系统的某个前向增益合起来，所以 PD 控制器的直流增益为单位增益并不影响对问题的讨论。从图 6-14 可以清楚地看出，PD 控制器具有明显的高通滤波器特征，其相角超前的特点可以用来增加系统的相角稳定裕度，但同时它的幅频特性提高了系统的穿越频率。设计 PD 控制器时，把它的角频率 $\omega = K_p/K_d$ 放到适当的位置，使得在新的幅频特性的穿越频率点，系统的相角裕度得到一定的提高。对于一个给定的系统，该 K_p/K_d 有一个取值范围可供选择，可用于调整系统的阻尼。另外一个要考虑的实际问题是 K_p 和 K_d 的值会影响到 PD 控制器的实现。PD 控制在频域中的另外一个明显的影响是，由于它的高通特性，多数情况下它会增加系统的频宽 ω_b，减少系统的上升时间。同样由于其高通特性，PD 控制器会加强系统中来自于输入的高频噪声干扰。

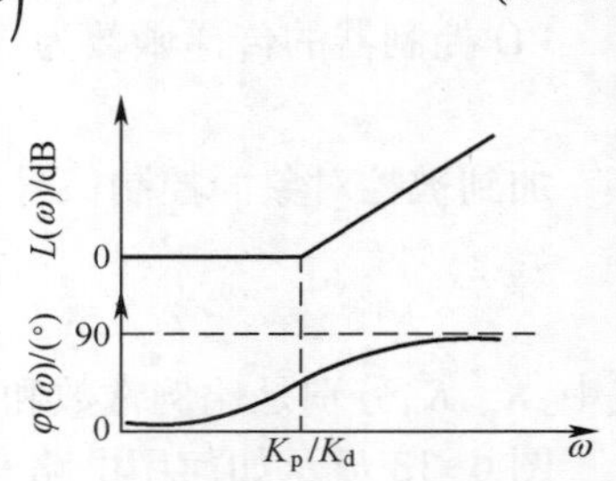

图 6-14　PD 控制器 Bode 图

(4) PD 控制效果

适当设计 PD 控制器，可以解决系统不稳定或系统的稳定裕度太小的问题，另外，PD 控制器可以从以下几个方面影响系统的性能：

(a) 增加系统的阻尼、减少系统的超调量；

(b) 减少上升时间和调整时间；

(c) 增加带宽 ω_b；

(d) 增加幅值稳定裕度 K_g、相位稳定裕量 γ、谐振峰值 M_r；

(e) 可能加强高频噪声。

电路实现时，需要比较大的电容，换言之，PD 控制器的参数不合适，可能会导致实现困难。这也是所有控制器可能出现的问题。

例 6-1　考虑飞机高度控制系统(图 6-15)，其前向传递函数如下

$$G(s) = \frac{4500K}{s(s + 361.2)} \tag{6-28}$$

图 6-15　飞机高度控制系统

要求系统具有以下性能指标：

单位斜坡输入引起的稳态误差 $\leqslant 0.000443$；

最大超调量≤5%；

上升时间≤0.005s；

调整时间≤0.005s。

在没有校正的情况下（或者说只有比例校正），为了满足给定的稳态误差要求，K 至少为 181.17，但在这种情况下，系统的阻尼比仅为 0.2，最大超调量达 52.7%。

现在考虑在系统的前向通道中用 PD 控制器对系统进行校正，改善系统的阻尼特性和超调特性，同时保持系统的单位阶跃响应误差不超过 0.000443。

2. PD 控制器时域设计

为满足误差不超过 0.000443，需要 $K=181.17$。此时，包含 PD 控制器在内的系统的前向传递函数（在这里，也等于系统开环传递函数）为

$$G(s)=\frac{815265(K_p+K_d s)}{s(s+361.2)} \tag{6-29}$$

系统的闭环传递函数为

$$\Phi(s)=\frac{815265(K_p+K_d s)}{s^2+(361.2+815265K_d)s+815265K_p} \tag{6-30}$$

系统的速度系数为

$$K_v=\lim_{s\to 0}sG(s)=\frac{815265K_p}{361.2}=2257.1K_p \tag{6-31}$$

由单位斜坡输入引起的稳态误差为

$$e_{ss}=1/K_v=0.000443/K_p \tag{6-32}$$

式(6-30)显示，PD 控制器的效果如下：

(1) 使得闭环传递函数增加了一个零点 $-K_p/K_d$；

(2) 闭环传递函数的阻尼项有所增加。即闭环传递函数的 s 项的系数由原来的 361.2 增加到 $361.2+815.265K_d$。

特征方程如下：

$$s^2+(361.2+815265K_d)s+815265K_p=0 \tag{6-33}$$

根据稳态误差要求，取 $K_p=1$，这时，系统的阻尼比为

$$\xi=\frac{361.2+815265K_d}{1805.84}=0.2+451.46K_d \tag{6-34}$$

此式明显地说明了 K_d 为系统提供阻尼的效果。可以根据式(6-34)来设计满足闭环系统阻尼比的 K_d。比如，$K_d=0.0011$ 时，阻尼比为 0.7；$K_d=0.00177$ 时，阻尼比为 1。

从式(6-30)可以看出，PD 控制器的引入使得系统的开环传递函数多了一个零点 $-K_p/K_d$，对此二阶系统而言，在 K_d 从 0 开始逐渐变大的过程中，该零点逐渐向坐标原点靠拢，对系统原有的极点 $s=0$ 有越来越强的抵消作用，而系统的开环传递函数也越来越接近一个惯性环节，该惯性环节的极点就是 $s=-361.2$。

图 6-16 显示了闭环系统的单位阶跃响应曲线，包括没有 PD 控制和有 PD 控制器($K_p=1$，$K_d=0.00177$)，几个参数的值可以利用时域计算方法计算得到，更好的方法是使用软件辅助计算，比如使用 MATLAB 进行计算，方法非常简单，这里不做具体介绍。有 PD 控制器时，系统的超调量为 4.2%，这里，虽然以临界阻尼条件选择了 K_d，但由于闭环

零点$-K_p/K_d$的影响，系统仍然有超调。表6-1列出的是当$K_p=1$，K_d取不同的几个值时闭环系统的上升时间、调整时间和最大超调量。从表中可以看出，当$K_d\geq 0.00177$以后，表中的各项指标都可以满足要求。需要牢记的是，K_d只要满足系统的要求就可以了，因为K_d过大不仅会导致高频干扰，在实现PD控制器时也会遇到困难。

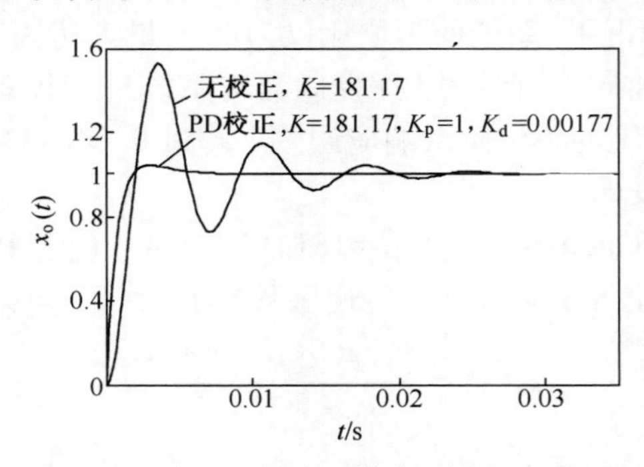

图6-16　例6-1的PD控制器的校正效果

表6-1　例6-1的具有PD校正器的单位阶跃响应主要指标

K_d	t_r/s	t_s/s	σ/%
0	0.00125	0.0151	52.2
0.0005	0.0005	0.0076	25.7
0.00177	0.00119	0.0049	4.2
0.0025	0.00103	0.0013	0.7

总之，PD控制器减少了最大超调量、上升时间和调整时间。

3. PD控制器频域设计

现在开始频域的设计讨论。参考图6-17，图中$K_p=1$，当$K_d=0$时，即为无PD校正时$G(s)$的Bode图，这种情况下，相角稳定裕度为22.8°，谐振峰值M_r为2.522，系统处于欠阻尼状态。现给定性能指标如下：

单位斜坡输入引起的稳态误差≤0.00443

相角稳定裕量≥80°

谐振峰值$M_r\leq 1.05$

频宽$\omega_b\leq 2000$ rad/s

首先令$K_p=1$，然后确定参数K_d。因为只有一个参数K_d需要设计，因此可以使用非常简单的列表方法设计。具体做法是，给出K_d的不同值，利用计算机软件计算出需要关心的指标参数，做成表，根据表格选择合适的参数K_d。这种设计方法简单、容易操作，非常适合工程实际中高阶系统的设计。

图6-17包含了$K_p=1$，$K_d=0$，0.0005，0.00177和0.0025时$G(s)$的Bode图，经过这几个不同参数的PD控制器校正以后的系统的频域指标列在表6-2中，之所以用这几个参数是为了和时域的设计结果比较。这些Bode图和指标参数可以非常容易利用MATLAB设计工具得到，具体方法其他的章节中有说明。

图6-17显示，未校正($K_d=0$)时系统幅值稳定裕度始终为无穷，因此相对稳定性用

相位稳定裕量来衡量。当 $K_d = 0.00177$ 时(对应于临界阻尼情况),相位稳定裕量为 82.93°,谐振峰值为 1.025,频宽为 1669rad/s,频域所要求的所有性能指标都可以达到。PD 控制器还使得系统的穿越频率和带宽 ω_b 增大,相位穿越频率变得无穷大(-180°)。

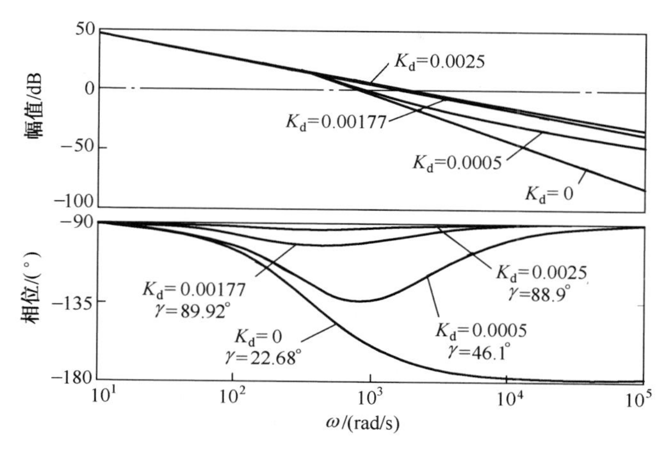

图 6-17 不同的 PD 控制器的校正频域效果($K_p = 1$)

表 6-2 例 6-1 中 PD 控制器在频域的校正效果($K_p = 1$)

K_d	K_g/dB	γ/(°)	ω_b/(rad/s)	Mr	t_r/s	t_s/s	σ/%
0.0	+∞	22.68	1370	2.522	0.00125	0.0151	52.2
0.0005	+∞	46.2	1326	1.381	0.0076	0.0076	25.7
0.00177	+∞	82.92	1669	1.025	0.00119	0.0047	4.2
0.0025	+∞	88.95	2083	1.0	0.00103	0.0013	0.7

6.4.2 PI 控制器设计

1. PI 控制器的特性

PD 控制器可以改善控制系统的阻尼特性和上升时间指标,代价是提高了系统的频宽和谐振频率,而稳态误差不会受到影响,除非稳态值随时间变化,比如非阶跃输入情况。也就是说,在很多情况下,PD 控制器并不能满足校正要求,工程上另一种常见的控制器就是 PI 控制器。

1) PI 控制器的构成

PI 控制器的积分部分可以产生一个与控制器输入信号的积分值成比例的信号。图 6-18 是具有 PI 控制器的典型二阶系统的方块图,PI 控制器的传递函数为

$$G_c(s) = K_p + \frac{K_i}{s} \tag{6-35}$$

图 6-18 PI 控制器

利用双运放实现 PI 控制器的电路图为图 6-19（a），该电路的传递函数为

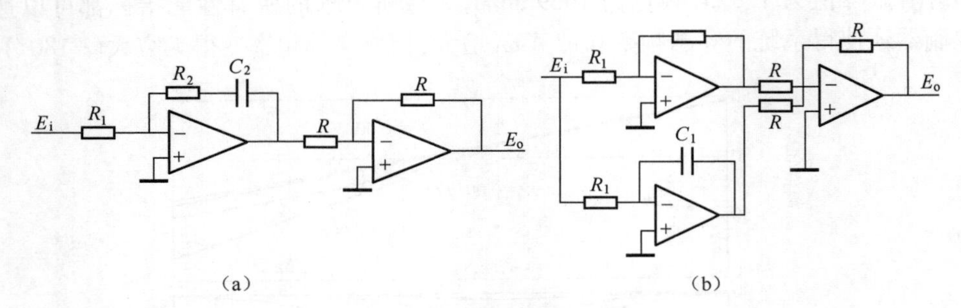

图 6-19　PI 控制器电路

$$G_c(s)=\frac{E_o(s)}{E_i(s)}=\frac{R_2}{R_1}+\frac{R_2}{R_1C_2s} \tag{6-36}$$

因此，PI 控制器的参数为

$$K_p=\frac{R_2}{R_1},\ K_i=\frac{R_2}{R_1C_2} \tag{6-37}$$

图 6-19（b）的三运放电路的传递函数为

$$G_c(s)=\frac{E_o(s)}{E_i(s)}=\frac{R_2}{R_1}+\frac{1}{R_1C_1s} \tag{6-38}$$

对应的 PI 控制器的参数是

$$K_p=\frac{R_2}{R_1},\ K_i=\frac{1}{R_1C_1} \tag{6-39}$$

图 6-19（b）相对于（a）来说，优点是参数 K_p、K_i 可以独立调整。两电路中，K_i 均与电容成反比，但效果好的 PI 控制器通常需要比较小的电容，同样有和 PD 控制器中大电容一样的难以实现的问题。

经 PI 控制器校正后系统的前向传递函数为

$$G_c(s)G(s)=G(s)\cdot\frac{K_ps+K_i}{s} \tag{6-40}$$

所以，PI 控制器的直接效果有：

（1）给前向传递函数增加一个零点 $s=-K_i/K_p$；

（2）给前向传递函数增加一个极点 $s=0$。这就意味着系统由原来的Ⅰ型系统提高到Ⅱ型系统，原系统的稳态误差提高了 1 个型次。即，如果原系统的稳态误差是常数，则 PI 控制器在保持系统稳定的前提下，将其减小到零。

具有前向传递函数（6-40）的系统，如图 6-18 所示，在输入信号为斜坡信号时，稳态误差为零。不过，由于系统阶次增加，其稳定性有可能较原来系统变坏，当参数 K_i、K_p 选择不合适时，甚至会出现不稳定现象。

在讨论 PD 对Ⅰ型系统的校正时我们知道，K_p 的选择非常重要，因为系统的速度系数 K_v 正比于 K_p，斜坡输入的稳态误差反比于 K_p，而 K_p 又不能太大，否则系统会变得不稳定。同样，对于一个 0 型系统，阶跃输入引起的稳态误差反比于 K_p。

当一个Ⅰ型系统被 PI 控制器转变为Ⅱ型系统时，对于斜坡输入而言，K_p不再影响系统的稳态误差，后者总是为零。问题是需要选择合适的 K_p、K_i组合，使得系统的瞬态响应满足要求。

2）PI 控制器时域解释

设 PI 控制器为式(6-35)，表面看 PI 控制器好像是以稳定性为代价，提高了系统的稳态精度。事实上，我们后面会发现，适当选择 PI 控制器的零点，阻尼和稳态误差特性都会得到改善。PI 控制器是一个低通滤波器，校正后系统的上升时间和调整时间都会加大。一个设计 PI 控制器的可行的方法是设计零点 $s=-K_i/K_p$的位置，使之离原点相对较近，同时离被控过程的主导极点又尽量远，而且，K_p、K_i的值要尽量小。

3）PI 控制器频域解释

为完成频域设计，将 PI 控制器化为以下形式：

$$G_c(s) = K_p + \frac{K_i}{s} = \frac{K_i\left(1 + \dfrac{K_p}{K_i}s\right)}{s} \tag{6-41}$$

其 Bode 图为图 6-20。从图中可以发现，当 $\omega=+\infty$ 时，幅频特性为 $20\lg K_p$，这就是说，如果 $K_p<1$ 则 PI 控制器将对系统提供一定的衰减，该衰减可以用来改善系统的稳定性；相频特性始终为负，这对系统的稳定性不利。所以，设计时，应该尽量把控制器的角频率 $\omega=K_i/K_p$放置在 Bode 图上靠左边的地方，当然，还要符合频宽的要求，以使 PI 控制器的相角滞后特性不会降低影响到系统的相角裕度。

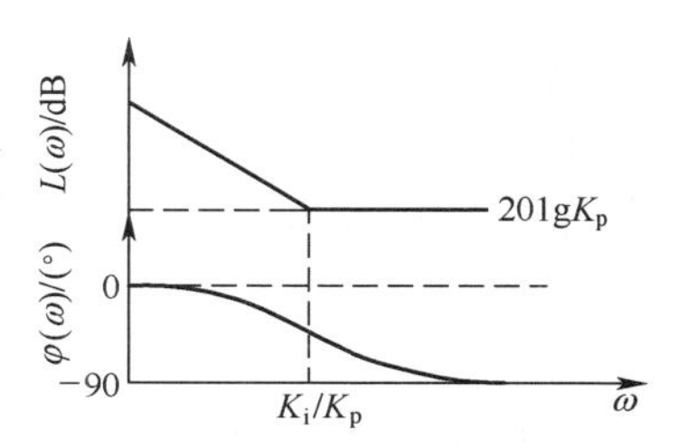

图 6-20　PI 控制器的 Bode 图

给定相角裕度指标，PI 控制器的频域设计步骤大致如下：

(1) 绘制满足稳态指标要求的未校正系统的前向传递函数的 Bode 图。

(2) 从 Bode 图得到未校正系统的幅值和相位稳定裕量。对于给定的相位裕量，确定新的幅值穿越频率 ω_g'，为了实现新的相位裕度，校正以后的传递函数必须在新的幅值穿越频率点 ω_g'通过横轴。

(3) 为了达到以上目的，在 ω_g'点，PI 控制器必须提供一个的幅值衰减，正好抵消未校正系统在该点的幅值增益。也就是说，令

$$G(j\omega'_g)\,|_{dB} = -20\lg K_p \qquad K_p < 1 \tag{6-42}$$

从而有

$$K_p = 10^{-|G(j\omega_g')|_{dB}/20} \qquad K_p < 1$$

一旦 K_p确定，剩下的工作就是选择合适的 K_i值完成设计。至此，假设 PI 控制器在 ω_g'产生衰减使得穿越频率发生了改变，而相频特性在穿越频率点并没有受到影响。实际上这是不可能的，从图 6-20 可以看出，PI 控制器的幅频衰减特性和相频滞后特性总是同时出现。很显然，如果角频率 $\omega=K_i/K_p$比 ω_g'小很多，PI 控制器对未校正系统的相频特性在 ω_g'点的影响就可以忽略；另一方面，K_i/K_p的值又不能太小，否则系统的带宽就会太小，上升时间和调整时间就会太长。作为一般性原则，K_i/K_p应该放在 ω_g'的 1/10 以下，有时可能到 1/20，即有

$$\frac{K_i}{K_p}=\frac{\omega'_g}{10\sim20}(\text{rad/s}) \tag{6-43}$$

在此原则之内,K_i/K_p的选择的标准完全决定于设计者的判断,因为该值对系统的频宽和电路实现的难易程度密切相关,这是设计者需要牢记的。

(4) 利用校正后系统的 Bode 图验证所有性能指标。

(5) 将 K_i、K_p的值代入式(6-41)完成设计。

如果对象 $G(s)$是 0 型系统,K_i的选择就可以依赖于斜坡输入误差的要求,然后就只有一个参数 K_p需要确定。通过给定一系列的 K_p值,计算相位裕量、幅值裕量、M_r以及频宽 ω_b等感兴趣的参数,最好的参数 K_p就可以一目了然地选择了。

4) PI 控制效果

基于前面的讨论得知,经过恰当设计的 PI 控制器具有以下特点:

(1) 改善阻尼特性,减少超调量;

(2) 增加上升时间;

(3) 减小频宽;

(4) 改善幅值裕度、相位裕量和 M_r;

(5) 过滤高频噪声。

例 6-2 仍然是例 6-1 考虑的二阶高度控制系统。

利用方程(6-35)的 PI 控制器校正系统,系统的开环传递函数变为

$$G_c(s)\cdot G(s)=\frac{4500KK_p(s+K_i/K_p)}{s^2(s+361.2)} \tag{6-44}$$

2. PI 控制器时域设计

对于二阶系统,多数指标可以通过公式计算完成,在本例中就将这样做。而对于高阶系统,没有公式可供使用,必须借助根轨迹技术,有关这方面的内容,不做进一步介绍。

设时域指标要求如下:

稳态加速度误差 $t^2u_s(t)/2\leqslant0.2$

最大超调量≤5%

上升时间 $t_r\leqslant0.01\text{s}$

调整时间 $t_s\leqslant0.02\text{s}$

与例 6-1 相比,这里放宽了对上升时间和调整时间的要求,这样做可以得到更有意义的结果。稳态误差中提出对加速度输入信号的跟踪要求,是间接地提出了对瞬态响应速度的要求。

加速度误差系数为

$$\begin{aligned}K_a&=\lim_{s\to0}s^2G(s)=\lim_{s\to0}s^2\frac{4500KK_p(s+K_i/K_p)}{s^2(s+361.2)}\\&=\frac{4500KK_i}{361.2}=12.46KK_i\end{aligned} \tag{6-45}$$

输入信号 $t^2u_s(t)/2$ 的稳态误差为

$$e_{ss}=\frac{1}{K_a}=\frac{1}{12.46KK_i}(\leqslant0.2) \tag{6-46}$$

按照例 6-1 的设计结果，令 $K=181.17$。显然，为了满足给定的加速度输入误差要求，K 越大，则 K_i 可以越小。将 $K=181.17$ 代入方程式(6-46)，可以得到

$$K_i \geqslant 0.002215$$

如果必要的话，该 K_i 值以后还需要调整。

$K=181.17$，闭环系统的特征方程为

$$s^3 + 261.2s^2 + 815265K_p s + 815265K_i = 0 \tag{6-47}$$

利用 Routh 判据可以得到，闭环系统稳定的条件为

$$0 < K_i/K_p < 361.2$$

这就意味着 K_i/K_p 不能太大，否则就会影响到系统的稳定性。因此，设计时首先选择 K_i/K_p 小一些，即选择 K_i/K_p 时需满足

$$K_i/K_p \ll 361.2 \tag{6-48}$$

在这种情况下，方程(6-44)可以近似为

$$G_c(s) \cdot G(s) \cong \frac{815265K_p}{s(s+361.2)} \tag{6-49}$$

其中，K_i/K_p 项与 s 项相比在数值上被忽略掉。通常情况下，我们设计的系统的阻尼系数应该在 0.7~1.0 之间。现在假设阻尼比就是 0.707，根据方程式(6-49)可以求出 K_p 的值为 0.08。

下一步工作是确定 K_i，比较合理的方法是利用根轨迹技术确定 K_i 的取值。不过最简单的办法是利用式(6-48)，给 K_i/K_p 取不同的值，利用计算机软件的协助，计算系统性能指标，观察结果，决定 K_i、K_p 的值。表 6-3 给出了利用 MATLAB 分析工具计算的结果，当 $K_p=0.08$，K_i/K_p 取不同值时，具有 PI 控制器的系统的单位阶跃响应指标。由于 $K_p=0.08$，根据式(6-48)、式(6-49)判断，它们的阻尼比都接近 0.707。

表 6-3 说明了这样一个事实，PI 控制器减少了超调量，代价是增加了上升时间。

表 6-3 还显示，当 $K_i<1$ 时，调整时间急剧下降，这是一个错误信息，因为调整时间指的是单位阶跃响应曲线最后一次进入[0.95, 1.05]区间的时间，如果进入的波次发生变化，调整时间就会发生跳变，而事实上响应曲线并没有发生急变。

表 6-3 例 6-2 具有 PI 控制器的系统的单位阶跃响应性能指标

K_i/K_p	K_i	K_p	$\sigma(5\%)$	t_r/ms	t_s/ms
0.0	0.0	1.00	52.7	1.35	15
20.0	1.60	0.08	15.16	7.4	49
10.0	0.80	0.08	9.93	7.8	29.4
5.0	0.40	0.08	7.17	8.0	23
2.0	0.16	0.08	5.47	8.3	19.4
1.0	0.08	0.08	4.89	8.4	11.4
0.5	0.04	0.08	4.61	8.4	11.4
0.1	0.008	0.08	4.38	8.4	11.5

如果 K_p 比 0.08 再小一些，系统的最大超调还可以大大减小，但上升时间和调整时间就会过大。如 $K_p=0.04$，$K_i=0.04$，最大超调为 1.1%，但上升时间增加到 0.0182s，调整时

间增加到 0.024s。

从系统的角度考虑，当 $K_i<0.08$ 后，最大超调的校正效果并不明显，除非 K_p 也继续减小。正如开始提到的那样，电容 C_2 的值反比于 K_i，所以，K_i 有一个实际上的下限。

图 6-21 显示的是 $K_p=0.08$，K_p 取不同值时，具有 PI 控制器的某飞机高度控制系统的单位阶跃响应曲线。图中有未校正系统、具有 PD 控制器校正的系统响应曲线，以做比较。

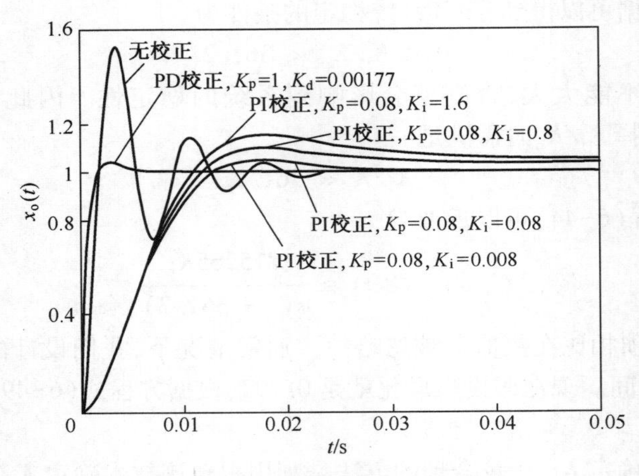

图 6-21 PI 控制器校正效果图

3. PI 控制器频域设计

在式(6-44)中，令 $K_p=1$、$K_i=0$，得到未校正系统的传递函数，其 Bode 图见图 6-22 中的未校正曲线，相位稳定裕量为 22.68°，幅频穿越频率为 868rad/s。

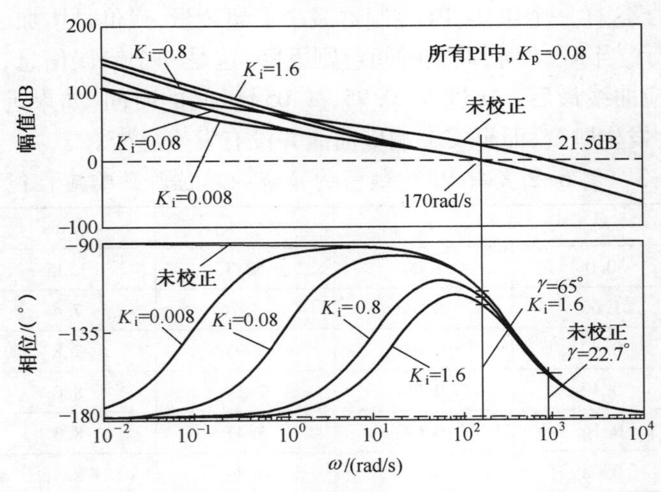

图 6-22 PI 控制器的校正效果

如果要求系统的相位稳定裕量至少达到 65°，可以利用 PI 控制器来校正。根据前面所说的关于方程式(6-42)、式(6-43)的设计步骤，设计过程如下：

(1) 寻找可以达到相位稳定裕量为 65°的穿越频率 ω_g'。见图 6-22，$\omega_g'=170\text{rad/s}$，该

点处 $G(j\omega)$ 的对数幅频特性为 21.5dB。因此，PI 控制器需要在 ω'_g 点提供-21.5dB 的幅频衰减幅度为

$$20\lg K_p = -21.5 \quad K_p = 0.084 \tag{6-50}$$

（2）选 $K_p=0.08$，以便与时域设计结果进行比较。方程式（6-43）给出了 K_p 确定以后，K_i 的选择公式为

$$K_i = \frac{\omega'_g K_p}{10 \sim 20} = \frac{170 \times 0.08}{10 \sim 20} = 1.36 \sim 0.68 \tag{6-51}$$

正如前面指出的那样，K_i 的值是可以改变的，式（6-51）的 K_i 范围也是可以改变的，当 $K_p=0.08$，$K_i=0$、0.008、0.08、0.8 和 1.6 时，前向传递函数的 Bode 图见图 6-22。表 6-4 显示的是这些情况下，系统的部分频域指标。表中显示，一旦 K_i/K_p 足够小，K_g、ω_b、M_r 和幅值穿越频率都很小。

表 6-4　例 6-2 具有 PI 控制器的系统的频域性能指标

K_i/K_p	K_i	K_p	K_g/dB	γ/(°)	Mr
0	0	1.00	22.6	2.55	1391
20	1.6	0.08	58.45	1.12	269
10	0.8	0.08	61.98	1.06	262
5	0.4	0.08	63.75	1.03	259
1	0.08	0.08	65.15	1.01	256
0.1	0.008	0.08	65.47	1.00	255

这里再次指出，相位稳定裕量还可以增减，只要把 K_p 在 0.08 以下继续减小。但这样会频宽也继续减小。例如，$K_p=0.04$、$K_i=0.04$，K_g 增加到 75.5dB，$M_r=1.01$，但 ω_b 减少到 117.3rad/s。

6.4.3 PID 控制器

从前面的讨论可知，PD 控制器可以为系统提供阻尼，但稳态响应不会受到影响；PI 控制器可以同时改善相对稳定性和稳态误差，但系统的上升时间要加大。为了同时利用 PD 和 PI 控制器的优点，出现了 PID 控制器。PID 控制器就是同时采用 PD、PI 控制器，综合二者的优点，其设计过程也可以分为 PD 设计和 PI 设计两个过程。PID 控制器的设计过程大致如下：

（1）认为 PID 控制器由一个 PI 控制器和一个 PD 控制器串联而成如图 6-23 所示。PID 的传递函数可以做如下变形：

$$G_c(s) = K_p + K_d s + \frac{K_i}{s} = (1 + K_{d1}s)(K_{p2} + \frac{K_{i2}}{s}) \tag{6-52}$$

PID 中有三个参数需要设计，因此把 PD 部分的比例环节设置为单位量 1，式（6-52）中左右参数之间的关系如下：

$$K_p = K_{p2} + K_{d1}K_{i2} \tag{6-53}$$

$$K_d = K_{d1}K_{p2} \tag{6-54}$$

$$K_i = K_{i2} \tag{6-55}$$

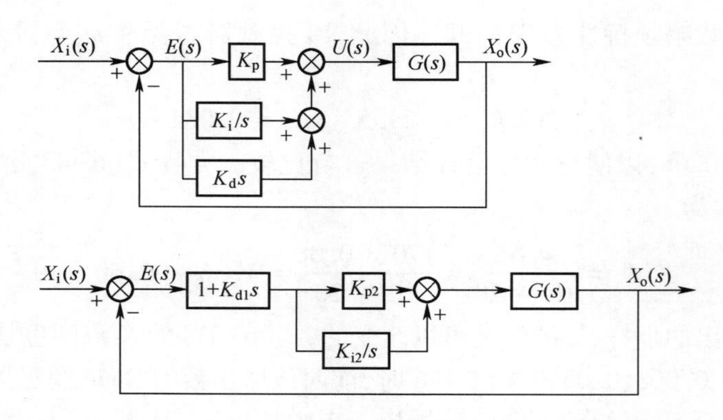

图 6-23　PID 控制器

(2) 设计 PD 校正器。先考虑只有 PD 控制器的情况,选择 K_{d1} 使得相对稳定性要求得到满足。在时域,相对稳定性可以由最大超调量衡量,在频域,则可以由相位稳定裕量衡量。如果单独使用 PD 校正器可以满足系统的性能指标要求,则设计就可以结束了,否则考虑增加 PI 校正器。

(3) 设计 PI 校正器。选择参数 K_{i2} 和 K_{p2},满足所有的相对稳定性要求。

作为一种选择,也可以先设计 PI 控制器来满足相对稳定性要求,然后,再设计 PD 控制器。下面的例子将说明如何设计 PID 控制器。

例 6-3　单位反馈系统(某飞机高度控制系统)的开环传递函数如下:

$$G(s)=\frac{1.5\times 10^{7}K}{s(s^{2}+3408.3s+1204000)} \tag{6-56}$$

闭环系统的时域性能指标要求如下:

由输入信号产生的稳态误差<0.00043

最大超调量<5%

上升时间<0.005 s

调整时间<0.005 s。

设计系统的 PID 控制器。

解:PID 控制器设计如下:

(a) 为满足稳态误差要求,取 $K=181.17$,此时最大超调量为 78.88%。

(b) 设计 PID 控制器的 PD 部分。当 $K=181.17$,具有 PD 控制器时,参考式(6-52),系统的前向传递函数为

$$G(s)=\frac{2.718\times 10^{9}(1+K_{d1}s)}{s(s^{2}+3408.3s+1204000)} \tag{6-57}$$

只要确定 K_{d1} 即完成了 PD 控制器的设计。

由于高阶系统很难用解析表达式来描述性能指标与传递函数系统之间的关系,因此需要借助一些设计工具,比如 MATLAB,来完成设计。表 6-5 给出了 K_{d1} 变化时,利用 MATLAB 计算出的系统的时域指标最大超调量 σ、上升时间 t_r、调整时间 t_s,频域指标幅值稳定裕量 K_g、相位稳定裕量 γ、谐振峰值 M_r。

表 6-5 具有 PD 校正器的三阶系统的闭环性能指标

K_{d1}	$\sigma/\%$	t_r/ms	t_s/ms	K_g/dB	$\gamma/(°)$	Mr
0	78.88	1.25	49.5	3.6	7.77	7.62
0.0005	43.31	1.2	10.6	∞	30.94	1.89
0.00127	17.97	1.0	3.98	∞	53.32	1.20
0.00157	14.05	0.91	3.37	∞	56.83	1.12
0.00200	11.37	0.80	2.55	∞	58.42	1.07
0.00500	17.97	0.42	1.30	∞	47.62	1.24
0.01	31.14	0.26	0.93	∞	35.71	1.63
0.05	61.80	0.1	1.44	∞	16.69	3.34

因此,PD 控制器对该三阶系统的校正效果如下:

(1) 系统最大超调量的最小值为 11.37%,此时 K_{d1} 大约为 0.002;

(2) 上升时间得到改善;

(3) K_{d1} 太高会增加最大超调量,增加调整时间(因为阻尼比太小)。

表 6-5 中,$K_{d1}=0$ 对应的就是没有校正器时的指标,即式(6-56)对应的指标。可以看出,如果原系统具有非常低的阻尼,或说不稳定,则 PD 控制器在改善系统的稳定性方面效果不会好。PD 控制器校正效果差的另外一种情况是,被校正系统的相频特性曲线在幅值穿越频率附近太陡,此时,由于(PD 控制器所引发的)幅值穿越频率的增加,原相位稳定裕量会快速减小,大大削弱 PD 控制器的校正效果。

从频域角度分析,由于 PD 控制器的使用,相频特性曲线始终在 $-180°$ 轴上方,其相位穿越频率为无限大,因此幅值稳定裕度变为无限大,此时相位裕量成为了系统的主要相对稳定性指标。当 $K_{d1}=0.002$ 时,相位裕量达到最大,约为 58.42°,同时 M_r 达到最小的 1.07。当 K_{d1} 在 0.002 以上继续增加时,相位裕量减小,这也与时域得出的过大的 K_{d1} 将会减小系统的阻尼的结论一致。

(c) 设计 PID 控制器的 PI 部分。

下一步,再加入 PI 控制器,前向传递函数变为

$$G(s)=\frac{5.436\times10^6K_{p2}(s+500)(s+K_{i2}/K_{p2})}{s^2(s+400.26)(s+3008)} \tag{6-58}$$

以尽量选择相对于已有零极点比较小的 K_{i2}/K_{p2} 为原则,取 $K_{i2}/K_{p2}=15$,方程(6-58)变为

$$G(s)=\frac{5.436\times10^6K_{p2}(s+500)(s+15)}{s^2(s+400.26)(s+3008)} \tag{6-59}$$

用与前面相同的方法,可以得到表 6-6,表中给出了在 $K_{i2}/K_{p2}=15$ 前提下,K_{p2} 变化时,式(6-59)对应的闭环系统的时域指标值。显然,最好的 K_{p2} 值应该在 0.2~0.4 之间。

表 6-6 经 PID 校正的三阶系统的单位阶跃响应指标

K_{p2}	$\sigma/\%$	t_r/ms	t_s/ms
1.0	11.1	0.88	2.50

(续)

K_{p2}	σ/%	t_r/ms	t_s/ms
0.9	10.8	1.11	2.02
0.8	9.3	1.27	3.03
0.7	8.2	1.30	3.03
0.6	6.9	1.55	3.03
0.5	5.6	1.72	4.04
0.4	5.1	2.14	5.05
0.3	4.8	2.71	3.03
0.2	4.5	4.00	4.04
0.1	5.6	7.47	7.47
0.08	6.5	8.95	45.45

选择 $K_{p2}=0.3$，$K_{d1}=0.002$，$K_{i2}=4.5$，利用式(6-53)~式(6-55)可以得到 PID 的参数：

$$K_p = K_{p2} + K_{d1}K_{i2} = 0.3 + 0.002 \times 4.5 = 0.309$$

$$K_i = K_{i2} = 4.5$$

$$K_d = K_{d1}K_{p2} = 0.002 \times 0.3 = 0.0006$$

图 6-24 是本例中经过 PID、PD 控制器校正前后系统的单位阶跃响应的比较，图 6-25 是本例中经过 PID、PD 控制器校正前后系统的开环传递函数的 Bode 图比较。

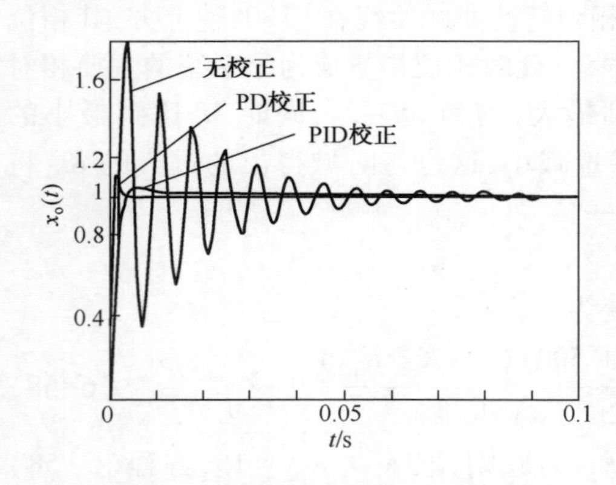

图 6-24　PID 校正前后阶跃响应比较

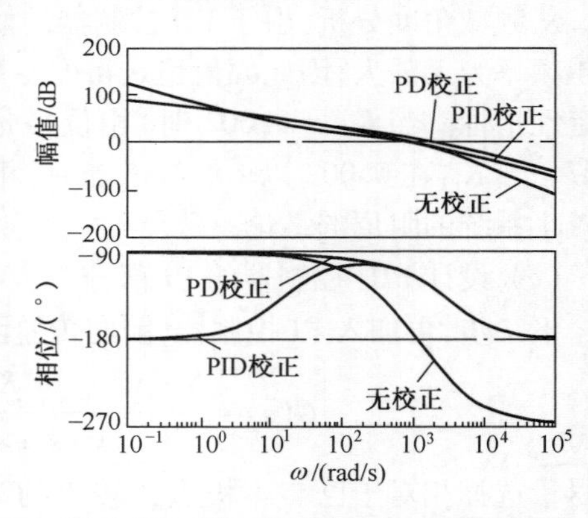

图 6-25　PID 校正前后 Bode 图比较

6.5　利用 MATLAB 进行控制系统的校正

采用 MATLAB 不仅可以解决控制系统的分析问题，还能解决控制系统的设计问题，并使设计过程大大简化，大大提高设计效率。本节将详细介绍如何利用 MATLAB 提供的功能函数进行控制系统的设计。

在分析、设计控制系统时，最常用的经典方法有根轨迹法和频率法。当系统的性能指标以幅值裕度、相位裕度和误差系数等形式给出时，采用频率法来分析和设计系统是很方便的。应用频率法对系统进行校正，其目的是改变系统的频率特性形状，使校正后的系统频率特性具有合适的低频、中频和高频特性，以及足够的稳定裕度，从而满足所要求的性能指标。本节采用的设计方法是基于 Bode 图的频率分析法。

控制系统的设计，就是在系统中引入适当的环节，用以对原有系统的某些性能进行校正，使之达到理想的效果，故又称为系统的校正。下面介绍几种常用的系统校正方法的计算机辅助设计。

6.5.1 相位超前校正

控制系统可以通过调整开环增益满足稳态性能指标要求，但相位裕量过小，不满足相对稳定性要求，需要采用超前校正环节进行校正。

1. 相位超前校正原理及其频率特性

超前校正环节的等效 RC 电路如图 6-26 所示，其传递函数为

$$\Phi(s)=\frac{U_o(s)}{U_i(s)}=\alpha\frac{(Ts+1)}{(\alpha Ts+1)} \tag{6-60}$$

式中

$$\alpha=\frac{R_2}{R_1+R_2}<1\ ,\ T=R_1C$$

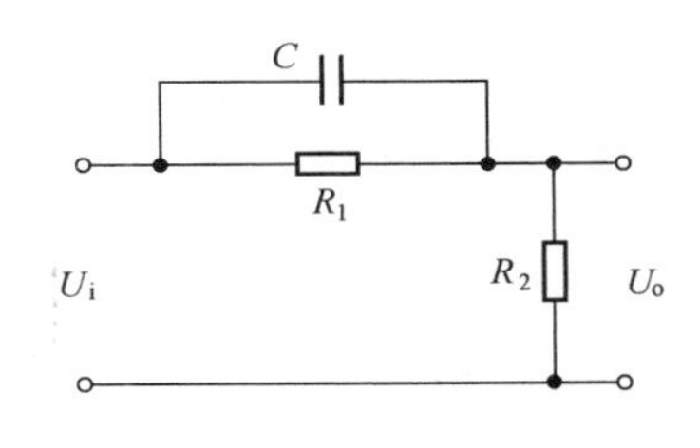

图 6-26　相位超前环节

超前校正环节的幅频特性和相频特性分别为

$$A(\omega)=\frac{\alpha\sqrt{(T\omega)^2+1}}{\sqrt{(\alpha T\omega)^2+1}} \tag{6-61}$$

$$\varphi(\omega)=\arctan(T\omega)-\arctan(\alpha T\omega) \tag{6-62}$$

因 α 总是小于 1，则相位角 $\varphi(\omega)$ 总是大于 0，所以又把该校正器称为相位超前校正环节。

为了直观表达超前校正环节的幅值特性和相频特性，现在假设式(6-60)中 $T=0.2$，因 $\alpha<1$，α 分别取 0.2、0.5、0.8 三个值时，执行以下 MATLAB 程序，绘制超前校正环节的 Bode 图，如图 6-27 所示。MATLAB 程序如下：

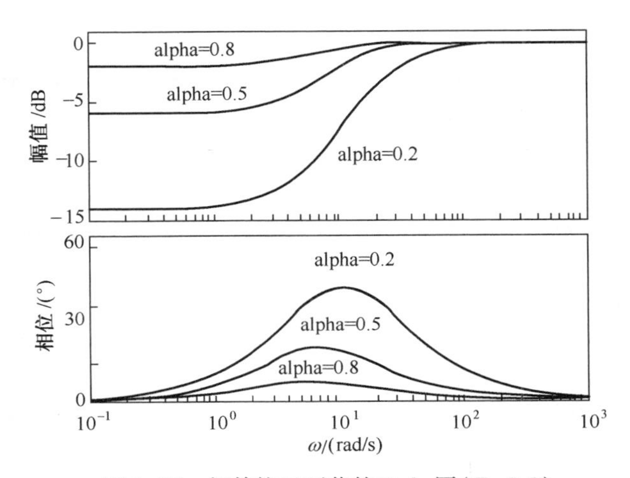

图 6-27　超前校正环节的 Bode 图($T=0.2$)

```
s=tf('s');          % 定义拉普拉斯变换,若按第 4 句输入模型,需先写该句
T=0.2;
for alpha=0.2 :0.3 :0.8
    Gc=alpha*(T*s+1)/(alpha*T*s+1);        % 超前校正环节的传递函数
    bode(Gc),hold on   % bode()函数画 Bode 图,hold on 命令是指在同一坐标图中画线
end
gtext('alpha=0.2');          % 程序运行后,在图上出现十字光标,单击可打印'alfa=0.2'
gtext('alpha=0.5');
gtext('alpha=0.8');
gtext('alpha=0.2');
gtext('alpha=0.5');
gtext('alpha=0.8');
```

2. 采用 Bode 图进行相位超前校正

例 6-4 已知单位负反馈控制系统的开环传递函数为

$$G_k = \frac{k}{s(0.5s+1)}$$

要求系统的稳态速度误差系数 $K_v = 20\mathrm{s}^{-1}$,相位裕量 $\gamma \geqslant 50°$,幅值裕量 $K_g \geqslant 10\mathrm{dB}$,试设计系统的超前校正环节。

解 根据

$$K_v = \lim_{s\to 0} sG_k(s) = \lim_{s\to 0} s\frac{k}{s(0.5s+1)} = k = 20\mathrm{s}^{-1}$$

可求出 $k = 20$,即

$$G_k = \frac{20}{s(0.5s+1)}$$

因为 $H(s)=1$,所以前向通道传递函数 $G(s) = G_k = \dfrac{20}{s(0.5s+1)}$

利用下列语句:

```
numg=[20];
deng=[0.5 1 0];
w=logspace(-1,2,200);
[mag1,phase1,w]=bode(numg,deng,w);% 计算校正前 Bode 图上多个频率点 w 对应的幅值
                                    和相位
[Gm1,Pm1,Wcg1,Wcp1]=margin(mag1,phase1,w)
for epsilon=5:15
    Phi=(50-Pm1+epsilon)*pi/180;              % 计算所需的相位超前角
    alpha=(1-sin(Phi))/(1+sin(Phi))
    adb=20*log10(mag1);am=10*log10(alpha)
    wm=spline(adb,w,am)                       % 利用插值函数 spline 求 ωm
    T=1/(wm*sqrt(alpha))                      % 计算 T
    M=10*log10(alpha)*ones(length(w),1);      % 为了绘制 10lgα 线
    numc=[T,1];denc=[alpha*T 1];
    [num,den]=series(numg,deng,numc,denc);    % 校正后系统的开环传递函数
```

```
    [mag,phase,w]=bode(num,den,w);
    [Gm,Pm,Wcg,Wcp]=margin(mag,phase,w)          % 计算校正后的相位裕度
    if(Pm>=50);break;end
end
printsys(numc,denc)
printsys(num,den)
subplot(2,1,1)
semilogx(w,20*log10(mag1),w,20*log10(mag),'--',w,M,'-.');
xlabel('w(rad/s)','Fontsize',15),ylabel('Magnitude (dB)','Fontsize',10)
%绘制幅频特性图及 10lgα 线
grid;
subplot(2,1,2)
semilogx(w,phase1,w,phase,'--',w,(w-180-w),'-.');
绘制相频特性图及-180°度线
xlabel('w(rad/s)','Fontsize',15),ylabel('Phase(deg)','Fontsize',10)
grid;
```

绘制系统校正前后的 Bode 图(图 6-28),并求得未校正系统的幅值裕量 G_{m1} = 1.7852e+003,相位裕量 $P_{m1}=17.9660°<\gamma$,当 alpha=0.2375 时,校正后系统满足设计要求,超前校正环节造成对数幅频特性在 ω_m = 8.9498s^{-1}点处的上移量 am = 10lgα = -6.2429dB,ω_m 就是校正后系统的剪切频率 $W_{cp}=8.9497s^{-1}$,对应的 $T=0.2293$s,为了补偿超前校正造成的幅值衰减,原开环增益要加大 K_1 倍,使 $K_1\alpha=1$,故 $K_1=1/0.2375=4.21$;校正后的幅值裕量 $G_m=439.4187$,即 20 * log10(439.4187)= 52.8576dB,相位裕量 $P_m=50.6285°$,已满足设计要求。

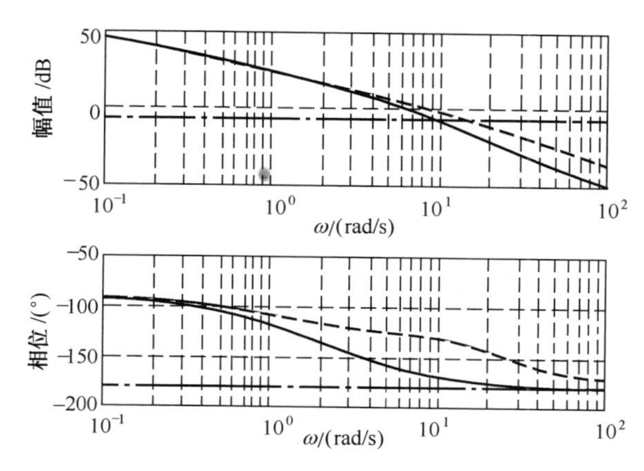

图 6-28　校正前后系统的 Bode 图

相位超前校正环节的传递函数为

$$G_c(s)=\alpha\frac{(Ts+1)}{(\alpha Ts+1)}=0.2375\frac{0.22926\ s+1}{0.054456s+1}$$

校正后,系统的传递函数为

$$G_k(s) = K_1 G_c(s) G(s) = \frac{0.22926s + 1}{0.054456s + 1} \frac{20}{s(0.5s + 1)} = \frac{4.5853s + 1}{0.027228s^3 + 0.55446s^2 + s}$$

6.5.2 相位滞后校正

滞后校正环节的主要作用是在高频段造成幅值衰减，降低系统的剪切频率，以便使系统能够获得充分的相位裕量，但同时应保证系统在新的剪切频率附近的相频特性曲线变化不大。

1. 相位滞后校正原理及其频率特性

滞后校正环节的等效 RC 电路如图 6-29 所示，其传递函数为

$$G_c(s) = \frac{U_o(s)}{U_i(s)} = \frac{Ts + 1}{\beta Ts + 1} \tag{6-63}$$

式中：

$$\beta = \frac{R_1 + R_2}{R_2} > 1, \; T = R_2 C$$

滞后校正环节的幅频特性和相频特性分别为

$$A(\omega) = \frac{\sqrt{(T\omega)^2 + 1}}{\sqrt{(\beta T\omega)^2 + 1}} \tag{6-64}$$

$$\varphi(\omega) = \arctan(T\omega) - \arctan(\beta T\omega) \tag{6-65}$$

因 β 总是大于 1，则相位角 $\varphi(\omega)$ 总是小于 0，所以又把该校正器称为相位滞后校正环节。

对幅值 $A(\omega)$ 取常用对数再乘以 20，得到对数幅频特性 $L(\omega)$（单位用分贝 dB 表示）为

$$L(\omega) = 10\lg[(T\omega)^2 + 1] - 10\lg[(\beta T\omega)^2 + 1] \tag{6-66}$$

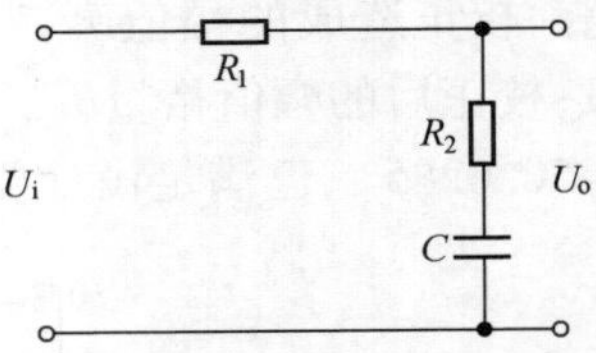

图 6-29 相位滞后环节

为了直观表达滞后校正环节的幅值特性和相频特性，现在假设式(6-63)中 $T = 1$，因 $\beta > 1$，β 分别取 1.5、2.0、2.5 三个值时，执行以下 MATLAB 程序，绘制相位滞后校正环节的 Bode 图，如图 6-30 所示。MATLAB 程序如下：

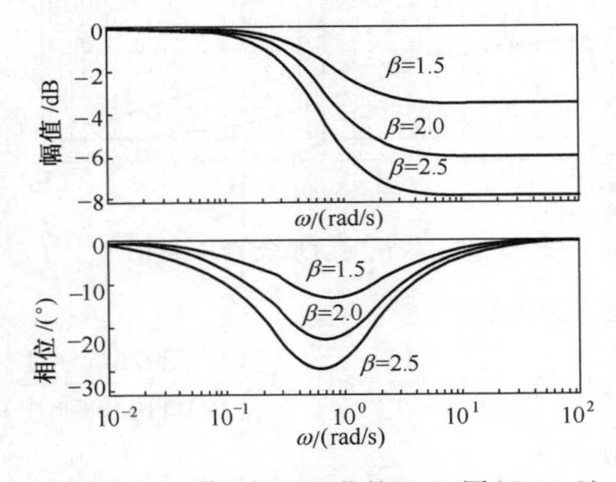

图 6-30 滞后校正环节的 Bode 图（T=1.0）

```
s=tf('s');
T=1;
forbeta=1.5:0.5:2.0
    Gc=(T*s+1)/(beta*T*s+1);        %滞后校正环节的传递函数
    bode(Gc),hold on
end
```

2. 采用 Bode 图进行相位滞后校正

例 6-5 设有单位负反馈控制系统,其开环传递函数为

$$G_k(s) = G(s) = \frac{k}{s(s+1)(0.5s+1)}$$

试采用 Bode 图设计一个相位滞后校正环节,使得系统在单位恒速输入时的稳态误差 $e_{ss} = 0.2s$,且相位裕量 $\gamma \geqslant 40°$,幅值裕量 $k_g \geqslant 10\text{dB}$。

解 由系统的开环传递函数可知该系统为 I 型系统。

对于 I 型系统,由稳态误差要求可得

$$k = \frac{1}{\varepsilon_{ss}} = \frac{1}{e_{ss}} = \frac{1}{0.2} = 5$$

则
$$G_k(s) = G(s) = \frac{5}{s(s+1)(0.5s+1)}$$

绘制未校正系统的 Bode 图,并计算其幅值裕量 G_{m1}、相位裕量 P_{m1} 和剪切频率 ω_{c1}。

MATLAB 程序如下:

```
numg=[5];deng=conv([1,0],conv([1,1],[0.5,1]));
w=logspace(-2,1,100);
[mag1,phase1,w]=bode(numg,deng,w);
[Gm1,Pm1,Wcg1,Wcp1]=margin(mag1,phase1,w)
bode(numg,deng,w);grid;
```

程序运行结果为:幅值裕量 Gm1=0.6000,即 20×log10(0.6)= − 4.437dB,相位裕量 Pm1=−12.9790°,相位穿越频率 Wcg1=1.4142s^{-1},剪切频率 Wcp1=1.8018s^{-1}。系统是不稳定的。采用相位滞后校正能有效的改进系统的稳定性。

根据串联滞后校正的设计步骤,编写 MATLAB 程序如下:

```
numg=[5];
deng=conv([1,0],conv([1,1],[0.5,1]));
w=logspace(-2,1,100);
[mag1,phase1,w]=bode(numg,deng,w);
[Gm1,Pm1,Wcg1,Wcp1]=margin(mag1,phase1,w)
for epsilon=5:12
    Phi=-180+40+epsilon;
    [i1,ii]=min(abs(phase1-Phi))
    wc2=w(ii)
    beta=mag1(ii)
    T=5/wc2
    numc=[T,1];denc=[beta*T 1];
```

```
    [num,den]=series(numg,deng,numc,denc);
    [mag,phase,w]=bode(num,den,w);
    [Gm,Pm,Wcg,Wcp]=margin(mag,phase,w)
    if(Pm>=40);break;end
    end
printsys(numc,denc)
printsys(num,den)
subplot(2,1,1)
semilogx(w,20*log10(mag1),w,20*log10(mag),'--');
xlabel('w(rad/s)','Fontsize',10);
ylabel('Magnitude (dB)','Fontsize',10);
grid;
subplot(2,1,2)
semilogx(w,phase1,w,phase,'--',w,(w-180-w),'-.');
xlabel('w(rad/s)','Fontsize',10);
ylabel('Phase(deg)','Fontsize',10);
grid;
```

程序执行后得到如下结果及图 6-31 所示系统校正前后的 Bode 图。

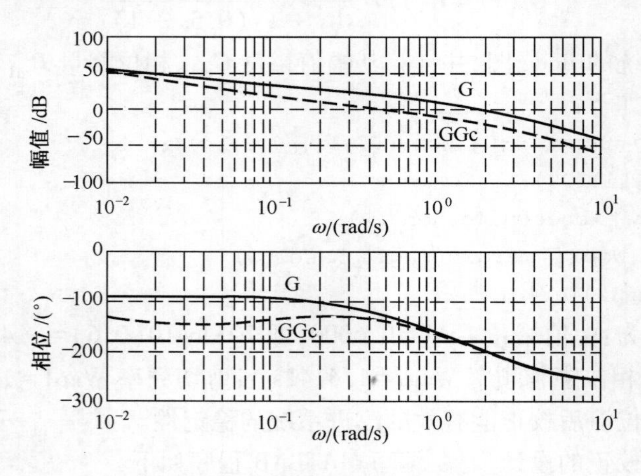

图 6-31　校正前后系统的 Bode 图

当 beta = 9.5180，T = 10.7722 时，校正后的幅值裕量 Gm = 4.9973，即 20×log10(4.9973) = 13.974dB，相位裕量 Pm = 41.5365 °，Wcg = 1.3232s^{-1}，Wcp = 0.4713s^{-1}，校正后系统满足设计要求。

相位滞后校正环节的传递函数为

$$G_c(s) = \frac{Ts + 1}{\beta Ts + 1} = \frac{10.7722s + 1}{102.5292s + 1}$$

校正后，系统的传递函数为

$$G_k(s) = G_c(s)G(s) = \frac{10.7722s + 1}{102.5292s + 1}\frac{10}{s(s + 1)(0.5s + 1)}$$

$$= \frac{53.8609s + 5}{51.2646s^4 + 154.2938s^3 + 104.02906s^2 + s}$$

6.5.3 相位滞后-超前校正

滞后-超前校正环节的超前校正部分,因增加了相位超前角,并且在幅值穿越频率(剪切频率)上增大了相位裕量,提高了系统的相对稳定性;滞后部分在幅值穿越频率以上,将使幅值特性产生显著的衰减,因此在确保系统有满意的瞬态响应特性的前提下,允许在低频段上大大提高系统的开环放大系数,以改善系统的稳态特性。

滞后-超前校正环节的传递函数为

$$G_c(s) = G_{c1}(s)G_{c2}(s) = \frac{T_1 s + 1}{\frac{T_1}{\beta}s + 1} \cdot \frac{T_2 s + 1}{\beta T_2 s + 1}$$

例 6-6 设有单位负反馈控制系统,其开环传递函数为

$$G_k(s) = \frac{k}{s(s+1)(0.5s+1)}$$

若要求 $K_v = 10(1/s)$,相位裕量 $\gamma \geqslant 50°$,幅值裕量 $K_g \geqslant 10\text{dB}$ 。试设计一个串联滞后-超前校正环节,以满足要求的性能指标。

解 根据 $K_v = \lim_{s\to 0} sG_k(s) = \lim_{s\to 0} s\frac{k}{s(s+1)(0.5s+1)} = k = 10$

则
$$G_k(s) = \frac{10}{s(s+1)(0.5s+1)}$$

利用下面语句

```
>> num=10;den =conv([1,0],conv([1,1],[0.5,1]));
>>[Gm,Pm,Wcg,Wcp]=margin(num,den);
>>disp(['幅值裕量=',num2str(20 * log10(Gm)),'(dB)','相位裕量= ',num2str(Pm),'°'])
```

可求得未校正系统的幅值裕量 $k_g = 0.3 = -10.4576(\text{dB})$,相位裕量可求得未校正系统的幅值裕量 $k_g = 0.3 = -10.4576(\text{dB})$,相位裕量 $r_0 = -28.0814°$ 。它们均不满足要求,故设计采用串联滞后校正。根据其设计步骤,可编写以下的 m 文件。

```
% Example8_4_5.m
num0=10;
den0=conv([1,0],conv([1,1],[0.5,1]));
[Gm1,Pm1,Wcg1,Wcp1]=margin(num0,den0);
w=logspace(-2,2);
[mag1,phase1]=bode(num0,den0,w);
ii=find(abs(w-Wcg1) = = min(abs(w-Wcg1)));
wc=Wcg1;
w2=wc/10;beta=10;
numc2=[1/w2,1];denc2=[beta/w2,1];
w1=w2;
```

```
mag(ii)=2;
while(mag(ii)>1)
    numc1=[1/w1,1];denc1=[1/(w1*beta),1];
    w1=w1+0.01;
    [numc,denc]=series(numc1,denc1,numc2,denc2);
    [num,den]=series(num0,den0,numc,denc);
    [mag,phase]=bode(num,den,w);
end
printsys(numc1,denc1);
printsys(numc2,denc2);
printsys(num,den);
[Gm,Pm,Wcg,Wcp]=margin(num,den);
[mag2,phase2]=bode(numc,denc,w);
[mag,phase]=bode(num,den,w);
subplot(2,1,1);semilogx(w,20*log10(mag),w,20*log10(mag1), '--',w,20*log10
(mag2),'-.');
xlabel('w(rad/s)','Fontsize',10),ylabel('Magnitude (dB)','Fontsize',10)
grid;
title('--Gk,-.Gc,GkGc');
subplot(2,1,2);semilogx(w,phase,w,phase1, '--',w,phase2,'-.',w,(w-180-w), '-.
');
xlabel('w(rad/s)','Fontsize',10),ylabel('Phase(dB)','Fontsize',10)
grid;
title(['校正后:幅值裕量 =',num2str(20*log10(Gm)),'dB,',"相位裕量 =', num2str
(Pm),'deg']);
disp(['校正前:幅值裕量 =',num2str(20*log10(Gm1)),'dB,',"相位裕量 =', num2str
(Pm1),'deg']);
disp(['校正后:幅值裕量 =',num2str(20*log10(Gm)),'dB,',"相位裕量 =', num2str
(Pm1),'deg']);
```

程序执行后得到如图 6-32 所示系统校正前后的 Bode 图。

6.5.4 PID 校正

PID 控制器的设计实际上就是 PID 控制器的比例系数 K_p、积分时间常数 T_i、微分时间常数 T_d 三个参数的确定，下面主要介绍如何采用 Ziegler-Nichols 经验整定公式整定 PID 参数，也就是 PID 控制器的设计。

齐格勒（Ziegler）和尼柯尔斯（Nichols）在 1942 年提出的确定 PID 控制器参数的规则是基于给定被控对象的瞬态响应特性，是针对受控对象模型为带延迟的一阶惯性传递函数提出的，即

$$G(s)=\frac{K}{Ts+1}\mathrm{e}^{-\tau s} \tag{6-67}$$

式中：K 为比例系数；T 为惯性时间常数；τ 为纯延迟时间常数。

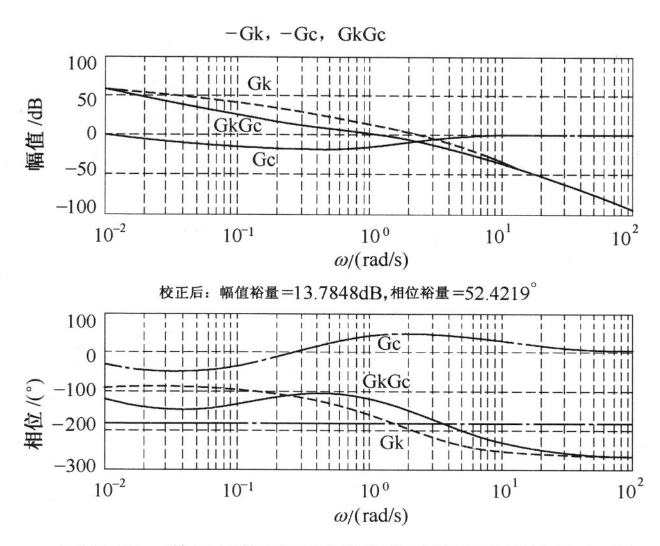

图 6-32　滞后超前校正环节及校正前后系统的 Bode 图

Ziegler-Nichols 经验整定公式见表 6-7，由表可知，设计 PID 控制器的方法有两种。

第一种方法是，如果已知被控对象的传递函数为 $G(s)=\dfrac{K}{Ts+1}e^{-\tau s}$ 类型，即已知由阶跃响应整定的参数（包括比例系数 K、惯性时间常数 T、纯延迟时间 τ），通过查表，可计算出 PID 控制器的三个参数 K_p、T_i、T_d。这种方法适合式（6-67）这种传递函数类型和可近似转换成式（6-67）的被控对象。

表 6-7　PID 控制器参数的 Ziegler-Nichols 经验整定公式

控制器类型	由阶跃响应整定			由频域响应整定		
	K_p	T_i	T_d	K_p	T_i	T_d
P 控制器	$\dfrac{K}{T\tau}$	∞	0	$0.5K_c$	∞	0
PI 控制器	$\dfrac{0.9K}{T\tau}$	3τ	0	$0.45K_c$	$0.8T_c$	0
PID 控制器	$\dfrac{1.2K}{T\tau}$	2τ	0.5τ	$0.6K_c$	$0.5T_c$	$0.125T_c$

注意，由 Ziegler-Nichols 的第一种方法调节的 PID 控制器为

$$
\begin{aligned}
G_c(s) &= K_p\left(1+\frac{1}{T_i s}+T_d s\right)\\
&= \frac{1.2T}{K\tau}\left(1+\frac{1}{2\tau s}+0.5\tau s\right)\\
&= \frac{0.6T\left(s+\dfrac{1}{\tau}\right)^2}{Ks}
\end{aligned}
$$

因此，PID 控制器在原点有一个极点，在 $s=-1/\tau$ 处有双零点。

第二种方法是，如果已知被控对象频域响应参数（增益裕量 K_c、剪切频率 ω_c，则

$T_c = 2\pi/\omega_c$),那么通过表 6-7 中 Ziegler-Nichols 经验整定公式,即可计算出 PID 控制器的三个参数 K_p 、T_i 、T_d 。这种方法简单实用,因为一旦提供了被控对象的传递函数 $G(s)$ (包括非式(6-67)这种类型),就可用 MATLAB 提供的函数 margin( )直接求出增益裕度 K_c 和剪切频率 ω_c ,再根据 Ziegler-Nichols 经验整定公式中的频域响应法整定参数 K_p 、T_i 、T_d 即可。

注意,由 Ziegler-Nichols 的第二种方法调节的 PID 控制器为

$$G_c(s) = K_p\left(1 + \frac{1}{T_i s} + T_d s\right)$$
$$= 0.6K_c\left(1 + \frac{1}{0.5T_c s} + 0.125T_c s\right)$$
$$= 0.075K_c T_c \frac{\left(s + \frac{4}{T_c}\right)^2}{s}$$

因此,PID 控制器在原点有一个极点,在 $s = -4/T_c$ 处有双零点。

下面应用第二种方法对 PID 控制器的设计进行举例说明。

例 6-7 已知一单位负反馈控制系统,其受控对象为一个带延迟的惯性环节,其传递函数为

$$G(s) = \frac{2}{30s + 1}e^{-10s}$$

试用 Ziegler-Nichols 经验整定公式,分别计算 P、PI、PID 控制器的参数,并进行阶跃响应仿真。

解 由该系统传递函数可知, $K=2$, $T=30$, $\tau=10$。可采用 Ziegler-Nichols 经验整定公式中阶跃响应整定法,计算 P、PI、PID 控制器参数和绘制阶跃响应曲线的 MATLAB 程序如下:

```
K=2;T=30;tau=10;
s=tf('s');
Gz=K/(T*s+1);
[np,dp]=pade(tau,2);
Gy=tf(np,dp);
G=Gz*Gy;
PKp=T/(K*tau)              %阶跃响应整定法计算并显示 P 控制器
step(feedback(PKp*G,1)),hold on
PIKp=0.9*T/(K*tau);        %阶跃响应整定法计算并显示 PI 控制器
PITI=3*tau;
PIGc=PIKp*(1+1/(PITI*s))
step(feedback(PIGc*G,1)),hold on
PIDKp=1.2*T/(K*tau);       %阶跃响应整定法计算并显示 PID 控制器
PIDTI=2*tau;
PIDTd=0.5*tau;
PIDGc= PIDKp*(1+1/(PIDTI*s) + PIDTd*s/((PIDTd/10)*s+1));
step(feedback(PIDGc*G,1)),hold on
```

```
[PIDKp,PIDTI,PIDTd]          % 显示 PID 控制器的三个参数 k_p 、T_i 、T_d
gtext('P');
gtext('PI');
gtext('PID');
```

上述程序部分语句注释：

[np,dp]=pade(tau,2)；该语句是把延迟环节 $e^{-\tau s}$ 转换成二阶传递函数，并把其分子和分母分别放到 np 和 dp 中。

上述程序运行后，得到的 P、PI、PID 控制器分别是 PK_{p}、PIG_{c}、PIDG_{c}，即

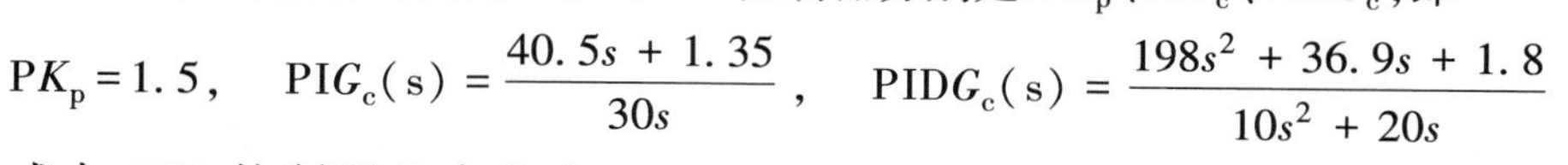

$$\mathrm{P}K_{\mathrm{p}}=1.5,\quad \mathrm{PI}G_{\mathrm{c}}(s)=\frac{40.5s+1.35}{30s},\quad \mathrm{PID}G_{\mathrm{c}}(s)=\frac{198s^2+36.9s+1.8}{10s^2+20s}$$

式中，PID 控制器的参数为 $K_{\mathrm{p}}=1.8$，$T_{\mathrm{i}}=20$，$T_{\mathrm{d}}=5.0$，则 PID 控制器的直观表达式为

$$G_c(s)=1.8\left(1+\frac{1}{20s}+\frac{5s}{0.5s+1}\right)$$

在 P、PI、PID 控制器作用下，分别对应的阶跃响应曲线如图 6-33 所示。

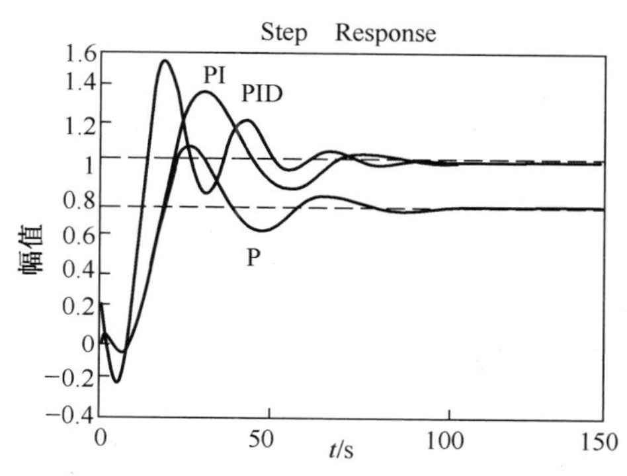

图 6-33 阶跃响应整定法设计的 P、PI、PID 控制阶跃响应曲线

由图 6-33 可知，用 Ziegler-Nichols 整定公式设计的 P、PI、PID 控制器，在它们的阶跃响应曲线中，P 和 PI 两者的响应速度基本相同，因为两种控制器求出的 K_{p}不同，两种控制的终值不同，PI 比 P 的调节时间短一些，PID 控制器的调节时间最短，但超调量最大。

本章小结

本章主要介绍线性连续系统的校正方式、基本控制规律、校正装置的特性和设计方法。需重点掌握的内容如下：

（1）按校正装置附加在系统中位置的不同，系统校正可分为串联校正、反馈校正和复合校正；按校正装置特性的不同可分为包括滞后校正、超前校正、滞后-超前校正。无论采用何种方法设计校正装置，实质上均表现为修改描述系统运动规律的数学模型。

（2）比例控制、积分控制和微分控制是线性系统的基本控制规律，由这三种控制作用构成的 PD、PI、PID 控制规律附加在系统中，可以达到校正系统特性的目的。PID 校正是工程上使用最多的一种控制器，其参数意义明显，设计方法多，适合各种知识结构的设计人员，在工程应用方面，PID 控制器具有独一无二的优势。

（3）超前校正的作用在于提高系统得相对稳定性和响应快速性，但对稳态性能改善不大。滞后校正能改善稳态性能，但对动态性能的影响不大。采用滞后-超前校正则可同时改善系统的动态、静态性能。

（4）反馈校正能有效地改变被包围环节的动态结构和参数，在一定的条件下甚至能

完全取代被包围环节。顺馈校正的特点是不依靠偏差而直接测量干扰,在干扰引起误差之前就对其进行近似补偿,及时消除干扰的影响。

(5) 利用 MATLAB 实现相位超前校正、相位滞后校正、相位滞后-超前校正和 PID 校正的方法,特别是 PID 控制器的设计。

习 题

6-1 相角超前校正和相角滞后校正各有什么不足?

6-2 超前校正和滞后校正是怎样影响系统的带宽的?对系统的上升时间和调整时间有什么影响?

6-3 校正装置的传递函数为 $G_c(s)=\dfrac{1+\alpha Ts}{1+Ts}$,在 $\alpha>0$ 和 $\alpha<0$ 时是什么校正器,分别对系统的稳态性能有什么影响?

6-4 PD 控制器中的常数 K_p、K_d 对稳态误差有什么样的影响,PD 是否改变被校正系统的型数?

6-5 PI 控制器中的常数 K_p、K_i 对稳态误差有什么样的影响,PI 是否改变被校正系统的型数?

6-6 PD、PI 控制器怎样影响系统的上升时间、调整时间、带宽?

6-7 什么是 PID 控制器?写出其输入-输出传递函数。

6-8 一单位反馈控制系统的开环传递函数为 $G(s)=\dfrac{200}{s(0.1s+1)}$,试设计一个校正装置,使系统的相位稳定裕量不小于 45°,幅值交界频率不低于 50rad/s。

6-9 他励直流电动机拖动的角位移控制系统,如图所示。其中电枢电阻 $R_a=2\Omega$,电机(包括负载)的机电时间常数 $T=10\text{s}$,传动比 $N=50$。

(1) 要求系统 $M_r=1.3$,求调节放大器的增益 K 值,并分析系统的静态和动态特性。

(2) 要求系统 $M_r\approx1.3$,速度稳态误差 $\leqslant0.25$,试设计一个滞后校正装置。

6-10 在图 6-34 中,若采用串联校正 $G_c(s)=\dfrac{(s+0.1)(s+1)}{(s+0.02)(s+5)}$,要求相位裕量 $\gamma=45°$,试求 K 值的大小。

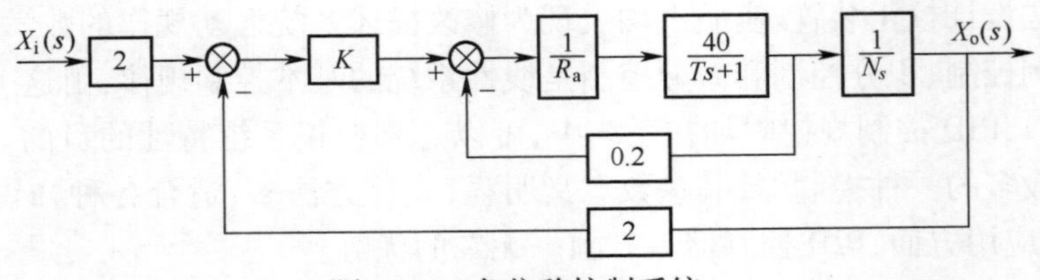

题 6-34 角位移控制系统

6-11 设单位反馈控制系统的开环传递函数为 $G(s)=\dfrac{126}{s\left(\frac{1}{10}s+1\right)\left(\frac{1}{60}s+1\right)}$,设计

串联校正装置,使系统满足:

(1) 输入速度为 1rad/s 时,稳态误差不大于 1/126rad;

(2) 放大器增益不变;

(3) 相位裕量不小于 30°,幅值交界频率为 20。

6-12 已知一单位反馈控制系统,原有的开环传递函数 $G_o(s)$ 和两种校正装置 $G_c(s)$ 的对数幅频渐近曲线如图 6-35 所示,要求:

(1) 写出每种方案校正后的开环传递函数;

(2) 试比较这两种校正方案的优缺点。

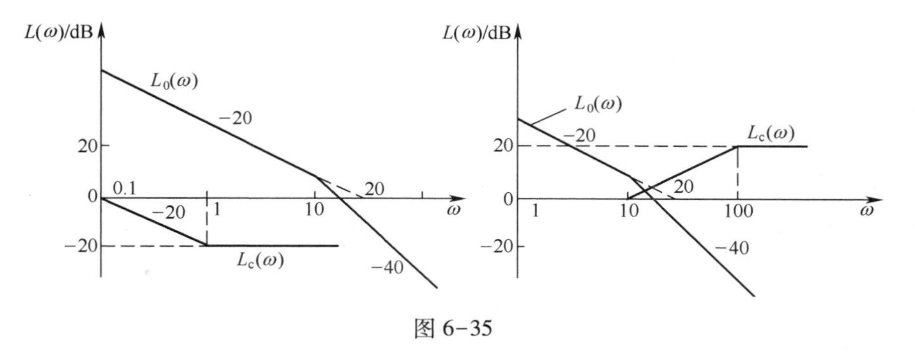

图 6-35

6-13 已知一单位反馈控制系统,原有的开环传递函数 $G_o(s)$ 和校正装置 $G_c(s)$ 的对数幅频渐近曲线如图 6-36 所示,要求:

(1) 在图中画出系统校正后的开环对数幅频渐近曲线;

(2) 写出系统校正后开环传递函数的表达式;

(3) 分析 $G_c(s)$ 对系统的作用。

6-14 三种串联校正装置的特性曲线如图 6-37 所示,它们都是最小相位环节。若原控制系统为单位反馈控制系统,且开环传递函数为 $G(s)=\dfrac{400}{s^2(0.01s+1)}$,试问

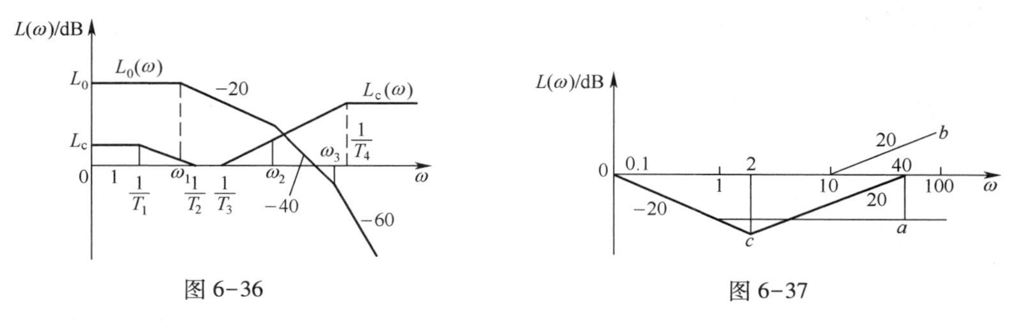

图 6-36　　　　图 6-37

(1) 哪一种校正装置可使系统的稳定性最好?

(2) 为了将 12 赫兹的正弦噪声削弱 10 倍左右,你确定采用哪种校正?

6-15 设一单位反馈控制系统如图 6-38 所示。要采用速度反馈校正,使系统具有临界阻尼(即 $\xi=1$)。试求校正环节的参数值。并比较校正前后的精度。

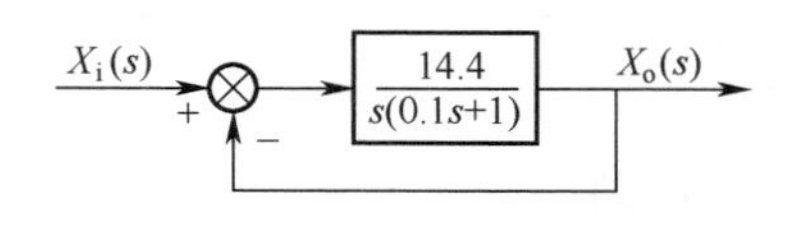

图 6-38

6-16 系统开环是最小相位函数,其对数幅频渐

近曲线如图所示，图 6-39 中弯曲线是 $\omega=20\text{rad/s}$ 附近的精确值。

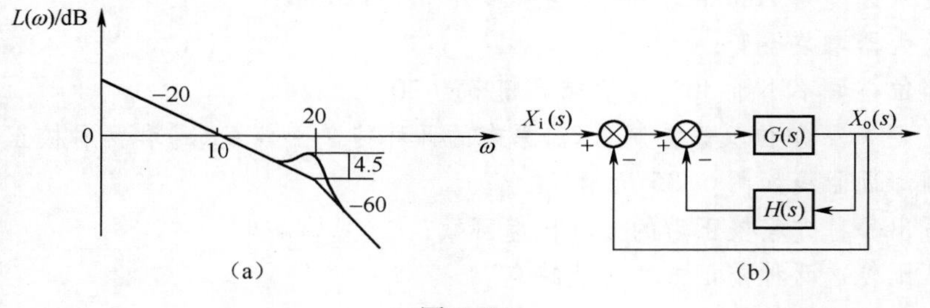

图 6-39

(1) 判别闭环系统的稳定性。

(2) 今采用加内反馈校正的方法，消除开环幅频特性中的谐振峰，试确定校正装置的传递函数 $H(s)$ 。

6-17 一单位反馈控制系统如图 6-40 所示，希望提供前馈控制来获得理想的传递函数 $X_o(s)/X_i(s)=1$（输出误差为零），试确定前馈环节 $G_c(s)$。

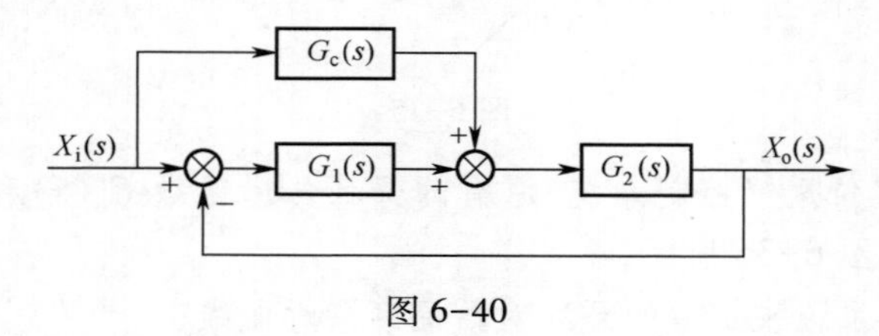

图 6-40

6-18 具有 PD 控制器的系统如图 6-41 所示，确定 K_p、K_d 使得斜坡误差系数为 1000，阻尼比分别为 0.5，0.707，1.0。

6-19 参看题 6-18，确定 K_p，使得斜坡误差系数为 1000。

(1) K_d从 0.2 到 1.0 变化，步长 0.2，计算系统的相角稳定裕度、幅值稳定裕度、M_r、ω_b，并指出使相角稳定裕度最大的 K_d 值。

(2) K_d 从 0.2~0.1 变化，步长 0.2，计算系统的相角稳定裕度、幅值稳定裕度、M_r、ω_b，并指出使超调量最小的 K_d 值。

6-20 具有 PI 控制器的 0 型系统如图 6-42 所示：

(1) 确定 K_i，使得斜坡误差系数为 100。

(2) 对于上面确定的 K_d 值，确定使系统稳定的 K_p 值范围。

(3) 说明当 K_p 太大或太小都将导致系统出现比较大的超调。找出使最大超调量最小的 K_p 值，并给出此时的最大超调量。

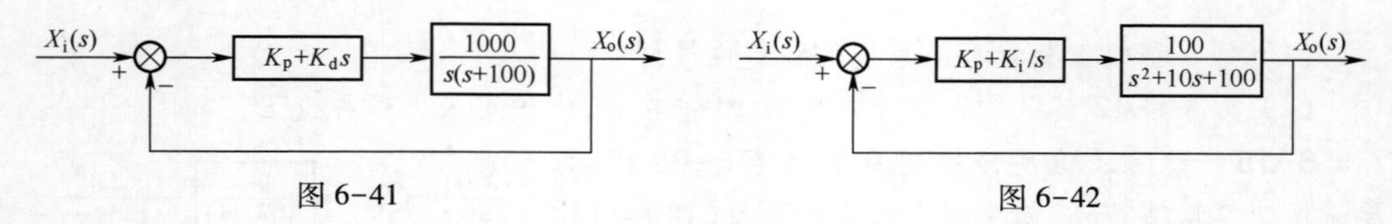

图 6-41　　　　图 6-42

6-21 为了减少尾气排放，进入汽车发动机的空气和燃料的比例需要达到一个最佳值，比如 $A/F=14.7:1$，控制 A/F 的控制系统如图 6-43 所示，传感器通过测量发动机排

出的气体成份计算出 A/F 值,并以此值构成闭环控制,发动机排出的气体经过催化排入大气。发动机传递函数为

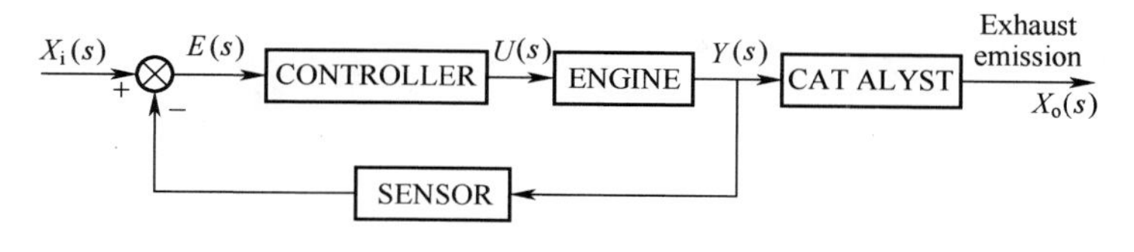

图 6-43

$$\frac{Y(s)}{U(s)}=G_p(s)=\frac{e^{-T_d s}}{1+\tau s}$$

延迟时间 $T_d=0.2s$,时间常数 $\tau=0.25s$。简化处理时,延迟环节可以近似为

$$e^{-T_d s}\cong\frac{1}{1+T_d s+T_d^2 s^2/2}$$

(1) 假设使用 PI 控制器

$$G_c(s)=\frac{U(s)}{E(s)}=K_p+\frac{K_i}{s}$$

确定 K_i,使得斜波误差系数 K_v 为 2。确定 K_p 使得单位阶跃响应的最大超调量为最小、调整时间最小,并给出此超调量和调整时间,画出系统的单位阶跃响应图。确定临界稳定值 K_p。

(2) 系统性能能否采用 PID 控制器做更进一步的改进?

6-22 使用频域技术分析和设计的优点之一,就是具有纯延时环节的系统可以不用近似地直接处理,考虑题 6-21 的问题,发动机具有传递函数如下

$$G_p(s)=\frac{e^{-0.2s}}{1+0.25s}$$

设控制器为 PI 控制器 $G_c(s)=K_p+K_i/s$,确定 K_i,使得斜波误差系数 K_v 为 2。确定 K_p 使得相角稳定裕度最大,将此 K_p 值与题 6-21 中的对应值比较。确定临界稳定值 K_p,将此 K_p 值与题 6-21 中的对应值比较。

第7章 根 轨 迹 法

内 容 提 要

本章首先提出了根轨迹的概念，接着给出了根轨迹绘制的两个基本条件及绘制规则，在此基础上，分析了参数根轨迹、多回路根轨迹、零度根轨迹的绘制以及延迟系统根轨迹的绘制，然后讨论了控制系统根轨迹分析方法，最后，介绍了利用 MATLAB 进行控制系统根轨迹分析的方法。

闭环的零点、极点决定了控制系统的动态性能，因而，得出系统的闭环零极点，就可以间接地得出控制系统的控制性能。然而，对于控制系统而言，确定闭环极点非常复杂，尤其对于三阶以上系统，求根问题更为复杂，而且对于系统参数在一定范围变化时，一一求取更为不现实，就更难得到其变化时对闭环极点的位置以及系统性能的影响。

1948 年，W. R. Evans 提出了：当参数变化时，在[s]平面上根的变化轨迹（根轨迹）可以用图解来确定，这一方法即为根轨迹法。根轨迹法是一种直接由系统开环零极点的分布情况，来确定系统闭环极点的分布情况的一种图解方法。其具有简单、清晰、直观的特点，是古典控制理论中对系统进行分析和综合的方法之一。

7.1 根轨迹的基本概念

7.1.1 根轨迹的定义

根轨迹是指系统某个参数（如开环增益 K）由零变化到无穷大时，闭环特征根在[s]平面上移动的轨迹。

下面以图 7-1 所示二阶系统为例，具体说明根轨迹的基本概念。

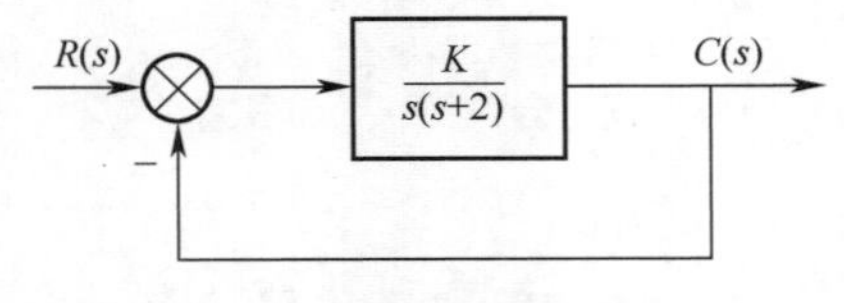

图 7-1 控制系统框图

系统的开环传递函数为

$$G_K(s)=\frac{C(s)}{R(s)}=\frac{K}{s(s+2)}$$

可知：开环有两个极点 $s_1=0$，$s_2=-2$；没有零点；K 为开环增益。其闭环传递函数为

$$G_B(s) = \frac{K}{s^2 + 2s + K}$$

则系统的闭环特征方程为 $D(s) = s^2 + 2s + K = 0$

特征方程式的根即特征根 $s_{1,2} = -1 \pm \sqrt{1-K}$

可以看出,闭环传递函数的特征根,即闭环极点,是随开环增益 K 的变化而变化的。由此得出:当 $K = 0$ 时,$s_1 = 0$,$s_2 = -2$;

$0 < K < 1$ 时,s_1 与 s_2 为不相等的两个负实根;

$K = 1$ 时,$s_1 = s_2 = -1$ 为两个实根;

$1 < K < \infty$ 时,$s_{1,2} = -1 \pm j\sqrt{K-1}$ 为一对共轭复根,其实部都等于-1,虚部随 K 的增加而增加;

$K \to \infty$ 时,s_1、s_2 的实部都等于-1,虚部趋向无穷远处。

可知,系统特征方程的根随系统参数 K 而变化。当 K 由 0→∞ 变化时,闭环极点连续变化,如图 7-2 所示即为其根轨迹图,图中箭头方向表示 K 增加的方向。

有了根轨迹图就可以描述系统的各种性能:

1. 稳定性

根据开环增益 K 从零变化到无穷时,图 7-2 所示的根轨迹均在 s 平面的左半部,该系统对所有 $K>0$ 的值均是稳定的。

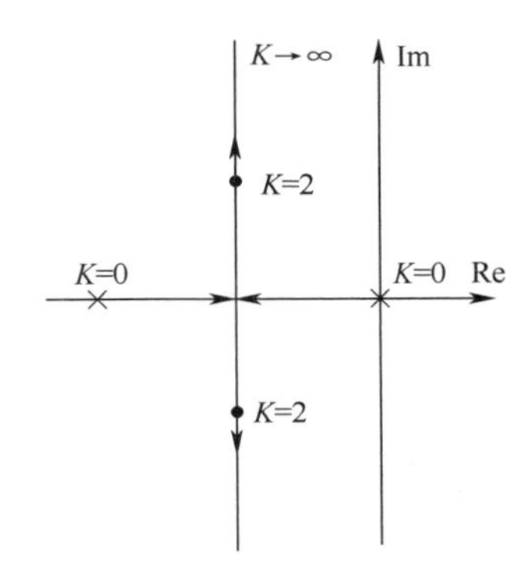

图 7-2　系统的根轨迹

2. 稳态性能

因为开环传递函数有一个零极点,所以系统为 Ⅰ 型系统,阶跃作用下的稳态误差为零,静态速度误差系数 K_v 即为开环增益 K,对应于根轨迹图上的 K 值。这样,对于单位反馈系统,如果给定了系统在速度信号作用下的稳态误差,则由根轨迹图可以确定闭环极点的允许范围。

3. 动态性能

(1) 当 $0 < K < 1$ 时,对于任意一个 K 值所对应的闭环极点为两个不相等的负实根,系统为过阻尼状态,其单位阶跃响应为一条无振荡、无超调的单调上升曲线,而且过渡过程时间较长。

(2) 当 $K = 1$ 时,闭环极点为两个相等的负实根,系统为临界阻尼状态,其单位阶跃响应是一条无振荡、无超调的单调上升曲线。

(3) 当 $1 < K < \infty$ 时,闭环极点为一对实部为负的共轭复根,系统为欠阻尼状态,其单位阶跃响应为一条以 ω_d 为频率的衰减振荡曲线,且随着阻尼比的减小,其振荡幅值增大。

上述分析表明,根轨迹与系统性能有密切的关系。利用根轨迹可以解决线性系统的分析和综合问题,这就是所谓的根轨迹法。首先利用根轨迹能够分析闭环系统的动态性能以及参数变化对系统动态性能的影响;其次还可以根据对系统动态性能的要求确定可变参数、调整开环零极点以及改变开环零极点的个数。由于根轨迹法是一种图解法,因而具有简单、直观、清晰的特点。

采用根轨迹法分析和设计系统时,必须要绘制根轨迹图。如果用数学解析法逐个求出闭环特征方程的根,然后逐点描出,十分困难且没有意义。重要的是找出一些规律,即可以根据开环传递函数与闭环传递函数的关系,利用开环传递函数的零点和极点的分布,绘出闭环的根轨迹图。这种作图方法的基础就是根轨迹方程。

7.1.2 闭环零、极点与开环零、极点的关系

通常,系统的开环零、极点是容易求出的,因此建立开环零、极点与闭环零、极点之间的关系有助于系统根轨迹图的绘制。

以图 7-3 所示系统为例,

其闭环传递函数为

$$G_B(s) = \frac{G(s)}{1 + G(s)H(s)} \tag{7-1}$$

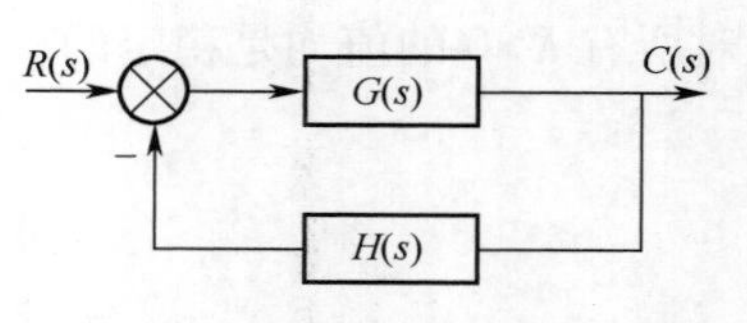

图 7-3 闭环系统框图

式中: $G(s)$ 为前向通道传递函数; $H(s)$ 为反馈通道传递函数; $G(s)H(s)$ 为开环传递函数。

通常,可以表示为

$$G(s) = \frac{K_q \prod_{i=1}^{a} (s - z_i)}{\prod_{j=1}^{b} (s - p_j)} \tag{7-2}$$

$$H(s) = \frac{K_f \prod_{i=1}^{c} (s - z_i')}{\prod_{j=1}^{d} (s - p_j')} \tag{7-3}$$

$$G(s)H(s) = \frac{K^* \prod_{i=1}^{a} (s - z_i) \prod_{i=1}^{c} (s - z_i')}{\prod_{j=1}^{b} (s - p_j) \prod_{j=1}^{d} (s - p_j')} \tag{7-4}$$

$$G_B(s) = \frac{K_B^* \prod_{i=1}^{a} (s - z_i) \prod_{j=1}^{d} (s - p_j')}{\prod_{j=1}^{b} (s - p_j) \prod_{j=1}^{d} (s - p_j') + K_q K_f \prod_{i=1}^{a} (s - z_i) \prod_{i=1}^{c} (s - z_i')} \tag{7-5}$$

式中：K^* 是系统开环根轨迹增益，$K^* = K_q K_f$；K_B^* 是系统闭环根轨迹增益。对于单位反馈系统闭环根轨迹增益等于开环根轨迹增益。

比较式(7-2)、式(7-3)、式(7-4)和式(7-5)可以看出：

(1) 闭环零点是由前向通道传递函数的零点和反馈通道传递函数的极点构成的，对于单位反馈系统，闭环零点就是开环零点。

(2) 闭环极点与开环零点、开环极点、开环增益均有关。

(3) 开环零、极点、闭环零点的求取较为容易，但是闭环极点的求取却很难，对于高阶系统，则更为复杂。

根轨迹法的特点就是可由已知的开环零极点以及根轨迹增益，通过图解的方法得出闭环极点。那么，如何由已知的开环零极点分布，绘制系统根轨迹呢？为了解决这个问题，需要进一步讨论根轨迹方程。

7.1.3 根轨迹方程

由根轨迹定义，根轨迹是闭环特征根随参数变化的轨迹。那么绘制根轨迹实质上就是求解特征方程根的过程，而描述其变化关系的闭环特征方程就是根轨迹方程，即系统的根轨迹方程(系统闭环特征方程)为

$$G(s)H(s) = -1 \tag{7-6}$$

设系统开环传递函数为

$$G(s)H(s) = \frac{K^* \prod_{i=1}^{m}(s - z_i)}{\prod_{j=1}^{n}(s - p_j)} \tag{7-7}$$

式中：K^* 为系统开环根轨迹增益；z_i $(i=1,2\cdots,m)$为 m 个开环传递函数的零点，简称开环零点；p_j ($j=1,2\cdots,n$)为 n 个开环传递函数的极点，简称开环极点。

根据根轨迹方程，有

$$G(s)H(s) = \frac{K^* \prod_{i=1}^{m}(s - z_i)}{\prod_{j=1}^{n}(s - p_j)} = -1 \tag{7-8}$$

显然，满足上式的 s 即是系统的闭环特征根。

当 K^* 从 0 变化到 ∞ 时，n 个特征根将随之变化出 n 条轨迹。这 n 条轨迹就是系统的闭环根轨迹(简称根轨迹)，也称为一般根轨迹。除了 K^* 以外其他参数(例如某一开环零点或极点)变化时的闭环根轨迹叫做参量根轨迹。

7.2 根轨迹的绘制

7.2.1 绘制根轨迹的基本条件

根据上节的介绍，可以根据根轨迹方程得出绘制根轨迹的基本条件。由式(7-8)

可得

$$G(s)H(s)=\frac{K^*\prod_{i=1}^{m}(s-z_i)}{\prod_{j=1}^{n}(s-p_j)}=-1=1\angle(2k+1)\pi \quad k=0,\ \pm 1,\ \pm 2,\cdots \tag{7-9}$$

根据等式两边幅值和相角分别相等的条件,由式(7-9)可以得到绘制根轨迹的两个基本条件,即

幅值条件(幅值方程) $|G(s)H(s)|=1$ (7-10)

相角条件(相角方程) $\angle G(s)H(s)=(2k+1)\pi \quad k=0,\ \pm 1,\ \pm 2,\cdots$ (7-11)

绘制根轨迹时,常将幅值条件和相角条件写成零、极点形式的表达式,即

幅值条件(幅值方程)

$$\frac{K^*\prod_{i=1}^{m}|s-z_i|}{\prod_{j=1}^{n}|s-p_j|}=1 \tag{7-12}$$

相角条件(相角方程)

$$\sum_{i=1}^{m}\angle(s-z_i)-\sum_{j=1}^{n}\angle(s-p_j)=(2k+1)\pi \quad k=0,\ \pm 1,\ \pm 2,\cdots \tag{7-13}$$

在实际物理系统中,因为惯性环节的存在,一定有 $n \geqslant m$,即开环传递函数的极点数(分母阶次)大于或等于零点数(分子阶次)。

根据式(7-12)、式 (7-13)可以看出,幅值条件与根轨迹增益 K^* 有关,相角条件与 K^* 无关。因此,把满足相角条件的 s 值代入幅值条件中,总可以求出一个对应的 K^* 值 。这表明,如果 s 值满足相角条件,则必定满足幅值条件。因此,绘制根轨迹只需满足相角条件即可,相角条件是根轨迹的充要条件。幅值条件主要用于确定根轨迹各点对应的放大值 K^* ,即根轨迹增益。

根据相角条件,用试探法便可以绘制系统的根轨迹。在复平面上任选一点 s_d ,如果所有开环零、极点到 s_d 组成的矢量的相角(逆时针为正),满足相角条件,则 s_d 为根轨迹上的点,否则不是。将其代入式(7-12)中的幅值方程,即可算出相应的 K^*。 经过多次试探,找到根轨迹上若干点,用曲线将其连接起来,即得到系统在参数 K^* 变化时的根轨迹图。然而,试探法不可能遍及 s 平面上所有的点,而且做起来也相当繁琐。因而在实际中我们应用以根轨迹方程建立起来的绘制规则来绘制闭环特征根随参数的变化轨迹的草图。然后,如果需要,再用试探法进行一些点的补充来修正草图,最终得到较为准确的根轨迹。

几点说明:

(1) 开环零点 z_i 、极点 p_j 是决定闭环根轨迹的条件。

(2) 式(7-13)定义的相角条件不含有 K^* ,它表明满足式(7-12)中幅值条件的任意 K^* 值均满足由相角条件定义的根轨迹,因此,相角条件是决定闭环根轨迹的充分必要条件。

(3) 满足相角条件的闭环极点 s 值,代入式(7-12)中的幅值条件式,就可以求出对应的 K^* 值,显然一个 K^* 对应 n 个 s 值,满足幅值条件的 s 值不一定满足相角条件。因此由

幅值条件(及其变化式)求出的 s 值不一定是根轨迹上的根。

(4) 式(7-12)中的 K^* 不是开环增益,而是根轨迹增益,它与开环增益有确定的数值关系。

(5) 如果根轨迹是以 K^* 为参变量画出的,那么根轨迹上每一点均为 K^* 的函数,但其是隐含参变量,在根轨迹的坐标上并不能直接读出,需用幅值条件对其进行计算。

7.2.2 绘制规则

系统开环根轨迹增益 K^* 由 $0 \to \infty$ 变化时的根轨迹为一般根轨迹,下面我们就一般根轨迹的绘制规则进行讨论。以便准确快速地绘出系统的根轨迹。

规则 1 根轨迹的分支数

在[s]平面上,根轨迹的分支数等于闭环特征方程的阶数,即由 n 阶特征方程描述的系统,就具有 n 条轨迹。这是因为 n 阶特征方程有 n 个特征根,当开环根轨迹增益 K^* 变化时,这 n 个特征根在[s]平面上的位置也随之变动,形成 n 条轨迹。

对于实际系统,由于惯性环节的存在,总满足 $n \geqslant m$,闭环极点数等于开环极点数,所以根轨迹的分支数等于开环极点数。

规则 2 根轨迹的连续性与对称性

根轨迹各分支是连续的且对称于实轴。

当 K^* 由 $0 \to \infty$ 连续变化时,特征方程的根也随其连续变化,故根轨迹具有连续性

因为开环零、极点或闭环极点都是实数或者为成对的共轭复数,实数必位于实轴上,复数则一定共轭成对出现,所以根轨迹必然对称于实轴。因此,绘制根轨迹图只需绘制一半即可。

规则 3 根轨迹的起点和终点

根轨迹起始于开环极点(包括无限远极点),终止于开环零点(包括无限远零点)。如果开环零点数 m 小于开环极点数 n,则有$(n-m)$条根轨迹终止于无穷远处。

证明:根据根轨迹方程(7-8)得

$$\frac{\prod_{i=1}^{m}(s-z_i)}{\prod_{j=1}^{n}(s-p_j)} = -\frac{1}{K^*} \tag{7-14}$$

当 $K^* = 0$ 是根轨迹的起点,必有 $(s-p_1)(s-p_2)\cdots(s-p_n)=0$,由此求得根轨迹的起点为开环极点 $p_1,p_2,\cdots p_n$;同理,当 $K^* \to \infty$ 时是根轨迹的终点,为使式(7-14)成立,必有 $(s-z_1)(s-z_2)\cdots(s-z_m)=0$, $z_1,z_2,\cdots z_m$ 为系统的开环零点。而一般情况下 $n > m$, 所以 n 条根轨迹中 m 条根轨迹终止于 m 个开环零点,还剩下$(n-m)$条根轨迹。

$K^* \to \infty$ 时,方程右边趋近于零。所以,当 $s \to \infty$ 时,方程左边有

$$\lim_{s\to\infty}\frac{\prod_{i=1}^{m}(s-z_i)}{\prod_{j=1}^{n}(s-p_j)} = \lim_{s\to\infty}\frac{s^m}{s^n} = \lim_{s\to\infty}\frac{1}{s^{n-m}} = 0$$

所以,当 $K^* \to \infty$ 时,还有 $(n-m)$ 条根轨迹趋向于无穷远处。这些点称为无穷大零点或无限零点

规则 4　实轴上的根轨迹

实轴上某一区域,若其右侧的开环实极点与开环实零点数目之和为奇数,则该区域必是根轨迹。

这可用相角条件来证明。在实轴上任取一点 s_d,它与开环零、极点构成的矢量的相角的取值有三种可能。第一种,s_d 与共轭复数零、极点所构成的两个矢量的相角必然是正负相等,故总和为零;第二种,s_d 与其左侧的实数零、极点所构成的矢量的相角必为零(因此,在应用相角条件时,上述两种极点就可以不考虑);第三种,s_d 与其右侧实数零、极点所构成的矢量的相角必为 π。根据相角条件,根轨迹上的点与开环零、极点构成的矢量的相角总和应为 $(2k+1)\pi$,即奇数个 π。因此,若点 s_d 的右侧所有开环零、极点个数的总和为奇数,则它们的相角总和就符合相角条件,点 s_d 就必为根轨迹上的点,s_d 所在的实轴区段就是根轨迹,反之则不是。

注意:在计算开环零极点个数时,对于为重根的零极点,必须计算其重复个数。如二重极点应算两个,三重极点应算三个等。

所以,实轴上的根轨迹只是那些在其右侧的开环极点与开环零点之和的总数为奇数的区段。

规则 5　根轨迹的渐近线

由规则 3,如果开环零点数 m 小于开环极点数 n,则系统的开环增益 $K^* \to \infty$ 时,趋向无穷远处的根轨迹共有 $n-m$ 条,这 $n-m$ 条根轨迹趋向无穷远处的方位可由渐近线决定。

渐近线与实轴交点坐标

$$\sigma_a = \frac{\sum_{j=1}^{n} p_j - \sum_{i=1}^{m} z_i}{n-m} \tag{7-15}$$

而渐近线与实轴正方向的夹角

$$\varphi_a = \frac{(2k+1)\pi}{n-m} \qquad k = 0,\ \pm 1,\ \pm 2, \cdots \tag{7-16}$$

k 依次取值,直到得到 $n-m$ 个倾角为止。

证明:因为 $K^* \to \infty$ 时,有 $n-m$ 条根轨迹趋于无穷远处,即 $s \to \infty$。根据式(7-8),则有

$$\frac{K^* \prod_{i=1}^{m}(s-z_i)}{\prod_{j=1}^{n}(s-p_j)} = \frac{K^*}{s^{n-m}} = -1 \tag{7-17}$$

$$s^{n-m} = -K^* \tag{7-18}$$

$$(n-m)s = (2k+1)\pi \tag{7-19}$$

$$\varphi_a = \angle s = \frac{(2k+1)\pi}{n-m} \quad k = 0,\ \pm 1,\ \pm 2, \cdots \tag{7-20}$$

无穷远处闭环极点的方向角,也就是渐近线的方向角。σ_a 的证明从略。

规则 6 根轨迹的分离点(或汇合点)

两条或两条以上根轨迹分支,在 s 平面上某处相遇后又分开的点,称为根轨迹的分离点(或汇合点,为了简化,统称为分离点)。可见,分离点就是特征方程出现重根之处。重根的重数就是汇合到(或离开)该分离点的根轨迹分支数。一个系统的根轨迹可能没有分离点,也可能不止一个分离点。根据镜像对称性,分离点是实数或共轭复数。一般在实轴上两个相邻的开环极点或开环零点之间有根轨迹,则这两个极点或零点之间必定存在分离点或汇合点。根据相角条件可以推证,如果有 r 条根轨迹分支到达(或离开)实轴上的分离点,则在该分离点处,根轨迹分支间的夹角为 $\pm180°/r$。

确定分离点的方法有图解法和解析法。下面介绍一些常用的计算方法,即根据函数求极值的原理确定分离点。因此分离点是满足下列三组方程中任一组方程的解:

(1) 在分离点处

$$\frac{\mathrm{d}G_k(s)}{\mathrm{d}s}=0 \tag{7-21}$$

$$\frac{\mathrm{d}G_k'(s)}{\mathrm{d}s}=0 \tag{7-22}$$

式中:$G_k(s)=K^*G_k'(s)$。

(2) 由式(7-8)可得表达式 $$K^*=-\frac{\prod_{j=1}^{n}(s-p_j)}{\prod_{i=1}^{m}(s-z_i)} \tag{7-23}$$

在分离点处 $$\frac{\mathrm{d}K^*}{\mathrm{d}s}=0 \tag{7-24}$$

(3) 分离点坐标 d 是下列方程的解

$$\sum_{i=1}^{m}\frac{1}{d-z_i}=\sum_{j=1}^{n}\frac{1}{d-p_j} \tag{7-25}$$

例 7-1 已知系统开环传递函数

$$G(s)H(s)=\frac{K^*(s+1)}{s^2+3s+3.25}$$

试求系统闭环根轨迹分离点坐标。

解 $G_k(s)=G(s)H(s)=\dfrac{K^*(s+1)}{s^2+3s+3.25}=\dfrac{K^*(s+1)}{(s+1.5+j)(s+1.5-j)}$

(1) 方法 1 根据式(7-21),对上式求导,即 $\dfrac{\mathrm{d}}{\mathrm{d}s}G_k(s)=0$ 可得

$$d_1=-2.12\ ,\quad d_2=0.12$$

(2) 方法 2 求出闭环系统特征方程

$$1+G(s)H(s)=1+\frac{K^*(s+1)}{s^2+3s+3.25}=0$$

由上式可得

$$K^* = -\frac{s^2 + 3s + 3.25}{s + 1}$$

对上式求导，即 $\frac{dK^*}{ds} = 0$ 可得 $d_1 = -2.12$ ， $d_2 = 0.12$

（3）方法3　根据式(7-25)有

$$\frac{1}{d + 1.5 + j} + \frac{1}{d + 1.5 - j} = \frac{1}{d + 1}$$

解此方程得 $d_1 = -2.12$ ， $d_2 = 0.12$

d_1 在根轨迹上，即为所求的分离点，d_2 不在根轨迹上，则舍弃。

规则7　根轨迹的出射角和入射角

当系统有复数的开环零、极点时，确定在开环极点出发或在开环零点终止的根轨迹的变化趋势，对绘制根轨迹图是很有帮助的。

根轨迹离开开环复数极点处的切线与正实轴的夹角，称为出射角，用 θ_{pi} 表示；根轨迹进入开环复数零点处的切线与正实轴的夹角，称为出射角 θ_{zi} 表示。

离开开环极点 p_i 的根轨迹，其出射角为

$$\theta_{pi} = (2k + 1)\pi + \phi_{pi} \qquad k = 0, \pm 1, \pm 2, \cdots \tag{7-26}$$

$$\phi_{pi} = \sum_{j=1}^{m} \angle(p_i - z_j) - \sum_{\substack{l=1 \\ l \neq i}}^{n} \angle(p_i - p_l) \tag{7-27}$$

式中：ϕ_{pi} 为开环零点和除开环极点 p_i 以外的其他开环极点引向极点 p_i 的向量幅角之净值。

进入开环零点 z_i 的根轨迹，其入射角为

$$\theta_{zi} = (2k + 1)\pi - \phi_{zi} \tag{7-28}$$

$$\phi_{zi} = \sum_{\substack{i=1 \\ j \neq i}}^{m} \angle(z_i - z_j) - \sum_{l=1}^{n} \angle(z_i - p_l) \tag{7-29}$$

式中：ϕ_{zi} 为除开环零点 z_i 以外的其他开环零点和开环极点往该零点 z_i 所引矢量的幅角之净值。

以开环复极点 p_i 出射角为例，论证如下：

先考察一个具体系统，设其开环零、极点分布如图7-4所示。现研究根轨迹离开复极点 p_i 的出射角。

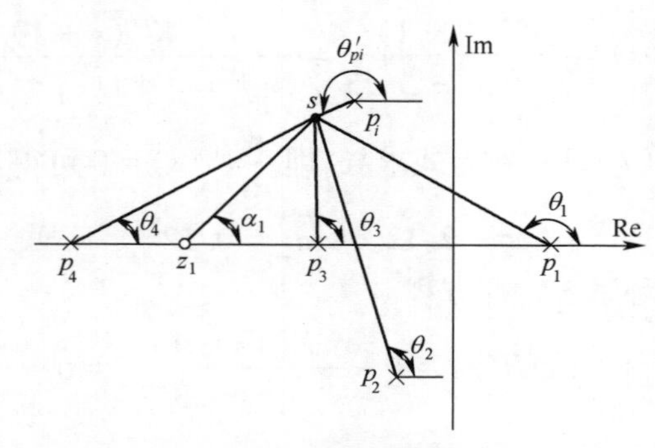

图7-4　根轨迹出射角的确定

在从 p_i 出发的根轨迹分支上，靠近 p_i 任取一点 s，则由各开环零、极点往该点所引矢量的幅角，应满足相角条件：

$$\alpha_1 - (\theta_1 + \theta_2 + \theta_3 + \theta_4 + \theta'_{pi}) = (2k+1)\pi \quad k = 0, \pm 1, \pm 2, \cdots \tag{7-30}$$

当 s 与 p_i 充分接近时，则相角 θ'_{pi} 趋进于开环复极点 p_i 的出射角。

故

$$\theta_{pi} = \lim_{s \to p_i} \theta'_{pi} \tag{7-31}$$

同理，对于一般控制系统，与式(7-30)相对应有下列关系式：

$$\sum_{j=1}^{m} \angle(s - z_j) - \left[\sum_{l=1, l \neq i}^{n} \angle(s - p_l) + \theta'_{pi}\right] = (2k+1)\pi \quad k = 0, \pm 1, 2, \cdots \tag{7-32}$$

故一般系统开环复极点 p_i 的出射角为

$$\begin{aligned} \theta_{pi} &= \lim_{s \to p_i} \theta'_{pi} \\ &= (2k+1)\pi + \lim_{s \to p_i} \left[\sum_{j=1}^{m} \angle(s - z_j) - \sum_{l=1, l \neq i}^{n} \angle(s - p_l)\right] \\ &= (2k+1)\pi + \sum_{j=1}^{m} \left[\angle(p_i - z_j) - \sum_{l=1, l \neq i}^{n} \angle(p_i - p_l)\right] \\ &= (2k+1)\pi + \phi_{pi} \qquad k = 0, \pm 1, \pm 2, \cdots \end{aligned} \tag{7-33}$$

规则 8 根轨迹与虚轴的交点

根轨迹与虚轴相交，交点的坐标及相应的 K^* 值可由劳斯判据求得，也可在特征方程中令 $s = j\omega$，然后使特征方程的实部和虚部分别为零求得。根轨迹和虚轴有交点，则相应的系统处于临界稳定状态。此时增益 K^* 称为临界根轨迹增益。

例 7-2 设开环传递函数为

$$G_k(s) = \frac{K^*}{s(s+1)(s+2)}$$

求根轨迹与虚轴的交点，并计算临界根轨迹增益。

解 闭环系统的特征方程为

$$s(s+1)(s+2) + K^* = 0$$

即

$$s^3 + 3s^2 + 2s + K^* = 0$$

方法一：令 $s = j\omega$ 代入特征方程，得

$$(j\omega)^3 + 3(j\omega)^2 + 2(j\omega) + K^* = 0$$

上式分解为实部和虚部，并分别为零，即

$$K^* - 3\omega^3 = 0$$

$$2\omega - \omega^3 = 0$$

解得 $\omega = 0$ ， $\pm\sqrt{2}$，相应 $K^* = 0, 6$。$K^* = 0$ 时，为根轨迹的起点，$K^* = 6$ 时，根轨迹和虚轴相交，交点的坐标为 $\pm j\sqrt{2}$ 。$K^* = 6$ 为临界根轨迹增益。

方法二：用劳斯判据确定根轨迹和虚轴的交点及相应的 K^* 值。列出劳斯表为

$$
\begin{array}{c|cc}
s^3 & 1 & 2 \\
s^2 & 3 & K^* \\
s^1 & \dfrac{6-K^*}{3} & \\
s^0 & K &
\end{array}
$$

当劳斯表 s^1 行等于 0 时,特征方程可能出现共轭虚根,令 s^1 行等于 0,则得

$$K^* = 6$$

共轭虚根值可由 s^2 行的辅助方程求得

$$3s + K^* = 3s + 6 = 0$$

即

$$s = \pm j\sqrt{2}$$

规则 9 闭环极点之和与闭环极点之积

系统的开环传递函数为

$$G(s)H(s) = \frac{K^* \prod_{i=1}^{m}(s - z_i)}{\prod_{j=1}^{n}(s - p_j)} = \frac{K^*(s^m + b_{m-1}s^{m-1} + \cdots + b_1 s + b_0)}{s^n + a_{n-1}s^{n-1} + \cdots + a_1 s + a_0} \tag{7-34}$$

其中 $b_{m-1} = z_1 + z_2 + \cdots + z_m = \sum_{i=1}^{m} z_i$

$$b_0 = z_1 \cdot z_2 \cdots z_m = \prod_{i=1}^{m} z_i$$

$$a_{n-1} = p_1 + p_2 + \cdots + p_n = \sum_{j=1}^{n} p_j$$

$$a_0 = p_1 \cdot p_2 \cdots p_n = \prod_{j=1}^{n} p_j$$

系统的闭环特征方程为

$$D(s) = s^n + a_{n-1}s^{n-1} + \cdots + a_1 s + a_0 + K^*(s^m + b_{m-1}s^{m-1} + \cdots + b_1 s + b_0) = 0 \tag{7-35}$$

设系统的闭环极点为 $s_1, s_2, \cdots, s_n$,则闭环特征方程为

$$D(s) = (s - s_1)(s - s_2)\cdots(s - s_n) = s^n + (s_1 + s_2 + \cdots + s_n)s^{n-1} + \cdots + s_1 \cdot s_2 \cdots s_n \tag{7-36}$$

将上两式比较,可得如下结论:

(1) 当 $n - m \geqslant 2$ 时,闭环极点之和等于开环极点之和且为常数,即

$$\sum_{j=1}^{n} s_j = \sum_{j=1}^{n} p_j = a_{n-1} \tag{7-37}$$

式(7-37)表明,随着 K^* 的增加,一些闭环极点在复平面上向右移动,另一些闭环极点必向左移动,以保证闭环极点之和不变。

(2) 闭环极点之积和开环零极点具有如下关系

$$\prod_{j=1}^{n} s_j = \prod_{j=1}^{n} p_j + K^* \prod_{i=1}^{m} z_i \tag{7-38}$$

当开环系统具有等于零的极点时(即 $a_0=0$),则有

$$\prod_{j=1}^{n} s_j = K^* \prod_{i=1}^{m} z_i \tag{7-39}$$

即闭环极点之积与根轨迹增益成正比。

对应于某一 K^* 值,若已求得闭环系统某些极点,则利用上述结论可求出其他极点。

综上所述,在给出开环零极点的情况下,利用以上性质可迅速确定根轨迹的大致形状。为了准确地绘出系统的根轨迹,可根据相角条件用试探法确定若干点。一般说来,靠近虚轴和原点附近的根轨迹是比较重要的,应尽可能精确绘出。

7.2.3 绘制举例

例 7-3 某反馈系统的方框图如图 7-5 所示,试绘制 K 从 0 变化到∞时该系统的根轨迹图。

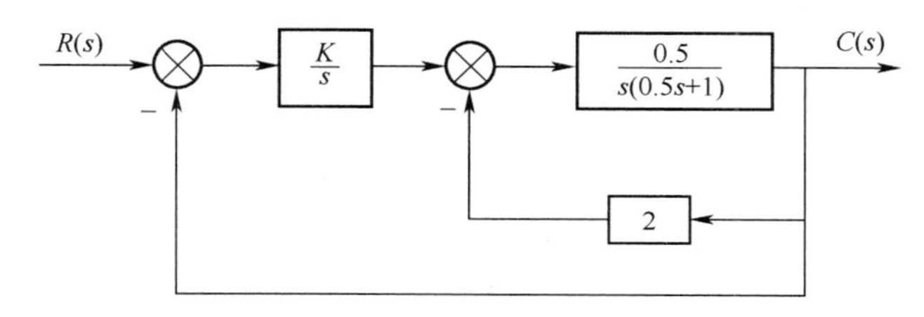

图 7-5 控制系统框图

解 系统的开环传递函数为

$$G_k(s)=\frac{K}{s}\cdot\frac{0.5}{s(0.5s+1)+0.5\times 2}=\frac{K}{s(s^2+2s+2)}$$

系统为负反馈系统且开环传递函数为标准形式,属于 180° 根轨迹。

(1) 开环极点 $n=3$, $p_1=0$, $p_2=-1+j$, $p_3=-1-j$;

开环零点 $m=0$;

(2) 实轴上根轨迹分布在 $(-\infty, 0]$

(3) 渐近线条数 $n-m=3$

渐近线与实轴交点 $\sigma_a=\dfrac{\sum\limits_{j=1}^{n}p_j-\sum\limits_{i=1}^{m}z_i}{n-m}=\dfrac{0-1+j-1-j}{3}=-\dfrac{2}{3}$

渐近线与实轴夹角 $\varphi_a=\dfrac{(2k+1)\pi}{n-m}=\pm 60°, 180°$

(4) 求与虚轴的交点

系统的特征方程为

$$D(s)=s(s^2+2s+2)+K=s^3+2s^2+2s+K=0$$

系统为三阶系统

列劳斯表

$$
\begin{array}{c|cc}
s^3 & 1 & K \\
s^2 & 2 & K \\
s^1 & \dfrac{4-K}{2} & 0 \\
s^0 & K &
\end{array}
$$

临界稳定时，$\dfrac{4-K}{2}=0$，　解得 $K=4$

建立辅助方程 $2s^2+K=0$，　解得 $s=\pm \mathrm{j}\sqrt{2}$

（5）出射角

$$\theta_{pi}=(2k+1)\pi+\sum_{j=1}^{m}\angle(p_i-z_j)-\sum_{\substack{l=1\\ l\neq i}}^{n}\angle(p_i-p_l)=(2k+1)\pi-135^\circ-90^\circ$$

$k=0$ 时，$\theta_{p2}=-45^\circ$，因为 p_2 与 p_3 共轭，所以 $\theta_{p3}=45^\circ$

绘制根轨迹图如图 7-6 所示。

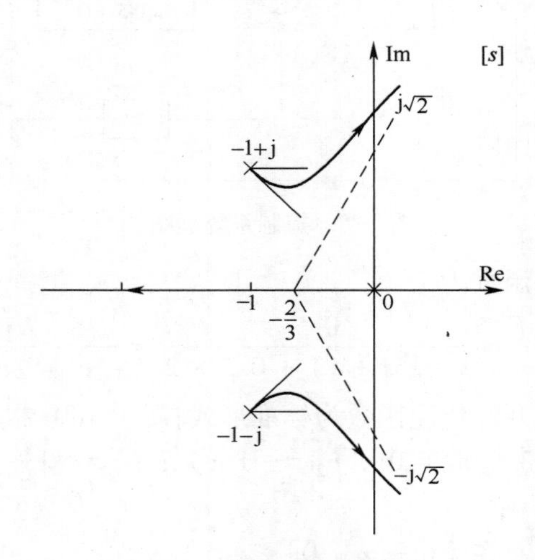

图 7-6　例 7-3 根轨迹图

例 7-4　已知系统的结构框图如图 7-7 所示，绘制系统根轨迹图，并确定系统特征根为实根时的开环增益 K。

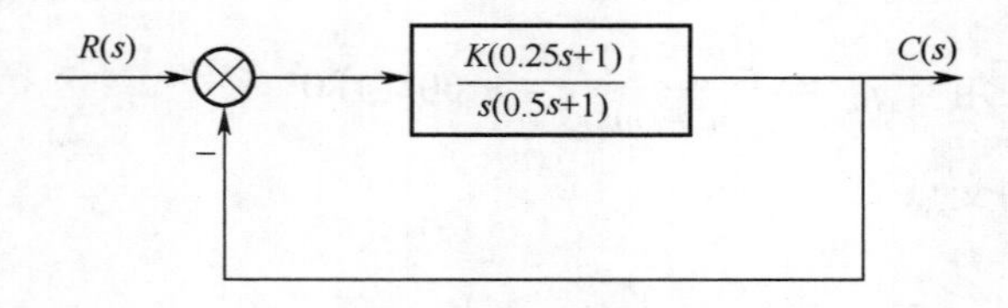

图 7-7　例 7-4 结构框图

解　系统的开环传递函数为

$$G(s)H(s)=\frac{K(0.25s+1)}{s(0.5s+1)}=\frac{K^*(s+4)}{s(s+2)}$$

其中，$K^* = 0.5K$。

系统为负反馈且开环传递函数为标准形式，属于 180° 根轨迹。

(1) 开环极点数目 $n = 2\ ,\ p_1 = 0\ ,\ p_2 = -2$

开环零点数目 $m = 1\ ,\ z_1 = -4$

(2) 实轴上的根轨迹分布在 $(\infty,-4]$ 和 $[-2,0]$。

(3) 渐近线条数 $n - m = 1$

渐近线与实轴的夹角 $\varphi_a = \dfrac{(2k+1)\pi}{n-m} = 180°$。

(4) 求分离点 d

根据分离点公式
$$\sum_{i=1}^{n}\frac{1}{d-p_i} = \sum_{j=1}^{m}\frac{1}{d-z_j}$$
$$\frac{1}{d} + \frac{1}{d+2} = \frac{1}{d+4}$$

解得
$$d_1 = -6.828(\text{会合点}),\quad d_2 = -1.172(\text{分离点})$$

该系统根轨迹为圆，是以 $(-4,0)$ 为圆心，半径为 2.828 的圆。绘制系统根轨迹如图7-8 所示。

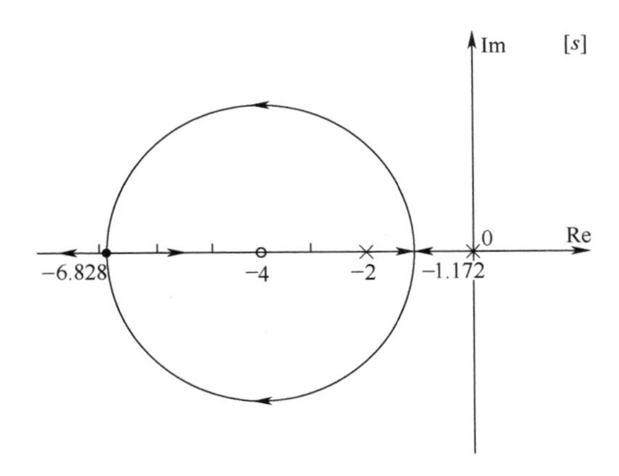

图 7-8 例 7-4 系统根轨迹图

临界阻尼时，根轨迹位于重根点处。

当 $s_1 = d_1 = -6.828$ 时，可得
$$K^* = \left.\frac{|s_1|\cdot|s_1+2|}{|s_1+4|}\right|_{s_1=-6.628} = 11.657\text{，即 } K = \frac{K^*}{0.5} = 23.314$$

当 $s_2 = d_2 = -1.172$ 时，可得
$$K^* = \left.\frac{|s_1|\cdot|s_1+2|}{|s_1+4|}\right|_{s_2=-1.172} = 0.343\text{，即 } K = \frac{K^*}{0.5} = 0.686$$

所以，当 $0 \leqslant K \leqslant 0.686$ 和 $K \geqslant 23.314$ 时，系统特征根都是实根。

例 7-5 设单位负反馈控制系统的开环传递函数为 $G(s) = \dfrac{K^*}{s^2(s+2)}$，试绘制该系统的根轨迹。

解 （1）开环极点数目 $n=3,\ p_1=0,\ p_2=0,\ p_3=-2$

开环零点数目 $m=0$

（2）实轴上的根轨迹分布在 $(-\infty,-2]$

（3）渐近线条数 $n-m=3$

渐近线与实轴的夹角 $\varphi_a=\dfrac{(2k+1)\pi}{n-m}=\pm 60^\circ, 180^\circ$

渐近线与实轴的交点 $\sigma_a=\dfrac{\sum_{j=1}^{n}p_j-\sum_{i=1}^{m}z_i}{n-m}=\dfrac{0+0-2-0}{3}=-0.67$

（4）求分离点 d

根据分离点公式 $\sum_{i=1}^{n}\dfrac{1}{d-p_i}=\sum_{j=1}^{m}\dfrac{1}{d-z_j}$

$$\frac{1}{d}+\frac{1}{d}+\frac{1}{d+2}=0$$

解得

$$d=-1.34\ (\text{舍去})$$

闭环根轨迹图如图 7-9 所示。

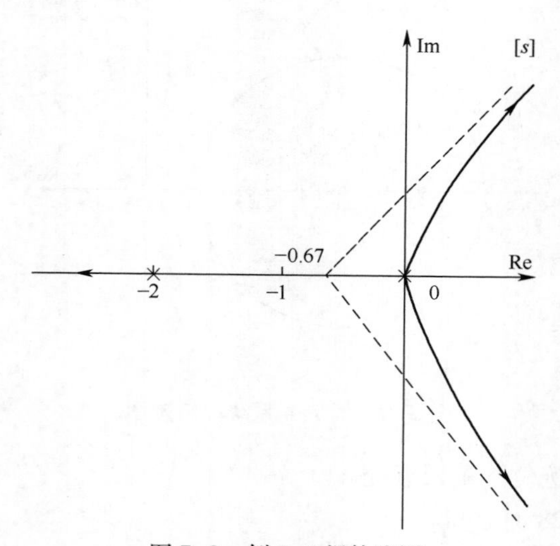

图 7-9 例 7-5 根轨迹图

例 7-6 试绘制图 7-10 所示非最小相位系统以 K 为参变量的根轨迹图。

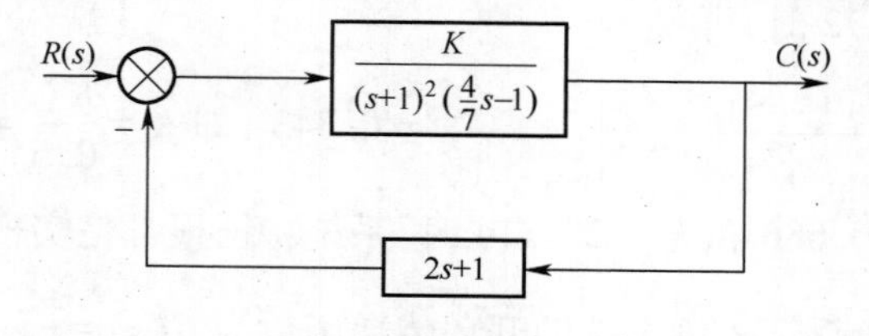

图 7-10 例 7-6 系统方框图

解　系统开环传递函数为

$$G(s)H(s)=\frac{K^{*}(2s+1)}{(s+1)^{2}\left(\frac{4}{7}s-1\right)}=\frac{3.5K(s+0.5)}{(s+1)^{2}(s-1.75)}$$

（1）开环极点数目　　$n=3$，$p_1=p_2=-1$，$p_3=1.75$；

　　开环零点数目　　$m=1$，$z_1=-0.5$

（2）实轴上的根轨迹分布在$[-0.5, 1.75]$。

（3）渐近线条数　　$n-m=2$

渐近线与实轴的夹角　　$\varphi_a=\dfrac{(2k+1)\pi}{n-m}=\pm 90°$

渐近线与实轴的交点　　$\sigma_a=\dfrac{\sum_{j=1}^{n}p_j-\sum_{i=1}^{m}z_i}{n-m}=\dfrac{-1+(-1)+1.75-(-0.5)}{2}$

$=0.125$

（4）求与虚轴的交点

系统的特征方程为

$$\begin{aligned}D(s)&=(s+1)^{2}(s-1.75)+3.5K(s+0.5)\\&=s^{3}+0.25s^{2}+(3.5K-2.5)s+1.75K-1.75\\&=0\end{aligned}$$

此为三阶系统,临界稳定时

$$0.25\times(3.5K-2.5)=1.75K-1.75$$

交点处　　$K=1.286$

由辅助方程　　$0.25s^{2}+0.5=0$

根轨迹于虚轴交点 $s=\pm \mathrm{j}\sqrt{2}$，如图 7-11 所示。

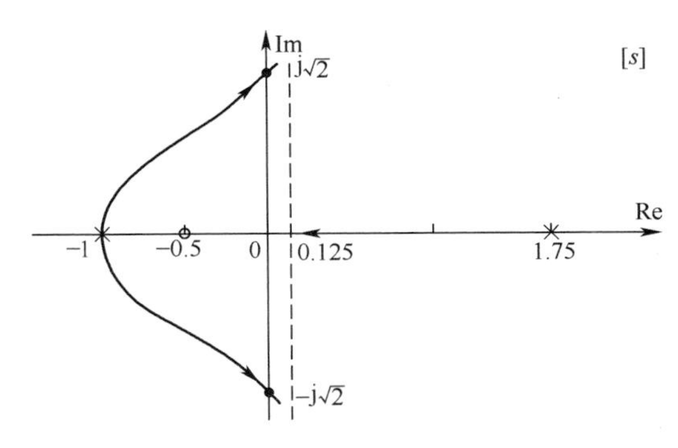

图 7-11　例 7-6 根轨迹图

7.3　参数根轨迹

前面讨论了开环增益 K 变化时系统的根轨迹(常规根轨迹)，可是在许多控制系统的设计问题中,我们常常还需要研究其他参数(某些开环零极点以及附加校正环节的某些参数等)变化对于闭环特征方程的影响,即参数根轨迹。

绘制参数根轨迹的方法与绘制常规根轨迹的规则相同,但在绘制参数根轨迹之前,需将控制系统的特征方程进行等效变换,将其写成符合于以非开环增益系数的待定系数 A 为可变参数时的标准形式,即

$$A\frac{M(s)}{N(s)}=-1 \tag{7-40}$$

式中: $M(s)$ 、$N(s)$ 都是复变量 s 的多项式;A 为可变参数; $A\frac{M(s)}{N(s)}$ 为系统的等效开环传递函数, 等效是指系统的特征方程相同意义的等效, 即它们必须满足方程:

$$N(s)+AM(s)=1+G(s)H(s)=0 \tag{7-41}$$

根据等效开环传递函数 $A\frac{M(s)}{N(s)}$,按照前述的根轨迹规则,就可以绘制出 A 为变量的参数根轨迹。

参数根轨迹和常规根轨迹一样,只能确定控制系统闭环极点的近似分布。

例 7-7 设系统的结构如图 7-12 所示,图中参数 K_1 为测速反馈系数。试绘制 K_1 由 $0\to\infty$ 时的根轨迹。

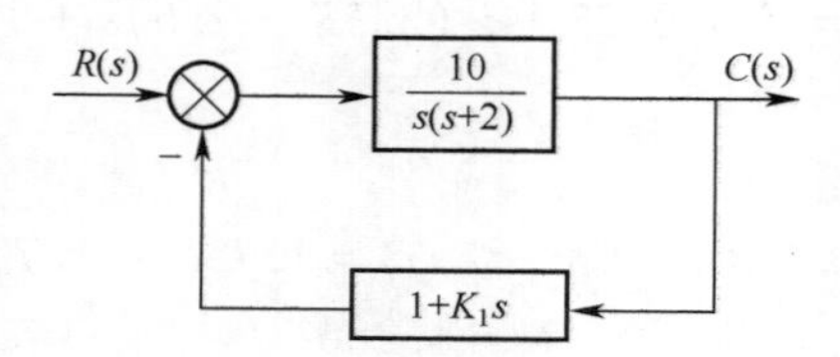

图 7-12 例 7-7 系统框图

解 由图 7-12 得控制系统的开环传递函数为

$$G(s)H(s)=\frac{10(1+K_1s)}{s(s+2)}$$

本例中变参数并非系统的开环增益,因而 7.2 节有关增益变化时根轨迹的绘制法则则不能直接应用。但是,只要对闭环系统的特征方程式进行适当地变换,找到一个等效的开环传递函数,使 K_1 成为等效开环传递函数的增益,那么,根轨迹的绘制就迎刃而解了。

原系统的闭环特征方程式为

$$s^2+2s+10+10K_1s=0$$

用不含 K_1 的各项去除特征方程,得

$$1+\frac{10K_1s}{s^2+2s+10}=0$$

令

$$G_1(s)H_1(s)=\frac{10K_1s}{s^2+2s+10}=\frac{K_1^*s}{(s+1+j3)(s+1-j3)}$$

式中:$K_1^*=10K_1$。

则 $G_1(s)H_1(s)$ 即为等效开环传递函数。用它构造一个新系统,如图 7-13 所示,则新系统与原系统具有相同的闭环特征方程,而新系统的开环增益与原系统的参数 K_1 只存在倍数关系。

根据 $G_1(s)H_1(s)$ 的零极点分布,作 K_1^* 由零变化到无穷时的根轨迹,根据放大倍数关系到原系统测速反馈系数 K_1 变化的根轨迹如图 7-14 所示。

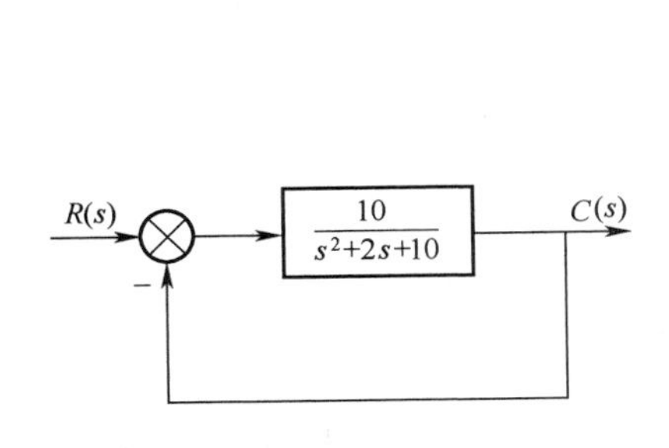

图 7-13　例 7-7 新系统框图

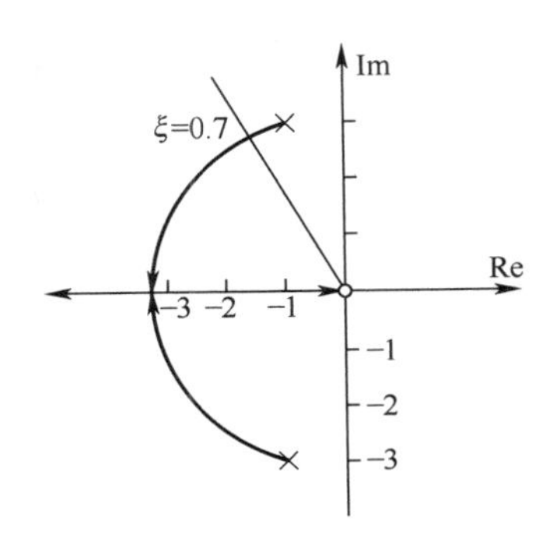

图 7-14　参数 K_1 变化时的根轨迹

由图 7-14 可以看出,当 K_1 很小时,闭环的一对共轭复数极点离虚轴较近,系统阶跃响应的超调量较大,振荡较强,这是因为 K_1 很小时,系统的速度反馈信号很弱,阻尼程度不够。当 K_1 加大时,系统阻尼加强,振荡减弱,超调量减小,性能得到改善。当 $K_1 > 0.43$ 时,两个闭环极点为负实数,系统处于过阻尼状态,阶跃响应应具有周期性。

7.4　多回路根轨迹

根轨迹不仅适用于单回路系统,对于多回路系统也同样适用。在绘制多回路系统时,首先根据内反馈回路的开环传递函数,绘制内反馈回路的根轨迹,确定内反馈回路的极点分布,然后由内反馈回路的零、极点和内回路外的零、极点构成整个多回路系统的开环零、极点。再按照单回路系统的根轨迹绘制法则,绘制整个系统的根轨迹。需要指出,这样绘制出来的根轨迹只能确定多回路系统极点的分布,而多回路系统的零点还需要根据多回路系统闭环传递函数来确定。

系统内环为局部负反馈回路,结合例进行分析。

例 7-8　设控制系统的结构如图 7-15 所示,试绘制多回路系统的根轨迹。

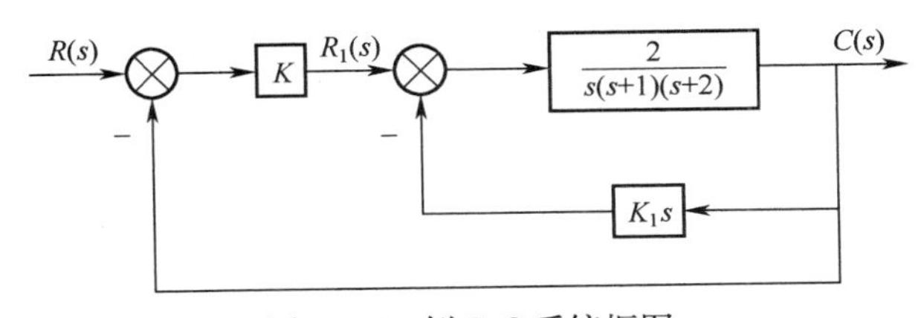

图 7-15　例 7-8 系统框图

解　确定内反馈回路的根轨迹

内反馈回路闭环传递函数为

$$\frac{C(s)}{R_1(s)}=\frac{2}{s(s+1)(s+2)+2K_1 s}$$

则其特征方程为

$$D_1(s)=s(s+1)(s+2)+2K_1 s=0$$

绘制当参数 K_1 变化时系统特征方程的根轨迹，需要根据 $D_1(s)$ 构造一个新系统，使新系统的特征方程与 $D_1(s)$ 一样，而参数 K_1 应相当于开环增益，所以新系统的开环传递函数应为

$$G_1(s)H_1(s)=\frac{2K_1 s}{s(s+1)(s+2)}=\frac{K_1^* s}{s(s+1)(s+2)}$$

式中：$K_1^*=2K_1$。

内回路开环有三个极点：$p_1=0$，$p_2=-1 p_3=-2$

一个零点：$z_1=0$

其中一个开环零点与一个开环极点完全相等。在绘制根轨迹时，开环传递函数的分子分母中若有相同因子时，不能相消，相消后将会丢掉闭环极点。而实际上将一对靠得很近的闭环零、极点称为偶极子。偶极子这个概念对控制系统的综合设计是很有用的，可以有意识地在系统中加入适当的零点，以抵消对动态过程影响较大的不利极点，使系统的动态过程获得改善。工程上，某极点 p_j 与某零点 z_i 之间的距离比它们的模值小一个数量级，就可认为这对零极点为偶极子。

内回路当 K_1^* 由 $0\to\infty$ 变化时的根轨迹见图 7-16 所示。

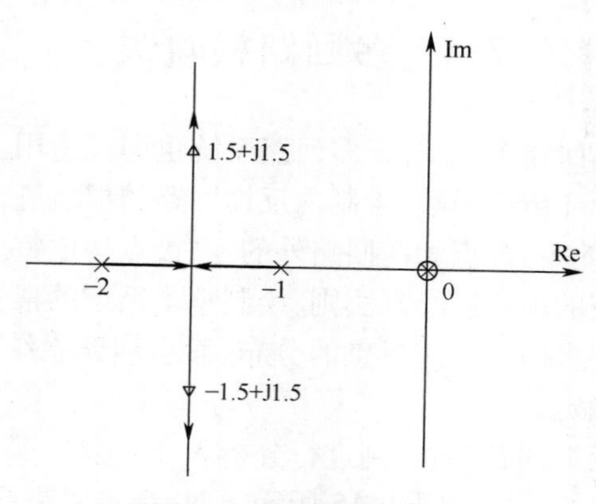

图 7-16　内回路根轨迹

当 $K_1^*=2.5$，$K_1=1.25$ 时，对应的内回路闭环极点分别为 $p_1'=0$，$p_{2,3}'=-1.5\pm j1.5$

$$\frac{C(s)}{R_1(s)}=\frac{2}{s(s+1.5+j1.5)(s+1.5-j1.5)}$$

内回路闭环零、极点确定后，再绘制 K 由 $0\to\infty$ 的多回路系统根轨迹。

多回路系统的开环传递函数应为

$$G(s)H(s)=\frac{2K}{s(s+1.5+j1.5)(s+1.5-j1.5)}=\frac{K^*}{s(s+1.5+j1.5)(s+1.5-j1.5)}$$

式中：$K^*=2K$。

（1）整个负实轴为根轨迹段

（2）渐近线

$$\varphi_a = \frac{(2k+1)\pi}{n-m} = \{60°, 180°, -60°\}$$

$$\sigma_a = \frac{(-1.5 - \mathrm{j}1.5) + (-1.5 + \mathrm{j}1.5)}{3} = -1$$

（3）起始角

$$\theta_{pi} = (2k+1)\pi - 135° - 90°$$

取 $k=0$，$\theta_{p2} = -45°$。因为 p_2 与 p_3 共轭，所以 $\theta_{p2} = 45°$。

（4）求与虚轴的交点

$$D(\mathrm{j}\omega) = s(s + 1.5 + \mathrm{j}1.5)(s + 1.5 - \mathrm{j}1.5) + K^* = 0$$

令 $s = \mathrm{j}\omega$，则有 $\omega_1 = 0$，$\omega_{2,3} = \pm 2.12$

$$K^* = 13.5 \text{ , } K = 6.25$$

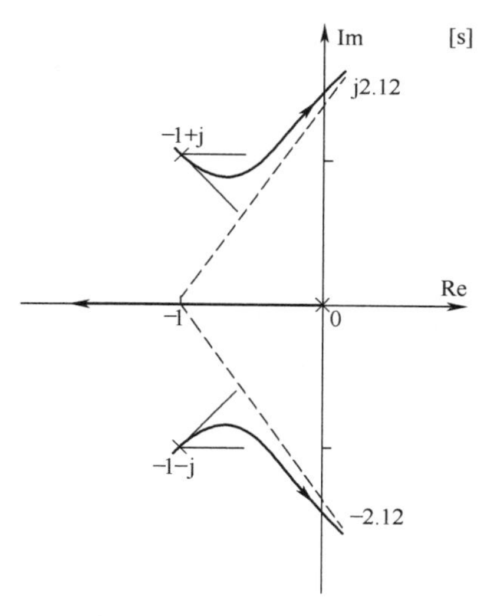

图 7-17　多回路系统根轨迹

多回路系统根轨迹见图 7-17 所示。从根轨迹图可看出，当 $K_1 = 1.25$，$K > 6.75$ 时，此时多回路系统将有两个闭环极点分布在 s 平面的右半部，系统变为不稳定。

7.5　零度根轨迹

零度根轨迹就是相角条件式（7-11）中相角遵循的不是 $(2k+1)\pi$ 的条件，而 $(2k+0)\pi$。零度根轨迹的来源有两个方面：其一是非最小相位系统（在 s 平面上有开环右极点或右零点的系统）；其二是控制系统中包含有局部正反馈的回路。下面对其进行分别讨论。

7.5.1　局部正反馈回路的根轨迹

在复杂的控制系统中，可能出现局部正反馈结构。这种正反馈的结构可能是控制系统本身的特性，也可能是为满足系统的某种性能要求在设计系统时加进去的。具有局部正反馈的系统可以由主回路的负反馈使之稳定。

局部正反馈回路的闭环传递函数

$$\frac{C(s)}{R_1(s)}=\frac{G(s)}{1-G(s)H(s)} \tag{7-42}$$

其特征方程为

$$1-G(s)H(s)=0 \tag{7-43}$$

$$G(s)H(s)=1 \tag{7-44}$$

其幅值条件与相角条件分别为

$$G(s)H(s)=1 \tag{7-45}$$

$$\angle G(s)H(s)=\sum_{j=1}^{m}\angle(s-z_j)-\sum_{i=1}^{n}\angle(s-p_i)=(2k)\pi \quad k=0,\ \pm 1,\ \pm 2,\cdots \tag{7-46}$$

式(7-45)和式(7-46)是满足特征方程的幅值条件和相角条件，是绘制根轨迹的依据。在 s 平面上的任一点，凡能满足上述幅值条件和相角条件的，就是系统特征方程的根，就必定在根轨迹上。

可以看出，绘制根轨迹的幅值条件没变，但相角条件变了。对于负反馈系统的相角条件是 180° 等相角条件，正反馈控制系统则是 0° 等相角条件。所以通常称负反馈系统的根轨迹为 180° 根轨迹，正反馈系统的根轨迹为零度根轨迹。

根据相角条件，在绘制正反馈回路的根轨迹时，需对前述规则做相应的修改。

(1) 实轴上的根轨迹：实轴上根轨迹右侧的零点、极点之和应是偶数。

(2) 根轨迹的渐近线：倾角 $\varphi_a=\dfrac{2k\pi}{n-m} \quad k=0,\ \pm 1,\ \pm 2,\cdots$ (7-47)

(3) 根轨迹的出射角与入射角：

从开环极点 p_i 出发的根轨迹，其出射角为

$$\theta_{pi}=(2k)\pi+\phi_{pi} \quad k=0,\ \pm 1,\ \pm 2,\cdots \tag{7-48}$$

$$\varphi_{pi}=\sum_{j=1}^{m}\angle(p_i-z_j)-\sum_{\substack{l=1\\ l\neq i}}^{n}\angle(p_i-p_l) \tag{7-49}$$

式中：φ_{pi} 为开环零点和除开环极点 p_i 以外的其他开环极点引向极点 p_i 的向量幅角之净值。

根轨迹到达开环零点 z_i 的入射角为

$$\theta_{zi}=(2k)\pi-\phi_{zi} \tag{7-50}$$

$$\phi_{zi}=\sum_{\substack{j=1\\ j\neq i}}^{m}\angle(z_i-z_j)-\sum_{l=1}^{n}\angle(z_i-p_l) \tag{7-51}$$

式中：ϕ_{zi} 为除开环零点 z_i 以外的其他开环零点和开环极点往该零点 z_i 所引矢量的幅角之净值。

除此之外，其他规则均适用。

例 7-8 已知某正反馈系统开环传递函数为

$$G(s)H(s)=\frac{K^*}{(s+1)(s-1)\ (s+4)^2}$$

试绘制系统当 K^* 由 $0\rightarrow+\infty$ 变化时系统的根轨迹。

解 该系统的特征方程为

$$1-G(s)H(s)=s^4+8s^3+15s^2-8s-16-K^*=0$$

（1）方程为4阶，因此根轨迹有4条分支；

（2）系统有四个开环极点，即 $p_1=-1, p_2=1, p_3=p_4=-4$。$n=4, m=0$；

（3）根轨迹的4个分支连续并且对称于实轴；

（4）零极点分布图如图7-18所示。

实轴上有根轨迹的区段在 $(-\infty,-4]$，$[-4,-1]$，$[1,+\infty)$ 三段。在此，0被认为是偶数。

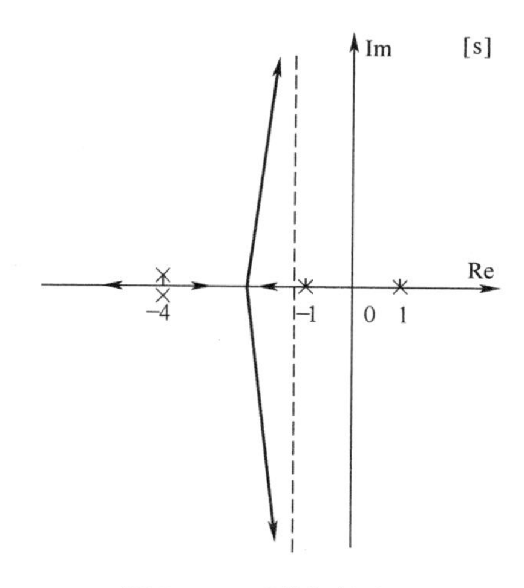

图7-18　系统根轨迹图

（5）根轨迹分离点的计算 $\left.\frac{\mathrm{d}K^*}{\mathrm{d}s}\right|_{s=d}=0$

代入数据整理得　　$4d^3+24d^2+30d-8=0$

应用MTALAB指令roots[4,24,30,-8]可求得分离点坐标为 $d=-2.225$。

（6）渐近线与实轴的交点为

$$\sigma_a=\frac{\sum_{j=1}^{n}p_j-\sum_{i=1}^{m}z_i}{n-m}=\frac{-1+1+(-4)+(-4)}{4}=-2$$

与实轴的夹角为

$$\varphi_a=\frac{2k\pi}{n-m}=0°,\ \pm90°,\ \pm180°,\ \pm270°$$

（7）系统没有复数零极点，所以出射角和入射角就不需计算了。

（8）根轨迹与虚轴的交点。

将 $s=\mathrm{j}\omega$ 代入系统特征方程中，得到

$$\omega^4-\mathrm{j}8\omega^3-15\omega^2-\mathrm{j}8\omega-16-K^*=0$$

实部方程与虚部方程

$$\omega^4 - 15\omega^2 - 16 - K^* = 0$$

$$-8\omega^3 - 8\omega = 0$$

解得 $\omega = 0, \omega = \pm j$（舍去）

将 $\omega = 0$ 代入实部方程得 $K^* = -16$，不符合题意，因此根轨迹与虚轴无交点。

综合以上分析，可绘制出根轨迹如图 7-18 所示。

7.5.2 非最小相位系统零度根轨迹

如果非最小相位系统包含 s 的最高次幂为负系数的因子，则其根轨迹的相角条件为式(7-46)的形式，因而绘制的也是零度根轨迹。

例 7-9 图 7-19 所示为一非最小相位系统，试绘制其根轨迹图。

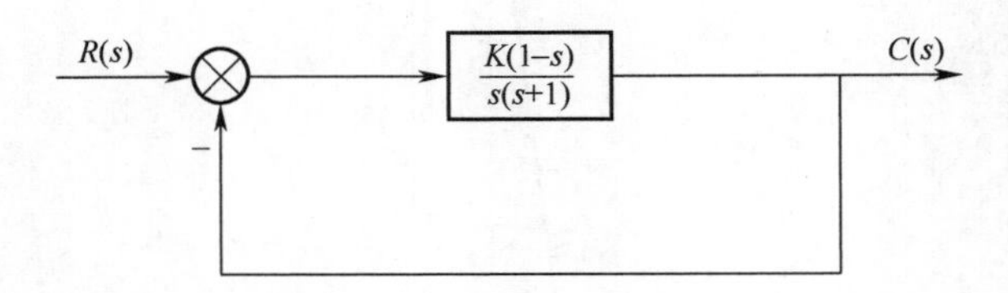

图 7-19 系统框图

解 其开环传递函数为

$$G_k(s) = \frac{K(1-s)}{s(s+1)} \tag{7-52}$$

可知幅值条件与常规根轨迹相同，而相角条件如下：

$$\angle G_k(s) = \pi + \angle \frac{K(s-1)}{s(s+1)} = (2k+1)\pi \qquad k = 0, \pm 1, \pm 2, \cdots$$

$$\angle \frac{K(s-1)}{s(s+1)} = 2k\pi \qquad k = 0, \pm 1, \pm 2, \cdots \tag{7-53}$$

因而相角条件实际上是遵循零度根轨迹相角条件，其根轨迹的绘制如图 7-20 所示。

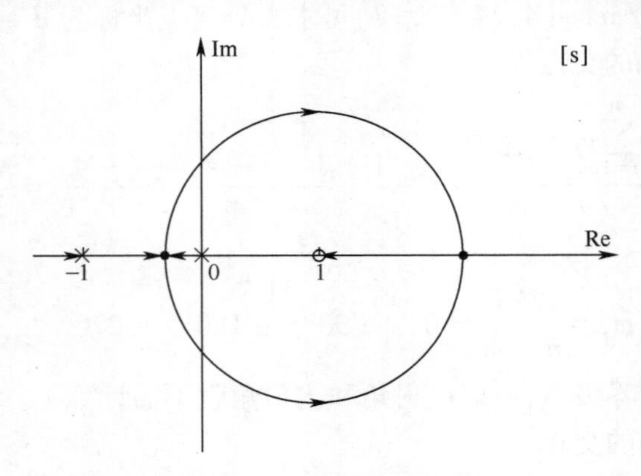

图 7-20 例 7-9 根轨迹图

7.6 延迟系统根轨迹

实际的控制系统都或多或少具有延迟特性。延迟系统是指控制系统的开环传递函数中含有纯延迟环节 $e^{-\tau s}$ 的系统,则这种系统就是具有纯延迟的系统(或称作滞后系统)。纯延迟的存在,使系统的传递函数为超越函数,因而用时域分析法分析系统就非常困难。本节介绍用根轨迹分析延迟系统的性能。

延迟系统的根轨迹,比一般系统的根轨迹更为复杂,根轨迹的条件式和绘制根轨迹的方法都有其特殊性。

延迟系统的方框图如图 7-21 所示。

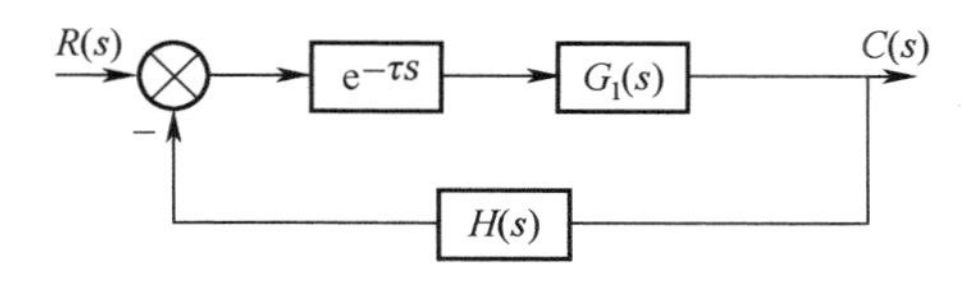

图 7-21 延迟系统方框图

系统的闭环传递函数为

$$\frac{C(s)}{R(s)}=\frac{e^{-\tau s}}{1+e^{-\tau s}G(s)} \tag{7-54}$$

其特征方程为

$$1+e^{-\tau s}G(s)=0 \tag{7-55}$$

式(7-55)是复变量 s 的超越函数,特征方程的根不再是有限多个,而是无限多个。这是延迟系统的一个重要特点。

将式(7-55)中的指数函数 $e^{-\tau s}$ 展开为幂级数,即

$$e^{-\tau s}=\frac{1}{e^{\tau s}}=\frac{1}{1+\tau s+\frac{\tau^2}{2!}s^2+\cdots} \tag{7-56}$$

$$或\ e^{-\tau s}=1-\tau s+\frac{1}{2!}(\tau s)^2-\frac{1}{3!}(\tau s)^3+\cdots \tag{7-57}$$

在一定条件下,如果只取级数的前两项,上式可近似地写成

$$e^{-\tau s}\approx\frac{1}{1+\tau s}\ 或\ e^{-\tau s}=1-\tau s \tag{7-58}$$

若将式(7-58)代入式(7-55),则延迟系统的特征方程可以近似的化为代数方程,这样就可以用前面介绍的方法绘制其根轨迹。但是,这种近似方法有很大的局限性。在有些情况下,例如当开环增益较大时,采用上述近似方法往往误差很大。这就需要进一步进行考虑纯延迟系统根轨迹的特殊性。

7.6.1 绘制延迟系统根轨迹的条件

由前述可知,延迟系统的特征方程式(7-55)可写为

$$e^{-\tau s}G(s)=-1, \tag{7-59}$$

而 $s=\sigma+\mathrm{j}\omega$ $\qquad \mathrm{e}^{-\tau s}=\mathrm{e}^{-\tau(\sigma+\mathrm{j}\omega)}=\mathrm{e}^{-\tau\sigma}\cdot\mathrm{e}^{-\mathrm{j}\omega\tau}=\mathrm{e}^{-\sigma\tau}\angle\varphi_\tau$ (7-60)

式中：$\varphi_\tau=-\omega\tau$。

我们知道

$$G(s)=K_1\frac{\prod_{i=1}^{m}(s-z_i)}{\prod_{j=1}^{n}(s-p_j)} \tag{7-61}$$

将式(7-60)、式(7-61)代入式(7-59)中，可得到幅值条件和相角条件如下

$$K_1\frac{\prod_{i=1}^{m}|s-z_i|}{\prod_{j=1}^{n}|s-p_j|}\mathrm{e}^{-\tau s}=1 \tag{7-62}$$

$$\sum_{i=1}^{m}\angle(s-z_i)-\sum_{j=1}^{n}\angle(s-p_j)=(2k+1)\pi+\omega\tau \qquad k=0,\ \pm1,\ \pm2,\cdots \tag{7-63}$$

从式(7-62) 和式(7-63) 可以看出，

$\tau=0$ 时，幅值条件和相角条件等同于一般系统；$\tau\neq0$ 时，特征根 $s=\sigma+\mathrm{j}\omega$ 的实部将影响幅值，而相角条件也不是 180° 等相角条件，而是 ω 的函数，并且和 k 值相关。

当 $k=0$ 时，相角条件为

$$\sum_{i=1}^{m}\angle(s-z_i)-\sum_{j=1}^{n}\angle(s-p_j)=\pi+\omega\tau$$

当 $k=1$ 时，相角条件变为

$$\sum_{i=1}^{m}\angle(s-z_i)-\sum_{j=1}^{n}\angle(s-p_j)=3\pi+\omega\tau$$

当 $k=-1$ 时，相角条件变为

$$\sum_{i=1}^{m}\angle(s-z_i)-\sum_{j=1}^{n}\angle(s-p_j)=-\pi+\omega\tau$$

显然，当 k 值从 $0,\ \pm1,\ \pm2,\cdots$ 变到 ∞ 时，相角条件的值有无穷多个。因此，对应于一定的 K_1 值，同时满足幅值条件和相角条件的复平面上的点有无穷多个，即延迟系统的根轨迹有无穷多支。

7.6.2 绘制延迟系统根轨迹的基本规则

规则 1 根轨迹的分支数

由于 $\mathrm{e}^{-\tau s}$ 是超越函数，可展开为无穷级数

$$\mathrm{e}^{-\tau s}=\sum_{r=1}^{\infty}\frac{(-\tau s)^r}{r!}$$

由式(7-55)可知，特征方程的根不再为有限多个，因而根轨迹有无穷多个分支。

规则 2 根轨迹的连续性与对称性

由前述可知，将 $\mathrm{e}^{-\tau s}$ 展开成无穷级数，则延迟系统的特征方程变为具有实数阶数，且

其阶数为无穷大的多项式方程，其根随参量连续变化，且对称于实轴。

规则 3 根轨迹的起点和终点

由式(7-62)描述的幅值条件：

当 $K_1=0$ 时，延迟系统的根轨迹起始于有限多个开环极点 p_i 以及无限多个位于 $\sigma=-\infty$ 的无限开环极点，其虚部可由渐近线确定；当 $K_1=\infty$ 时，根轨迹终于有限多个开环零点 z_j 以及无限多个位于 $\sigma=\infty$ 的无限开环零点，其虚部可由渐近线确定。

规则 4 实轴上的根轨迹

因为实轴上的根 $\omega=0$，因而相角条件与一般系统相同，即延迟环节不影响实轴上的根轨迹。实轴上的根轨迹存在的条件是，某线段右边开环零极点数目之和为奇数。

规则 5 根轨迹的渐近线

延迟系统根轨迹的渐近线有无穷多条，且都平行于 s 平面的实轴。渐近线与虚轴的交点 ω 由相角条件确定：

延迟系统根轨迹的渐进线有无穷多条，这是由超越方程决定的。在根轨迹上，当 $s\to\infty$ 时，$K_1\to 0$ 或 $K_1\to\infty$。根据规则 3，当 $K_1=0$ 时，渐近线是在 $\sigma=-\infty$，当 $K_1=\infty$ 时，渐近线是在 $\sigma=\infty$。因此，每条渐近线均与实轴平行，它们与虚轴的交点的 ω 值，是根据相角条件得到的。

规则 6 根轨迹的分离点

延迟系统根轨迹的分离点必须满足方程

$$\frac{\mathrm{d}e^{-\tau s}G(s)}{\mathrm{d}s}=0$$

规则 7 根轨迹的出射角与入射角

根据相角条件式(7-63)，延迟系统离开复数极点的出射角 θ_{pk} 和进入复数极点的入射角 θ_{zk} 应为

$$\begin{cases}\theta_{pk}=(\pi-\omega\tau)+\left[\sum\limits_{j=1}^{m}\angle(p_k-z_j)-\sum\limits_{\substack{l=1\\l\neq k}}^{n}(p_k-p_l)\right]\\ \theta_{zk}=(\pi+\omega\tau)+\left[\sum\limits_{\substack{i=1\\j\neq k}}^{m}\angle(z_k-z_j)-\sum\limits_{l=1}^{n}(z_k-p_l)\right]\end{cases}\tag{7-64}$$

规则 8 根轨迹与虚轴的交点

由于特征方程式(7-55)为超越方程，所以不能用劳斯判据计算根轨迹与虚轴的交点，而应按相角条件式(7-63)计算，令 $s=j\omega$，得根轨迹与虚轴的交点应满足

$$\sum_{j=1}^{m}\arctan\frac{\omega}{z_j}-\sum_{i=1}^{n}\arctan\frac{\omega}{p_i}=(2k+1)\pi+\omega\tau\tag{7-65}$$

至于根轨迹与虚轴相交时的临界根轨迹增益，可按幅值条件式(7-62)计算。令式(7-62)中 $s=\mathrm{j}\omega$，即 $\sigma=0$，得

$$K^*=\left|\frac{\prod\limits_{j=1}^{n}(\mathrm{j}\omega-p_j)}{\prod\limits_{i=1}^{m}(\mathrm{j}\omega-z_i)}\right|\tag{7-66}$$

例 7-10 设延迟系统的开环传递函数为

$$G(s)\mathrm{e}^{-\tau s} = \frac{K_1 \mathrm{e}^{-\tau s}}{s + 1}$$

试绘制该系统的根轨迹:

解 给定系统的特征方程为

$$1 + G(s)\mathrm{e}^{-\tau s} = 0$$

$$1 + \frac{K_1 \mathrm{e}^{-\tau s}}{s + 1} = 0$$

绘制根轨迹的相角条件为

$$-\omega\tau - \angle(s + 1) = (2k + 1)\pi \qquad k = 0,\ \pm 1,\ \pm 2,\ \pm 3, \cdots$$

(1) $K_1 = 0$ 时系统根轨迹从 $p_1 = -1$ 和 $\sigma = -\infty$ 处出发; $K_1 \to \infty$ 时,根轨迹趋向无穷远处(给定开环传递函数没有零点)。

(2) 在实轴上从$-1 \sim -\infty$的线段上存在根轨迹

(3) 可以确定根轨迹的渐近线及其与虚轴的交点。

按相角条件可以绘制复平面上的根轨迹。下面说明一下最靠近实轴处主根轨迹的绘制方法。

设 $k = 0$,相角条件化为 $\angle(s + 1) = \pi - \omega\tau$ 。

为了求主根轨迹,可先选一点 $\omega = \omega_1$,并计算出 K^* 的值。其次在开环极点 $p_1 = -1$ 处,作一条与实轴夹角为 $\angle(s + 1) = \pi - \omega\tau$ 的直线。此线与水平线 $\omega = \omega_1$ 的交点满足了上述相角条件,所以必然是根轨迹上的一点。然后再选择 $\omega = \omega_2$,依次类推,可以逐点绘出根轨迹图。当 $k = 0$ 时,根轨迹与虚轴的交点可由式(7-65)求的,即

$$\arctan\omega = \pi - \omega\tau$$

得到 $\omega = 2.03$,代入式(7-66),可求的临界根轨迹增益 $K^* = 2.26$。

设 $\tau = 1, k = 0,1,2$ 可以绘出系统的根轨迹如图 7-22 所示

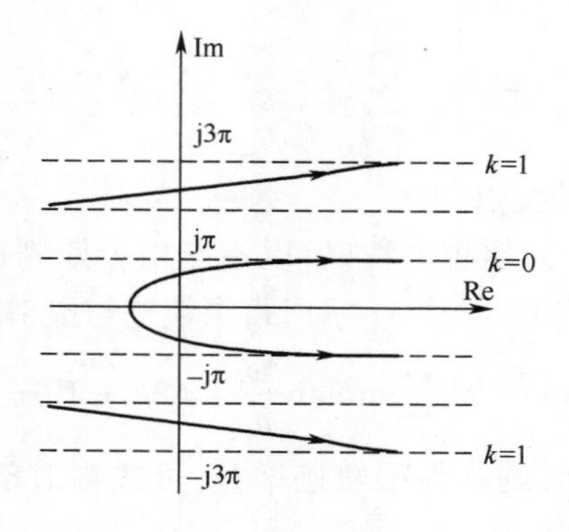

图 7-22 例 7-10 延迟环节系统根轨迹

在图 7-22 中,对于 $k = 0$ 的根轨迹称为主根轨迹,对应于 $k = 0,\ \pm 1,\ \pm 2, \cdots$ 的根轨迹称为辅助根轨迹。在研究延迟系统时,通常主要依据 $k = 0$ 的主根轨迹。

7.7 控制系统根轨迹分析方法

根轨迹法在系统分析中的应用是多方面的,例如根据性能要求确定系统参数;在参数已知的情况下分析系统的动态性能和稳态性能;对于高阶系统,运用“主导极点”概念,快速确定系统的基本特性。分析参数变化对系统特性的影响(即系统特性对参数变化的敏感度和添加零,极点对根轨迹的影响)等。

7.7.1 利用根轨迹确定系统参数

首先讨论当闭环特征根已经选定在根轨迹的某特定位置时如何确定应取的参数值。由根轨迹的幅值条件,所有在根轨迹上的点必须满足式(7-12)中的幅值条件:

$$\frac{K^* \prod_{i=1}^{m} |s - z_i|}{\prod_{j=1}^{n} |s - p_j|} = 1$$

因此根据要求的闭环极点可以由此求得应取的 K^* 值。

例 7-11 已知开环传递函数

$$G(s)H(s) = \frac{K^*}{s(s+1)(s+2)}$$

试绘制其根轨迹,并确定使闭环系统的一对共轭复数主导极点的阻尼比 $\xi = 0.5$ 的 K^* 值。

解 对于上述给定系统,其幅角条件为

$$\begin{aligned}\angle G(s)H(s) &= \angle \frac{2K}{s(s+1)(s+2)} \\ &= -\angle s - \angle(s+1) - \angle(s+2) \\ &= (2k+1)\pi \qquad k = 0,\ \pm 1,\ \pm 2, \cdots\end{aligned}$$

其幅值条件为 $$|G(s)H(s)| = \left|\frac{K^*}{s(s+1)(s+2)}\right| = 1$$

绘制根轨迹的典型步骤如下:

(1) 开环极点为 0,-1,-2,见图 7-24,它们是根轨迹各分支上的起点。由于开环无有限零点,故根轨迹各分支都将趋向无穷。

(2) 一共有三个分支。且根轨迹是对称实轴的。

(3) 定根轨迹的渐近线。三根分支的渐近线方向,可按式(7-16)来求,即

$$\varphi_a = \frac{(2k+1)\pi}{n-m} = \frac{(2k+1)\pi}{3} \qquad k = 0,\ \pm 1,\ \pm 2, \cdots$$

因为当 k 值变化时,相角值是重复出现的,所以渐近线不相同的相角值只有 60°,- 60° 和 180°。因此,该系统有三条渐近线,其中相角等于 180° 的一条是负实轴。

渐近线与实轴的交点按式(7-15)求得,即

$$\sigma_a = \frac{\sum_{j=1}^{n} p_j}{n - m} - \frac{\sum_{i=1}^{m} z_i}{n - m} = \frac{-2-1}{3} = -1$$

该渐近线如图 7-24 中的细虚线所示。

(4) 确定实轴上的根轨迹。在原点与-1 点间,以及-2 点的左边都有根轨迹。

(5) 确定分离点。在实轴上,原点与-1 点间的根轨迹分支是从原点和-1 点出发的,最后必然会相遇而离开实轴。分离点可按式(7-25)计算,即

$$\frac{1}{s} + \frac{1}{s-(-1)} + \frac{1}{s-(-2)} = 0$$

解得

$$s_1 = -0.432 \text{ 和 } s_2 = -1.577$$

因为 $-1 < s < 0$,所以分离点必然是 $s_1 = -0.432$(由于在-1 和-2 间实轴上没有根轨迹,故 $s_2 = -1.577$ 显然不是要求的分离点)。

(6) 确定根轨迹与虚轴的交点。应用劳斯稳定判据,可以确定这些交点。因为所讨论的系统特征方程式为

$$s^3 + 3s^2 + 2s + 2K^* = 0$$

列劳斯表:

$$\begin{array}{c|cc} s^3 & 1 & 2 \\ s^2 & 3 & 2K \\ s^2 & \dfrac{6-2K}{3} & \\ s^1 & 2K^* & \end{array}$$

使第一列中项 s^1 等于零,则求得 K^* 值为 $K^* = 3$。解由 s^2 行得到的辅助方程

$$3s^2 + 2K^* = 3s^2 + 6 = 0$$

可求得根轨迹与虚轴的交点

$$s = \pm \mathrm{j}\sqrt{2}$$

虚轴上交点的频率为 $\omega = \pm\sqrt{2}$,与交点相应的增益值为 $K^* = 3$。

(7) 在 jω 轴与原点附近通过选取实验点,找出足够数量的满足相角条件的点。并根据上面所得结果,画出完整的根轨迹图,如图 7-23 所示。

(8) 确定一对共轭复数闭环主导极点,使它的阻尼比 $\xi = 0.5$。$\xi = 0.5$ 的闭环极点位于通过原点且与负实轴夹角为 $\beta = \pm\cos^{-1}\xi = \pm 60°$ 的直线上,由图 7-22 可以看出:当 $\xi = 0.5$ 时,这一对闭环主导极点为

$$s_1 = -0.33 + \mathrm{j}0.58, s_2 = -0.33 - \mathrm{j}0.58$$

与这对极点相对应的 K^* 值,可根据幅值条件求得

$$2K^* = \left| s(s+1)(s+2) \right|_{s=-0.33+\mathrm{j}0.58} = 1.06$$

所以

$$K^* = 0.53$$

利用 K^* 值,可求得第三个极点为 $s_3 = -2.33$。

当 $K^* = 3$ 时,闭环主导极点位于虚轴上 $s = \pm\mathrm{j}\sqrt{2}$ 处。此时,系统将呈现等幅振荡。

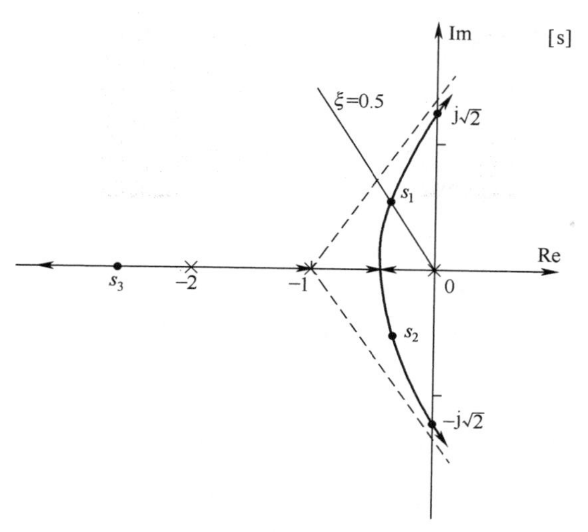

图 7-23　例 7-11 根轨迹图

当 $K^* > 3$ 时,闭环主导极点位于右半 s 平面,因而将构成不稳定的系统。

最后还指出一点,如有必要,可以应用幅值条件很容易地在根轨迹上标出增益,这时只要在根轨迹上选择一点,并测量出三个复数量 $s, s+1, s+2$ 的幅值大小,然后使它们相乘,由其乘积就可以求出该点上的增益 K^* 值。

例 7-12　单位反馈系统的开环传递函数为

$$G(s)H(s) = \frac{K^*}{s(s+4)(s+6)}$$

若要求闭环系统单位阶跃响应的最大超调量 $\sigma\% \leqslant 16.3\%$,试确定开环增益 K。

解　绘制 K^* 由 $0 \to +\infty$ 变化时系统的根轨迹,如图 7-24 所示。

当 $K^* = 17$ 时根轨迹在实轴上有分离点,当 $K^* > 240$ 时,闭环系统不稳定。

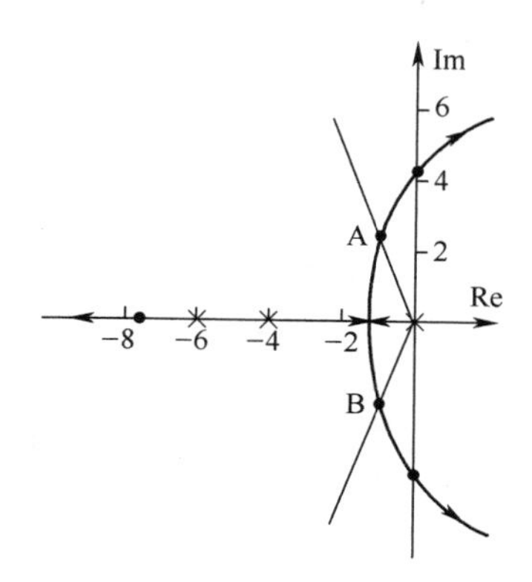

图 7-24　例 7-12 根轨迹图

根据 $\sigma\% \leqslant 16.3\%$ 的要求,可知 $\beta \leqslant 60°$。在根轨迹上做 $\beta = 60°$ 的径向直线,并以此直线和根轨迹的交点 A、B 作为满足闭环系统的主导极点。即闭环主导极点为

$$s_{1,2} = -1.2 \pm j2.1$$

由幅值条件,可求得对应于 A、B 的 K^* 值为

$$K^* = |OA| \cdot |CA| \cdot |DA| = 43.8 \approx 44$$

开环增益为 $K = \dfrac{K^*}{4 \times 6} = 1.83$

根据闭环极点和的关系式,可求得另一闭环极点为 $s_3 = -7.6$。它将不会使超调量增大,故取开环增益 $K = 1.83$ 即可满足要求。

通常对系统提出最大超调量的同时,也会提出调节时间的要求。这时应在 s 平面上画出如图所示区域,并在该区域寻找满足要求的参数。若在该区域没有根轨迹(例如上例中复数极点实部要求小于 -1.2 时),则要求考虑改变根轨迹的形状,使根轨迹进入该区域,然后确定满足要求的闭环极点的位置及相应的开环系统参数值。

7.7.2 利用闭环主导极点估算系统的性能指标

如果高阶系统闭环极点中具有满足闭环主导极点条件的极点,就可以忽略非主导极点及偶极子的影响,把高阶系统简化为阶数较低的系统,近似估算系统性能指标。

例 7-13 已知单位负反馈系统的开环传递函数为

$$G(s) = \frac{K}{s(s+1)(0.5s+1)}$$

试用根轨迹法确定系统在稳定系统在稳定欠阻尼状态下的开环增益 K 的范围,并计算阻尼比 $\xi = 0.5$ 的 K 值以及相应的闭环极点,估算此时系统的动态性能指标。

解 将开环传递函数写成零极点形式,得

$$G(s) \frac{2K}{s(s+1)(s+2)} = \frac{K^*}{s(s+1)(s+2)}$$

式中:K^* 根轨迹增益,$K^* = 2K$。

(1) 开环极点:$p_1 = 0, p_2 = -1, p_3 = -2, n = 3$;没有开环零点:$m = 0$;将开环零极点在 s 平面上标出。

(2) $n = 3$,有三条根轨迹分支,三条根轨迹均趋向于无穷远处。

(3) 实轴上的根轨迹区段为 $(-\infty, -2]$, $[-1, 0]$。

(4) 渐近线

$$\sigma_a = \frac{\sum_{i=1}^{n} p_i - \sum_{j=1}^{m} z_j}{n - m} = \frac{-1-2}{3} = -1$$

$$\varphi_a = \frac{(2k+1)\pi}{3} = -60°, 60°, 180°$$

(5)计算分离点

由
$$\frac{1}{d} + \frac{1}{d+1} + \frac{1}{d+2} = 0$$

整理得
$$3d^2 + 6d + 2 = 0$$

解得
$$d_1 = -1.557, d_2 = -0.432$$

显然分离点为 $d = -0.432$,由幅值条件可求的分离点出的 K^* 值为

$$K^* = |d| \cdot |d+1| \cdot |d+2| = 0.4$$

(6) 计算与虚轴的交点

闭环特征方程式为

$$s^3 + 3s^2 + 2s + K^* = 0$$

把 $s = \mathrm{j}\omega$ 代入上式得

$$-\mathrm{j}\omega^3 - 3\omega^2 + \mathrm{j}2\omega + K^* = 0$$

令其实部、虚部分别为零得

$$-3\omega^2 + K^* = 0$$

$$-\omega^3 + 2\omega = 0$$

解 $\omega = \pm\sqrt{2}, K^* = 6$。系统根轨迹如图 7-25 所示。

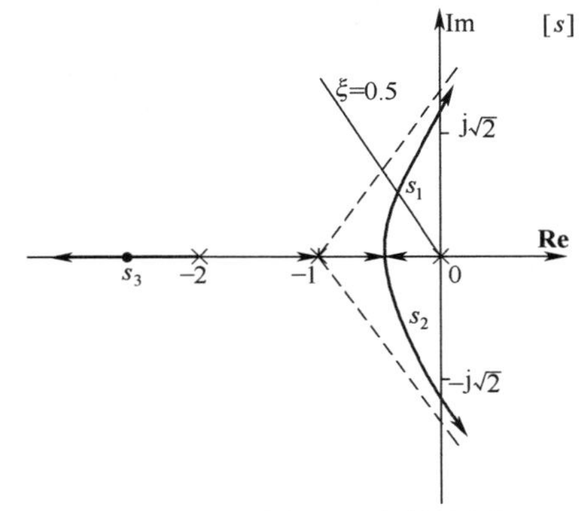

图 7-25 例 7-13 根轨迹图

在此给出利用 MTALAB 绘制本题根轨迹的程序：

```
num=[1]
den=conv([1 0],conv([1 1],[1 2]))      % conv(a,b)将两个多项式乘积展开,可采用嵌
                                        套的形式
rlocus(num,den)                         % rlocus(GHs)绘制开环传递函数 GHs 的根
                                        轨迹
```

从根轨迹图上可以看出,使系统稳定并且处于欠阻尼工作状态的根轨迹增益取值范围为 $0.4 < K^* < 6$,相应的开环增益的范围为 $0.2 < K < 3$。

为了确定满足阻尼比 $\xi = 0.5$ 时系统的三个闭环极点,需首先画出 $\xi = 0.5$ 的等阻尼线 OA,它与负实轴夹角(阻尼角)为

$$\theta = \arccos\xi = 60°$$

如图 7-25 所示,等阻尼线 OA 与根轨迹的交点即为相应的闭环极点,设相应两个复数闭环极点分别为

$$\lambda_1 = -\xi\omega_n + \mathrm{j}\omega_n\sqrt{1-\xi^2} = -0.5\omega_n + \mathrm{j}0.866\omega_n$$

$$\lambda_2 = -\xi\omega_n - \mathrm{j}\omega_n\sqrt{1-\xi^2} = -0.5\omega_n - \mathrm{j}0.866\omega_n$$

得到闭环特征方程式为

$$D(s) = (s-\lambda_1)(s-\lambda_2)(s-\lambda_3) = s^3 + (\omega_n - \lambda_3)s^2 + (\omega_n^2 - \lambda_3)s^2 - \lambda_3\omega_n^2$$

与系统特征方程 $s^3 + 3s^2 + 2s + K^* = 0$ 比较,得如下方程组:

$$\begin{cases} \omega_n - \lambda_3 = 3 \\ \omega_n^2 - \lambda_3\omega_n = 2 \\ -\lambda_3\omega_n^2 = K^* \end{cases}$$

解得 $\omega_n = 0.667, \lambda_3 = -2.33, K^* = 1.04$

故 $\xi = 0.5$ 时的 K 值以及相应的闭环极点为

$$K = K^*/2 = 0.52$$

$$\lambda_1 = -0.33 + \mathrm{j}0.58, \lambda_2 = -0.33 - \mathrm{j}0.58, \lambda_3 = -2.33$$

在求得的三个闭环极点中,λ_3 至虚轴的距离与 λ_1(或 λ_2)至虚轴的距离之比为

$$\frac{2.34}{0.33} \approx 7\,(\text{倍})$$

可以看出,λ_1、λ_2 可看作时闭环系统的主导极点。于是,可用由 λ_1、λ_2 所构成的二阶系统来估算原三阶系统的动态性能指标。对照二阶系统的标准形式,代入相应参数,得到近似的二阶系统闭环传递函数为

$$\phi(s) = \frac{\omega_n^2}{s^2 + 2\xi\omega_n s + \omega_n^2} = \frac{0.667^2}{s^2 + 0.667s + 0.667^2}$$

可得:

$$t_{\mathrm{s}} = \frac{3.5}{\xi\omega_{\mathrm{n}}} = \frac{3.5}{0.5 \times 0.667}\mathrm{s} = 10.5\mathrm{s}$$

$$\begin{aligned} \sigma\% &= \mathrm{e}^{-\xi\pi/\sqrt{1-\xi^2}} \times 100\% \\ &= \mathrm{e}^{-0.5\times3.14/\sqrt{1-0.5^2}} \times 100\% \\ &= 16.3\% \end{aligned}$$

因为原系统为Ⅰ型系统,系统的静态速度误差系数为

$$K_v = \lim_{s\to0} sG(s) = \lim_{s\to0} s\frac{K}{s(s+1)(0.5s+1)} = K = 0.52$$

系统在单位斜坡信号作用下的稳态误差为

$$e_{\mathrm{ss}} = \frac{1}{K_v} = \frac{1}{K} = 1.9$$

这样,就用可以很直观地分析高阶系统的性能。

7.7.3 用根轨迹分析系统的动态性能

在时域分析法中已知闭环系统极点和零点的分布对系统瞬态响应特性的影响。这里我们将介绍用根轨迹法来分析系统的动态性能。

根轨迹法和时域分析法不同之处是它可以看出开环系统的增益 K^* 变化时,系统的动态性能如何变化。现以图 7-25 为例,当 $K^* = 3$ 时,闭环系统有一对极点位于虚轴上,系统处于稳定极限。当 $K^* > 3$ 时,则有一对极点将进入 s 平面的右半面,系统是不稳定的。当 $K^* \leqslant 3$ 时,系统的三个极点都位于 s 平面的左半面,应用闭环主导极点概念可知系统响应是具有衰减振荡特性的。当 $K^* = 0.2$ 时,两极点重合在实轴 $s = -0.432$ 上,当

$K^* \leqslant 0.2$ 时,系统的三个极点都位于负实轴上,因而可知系统响应是具有非周期特性的。如 K^* 再小,有一极点将从该点向原点靠拢。如果闭环最小的极点 $|s|$ 值越大,则系统的反应就越快。

按根轨迹分析系统品质时,常常可以从系统的主导极点的分布情况入手。参照图 7-26 已知 $K^* = 1$,这时一对复数极点为 $-0.25 + j0.875$,而另一个极点为 -2.5。这时,由于该二极点到虚轴之间距离相差 $2.5/0.25 = 10$ 倍,则完全可以忽略极点 -2.5 的影响。于是量得复数极点的 $\omega_n = 0.9, \xi\omega_n = 0.25$,,故阻尼比 $\xi = 0.25/0.9 = 0.28$。根据时域分析给出的关系式很方便的求出系统在单位阶跃作用下瞬态响应曲线的超调量 $\sigma\% = 40\%$,调整时间 $t_s = 3/\xi\omega_n = 3/0.25 = 11.8\text{s}$。

例 7-14 已知系统如图 7-26 所示。画出其根轨迹,并求出当闭环共轭复数极点呈现阻尼比 $\xi = 0.707$ 时,系统的单位阶跃响应。

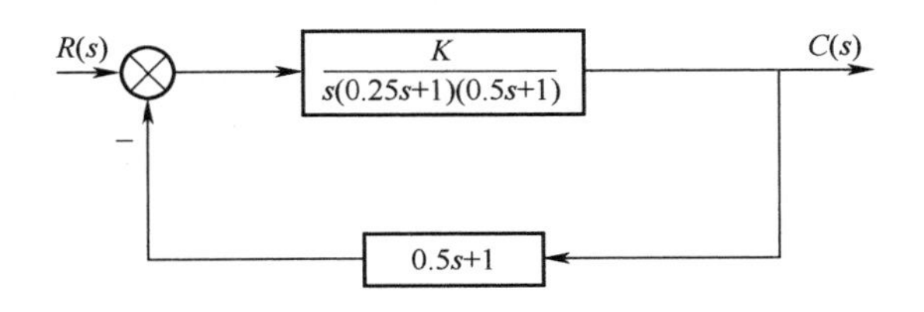

图 7-26 例 7-14 系统方块图

解 系统的开环传递函数为

$$G_k(s) = \frac{K(0.5s + 1)}{s(0.25s + 1)(0.5s + 1)} = \frac{K^*(s + 2)}{s(s + 2)(s + 4)}$$

(1) 根轨迹起始于 0,-2,-4,终止于-2 和无穷远处。

(2) 根轨迹的渐近线

$$\sigma_a = -2, \varphi_a = 90°, 270°$$

(3) 根轨迹的分离点 $d = -2$。

系统的根轨迹如图 7-27 所示。作 $\xi = 0.707$ 时的等阻尼比线,交系统根轨迹于 A 点,此时闭环共轭复数极点为 $s_{1,2} = -2 \pm j2$,相应的 $K^* = 8, K = 2$。

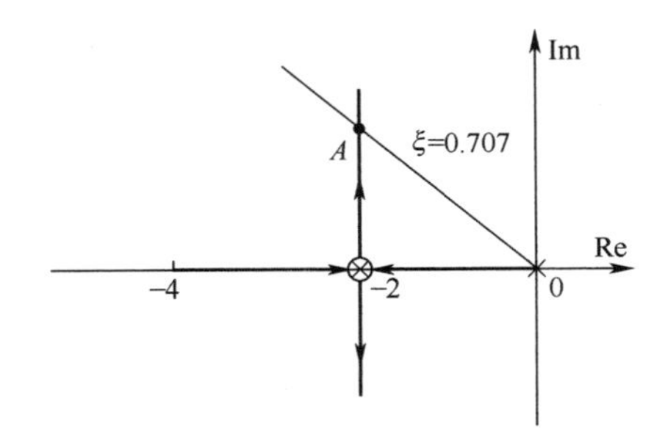

图 7-27 例 7-14 的根轨迹图

系统的闭环传递函数为

$$\phi(s)=\frac{\dfrac{2}{s(0.25s+1)(0.5s+1)}}{1+\dfrac{2(0.5s+1)}{s(0.25s+1)(0.5s+1)}}$$

$$=\frac{16}{(s+2)(s+2+\mathrm{j}2)(s+2-\mathrm{j}2)}$$

可知:单位阶跃响应的拉氏变换式为

$$C(s)=\phi(s)R(s)=\frac{1}{s}-\frac{2}{s+2}+\frac{s}{s^2+4s+8}$$

相应的单位阶跃响应为

$$c(t)=1(t)-2\mathrm{e}^{-2t}-\sqrt{2}\mathrm{e}^{-2t}\sin(2t-45^\circ)$$

7.7.4 用根轨迹分析系统的稳态性能

根轨迹分析法不仅可以分析系统的动态性能,也可以进行稳态性能的分析。

可以先利用原点处的开环极点确定出系统的型别,并根据幅值条件求出根轨迹增益 K^*,从而求出开环增益 K,进一步可得出静态误差系数。

例 7-15 系统框图如图 7-28 所示。

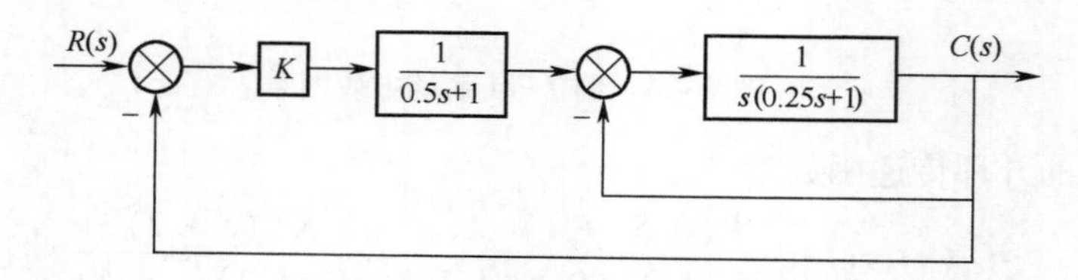

图 7-28 例 7-15 系统框图

要求:

(1) 画出当 K 从 $0\to+\infty$ 变化时闭环系统的根轨迹;

(2) 用根轨迹法确定,使系统具有阻尼比 $\xi=0.5$ 时 K 的取值以及闭环极点的取值;

(3) 用根轨迹法确定,系统在单位阶跃信号作用下,稳态控制精度的允许值。

解 (1)系统的开环传递函数为

$$G(s)=K\cdot\frac{1}{0.5s+1}\cdot\frac{1}{s(0.25s+1)+1}=\frac{8K}{(s+2)^3}$$

画出根轨迹,如图 7-29 所示。

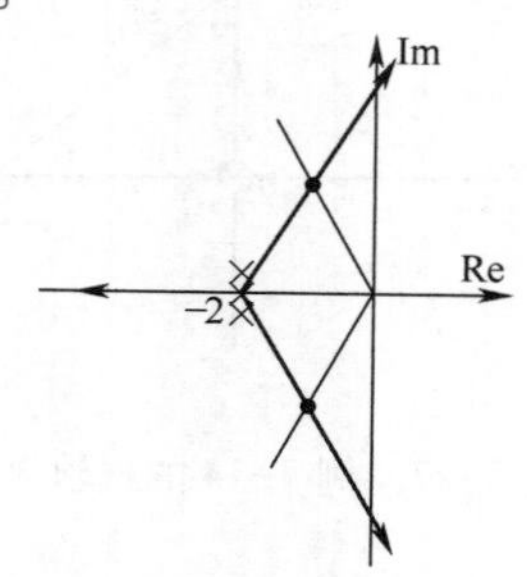

图 7-29 例 7-15 根轨迹

$$
渐近线\begin{cases}\sigma_a = \dfrac{3\times(-2)}{3} = -2 \\ \phi_a = \dfrac{(2k+1)\pi}{3} = \pm 60^\circ, 180^\circ\end{cases}
$$

$$
\theta_p = \frac{(2k+1)\pi}{3} = \pm 60^\circ, 180^\circ
$$

注意:起始点处有两个以上重极点时,直接利用相角条件求出射角较为方便。

与虚轴的交点。$D(s) = (s+2)^3 + 8K = s^3 + 6s^2 + 12s + 8(1+K) = 0$

代入 $s = j\omega$

解出
$$
\begin{cases}\omega = \pm 2\sqrt{3} \\ K = 8\end{cases}
$$

由以上计算可知,根轨迹与渐近线重合。

(2) 在根轨迹图上画出 $\xi = 0.5(\beta = 60^\circ)$ 的直线,对应的出闭环极点 $s_{1,2} = -1 \pm j\sqrt{3}$,根据闭环极点和的关系式,得出另一极点 $s_3 = 3\times(-2) - (-1-1) = -4$,可得出闭环多项式

$$
D(s) = (s+1-j\sqrt{3})(s+1+j\sqrt{3})(s+4) = s^3 + 6s^2 + 12s + 16
$$

已知
$$
D(s) = (s+2)^2 + 8K = s^3 + 6s^2 + 12s + 8(1+K)
$$

可得
$$
K = 1
$$

(3) 可知系统为 0 型系统,因而有

$$
e_{ss} = \frac{1}{1+K_P} = \frac{1}{1+K}
$$

K 值增加,稳态误差减小,但必须在系统稳定的前提下,所以使系统稳定的 K 值范围 $0 < K < 8$,则 $e_{ss} > \dfrac{1}{9}$。

7.7.5 开环零点、极点分布对系统性能的影响

系统的性能与开环零点、极点的分布密切相关,开环零点、极点的分布决定着系统根轨迹的形状,调整系统的结构参数即可改变相应开环零点、极点的分布,从而改变根轨迹的形状,改善系统的性能。

1. 增加开环极点对控制系统的影响

大量实例表明:增加位于 s 左半平面的开环极点,将使根轨迹向右半平面移动,系统的稳定性能降低。

例 7-16 设系统的开环传递函数为

$$
G_k(s) = \frac{K^*}{s(s+a_1)} \qquad a_1 > 0 \tag{7-67}
$$

则可绘制系统的根轨迹,如图 7-30(a)所示。若增加一个开环极点 $p_3 = a_2$,根据这时的开环传递函数为

$$
G_{k1}(s) = \frac{K_1}{s(s+a_1)(s+a_2)} \qquad a_2 > 0 \tag{7-68}
$$

则可绘制系统的根轨迹，如图 7-30(b)所示。可见：增加开环极点，使根轨迹的复数部分向右半平面弯曲。若取 $a_1=1$、$a_2=2$，则渐近线的倾角由原来的 $\pm 90°$ 变为 $\pm 60°$；分离点由原来的-0.5 向右移至-0.422；与分离点相对应的开环增益，由原来的 0.25(即 $K^*=0.5\times 0.5=0.25$)减少到 0.19(即 $K_1^*=\frac{1}{2}\times 0.422\times 0.578\times 1.578=0.19$)这意味着，增加开环极点后使原有根轨迹向右倾斜，系统稳定性变差，不利于改善系统的稳态性能，而且增加的开环极点越靠右，这种作用越显著。因此，合理设置所增加的开环极点

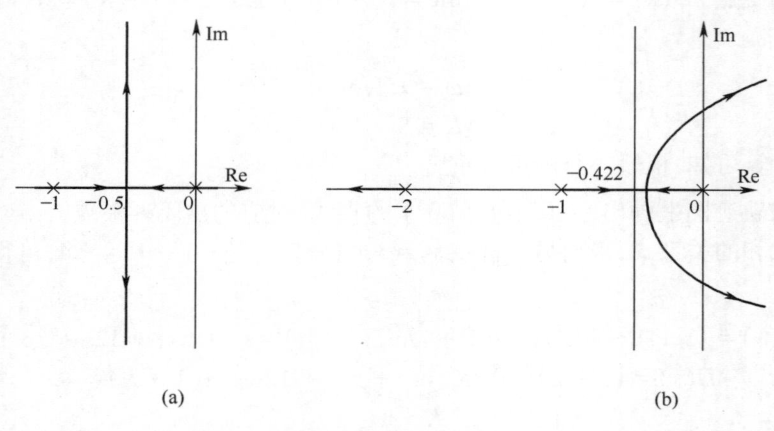

图 7-30　增加开环极点对根轨迹的影响

2. 增加开环零点对控制系统的影响

一般来说，开环传递函数 $G(s)H(s)$ 增加零点，相当于引入微分作用，使根轨迹向左半 s 平面移动，将提高系统的稳定性。例如，图 7-31(a)是式(7-67)增加一个零点 $z=-2$ 的根轨迹(并设 $a_1=1$)，轨迹向 s 平面左半平面移动，且成为一个圆，结果使控制系统的稳定性提高。图 7-31(b)是式(7-67)增加一对共轭复数零点的根轨迹。

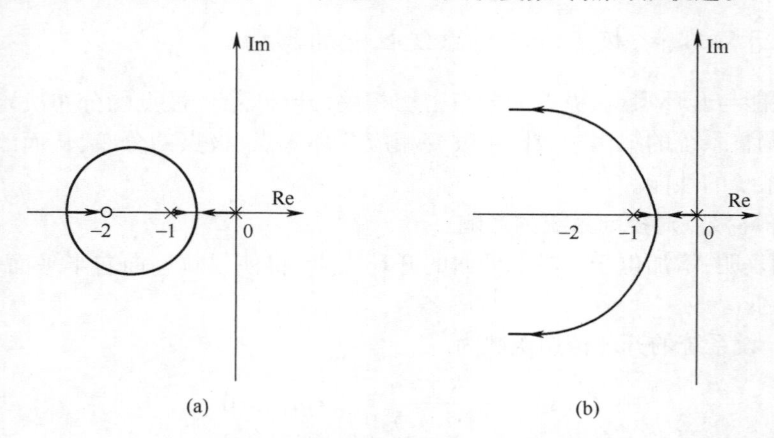

图 7-31　增加开环零点对根轨迹的影响

例 7-17　已知系统的开环传递函数为

$$G(s)H(s)=\frac{K^*}{s^2(s+a)}\quad a>0$$

试用根轨迹法分析系统的稳定性，如果使系统增加一个开环零点，试分析附加开环零点对根轨迹的影响。

解 (1)系统的根轨迹如图 7-32 所示。由于有两条根轨迹全部位于 s 平面的右半部，所以该系统无论 K^* 取何值，系统都不稳定。

(2) 如果给原系统增加一个负开环实零点 $z=-b, b>0$，则开环传递函数为

$$G(s)H(s)=\frac{K^*(s+b)}{s^2(s+a)}$$

增加开环零点后，系统的根轨迹如图 7-33 所示。当 $b<a$ 时，根轨迹的渐近线与实轴的交点为 $(b-a)/2<0$，它们与实轴正方向的夹角分别为 90° 和 −90°，三条根轨迹均在 s 平面左半部，如图 7-33 所示。这时，无论 K^* 取何值，系统始终是稳定的。

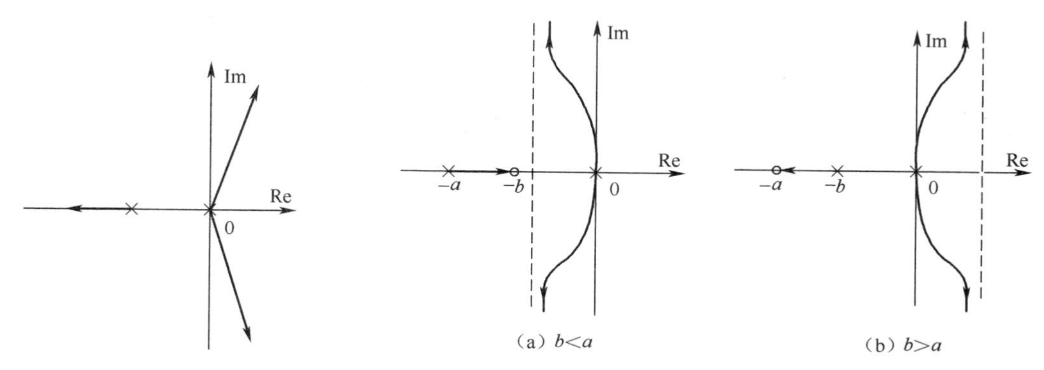

图 7-32 原系统的根轨迹

图 7-33 增加开环零点的根轨迹

当 $b>a$ 时，根轨迹的渐近线与实轴的交点为 $(b-a)/2>0$，根轨迹如图 7-33(b) 所示，与原系统相比，虽然根轨迹的形状发生了变化，但仍有两条根轨迹位于 s 平面右半部，系统还是不稳定。

由以上例子可知，选择合适的开环零点，可使原来不稳定的系统变为稳定。否则，便达不到预期效果。

7.8 利用 MATLAB 进行控制系统根轨迹分析

应用 MATLAB 可以非常方便地绘制系统的根轨迹图。

7.8.1 绘制根轨迹的 MATLAB 函数

(1) 绘制系统零极点图的函数 pzmap(·)

格式：[p,z] = pzmap(sys); pzmap(p,z)或者 pzmap(sys)

sys 是系统的模型。函数 pzmap(·)可以计算系统的零极点，或者在当前图形窗口中绘出系统的零极点分布图。

(2) 绘制系统根轨迹的函数 rlocus(·)

格式：rlocus(sys)　　　　%绘制连续的根轨迹图

　　　rlocus(k,sys)　　　%绘制根轨迹的增益为 K 时的闭环零极点分布图

P = rlocus(k,sys)　　　%计算指定根轨迹的增益为 K 时的闭环极点

将开环传递函数稍作处理,就可用 rlocus(sys)指令绘制出正反馈根轨迹图。

例 7-18　已知单位反馈系统的开环传递函数为

$$G_k(s)=\frac{K^*(s+1)}{s^2+s+2}$$

试绘制正、负反馈两种情况下的根轨迹。

解　对于正反馈,闭环传递函数为

$$\phi(s)=\frac{G_k(s)}{1-G_k(s)}=\frac{G_k(s)}{1+[-G_k(s)]}$$

```
G=tf([1,1],[1,1,2]);
rlocus(G,'r' ,-G,'b:');
Axis([-3,1,-2,2]);
```

绘出的根轨迹如图 7-34 所示。由图可以看出负反馈根轨迹(图中实线)与正反馈根轨迹(图中虚线)在一定区域是互补的。

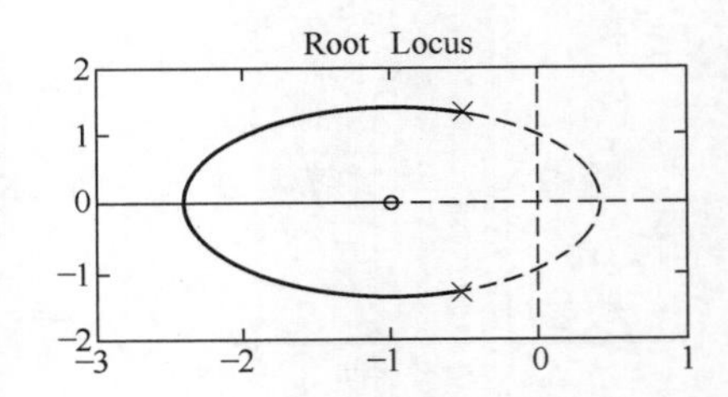

图 7-34　例 7-18 根轨迹图

(3) 确定根轨迹上一点的增益值的函数 rlocfind(·)

在系统分析中,常需要确定根轨迹上某一点的增益值和其他与指定点对应的闭环极点。rlocfind 命令就可以完成该项工作。一般先绘制系统的根轨迹,然后执行以下命令:

```
[k,poles]= rlocfind(num,den)
```

执行命令后,将在图形平面上形成一个十字光标。使用鼠标移动光标到某一位置,按下左键,即得该点坐标及它所对应的增益 K 值,同时显示出所有相应极点的位置。该命令也可以在绘制根轨迹前执行。格式如下:

```
[k,poles]= rlocfind(num,den,p)
```

命令中输入参数 p 是指定的极点坐标。在控制系统分析中,常需要求取对应某一极点附近的参数。

例 7-19　求系统 $G(s)=\dfrac{K^*(s+1)}{s^3+3s^2+2s}$ 中极点位置为-0.4,和-0.8 所对应的根轨迹增益及所有其他闭环极点,就可以使用如下命令:

```
ng=1,dg=[1 3 2 0];
[k,clpoles]= rlocfind(ng,dg, [-0.4,-0.8]);
```

则输出为

```
k=
  1.3840  0.192  0
clpoles=
  -2.154  4  -2.084  9
  -0.445  6  -0.800  0
  -0.400  0  -0.115  1
```

7.8.2 用 MATLAB 绘制多回路根轨迹和求高阶代数方程的根

例 7-20 求高阶代数方程 $s^4+3s^3+7s^2+8s+3=0$ 的根

解 将代数方程看成系统特征方程，则

$$1+\frac{3}{s^4+3s^3+7s^2+8s}=0$$

即等效成单位反馈系统，其开环传递函数为

$$G_k(s)=\frac{K^*}{s(s^4+3s^3+7s^2+8s)}$$

开环极点为 $s=0$ 及其 $s^4+3s^3+7s^2+8s=0$ 的根，同理再做变换

$$s^4+3s^3+7s^2+8s=1+\frac{8}{s(s^2+3s+7)}=0$$

其等效为单位负反馈系统的负反馈内环，如图 7-35 所示。内环的开环传递函数为

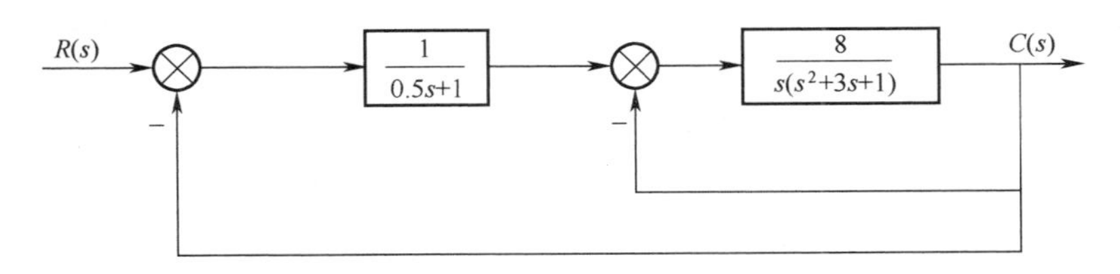

图 7-35 例 7-20 等效方框图

$$G_k'(s)=\frac{K'^*}{s(s^2+3s+7)}$$

内环根轨迹如图 7-36 所示。MATLAB 程序如下：

```
k=8
num=[1];
den=conv([1 0],[1 3 7]);
rlocus(num,den);
clpoles=rlocus(num,den,k);
```

则它的输出为

```
Clpoles=
     -0.6632+i2.0833  -0.6632-i2.0833
-1.6736
```

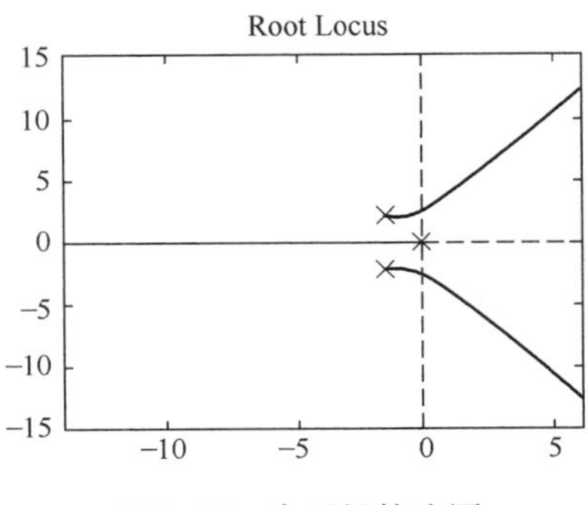

图 7-36 内环根轨迹图

可知：$K^{*'}=8$ 时，内环的闭环极点为

$$-0.6632+j2.0833;-0.6632-j2.0833;-1.6736$$

这样，外环开环传递函数为

$$G_k(s)=\frac{K^*}{s(s+1.6736)(s+0.6632+j2.0833)(s+0.6632-j2.0833)}$$

外环的根轨迹如图 7-37 所示。再求出此时 $K^{*'}=3$ 时的闭环极点为

$$-0.6314+j1.9158;\ -0.6314-j1.9158;\ -1.0000;\ -0.7373$$

对应的 MATLAB 程序为

```
figure(1)
k=8
num =[1]
den=conv([1 0],[1 3 7])
rlocus(num,den)          % 绘制内环根轨迹
clpoles=rlocus(num,den,k)
k1= 8
num =[1]
den=conv([1 0],[1 3 7 8])
rlocus(num1,den1)         % 绘制外环根轨迹
clpoles=rlocus(num1,den1,k1)
```

综上所述,由于内环极点就是外环的开环极点,所以,外环根轨迹的起点必然在内环的根轨迹上。

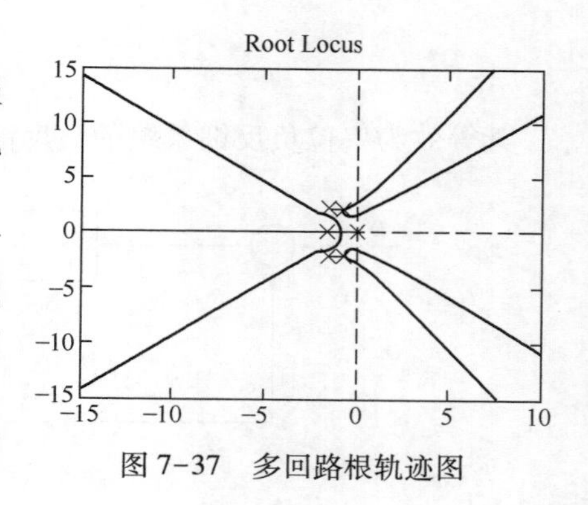

图 7-37　多回路根轨迹图

对一个反馈环,对应的特征方程降一阶。方程阶数越高,系统回路数越多,则需要绘制的根轨迹越多,因而手工绘制非常繁琐。所以对于绘制参数根轨迹和多回路根轨迹及高阶方程求根时,最好采用计算机绘制根轨迹。当然如果仅仅求高阶方程的根,用 roots(c)指令即可。

本 章 小 结

本章主要介绍了根轨迹的概念、绘制方法及其控制系统的根轨迹分析方法。需重点掌握的内容如下:

(1) 根轨迹是指系统某个参数(如开环增益 K)由零变化到无穷大时,闭环特征根在[s]平面上移动的轨迹。绘制根轨迹实质上就是求解特征方程根的过程,而描述其变化关系的闭环特征方程就是根轨迹方程。

(2) 绘制根轨迹的两个基本条件是幅值条件与相角条件,其中相角条件是绘制根轨迹的充要条件,幅值条件通常用来求给定点所对应参数的值。

(3) 从概念上讲,可以用特征方程、相角条件以及绘制规则绘制根轨迹图。在分析某些概念问题时可以采用前两种方法,一般情况下,都是采用根轨迹图的绘制规则来绘制。

(4) 掌握参数根轨迹、多回路根轨迹、延迟系统根轨迹的绘制方法。

(5) 根轨迹法在系统分析中的应用是多方面的,例如根据性能要求确定系统参数;在参数已知的情况下分析系统的动态性能和稳态性能;对于高阶系统,运用“主导极点”概念,快速确定系统的基本特性。分析参数变化对系统特性的影响(即系统特性对参数变化的敏感度和添加零,极点对根轨迹的影响)等。

习 题

7-1 系统开环传递函数的零极点分布如图 7-38 所示,试概略绘制其根轨迹。

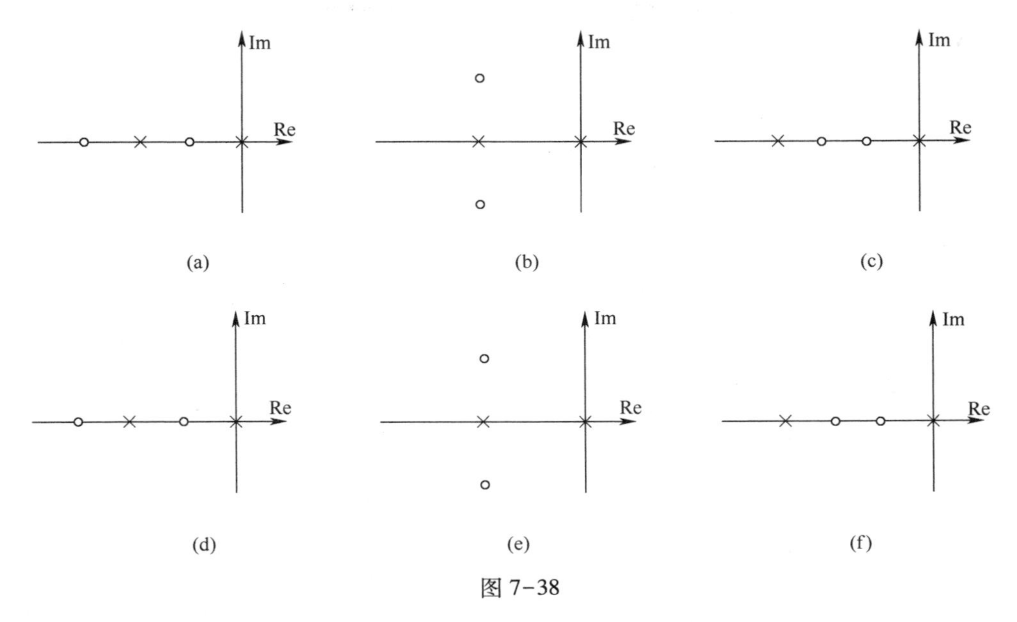

图 7-38

7-2 系统的开环传递函数为 $G(s)H(s)=\dfrac{K^*}{(s+1)(s+2)(s+4)}$,试证明 $s_1=-1+\mathrm{j}\sqrt{3}$ 点在系统的根轨迹上,并求出相应的 K^* 值。

7-3 考虑某个单位反馈系统,其开环传递函数为 $G(s)=\dfrac{K^*(s+1)}{s^2+4s+5}$。

(1) 求离开复极点的根轨迹的出射角。

(2) 求进入实轴的根轨迹与实袖的交点。

7-4 设单位反馈系统的开环传递函数为 $G(\mathrm{s})H(\mathrm{s})=\dfrac{K*(\mathrm{s}+1)}{s^2(s+9)}$,试画出闭环系统的根轨迹图。

当 3 个特征根均为实数且彼此相等时,求对应的增益 K^* 的值和闭环特征根。

7-5 设单位反馈系统的开环传递函数为 $G(\mathrm{s})H(\mathrm{s})=\dfrac{K*(s+2)}{s(s+1)}$。

(1) 求实轴上的分离点和会合点。

(2) 当复根的实部为 -2 时,求出系统的增益和闭环根。

(3) 面出根轨迹图。

7-6 设某系统开环传递函数为

(1) $G(s)=\dfrac{20}{(s+4)(s+b)}$;

(2) $G(s)=\dfrac{30(s+b)}{s(s+10)}$。

试分别画出 b 从零变到无穷时的根轨迹图。

7-7 某单位反馈闭环控制系统的开环传递函数为 $G(s)H(s)=\dfrac{K^*(s+1)(s+3)}{s^3}$。

(1) 绘制根轨迹图。

(2) 计算使系统稳定的 K^* 的取值范围。

(3) 预测系统对斜坡输入响应的稳态误差。

7-8 某单位反馈闭环控制系统的开环传递函数为 $G(s)=\dfrac{K^*(s+1)}{s(s-1)(s+4)}$。

(1) 确定使系统稳定的 K^* 的取值范围。

(2) 画出根轨迹图。

(3) 确定稳定复根的最大阻尼比。

7-9 用来发射卫星的高性能火箭有 1 个单位反馈系统，其控制对象为 $G(s)=\dfrac{K(s^2+10)(s+2)}{(s^2-2)(s+10)}$。

试画出 K 变化时的根轨迹图。

7-10 设控制系统开环传递函数为 $G(s)H(s)=\dfrac{K^*(s+1)}{s(s+2)(s+4)}$。

试分别画出正反馈系统和负反馈系统的根轨迹图，并指出它们的稳定情况有何不同。

7-11 已知单位反馈系统的开环传递函数为 $G(s)H(s)=\dfrac{K(0.5s-1)^2}{(0.5s+1)(2s-1)}$。

要求：(1) 当 K 从 $0\to+\infty$ 变化时，概略绘制系统的闭环根轨迹图。

(2) 确定保证系统稳定的 K 值范围。

(3) 求出系统在单位阶跃输入作用下稳态误差可能达到的最小绝对值 $|e_{ss}|_{\min}$。

7-12 已知单位负反馈系统的开环传递函数为 $G(s)H(s)=\dfrac{K^*}{(s+16)(s^2+2s+2)}$。

试用根轨迹法确定使闭环主导极点的阻尼比 $\xi=0.5$ 和自然角频率 $\omega_n=2$ 的 K^* 值。

7-13 已知单位负反馈系统的开环传递函数为 $G(s)H(s)=\dfrac{K(s+1)}{(s^2+2s+2)(s^2+2s+5)}$。

试应用 MATLAB 画出系统的根轨迹图。

7-14 试利用 MATLAB 画出如图 7-39 所示系统的根轨迹图，并且在设定增益 $K=2$ 时，确定闭环极点的位置。

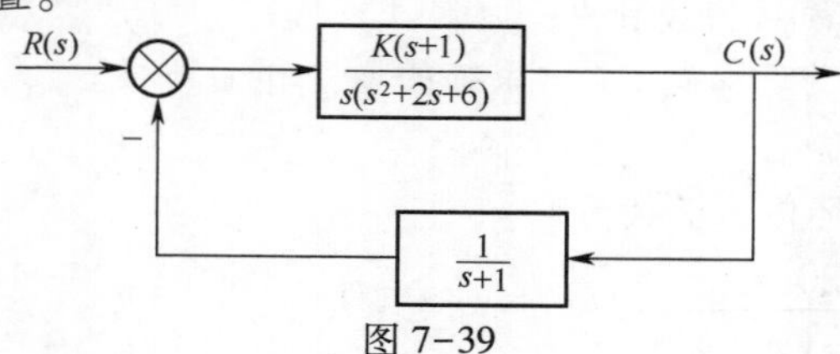

图 7-39

第8章 非线性系统

内容提要

实际上,组成控制系统的各个元器件的静态动态特性都存在不同程度的非线性。本章先介绍自动控制系统中常见的典型非线性特性,在此基础上介绍分析非线性控制系统的两种常用方法——描述函数法和相平面法,最后通过实例阐述了 MATLAB 及 Simulink 在非线性控制系统中的应用。

8.1 非线性系统的基本概念

一般说来,实际的自动控制系统都是非线性系统,这是因为组成实际自动控制系统的各个环节不可避免地带有某种程度的非线性,例如,晶体管放大器有一个线性工作范围,超出这个范围,放大器就会出现饱和现象;电动机输出轴上总是存在摩擦力矩和负载力矩,只有在输入超过启动电压后,电动机才会转动,也就是说存在不灵敏区;而当输入达到饱和电压时,由于电动机磁性材料的非线性,输出转矩会出现饱和,因而限制了电动机的最大转速;各种传动机构由于机械加工和装配上的缺陷,在传动过程中总存在着间隙;开关或继电器会导致信号的跳变等。

有时,为了改善系统的性能,非线性元件也会被人为地引入系统中。

系统中只要包含了一个非线性环节,整个系统就是非线性系统。

自动控制系统中所包含的非线性特性可以分为两类,即非本质非线性性和本质非线性性。对于一些不太严重的非线性特性即非本质非线性性,如果可以认为系统在运行过程中总是偏离工作点很少,则可以采用小偏差线性化方法把非线性特性线性化。在这种情况下,应用线性理论是合适的。本质非线性特性如机械系统中的死区特性、传动间隙、放大器的饱和特性等,工作点处不具有任意阶导数,则不能采用小偏差线性化方法进行线性化处理,再用线性分析方法来研究这些系统的性能,得出的结果往往与实际情况相差很远,甚至得出错误的结论,因此必须寻求研究非线性控制系统的方法。

8.1.1 典型的非线性特性

常见的典型非线性特性有以下几种。

1. 饱和特性

饱和特性是系统中最常见的一种非线性特性。具有饱和特性的元件较多,几乎各类放大器和电磁元件都会出现饱和现象,也就是放大器或电磁元件只能在一定的输入范围内保持输出量和输入量之间的线性关系。当输入量超出该范围时,其输出量则保持为一个常值。执行元件的功率限制、行程限制、流通孔径限制等,也都是这种饱和现象。有时,为了限制超负载,人们还故意引入饱和非线性特性。

饱和非线性特性如图 8-1 所示,其中 $-a \leqslant x \leqslant a$ 区域称为线性范围,线性范围之外的区域称为饱和区。饱和非线性特性的数学描述为

$$y=\begin{cases}ka & x>a\\ kx & -a\leqslant x\leqslant a\\ -ka & x<-a\end{cases} \tag{8-1}$$

2. 死区特性

一般的测量元件、执行机构都具有不灵敏区特性。例如,某些检测元件对于小于某值的输入量不敏感;某些执行机构接收到的输入信号比较小时不会动作,只有在输入信号大到一定程度以后才会有输出。这种只有在输入量超过一定值后才有输出的特性称为死区特性,如图 8-2 所示。其中 $-a \leqslant x \leqslant a$ 的区域称为不灵敏区或死区。死区特性的数学描述为

$$y=\begin{cases}0 & |x|\leqslant a\\ k(x-a) & x>a\\ k(x+a) & x<-a\end{cases} \tag{8-2}$$

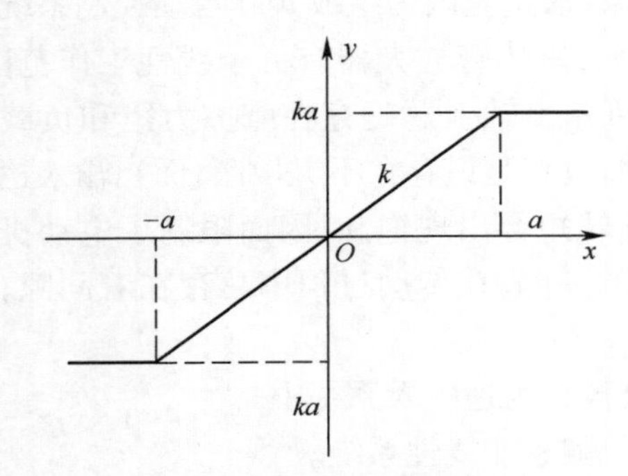

图 8-1　饱和非线性特性

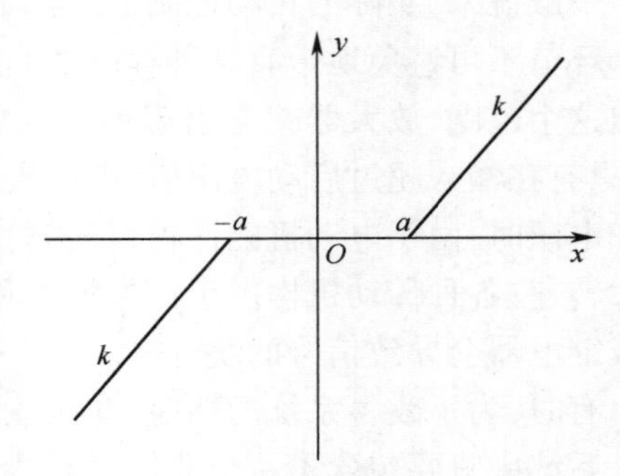

图 8-2　死区特性

3. 间隙(回环)特性

间隙特性的特点是当输入量的变化方向改变时,输出量保持不变,一直到输入量的变化超出一定数值(间隙)后,输出量才跟着变化。机械传动一般都有间隙存在,齿轮传动中的齿隙是个明显的例子,可以通过双片齿轮错齿法或偏心轴套调整法消除传动间隙。间隙特性如图 8-3 所示。间隙(回环)特性的数学描述为

$$y=\begin{cases}k(x-a) & \dot{y}>0\\ B\cdot\operatorname{sgn}(y) & \dot{y}=0\\ k(x+a) & \dot{y}<0\end{cases} \tag{8-3}$$

其中,$f(y)=\operatorname{sgn}(y)=\begin{cases}1 & y>0\\ 0 & y=0\\ -1 & y<0\end{cases}$ 称为符号函数,可由阶跃信号得来。

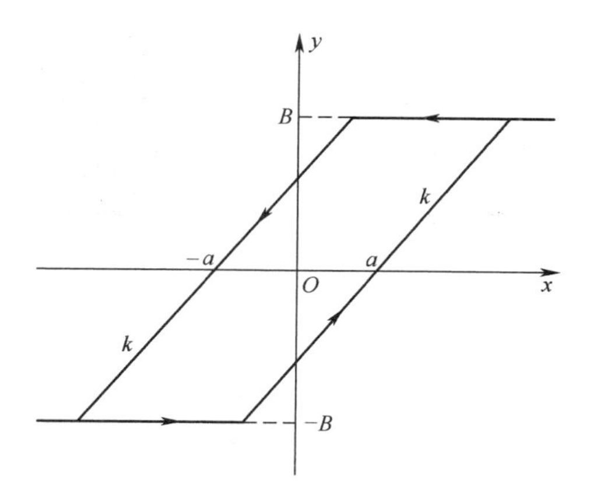

图 8-3 间隙特性

4. 继电器特性

实际的继电器特性如图 8-4(a)所示。它相当于上述三种特性的综合,输出存在死区,当输入达到某值时,输出立刻跃变成定值,相当于饱和,而在输出饱和区中又有回环存在。继电器的工作特性就是典型例子,由于吸合、释放电压的不同而形成继电器特性。继电器特性一般是人为的,可以用改善系统性能,但也会带来不利影响。典型的死区—滞环继电器特性的数学描述为

$$
y=\begin{cases}-B & a \leqslant x \leqslant -ma,\dot{x}>0 \\ 0 & -ma<x<a,\dot{x}>0 \\ B\operatorname{sgn}x & |x| \geqslant a \\ B & ma<x<a,\dot{x}<0 \\ 0 & -a<x<ma,\dot{x}<0\end{cases} \tag{8-4}
$$

当 $a=0$ 时,称这种特性为理想继电器特性,如图 8-4(b)图所示;当 $m=1$ 时,称这种特性为死区继电器特性,如图 8-4(c)图所示;当 $m=-1$ 时,称这种特性为滞环继电器特性,如图 8-4(d)图所示。

5. 变增益特性

变增益特性如图 8-5 所示。该特性表明,当输入信号在不同范围时,元件或系统的增益可以用来改善系统性能,还可以起抑制高频低频振幅噪声的作用。变增益特性的数学描述为

$$
y=\begin{cases}k_1 x & |x| \leqslant a \\ k_2 x & |x|>a\end{cases} \tag{8-5}
$$

式中:k_1、k_2 为输出特性的斜率;a 为切换点。

8.1.2 非线性系统的特殊性

非线性系统具有许多特殊的运动形式,与线性系统有着本质的区别,主要表现在下述几个方面。

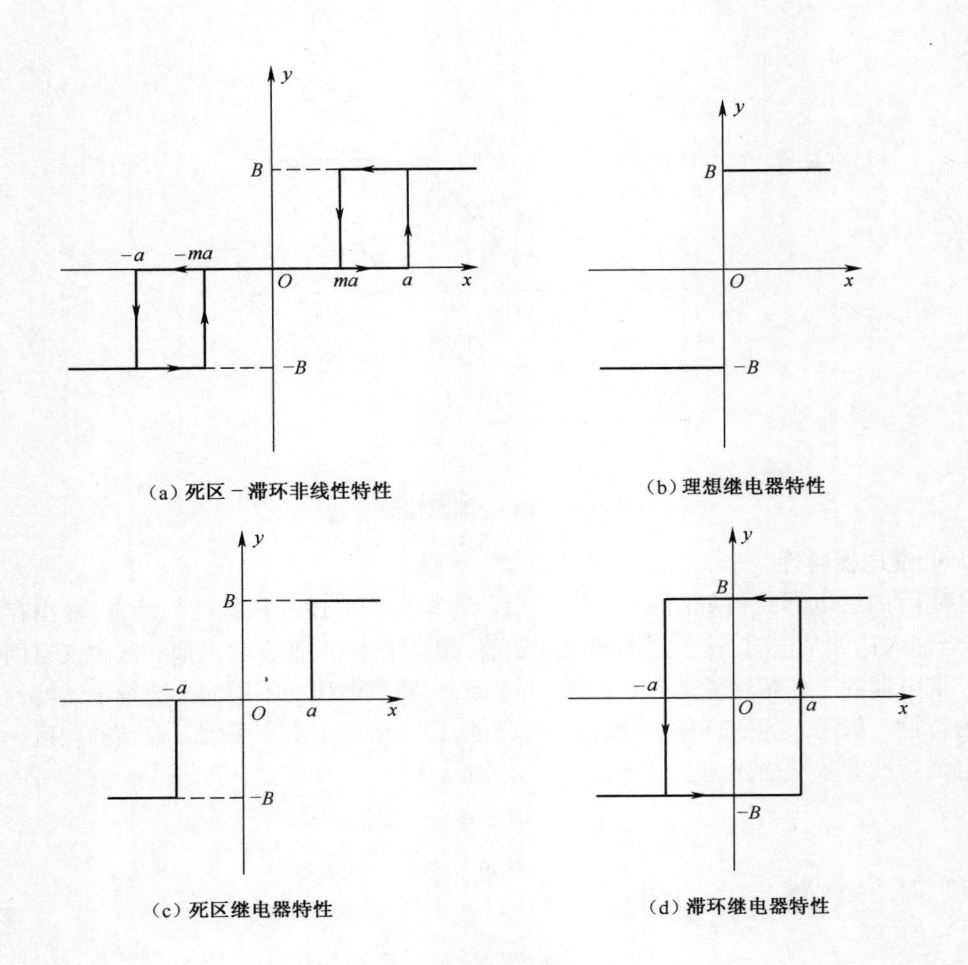

图 8-4　继电器特性

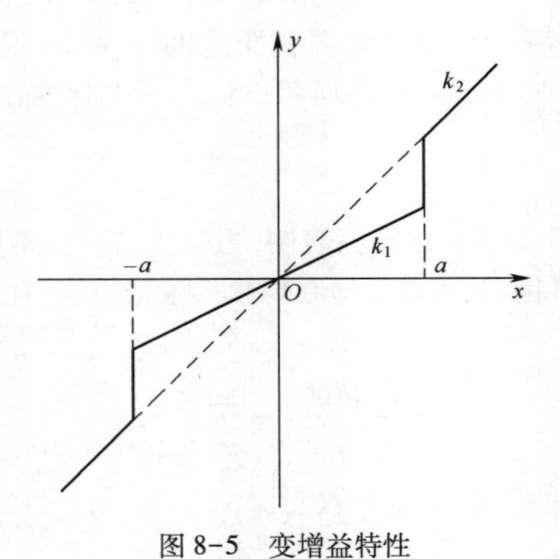

图 8-5　变增益特性

1. 不满足叠加原理

对于线性系统．如果系统对输入 x_1 的响应为 y_1，对输入 x_2 的响应为 y_2，则在信号

$$x = a_1x_1 + a_2x_2 \tag{8-6}$$

的作用下(a_1, a_2 为常量),系统的输出为

$$y = a_1y_1 + a_2y_2 \tag{8-7}$$

这便是叠加原理。但在非线性系统中,这种关系不成立。

在线性系统中,一般可采用传递函数、频率特性、根轨迹等概念。同时,由于线性系统的运动特征与输入的幅值、系统的初始状态无关,故通常是在典型输入信号和零初始条件下进行研究的。然而,在非线性系统中,由于叠加原理不成立,不能应用上述方法。

线性系统各串联环节的位置可以相互交换,但在非线性系统中,非线性环节之间、非线性环节与线性环节之间的位置一般不能交换,否则会导致错误的结论。

2. 稳定性

线性系统的稳定性仅取决于系统自身的结构与参数,与外作用的大小、形式以及初始条件无关。线性系统若稳定,则无论受到多大的扰动,扰动消失后一定会回到唯一的平衡点(原点)。

非线性系统的稳定性除了与系统自身的结构与参数有关外,还与外作用以及初始条件有关。非线性系统的平衡点可能不止一个,所以非线性系统的稳定性只能针对确定的平衡点来讨论。一个非线性系统在某些平衡点可能是稳定的,在另外一些平衡点却可能是不稳定的;在小扰动时可能稳定,大扰动时却可能不稳定。

3. 正弦响应

线性系统在正弦信号作用下,系统的稳态输出一定是与输入同频率的正弦信号,仅在幅值和相角上与输入不同。输入信号振幅的变化,仅使输出响应的振幅成比例变化,利用这一特性,可以引入频率特性的概念来描述系统的动态特性。

非线性系统的正弦响应比较复杂。在某一正弦信号作用下,其稳态输出的波形不仅与系统自身的结构与参数有关,还与输入信号的幅值大小密切相关,而且输出信号中常含有输入信号所没有的频率分量。因此,频域分析法不再适合于非线性系统。

4. 自持振荡

描述线性系统的微分方程可能有一个周期运动解,但这一周期运动实际上不能稳定地持续下去。例如,二阶零阻尼系统的自由运动解是 $y = A\sin(\omega t + \varphi)$ 。一旦系统受到扰动, A 和 φ 的值都会改变,因此,这种周期运动是不稳定的。非线性系统,即使在没有输入作用的情况下,也有可能产生一定频率和振幅的周期运动,并且受到扰动作用后,运动仍能保持原来的频率和振幅不变,亦即这种周期运动具有稳定性。非线性系统出现的这种稳定周期运动称为自持振荡,简称自振。自振是非线性系统特有的运动现象,是非线性控制理论研究的重要问题之一。

8.1.3 非线性控制系统的分析研究方法

由于非线性系统的复杂性和特殊性,使得非线性问题的求解非常困难,到目前为止,还没有形成用于研究非线性系统的通用方法。虽然有一些针对特定非线性问题的系统分析方法,但适用范围都有限。这其中,描述函数法和相平面分析法是在工程上广泛应用的方法。

描述函数法又称为谐波线性化法,它是一种工程近似方法。描述函数法可以用于研

究一类非线性控制系统的稳定性和自振问题,给出自振过程的基本特性(如振幅、频率)与系统参数(如放大系数、时间常数等)的关系,为系统的初步设计提供一个思考方向。

相平面分析法是一种用图解法求解一、二阶非线性常微分方程的方法。相平面上的轨迹曲线描述了系统状态的变化过程,因此可以在相平面图上分析平衡状态的稳定性和系统的时间响应特性。

用计算机直接求解非线性微分方程,以数值解形式进行仿真研究,也是分析、设计复杂非线性系统的有效方法。随着计算机技术的发展,计算机仿真已成为研究非线性系统的重要手段。

8.2 描述函数法

8.2.1 描述函数法的基本概念

对于线性元件或系统,当输入正弦函数时,其输出也是同频率的正弦函数,输出和输入的幅值比和相位差是频率的函数,可以用幅相频率特性来描述,而且线性元件或系统的频率特性和输入的幅值无关。但是对于非线性元件或系统,当输入为正弦函数时,其输出是一个周期函数,除了具有与输入同频率的正弦函数即基波外,还存在其他频率的谐波分量。故非线性元件不能直接用幅相频率特性来描述。

描述函数法是 P. J. Danel 在 1940 年首先提出的。其基本思想为,当系统满足一定的假设条件时,系统中非线性环节在正弦信号作用下的输出可用一次谐波分量来近似,只讨论输出的基波正弦函数与输入正弦函数的幅值比和相位差,由此导出非线性环节的近似等效频率特性,即描述函数。但这时的幅值比和相位差与输入正弦函数的幅值有关,或者说它是输入正弦函数的幅值的函数。

描述函数法主要用来分析在无外作用情况下,非线性元件或系统的稳定性和自持振荡问题,一般情况下都能给出比较满意的结果。这种方法不受元件或系统阶次的限制,对元件或系统的初步分析和设计十分有用,因而获得了广泛应用。但是描述函数法是一种近似的分析方法,它的应用有一定的限制条件,它只能用来研究系统的频率响应特性,不能给出时间响应的确切信息。

1. 描述函数法的限制条件

应用描述函数法分析非线性系统时,要求元件和系统必须满足以下条件:

(1) 非线性系统的结构图可以简化成只有一个非线性环节和一个线性部分相串联的典型形式,如图 8-6 所示。

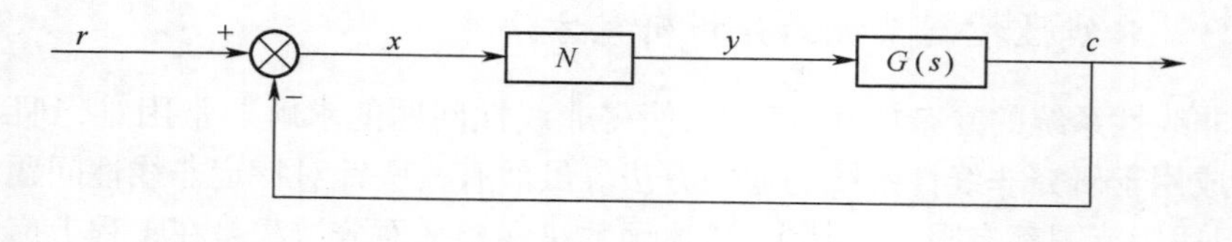

图 8-6 非线性系统的典型结构

（2）非线性环节的输入/输出特性是奇对称的，以保证非线性特性在正弦信号作用下的输出不包含常值分量，也就是输出响应的平均值为零。

（3）系统的线性部分具有良好的低通滤波性能。当非线性环节的输入为正弦信号时，实际输出必定含有高次谐波分量，但经线性部分传递后，由于低通滤波的作用，高次谐波分量被削弱，闭环通道内近似的只有一次谐波分量，保证应用描述函数分析方法得到准确的结果。对一般的非线性系统来说，这个条件是满足的，而且线性部分的阶次越高，低通滤波性能越好。

2. 描述函数的定义

只含有一个非线性环节的控制系统经过适当的变换可以用图 8-6 所示系统表示。一般情况下，非线性环节的稳态输出 $y(t)$ 是非正弦周期信号。将 $y(t)$ 按傅里叶级数三角函数式展开，可以认为，$y(t)$ 是由恒定分量 y_0，基波分量 $y_1(t)$ 和高次谐波分量 $y_2(t)$，$y_3(t)$，…组成的。系统的线性部分在 $y(t)$ 作用下，其稳态响应 $c(t)$ 也含有相应的谐波分量 $c_0(t)$，$c_1(t)$，$c_2(t)$，…。每个谐波分量的幅值和初相位取决于 $y(t)$ 中各相应谐波分量及线性部分的频率特性函数 $G(\mathrm{j}\omega)$。如果非线性环节的特性曲线具有中心对称的性质，则输出信号 $y(t)$ 的波形具有奇次对称性，恒定分量 y_0 为零；如果系统的线性部分具有良好的低通滤波特性，则高次谐波的幅值远小于基波。略去高次谐波分量后，可得

$$c(t) = c_1(t)$$

这样，在满足上述假设条件的前提下，当非线性环节的输入信号是一个正弦波时，可以认为系统的稳态输出是相同频率的正弦波。对于非线性环节的稳态输出，只研究它的基波成分即可。

我们用一个复数来描述非线性环节的正弦输入信号和稳态输出信号基波的关系。用这个复数的模表示稳态输出的基波幅值和正弦输入信号幅值之比，用这个复数的辐角表示稳态输出信号的基波和正弦输入信号之间的相位差。

在非线性环节内部不包含储能元件的情况下，这个复数是正弦输入信号幅值的函数，与频率无关，称为非线性环节的描述函数，用符号 $N(X)$ 表示，即

$$N(X) = \frac{Y_1}{X}\mathrm{e}^{\mathrm{j}\varphi_1} \tag{8-8}$$

式中：Y_1 为非线性环节输出信号基波分量的幅值；φ_1 为非线性环节输出信号基波与正弦输入信号的相位差；X 为非线性环节正弦输入信号的幅值。

很明显，非线性特性的描述函数是线性系统频率特性概念的推广。利用描述函数的概念，在一定条件下可以借用线性系统频域分析方法来分析非线性系统的稳定性和自振运动。问题的关键是描述函数的计算。

8.2.2 典型非线性特性的描述函数

1. 描述函数的计算方法

对于图 8-6 所示的系统，当非线性元件的输入为 $x(t)=X\sin\omega t$ 时，其稳态输出可以用傅里叶级数的三角函数展开式来表示，即

$$y(t) = A_0 + \sum_{n=1}^{\infty}(a_n\cos n\omega t + b_n\sin n\omega t)$$

$$= A_0 + \sum_{n=1}^{\infty} A_n \sin(n\omega t + \varphi_n) \tag{8-9}$$

其中，$A_0 = \dfrac{1}{2\pi}\int_0^{2\pi} x(t)\,\mathrm{d}(\omega t)$ ；

$a_n = \dfrac{1}{\pi}\int_0^{2\pi} x(t)\cos n\omega t\,\mathrm{d}(\omega t)$ ；

$b_n = \dfrac{1}{\pi}\int_0^{2\pi} x(t)\sin n\omega t\,\mathrm{d}(\omega t)$ ；

$A_n = \sqrt{a_n^{\ 2} + b_n^{\ 2}}$ ；

$\varphi_n = \arctan \dfrac{a_n}{b_n}$ ；

$n = 1,2,3,\cdots$

考虑到一般非线性环节的输入/输出特性是奇对称的，故 $A_0 = 0$，再忽略式(8-9)中的高次谐波，可得稳态输出的近似值，即输出信号的基波分量

$$y_1(t) = A_1 \sin(\omega t + \varphi_1) \tag{8-10}$$

式中，

$$A_1 = \sqrt{a_1^{\ 2} + b_1^{\ 2}} \tag{8-11}$$

$$a_1 = \frac{1}{\pi}\int_0^{2\pi} x(t)\cos\omega t\,\mathrm{d}(\omega t) \tag{8-12}$$

$$b_1 = \frac{1}{\pi}\int_0^{2\pi} x(t)\sin\omega t\,\mathrm{d}(\omega t) \tag{8-13}$$

$$\varphi_1 = \arctan \frac{a_1}{b_1} \tag{8-14}$$

于是，得到非线性环节的描述函数为

$$N(X) = \frac{A_1}{X}\mathrm{e}^{\mathrm{j}\varphi}$$

$$= \frac{\sqrt{a_1^{\ 2} + b_1^{\ 2}}}{X}\mathrm{e}^{\mathrm{j}\arctan\frac{a_1}{b_1}}$$

$$= \frac{1}{X}(b_1 + ja_1) \tag{8-15}$$

2. 典型非线性特性的描述函数的求法举例

(1) 饱和特性的描述函数。

饱和特性的数学表达式为

$$y = \begin{cases} ka & x > a \\ kx & -a \leqslant x \leqslant a \\ -ka & x < -a \end{cases}$$

令输入为 $x(t) = X\sin\omega t$，则对应的输出表达式为

$$
y(t)=\begin{cases} kX\sin\omega t & 0 \leqslant \omega t \leqslant \theta \\ ka & \theta < \omega t < \pi-\theta \\ kX\sin\omega t & \pi-\theta \leqslant \omega t \leqslant \pi \end{cases} \tag{8-16}
$$

式中：$\theta=\arcsin\dfrac{a}{X}$。

将 $y(t)$ 按傅里叶级数的三角函数式展开，由于饱和特性是奇对称的，故 $A_0=0$，$a_1=0$，$\varphi_1=0$，只需确定 b_1。

根据式(8-13)可求得

$$
b_1=\frac{1}{\pi}\int_0^{2\pi}y(t)\sin\omega t\mathrm{d}(\omega t)=\frac{4}{\pi}\left[\int_0^{\theta}KA\sin^2\omega t\mathrm{d}(\omega t)+\int_{\theta}^{\frac{\pi}{2}}Ka\sin\omega t\mathrm{d}(\omega t)\right]
$$

$$
=\frac{2kX}{\pi}\left[\arcsin\frac{a}{X}+\frac{a}{X}\sqrt{1-(\frac{a}{X})^2}\right]
$$

故饱和非线性特性的描述函数

$$
N(X)=\frac{b_1+\mathrm{j}a_1}{X}=\frac{2k}{\pi}\left[\arcsin\frac{a}{X}+\frac{a}{X}\sqrt{1-\left(\frac{a}{X}\right)^2}\right] \qquad X\geqslant a \tag{8-17}
$$

饱和特性及其输入输出波形见图 8-7。

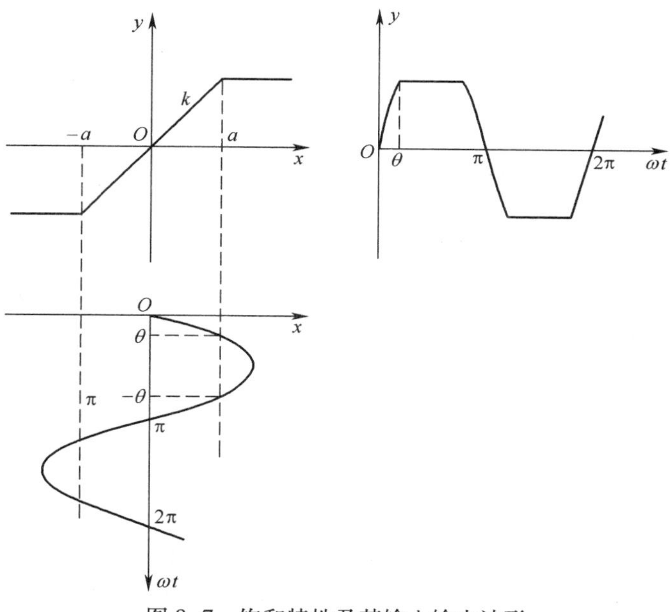

图 8-7 饱和特性及其输入输出波形

(2) 死区非线性特性的描述函数。

图 8-8 所示为具有死区特性及输入输出波形图。当输入 $x(t)=X\sin\omega t$ 时，其输出 $y(t)$ 为

$$
y(t)=\begin{cases} 0 & 0 \leqslant \omega t \leqslant \theta \\ k(X\sin\omega t-a) & \theta \leqslant \omega t \leqslant \pi-\theta \\ 0 & \pi-\theta \leqslant \omega t \leqslant \pi \end{cases} \tag{8-18}
$$

式中：$\theta=\arcsin\dfrac{a}{X}$；$k$ 为线性区的斜率。

由于死区特性为单值奇对称，所以 $A_0=0, a_1=0, \varphi_1=0$。代入式(8-13)可求得 b_1 为

$$\begin{aligned}b_1&=\frac{1}{\pi}\int_0^{2\pi}y(t)\sin\omega t\mathrm{d}(\omega t)=\frac{4}{\pi}\left[\int_\theta^{\frac{\pi}{2}}k(X\sin\omega t-a)\sin\omega t\mathrm{d}(\omega t)\right]\\&=\frac{4}{\pi}\left[\int_\theta^{\frac{\pi}{2}}k(X\frac{1-\cos2\omega t}{2}-a\sin\omega t)\mathrm{d}(\omega t)\right]\\&=\frac{2kX}{\pi}\left[\frac{\pi}{2}-\arcsin\frac{a}{X}-\frac{a}{X}\sqrt{1-\left(\frac{a}{X}\right)^2}\right]\end{aligned}$$

于是死区特性的描述函数为

$$N(X)=\frac{b_1+\mathrm{j}a_1}{X}=\frac{2k}{\pi}\left[\frac{\pi}{2}-\arcsin\frac{a}{X}-\frac{a}{X}\sqrt{1-\left(\frac{a}{X}\right)^2}\right]\quad X\geqslant a \tag{8-19}$$

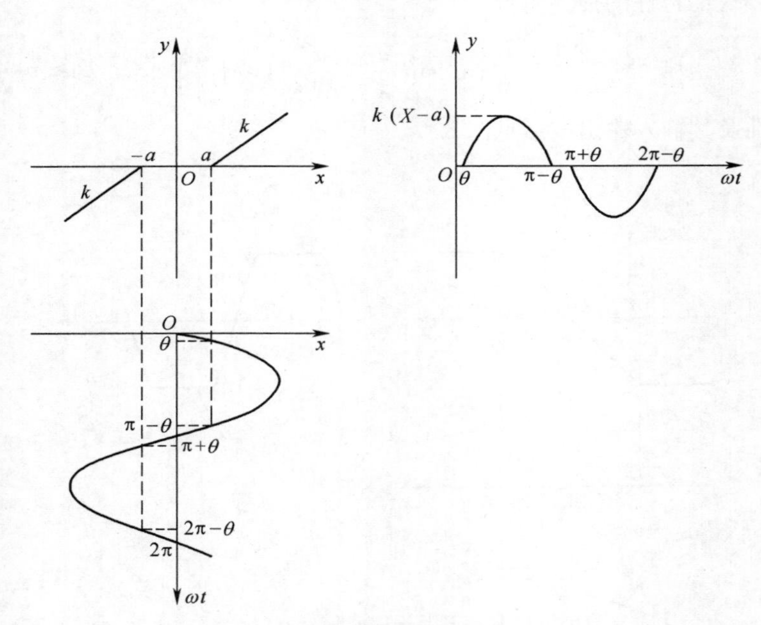

图 8-8 死区特性及其输入输出波形

（3）继电器特性的描述函数。

图 8-9 所示为具有滞环的三位置继电特性及其输入输出波形图。

设输入 $x(t)=X\sin\omega t$ 时，当 $X\geqslant a$ 时，其输出为

$$y(t)=\begin{cases}0 & 0\leqslant\omega t<\alpha\\B & \alpha\leqslant\omega t<\beta\\0 & \beta\leqslant\omega t<\pi\\0 & \pi\leqslant\omega t<\pi+\alpha\\-B & \pi+\alpha\leqslant\omega t<\pi+\beta\\0 & \pi+\beta\leqslant\omega t<2\pi\end{cases} \tag{8-20}$$

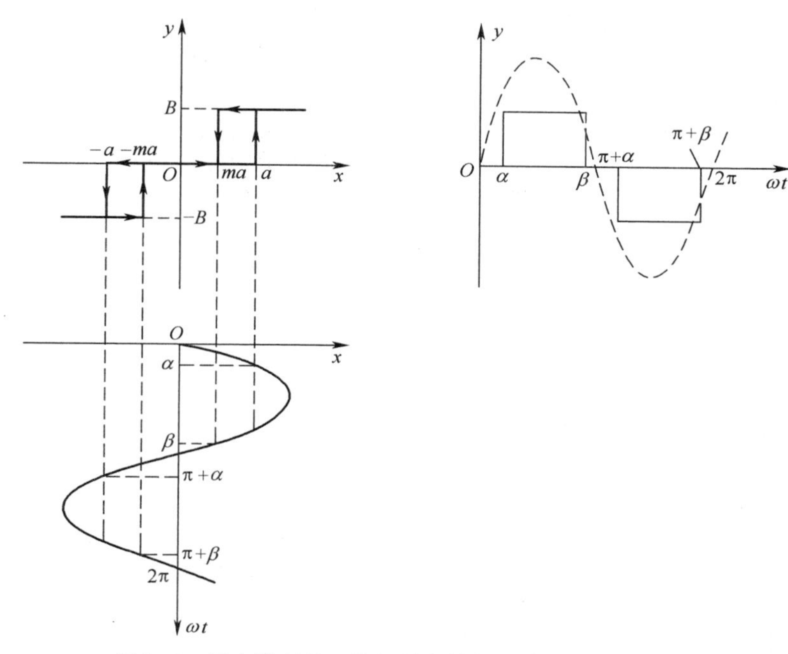

图 8-9　具有滞环的三位置继电特性及其输入输出波形

从图 8-9 可知，$y(t)$ 具有奇对称性质，故 $A_0=0$，代入式(8-12)及式(8-13)的计算公式，得

$$\begin{aligned}
a_1 &= \frac{1}{\pi}\int_0^{2\pi} y(t)\cos\omega t\mathrm{d}(\omega t) = \frac{2}{\pi}\int_0^{\pi} y(t)\cos\omega t\mathrm{d}(\omega t) \\
&= \frac{2}{\pi}\left[\int_0^{\alpha} 0\cdot\cos\omega t\mathrm{d}(\omega t) + \int_{\alpha}^{\beta} B\cos\omega t\mathrm{d}(\omega t) + \int_0^{\pi} 0\cdot\cos\omega t\mathrm{d}(\omega t)\right] \\
&= \frac{2B}{\pi}\left(\sin\left(\arcsin\frac{ma}{X}\right) - \sin\left(\arcsin\frac{a}{X}\right)\right) \\
&= \frac{2Ba}{\pi X}(m-1)
\end{aligned} \tag{8-21}$$

$$\begin{aligned}
b_1 &= \frac{1}{\pi}\int_0^{2\pi} y(t)\sin\omega t\mathrm{d}(\omega t) = \frac{2}{\pi}\int_0^{\pi} y(t)\cos\omega t\mathrm{d}(\omega t) \\
&= \frac{2}{\pi}\left[\int_0^{\alpha} 0\cdot\sin\omega t\mathrm{d}(\omega t) + \int_{\alpha}^{\beta} B\sin\omega t\mathrm{d}(\omega t) + \int_0^{\pi} 0\cdot\sin\omega t\mathrm{d}(\omega t)\right] \\
&= \frac{2B}{\pi}\left[-\cos\left(\pi - \arcsin\frac{ma}{X}\right) + \cos\left(\arcsin\frac{a}{X}\right)\right] \\
&= \frac{2B}{\pi}\left[\sqrt{1-\left(\frac{ma}{X}\right)^2} + \sqrt{1-\left(\frac{a}{X}\right)^2}\right]
\end{aligned} \tag{8-22}$$

从而求得死区—回环继电器特性的描述函数为

$$\begin{aligned}
N(X) &= \frac{b_1 + \mathrm{j}a_1}{X} \\
&= \frac{2B}{\pi X}\left[\sqrt{1-\left(\frac{ma}{X}\right)^2} + \sqrt{1-\left(\frac{a}{X}\right)^2}\right] + \mathrm{j}\frac{2Ba}{\pi X^2}(m-1) \quad X \geqslant a
\end{aligned} \tag{8-23}$$

1）理想继电器特性的描述函数

图 8-9 中，如果 $a=0$，就是理想继电器特性；令式（8-23）中 $a=0$，得到理想继电器特性的描述函数为

$$N(X)=\frac{4B}{\pi X} \qquad X \geqslant a \tag{8-24}$$

2）死区继电器特性的描述函数

图 8-9 中，如果 $m=1$，就是死区继电器特性；令式（8-21）中 $m=1$，得到死区继电器特性的描述函数为

$$N(X)=\frac{4B}{\pi X}\sqrt{1-\left(\frac{a}{X}\right)^2} \qquad X \geqslant a \tag{8-25}$$

3）回环继电器特性的描述函数

图 8-9 中，如果 $m=-1$，就是回环继电器特性；令式（8-21）中 $m=-1$，得到回环继电器特性的描述函数为

$$N(X)=\frac{4B}{\pi X}\sqrt{1-\left(\frac{a}{X}\right)^2}-\mathrm{j}\frac{4Ba}{\pi X^2} \qquad X \geqslant a \tag{8-26}$$

3. 典型非线性环节的串、并联等效

描述函数法适用于形式上只有一个非线性环节的控制系统，当有多个非线性环节串联或并联的情况时，需要等效成一个非线性特性来处理。

（1）串联等效　非线性环节串联时，环节之间的位置不能相互交换，也不能采用将各环节描述函数相乘的方法。应该按信号流动的顺序，依次分析前面环节对后面环节的影响，推导出整个串联通路的输入、输出关系。

例 8-1　两个典型非线性环节串联后的结构图如图 8-10 所示，试求其描述函数。

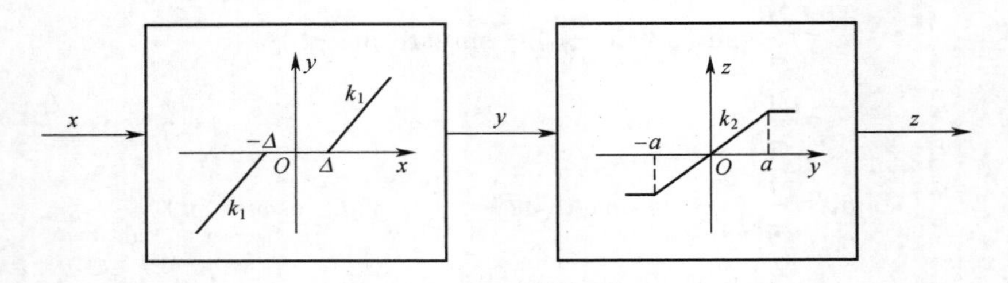

图 8-10　非线性环节串联

解　依式（8-19）、式（8-20），死区特性、饱和特性的数学表达式分别为

$$y=\begin{cases}k_1(x-\Delta) & x>\Delta\\ 0 & |x|\leqslant\Delta\\ k_1(x+\Delta) & x<-\Delta\end{cases} \qquad z=\begin{cases}k_2 a & y>a\\ ky & -a\leqslant y\leqslant a\\ -k_2 a & y<-a\end{cases}$$

对应于饱和点，有

$$y=a=k_1(x-\Delta)\Rightarrow x=\frac{a}{k_1}+\Delta$$

消去中间变量 y，得到非线性环节的输出

$$z=\begin{cases}Kb & x>b\\ K(x-\Delta) & \Delta<x<b\\ 0 & |x|\leqslant\Delta\\ K(x+\Delta) & -b\leqslant x<-\Delta\\ -Kb & x<-b\end{cases}$$

式中：$K=k_1k_2$；$b=\dfrac{a}{k_1}+\Delta$。

可见，串联后的输出是一个死区—饱和非线性特性，对应的描述函数为

$$N(X)=\frac{2K}{\pi}\left[\arcsin\frac{b}{X}-\arcsin\frac{\Delta}{X}+\frac{b}{X}\sqrt{1-\left(\frac{b}{X}\right)^2}-\frac{\Delta}{X}\sqrt{1-\left(\frac{\Delta}{X}\right)^2}\right]\qquad X\geqslant b$$

（2）并联等效　根据描述函数的定义可以证明，非线性环节并联时，总的描述函数等于各非线性环节描述函数的代数和。

例 8-2　一个具有死区的非线性环节如图 8-11 所示，求其描述函数。

解　图 8-11 所示系统可以看作是由图 8-12 的两个非线性环节——死区的非线性环节和具有死区继电器特性的非线性环节并联组成。

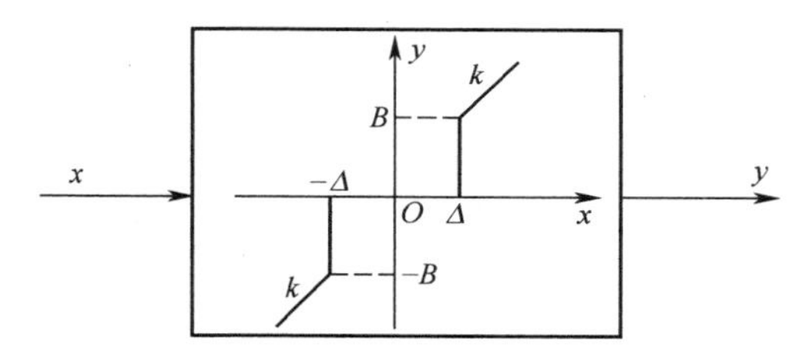

图 8-11　具有死区的非线性环节

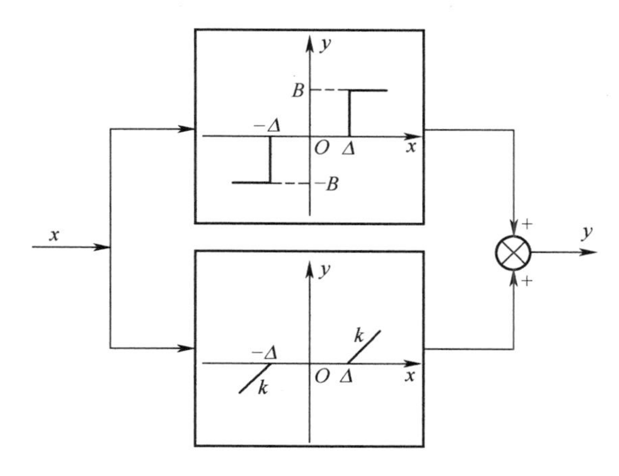

图 8-12　非线性环节并联

由式（8-19）得，具有死区的非线性环节的描述函数为

$$N_1(X)=\frac{2k}{\pi}\left[\frac{\pi}{2}-\arcsin\frac{\Delta}{X}-\frac{\Delta}{X}\sqrt{1-\left(\frac{\Delta}{X}\right)^2}\right]\qquad X\geqslant\Delta$$

由式（8-25）得，具有死区继电器特性的非线性环节的描述函数为

$$N_2(X) = \frac{4B}{\pi X}\sqrt{1 - \left(\frac{\Delta}{X}\right)^2} \qquad X \geqslant \Delta$$

故系统总的描述函数为

$$N(X) = N_1(X) + N_2(X) = k - \frac{2k}{\pi}\arcsin\frac{\Delta}{X} + \frac{4B - 2k\Delta}{\pi X}\sqrt{1 - \left(\frac{\Delta}{X}\right)^2} \qquad (X \geqslant \Delta)$$

将常见非线性特性的描述函数列于表 8-1 中。由表可以看出，非线性特性的描述函数有以下特性：单值非线性特性的描述函数是实函数；非单值非线性特性的描述函数是复函数。

表 8-1　几种非线性的描述函数

序号	名称	静特性	描述函数 $N(X)$
1	饱和非线性	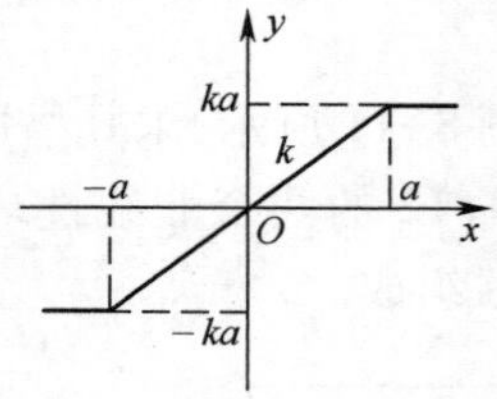	$N(X) = \frac{2k}{\pi}\left[\arcsin\frac{a}{X} + \frac{a}{X}\sqrt{1 - \left(\frac{a}{X}\right)^2}\right]$ $X \geqslant a$
2	死区非线性	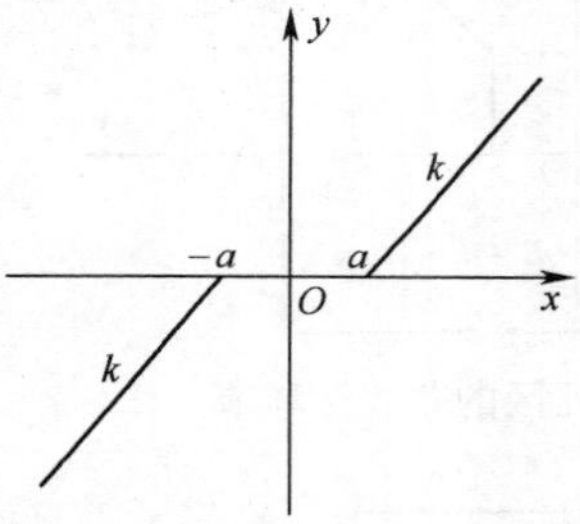	$N(X) = \frac{2k}{\pi}\left[\frac{\pi}{2} - \arcsin\frac{a}{X} - \frac{a}{X}\sqrt{1 - \left(\frac{a}{X}\right)^2}\right]$ $X \geqslant a$
3	具有死区的饱和特性	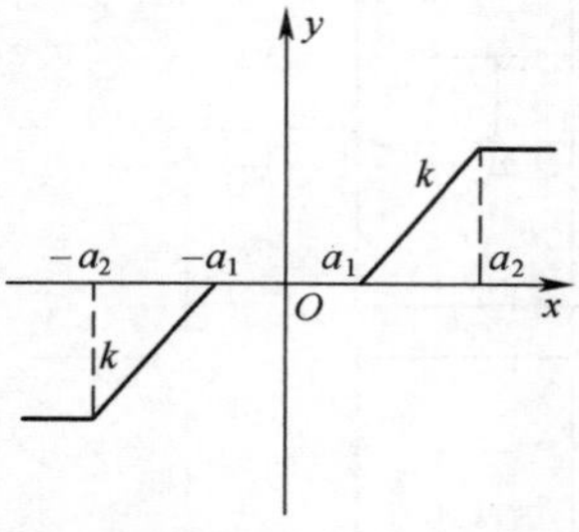	$N(X) = \frac{2k}{\pi}\left[\arcsin\frac{a_2}{X} - \arcsin\frac{a_1}{X} + \frac{a_2}{X}\sqrt{1 - \left(\frac{a_2}{X}\right)^2} - \frac{a_1}{X}\sqrt{1 - \left(\frac{a_1}{X}\right)^2}\right]$ $X \geqslant a$
4	理想继电器特性	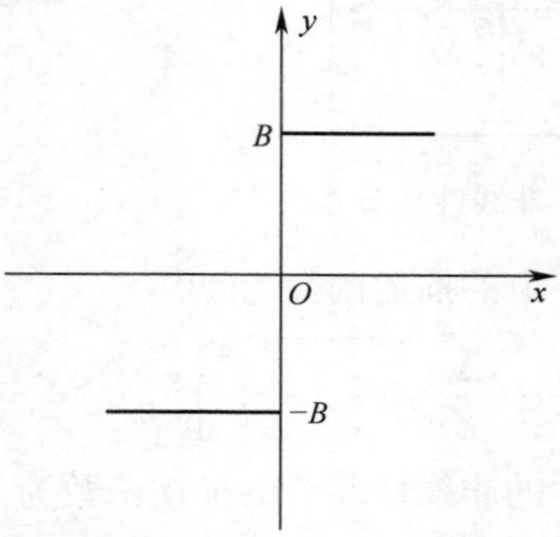	$N(X) = \frac{4B}{\pi X}$　$X \geqslant a$

（续）

序号	名称	静特性	描述函数 $N(X)$
5	死区继电器特性	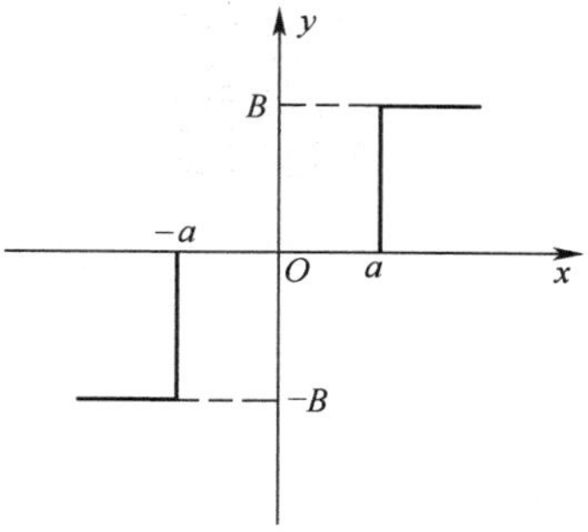 y; B; $-a$; O; a; x; $-B$	$N(X)=\frac{4B}{\pi X}\sqrt{1-\left(\frac{a}{X}\right)^2}\quad X\geqslant a$
6	滞环继电器特性	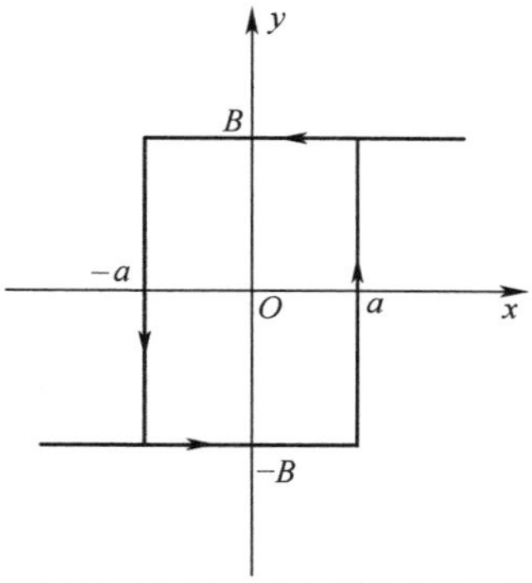 y; B; $-a$; O; a; x; $-B$	$N(X)=\frac{4B}{\pi X}\sqrt{1-\left(\frac{a}{X}\right)^2}-\mathrm{j}\frac{4Ba}{\pi X^2}\quad X\geqslant a$
7	死区—滞环继电器特性	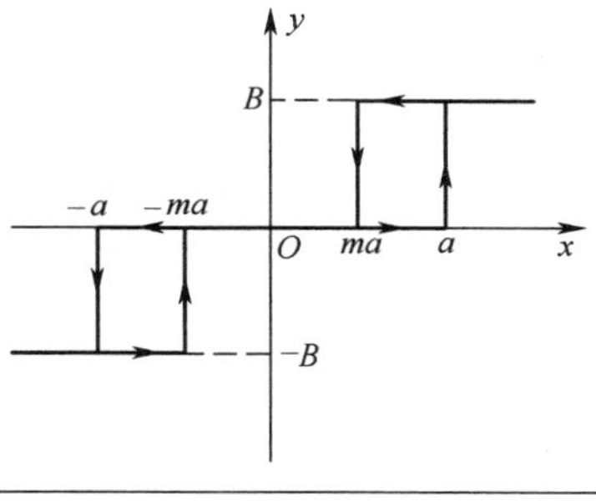 y; B; $-a$; $-ma$; O; ma; a; x; $-B$	$N(X)=\frac{2B}{\pi X}\left[\sqrt{1-\left(\frac{ma}{X}\right)^2}+\sqrt{1-\left(\frac{a}{X}\right)^2}\right]+\mathrm{j}\frac{2Ba}{\pi X^2}(m-1)\quad X\geqslant a$
8	间隙特性	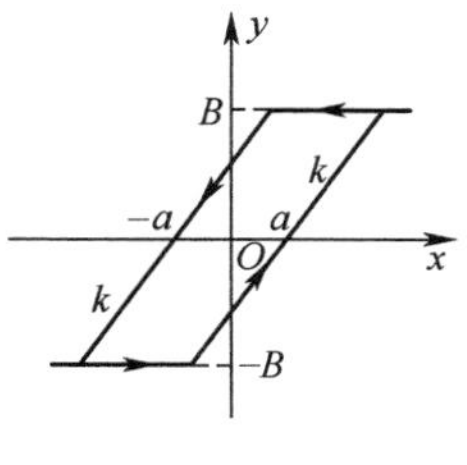 y; B; k; $-a$; a; O; x; k; $-B$	$N(X)=\frac{k}{\pi}\left[\frac{\pi}{2}+\arcsin\left(1-\frac{2a}{X}\right)+2\left(1-\frac{2a}{X}\right)\sqrt{\frac{a}{X}-\left(\frac{a}{X}\right)^2}\right]+\mathrm{j}\frac{4ka}{\pi X}\left(\frac{a}{X}-1\right)\quad X\geqslant a$

8.2.3 用描述函数法分析系统的稳定性

当非线性元件用描述函数表示后，则描述函数 $N(X)$ 在系统中可以作为一个实变量或复变量的放大系统来处理，这样就可以应用线性系统中频率法的某些结论来研究非线性系统。但由于描述函数仅表示非线性元件在正弦输入信号作用下，其稳态输出的基波分量与输入正弦信号的关系，因而它不能全面表征系统的性能，只能近似用于分析一些与系统稳定性有关的问题。本节介绍如何应用描述函数法分析系统的稳定性、自振荡产生的条件及振幅和频率的确定。

1. 非线性系统的稳定性判据

用描述函数法分析系统时，假设系统的结构如图 8-6 所示，系统可以典型化为一个非线性环节与一个线性环节相串联的形式。非线性部分的描述函数用 $N(X)$ 表示，线性部分的传递函数 $G(s)$ 表示。此系统的闭环频率特性为

$$\Phi(\mathrm{j}\omega)=\frac{N(X)G(\mathrm{j}\omega)}{1+N(X)G(\mathrm{j}\omega)}$$

故系统的闭环特征方程的频率函数为

$$1+N(X)G(\mathrm{j}\omega)=0 \tag{8-27}$$

或

$$G(\mathrm{j}\omega)=-\frac{1}{N(X)} \tag{8-28}$$

式中，$-1/N(X)$ 称为负倒描述函数。视 $-1/N(X)$ 为自变量 X 的矢量函数，以 X 为自变量，当 X 从 $0\to+\infty$ 变化时，可按 $-1/N(X)$ 的实部和虚部或模和相角的对应取值在复平面上作矢量端点的运动轨迹即负倒描述函数曲线。负倒描述函数曲线的绘制应该与线性系统的 Nyquist 曲线相似，需标出自变量 X 增加的方向。

与线性系统相比较，$-1/N(X)$ 相当于线性系统的开环幅相平面的 $(-1,\mathrm{j}0)$ 点。也就是说，这时若仿效线性系统用奈氏判据判定非线性系统的稳定性，不再是参考点 $(-1,\mathrm{j}0)$，而是一条 $-1/N(X)$ 的轨迹线。

注意，$-1/N(X)$ 不是像 $(-1,\mathrm{j}0)$ 点那样固定在负实轴上的静止点，而是随非线性系统运动状态变化的“动点”，当 X 改变时，该点沿负倒描述函数曲线移动。

由奈氏判据可以得出判定非线性系统稳定性的推广奈氏稳定判据（结合图 8-13 说明），其内容如下：

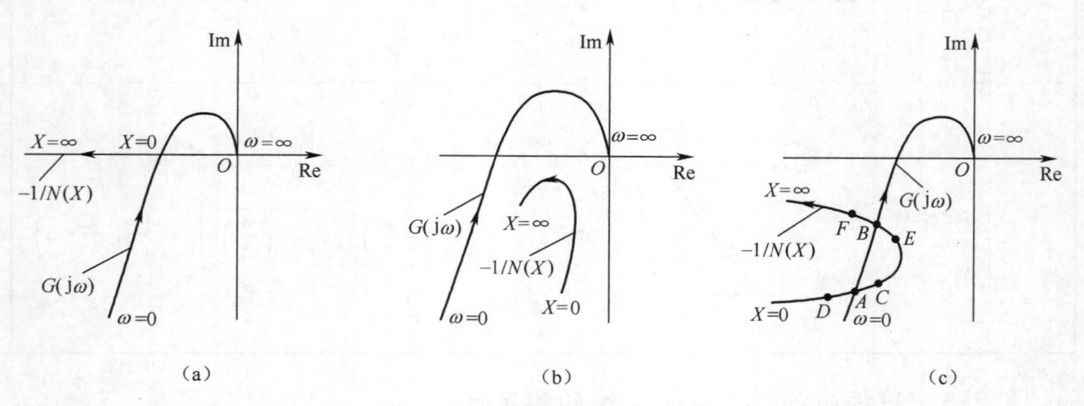

图 8-13 非线性系统的稳定判据

(1)在复平面上当 $G(\mathrm{j}\omega)$ 曲线不包围 $-1/N(X)$ 曲线时，如图 8-13a）所示，该非线系统是稳定的。而且两曲线相距愈远，系统愈稳定。和线性系统一样，可以用相位裕量和

幅值裕量来衡量非线性系统的稳定性。不过对非线性系统来说，裕量数值与幅值 X 的取值有关。

(2)在复平面上当 $G(\mathrm{j}\omega)$ 曲线包围 $-1/N(X)$ 曲线，如图 8-13(b)所示，这表明不论幅值 X 如何变化，该非线性系统是不稳定的。

(3)在复平面上当 $G(\mathrm{j}\omega)$ 曲线与 $-1/N(X)$ 相交时，如图 8-13(c)所示，非线性系统的稳定性由临界点邻域的运动性质来决定，系统可能发生持续的自振荡。这与线性控制系统中频率特性曲线过 $(-1,\mathrm{j}0)$ 点的情况相当。

2. 自振荡的稳定性分析

自振荡即前述自持振荡，也叫自振。它是指在没有外部激励条件下，系统内部自身产生的稳定的周期运动，即当系统受到轻微扰动作用时偏离原来状态的周期运动状态，在扰动消失后，系统运动能重新回到原来的等幅持续振荡。自振荡的幅值和频率是由交点处的 $-1/N(X)$ 轨迹上的 X 值和 $G(\mathrm{j}\omega)$ 曲线的 ω 值来表示，但并非在所有的交点上都能产生自振荡，需视情况而定。

下面以图 8-13(c)为例，分析产生在 A 、B 两点处是否产生自振荡。

设系统开始工作在 A 点，在一微小扰动的作用下，非线性元件输入的幅值 X 增大，工作点由 A 移到 C ，这时 $G(\mathrm{j}\omega)$ 曲线包围 C 点，系统是不稳定的，幅值 X 将进一步增大，离工作点 A 愈来愈远，向 B 点移动。反之，在 A 点处受扰动作用，使非线性元件输入的幅值 X 变小，工作点由 A 移到 D ，这时因 $G(\mathrm{j}\omega)$ 曲线不包围 D 点，系统稳定，幅值 A 将进一步减小，直至衰减到零为止。因此 A 点的振荡是不稳定的，称 A 点是不稳定的自振荡。

同样的方法分析 B 点：如果在扰动作用下，非线性元件输入的幅值 X 增大，工作点由 B 移到 F ，这时因 $G(\mathrm{j}\omega)$ 曲线不包围 F 点，系统是稳定的，幅值 X 将减小，工作点将回复到 B 点。反之，如果扰动使非线性元件输入幅值 X 减少，工作点由 B 移到了 E 点，这时因 $G(\mathrm{j}\omega)$ 曲线包围了 E 点，系统处于不稳定状态，幅值 X 增大，使工作点由 E 点又回复到 B 点。所以 B 点振荡是稳定的自振荡。

对于不稳定的自振荡，在实际中不一定观察到，因为这个过程在很短的时间内消失或发散，实际中能观察到的自振荡都是稳定的自振荡。

当 $G(s)$ 为最小相位系统时，$G(\mathrm{j}\omega)$ 曲线把复平面划分为稳定区和不稳定区，包围在 $G(\mathrm{j}\omega)$ 内的部分为不稳定区域。若 $-1/N(X)$ 曲线沿箭头方向由不稳定区经交点进入稳定区则为稳定的自振荡；若 $-1/N(X)$ 曲线沿箭头方向由稳定区经交点进入不稳定区则为不稳定的自振荡。

例 8-3 某非线性系统的方框图如图 8-14 所示，其中 $B=1$，试分析系统的稳定性。

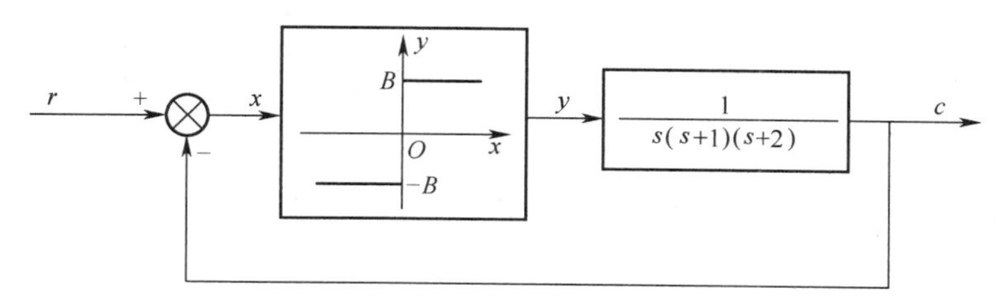

图 8-14　例 8-3 非线性系统框图

解 理想继电器特性的描述函数为

$$N(X)=\frac{4B}{\pi X}=\frac{4}{\pi X}$$

负倒描述函数为

$$-\frac{1}{N(X)}=-\frac{\pi X}{4}$$

传递函数为 $G(s)=\dfrac{1}{s(s+1)(s+2)}$ 的线性系统的频率特性为

$$G(\mathrm{j}\omega)=\frac{1}{\mathrm{j}\omega(\mathrm{j}\omega+1)(\mathrm{j}\omega+2)}$$

其对应的幅频特性

$$A(\omega)=\frac{1}{\omega\sqrt{\omega^2+1}\sqrt{\omega^2+4}},$$

相频特性

$$\varphi(\omega)=-90^\circ-\arctan\omega-\arctan\frac{\omega}{2}$$

由此得到 $G(\mathrm{j}\omega)$ 曲线和 $-1/N(X)$ 的曲线如图 8-15 所示。

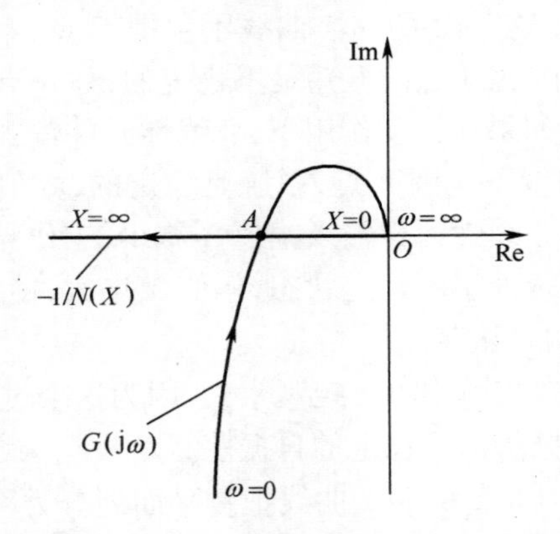

图 8-15 例 8-3 $G(\mathrm{j}\omega)$ 曲线和 $-1/N(X)$ 曲线

两曲线有一交点 A，且由图可知，当 X 增加时，$-1/N(X)$ 指向稳定区域，所以 A 点是稳定的自振荡。

自振荡振幅 X_A 和频率 ω_A 的计算：

令 $\varphi(\omega)=-180^\circ$，则可得 A 点对应的频率 $\omega_A=\pm\dfrac{1}{\sqrt{0.5}}=\pm\sqrt{2}$ (rad/s)，取 $\omega_A=\sqrt{2}$ rad/s。

由负倒描述函数曲线与线性部分奈氏曲线在频率 ω_A 处幅值相同可得

$$\left|-\frac{1}{N(X_A)}\right|=A(\omega_A)\text{，即 }\frac{\pi X_A}{4}=\frac{1}{6}\text{，}X_A=\frac{4}{6\pi}=0.212$$

例 8-4 某非线性系统的方框图如图 8-16 所示，试分析系统的稳定性。

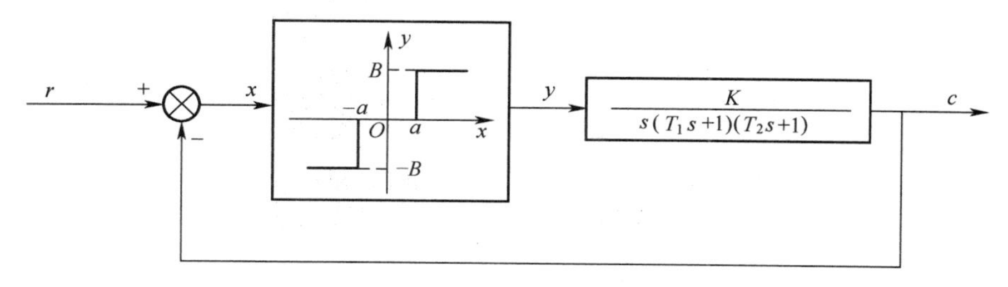

图 8-16 例 8-4 非线性系统框图

解 非线性部分为死区继电器特性,其描述函数为

$$N(X)=\frac{4B}{\pi X}\sqrt{1-\left(\frac{a}{X}\right)^2}\qquad X\geqslant a$$

负倒描述函数为

$$-\frac{1}{N(X)}=-\frac{\pi X}{4B\sqrt{1-\left(\frac{a}{X}\right)^2}}\qquad X\geqslant a$$

当 $X=a$ 时, $-1/N(X)\to-\infty$;当 $X\to\infty$ 是, $-1/N(X)\to-\infty$,故必存在极值。由 $\dfrac{\mathrm{d}\left(-\dfrac{1}{N(X)}\right)}{\mathrm{d}X}=0$ 得, $X=\sqrt{2}a$,则

$$-\frac{1}{N(X)}\bigg|_{X=\sqrt{2}a}=-\frac{\sqrt{2}\pi a}{4B\sqrt{1-\left(\frac{a}{\sqrt{2}a}\right)^2}}=-\frac{\pi a}{2B}$$

线性部分的频率特性为

$$G(\mathrm{j}\omega)=\frac{K}{\mathrm{j}\omega(1+T_1\mathrm{j}\omega)(1+T_2\mathrm{j}\omega)}$$

对应的幅频特性为

$$A(\omega)=\frac{K}{\omega\sqrt{T^2{}_1\omega^2+1}\sqrt{T_2{}^2\omega^2+1}}$$

相频特性

$$\varphi(\omega)=-90^\circ-\arctan\omega T_1-\arctan\omega T_2$$

令 $\varphi(\omega)=-180^\circ$,得出 $G(\mathrm{j}\omega)$ 曲线和负实的交点 A 处的频率为

$$\omega_A=\pm\frac{1}{\sqrt{T_1T_2}}\ \mathrm{rad/s},取\ \omega_A=\frac{1}{\sqrt{T_1T_2}}\ \mathrm{rad/s}$$

此时,对应的幅值

$$A(\omega_A)=\frac{K}{\omega_A\sqrt{T_1^2\omega_A^2+1}\sqrt{T_2^2\omega_A^2+1}}=\frac{KT_1T_2}{T_1+T_2}$$

由此得到 $G(\mathrm{j}\omega)$ 曲线和 $-1/N(X)$ 的曲线如图 8-17 所示。

该死区继电器特性的负倒描述函数曲线重合于负实轴,为了清晰起见,画成了双

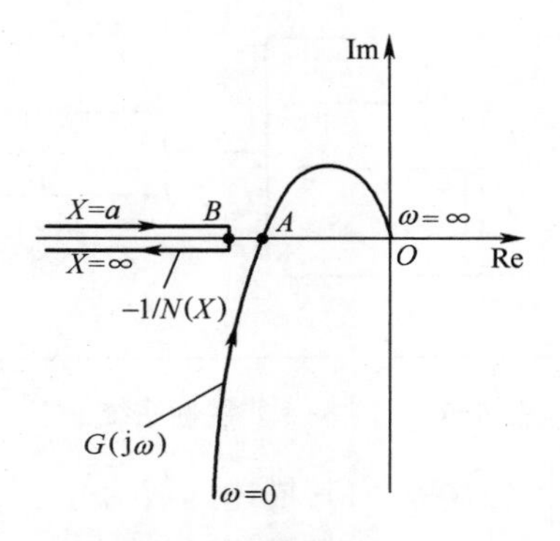

图 8-17　例 8-4 $G(j\omega)$ 曲线和 $-1/N(X)$ 曲线

曲线。

分析：

(1) 当 $-\dfrac{\pi a}{2B}<-\dfrac{KT_1T_2}{T_1+T_2}$ 时，$G(j\omega)$ 曲线和 $-1/N(X)$ 曲线不相交，即 $G(j\omega)$ 曲线不包围 $-1/N(X)$ 曲线，系统稳定；

(2) 当 $-\dfrac{\pi a}{2B}>-\dfrac{KT_1T_2}{T_1+T_2}$ 时，$G(j\omega)$ 曲线和 $-1/N(X)$ 曲线相交，出现自振荡。此时，振荡的角频率为 $\omega_A=\dfrac{1}{\sqrt{T_1T_2}}$ rad/s，由交点处的 $G(j\omega)$ 曲线确定，但交点处的自振荡的振幅可能有两个或或一个值。当有两个交点时，分别对应着幅值从 $X=a$ 变到 $X=\sqrt{2}a$ 过程中和 $X=\sqrt{2}a$ 变到 $X=\infty$ 过程中，前者对应于不稳定的自振荡，后者对应稳定的自振荡，振幅由稳定自振荡求得。由图可知应取这两个值中的大者，即由方程

$$-\frac{1}{N(X)}=-\frac{\pi X}{4B\sqrt{1-\left(\dfrac{a}{X}\right)^2}}=\frac{KT_1T_2}{T_1+T_2}$$

求出两个解，并取其中大者为稳定的自振荡振幅。

(3) 当 $-\dfrac{\pi a}{2B}=-\dfrac{KT_1T_2}{T_1+T_2}$ 时，$-1/N(X)$ 曲线和 $G(j\omega)$ 曲线只有一个交点，该交点为半稳定自振荡。因为在此点，当扰动使振荡幅值增加时，进入稳定区域，所以会使幅值减小，回到原状态。但当扰动使振荡幅值减小时，亦进入稳定区域，，故扰动即可消失。

(4) 从改善该非线性系统的性能出发，可以通过减少线性部分的开环增益或串联超前网络，使 $G(j\omega)$ 曲线与实轴交点靠近远点，或通过非线性部分减小 B，使 $-1/N(X)$ 的转折点离 A 点远一些。总言之，使二者之间无交点为宜。

例 8-5　系统的方框图如图 8-18 所示，试分析系统的稳定性。

解　系统中非线性环节为饱和非线性，其描述函数为

$$N(X)=\frac{2B}{\pi a}\left[\arcsin\frac{a}{X}+\frac{a}{X}\sqrt{1-\left(\frac{a}{X}\right)^2}\right]\qquad X\geqslant a$$

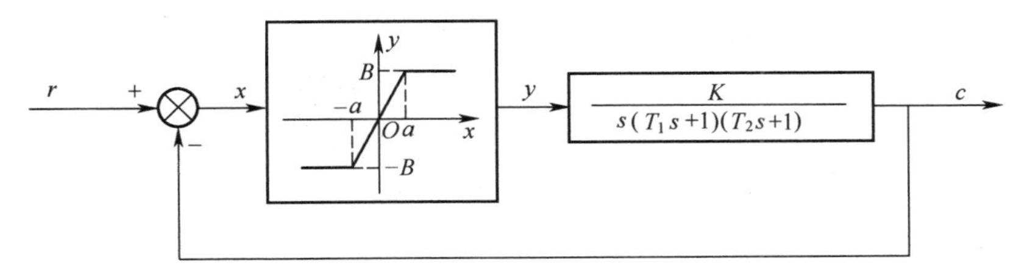

图 8-18　例 8-5 系统方框图

负倒描述函数为

$$-1/N(X)=-1/\left(\frac{2B}{\pi a}\left[\arcsin\frac{a}{X}+\frac{a}{X}\sqrt{1-\left(\frac{a}{X}\right)^{2}}\right]\right)$$

当 $X=a$ 时，$-1/N(X)=-\frac{a}{B}$；当 $X\to\infty$ 时，$-1/N(X)\to-\infty$；

系统中线性部分的频率特性 $G(\mathrm{j}\omega)$ 跟例 8-4 相同，且得到 $G(\mathrm{j}\omega)$ 曲线和负实轴的交点 A 处的频率为

$$\omega_A=\pm\frac{1}{\sqrt{T_1T_2}}\ \mathrm{rad/s}，取\ \omega_A=\frac{1}{\sqrt{T_1T_2}}\ \mathrm{rad/s}$$

此时，对应的幅值

$$A(\omega_A)=\frac{K}{\omega_A\sqrt{T_1^2\omega_A^2+1}\sqrt{T_2^2\omega_A^2+1}}=\frac{KT_1T_2}{T_1+T_2}$$

故可绘制如图 8-19 所示的 $G(\mathrm{j}\omega)$ 曲线和 $-1/N(X)$ 的曲线。

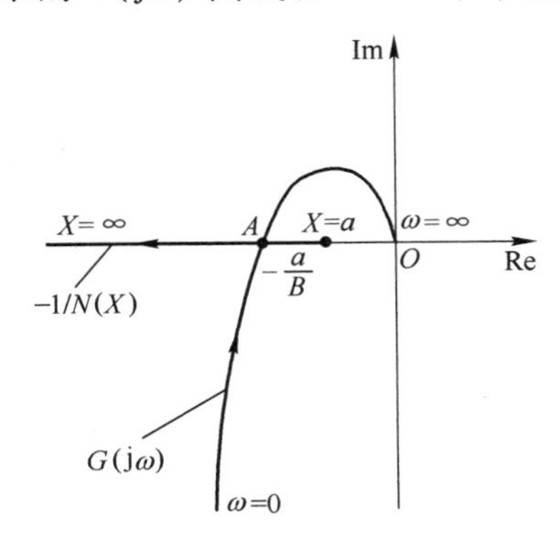

图 8-19　例 8-5 $G(\mathrm{j}\omega)$ 曲线和 $-1/N(X)$ 曲线

分析：

（1）当 $-\frac{a}{B}<-\frac{KT_1T_2}{T_1+T_2}$ 时，$G(\mathrm{j}\omega)$ 曲线和 $-1/N(X)$ 曲线不相交，即 $G(\mathrm{j}\omega)$ 曲线不包围 $-1/N(X)$ 曲线，系统稳定；

（2）当 $-\frac{a}{B}>-\frac{KT_1T_2}{T_1+T_2}$ 时，$G(\mathrm{j}\omega)$ 曲线和 $-1/N(X)$ 曲线相交，出现自振荡。此时，振荡的角频率为 $\omega_A=\frac{1}{\sqrt{T_1T_2}}$ rad/s，由交点处的 $G(\mathrm{j}\omega)$ 曲线确定，交点处的自振荡的振幅

由方程

$$-\frac{1}{N(X)}=-\frac{\pi a}{2B\left[\arcsin\frac{a}{X}+\frac{a}{X}\sqrt{1-\left(\frac{a}{X}\right)^{2}}\right]}=\frac{KT_1T_2}{T_1+T_2}$$

求得。

（3）当 $-\frac{a}{B}=-\frac{KT_1T_2}{T_1+T_2}$ 时，$-1/N(X)$ 曲线和 $G(\mathrm{j}\omega)$ 曲线只有一个交点，该交点为半稳定自振荡。

应当指出：描述函数分析非线性系统的稳定性可以适用于任何高阶系统，但只能分析与稳定性有关的问题。另外，描述函数分析法研究的非线性系统是由本质非线性引起的稳定性特征，且在系统输入信号为零的情况下进行。

8.3 相平面法

相平面法是 H. Poincare 于 1885 年首先提出来的，它是求解一、二阶线性或非线性系统的一种图解法，可以用来分析系统的稳定性、平衡位置、时间响应、稳态精度以及初始条件和参数对系统运动的影响。

8.3.1 相平面的基本概念

二阶时不变系统一般可用下列常微分方程描述：

$$\ddot{x}=f(x,\dot{x}) \tag{8-29}$$

式中：$f(x,\dot{x})$ 是 $\dot{x}(t)$ 和 $x(t)$ 的线性或非线性函数。

该方程的解可以用 $x(t)$ 和 t 的关系曲线来表示，也可以将时间 t 作为参变量，用 $x(t)$ 和 $\dot{x}(t)$ 的关系曲线来表示，将该曲线表示在以 $x(t)$ 为横坐标，以 $\dot{x}(t)$ 为纵坐标的平面即相平面上，如图 8-20 所示。

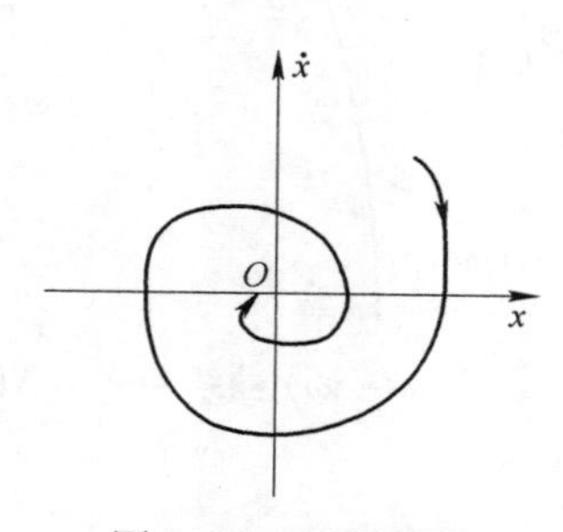

图 8-20 相平面图

图 8-20 中，系统的每一个状态均对应于该平面上的一点，该点称为相点，当时间 t 变化时，这一点在 $x-\dot{x}$ 平面上描绘出的轨迹表征系统状态的演变过程，称为相轨迹。相轨迹上的箭头表示时间增加时，相点的运动方向。可见，从起始状态到最终状态的整条相轨迹可以形象和全面地刻画出系统随时间变化而变化的全部运动规律。根据微分方程解的存在与唯一性定理，对于任一初始条件，微分方程有唯一的解与之对应。因此，对于某一

个微分方程，在相平面上布满了与不同初始条件相对应的一族相轨迹，由这样一族相轨迹所组成的图像称为相平面图，简称相图。应用相平面图分析系统性能的方法就称为相平面分析法。由于在相平面上只能表示两个独立的变量 $x(t)$ 和 $\dot{x}(t)$ ，故相平面法只能用来研究一、二阶线性或非线性系统。

8.3.2 相轨迹的绘制方法

相轨迹可以用解析法、图解法或实验的方法做出。本节只介绍解析法和图解法。

1. 解析法

解析法就是用求解微分方程的办法找出 $x(t)$ 和 $\dot{x}(t)$ 的关系，从而在平面上绘制相轨迹的。当描述系统微分方程比较简单，或者可以分段线性化时，应用解析法比较方便。解析法具体有两种方法。

第一种方法：消去参变量 t 。直接解方程 $\ddot{x}=f(x,\dot{x})$ ，求出 $x(t)$ 。通过求导得到 $\dot{x}(t)$ ，在 $x(t)$ 和 $\dot{x}(t)$ 的表达式中消去参变量 t ，就得到 $x-\dot{x}$ 的关系。

第二种方法：直接积分。因为

$$\ddot{x}=\frac{\mathrm{d}\dot{x}}{\mathrm{d}t}=\frac{\mathrm{d}\dot{x}}{\mathrm{d}x}\cdot\frac{\mathrm{d}x}{\mathrm{d}t}=\dot{x}\frac{\mathrm{d}\dot{x}}{\mathrm{d}x} \tag{8-30}$$

则二阶系统微分方程的一般式 $\ddot{x}=f(x,\dot{x})$ 可以写成

$$\dot{x}\frac{\mathrm{d}\dot{x}}{\mathrm{d}x}=f(x,\dot{x}) \tag{8-31}$$

如果该式可以分解为

$$g(\dot{x})\mathrm{d}\dot{x}=h(x)\mathrm{d}x \tag{8-32}$$

则由式

$$\int_{\dot{x}_0}^{\dot{x}}g(\dot{x})\mathrm{d}\dot{x}=\int_{x_0}^{x}h(x)\mathrm{d}x \tag{8-33}$$

直接得出 $x-\dot{x}$ 的关系，其中 x_0 和 $\dot{x}_0$ 是初始条件。

例 8-6 设描述系统的微分方程为

$$\ddot{x}+M=0$$

式中：M 是常量，已知初始条件为 $x(0)=0,\ \dot{x}(0)=0$。

解 第一种方法：

由 $\ddot{x}=-M$ 积分得

$$\dot{x}=-Mt$$

再一次积分得

$$x-x_0=-\frac{1}{2}Mt^2$$

由以上两式消去 t ，即得

$$\dot{x}^2=-2M(x-x_0)$$

第二种方法：由 $\ddot{x}=-M$ 可得

$$\frac{\mathrm{d}\dot{x}}{\mathrm{d}x}=\frac{-M}{\dot{x}}，即\ \dot{x}\mathrm{d}\dot{x}=-M\mathrm{d}x$$

上式两端同时积分，即得

$$\frac{1}{2}\dot{x}^2 = -M(x - x_0)$$

$$\dot{x}^2 = -2M(x - x_0)$$

可见，两种方法求出的相轨迹是相同的。$M > 0$ 时对应于不同的初始状态 x_0 的相轨迹曲线如图 8-21 所示。

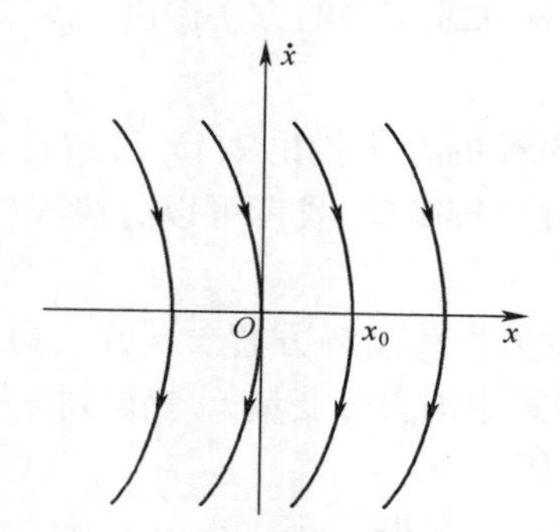

图 8-21　$M > 0$ 时的相轨迹曲线

2. 图解法

图解法是通过逐步作图，直接在相平面上画出相轨迹的方法。当系统的微分方程用解析法求解比较复杂、困难，甚至不可能时，应采用图解法求解。图解法常用的方法有两种——等倾线法和 δ 法，这里介绍常用的等倾线法。

已知二阶系统微分方程的一般形式为

$$\ddot{x} = \dot{x}\frac{\mathrm{d}\dot{x}}{\mathrm{d}x} = f(x, \dot{x})$$

也可写成

$$\frac{\mathrm{d}\dot{x}}{\mathrm{d}x} = \frac{f(x, \dot{x})}{\dot{x}} \tag{8-34}$$

令斜率 $\frac{\mathrm{d}\dot{x}}{\mathrm{d}x} = \alpha$，$\alpha$ 为常数，式(8-34)可以写成

$$\alpha = \frac{f(x, \dot{x})}{\dot{x}}，或\ \dot{x} = \frac{f(x, \dot{x})}{\alpha} \tag{8-35}$$

式(8-35)是 $\dot{x}$ 和 x 的代数方程式，称为等倾线方程式。根据它可以在相平面上画出一条线，这条线上的各点具有一个共同的性质，即相轨迹通过这些点时，其切线的斜率都相同，均为 α。线性系统的等倾线是直线，非线性系统的等倾线往往是曲线或折线。如果令 α 为不同的常数 α_1，α_2，…，根据等倾线方程式即可在相平面上绘出若干条等倾线，在每条等倾线上面出相应的 α 值的短线，以表示相轨迹通过这些等倾线时切线的斜率。任意给定一个初始条件 $[x(0), \dot{x}(0)]$，就相当于在相平面上给定了一条相轨迹的起点。从该点出发，按照它所在等倾线上的短线方向作一小线段，让它与第二条等倾线相交；再由这个交点出发，按照第二条等倾线上的短线方向再作一小线段，让它与第三条等倾线相交；依次连续作下去，就可以得到一条从给定起始条件出发，由各小线段组成的折线。把这条折

线作光滑处理,就得到所要求的系统相轨迹。

用等倾线法绘制相轨迹的,还需要做以下几点说明。

(1) x 轴与 $\dot{x}$ 轴所选用的比例尺应当一致,这样 α 值才与相轨迹切线的几何斜率相同。

(2) 在相平面的上半平面,因速度 $\dot{x}>0$,故相轨迹的走向应沿着 x 增加的方向从左向右;在相平面的下半平面,因速度 $\dot{x}<0$,故相轨迹的走向应沿着 x 减小的方向自右向左。

(3) 除平衡点外,通过 x 轴时相轨迹的斜率 $a=\infty$ 。所以,相轨迹是与 x 轴垂直相交的。

(4) 利用相轨迹的对称性可以减少作图的工作量。若 $f(x,\dot{x})$ 是 x 的奇函数,相轨迹关于 $\dot{x}$ 轴对称;若 $f(x,\dot{x})$ 是 $\dot{x}$ 的偶函数,相轨迹关于 x 轴对称;若 $f(x,\dot{x})=-f(-x,-\dot{x})$,相轨迹关于原点对称。

(5) 等倾线的条数应取得适当。另外,采用平均斜率的方法作相轨迹,可以提高作图的精确度。即两条等倾线之间的相轨迹,其切线的斜率,近似等于这两条等倾线上切线斜率的平均值。

例 8-7 绘制 $\ddot{x}+\dot{x}+x=0$ 的相轨迹,其中 $\dot{x}(0)=1$, $x(0)=0$。

解 $\ddot{x}=-\dot{x}-x$, $f(x,\dot{x})=-\dot{x}-x$

等倾线方程为

$$\alpha=\frac{f(x,\dot{x})}{\dot{x}}=-\frac{\dot{x}+x}{\dot{x}}$$

即

$$\dot{x}=-\frac{1}{\alpha+1}x$$

若取 $\alpha=-1$,求得此等倾线的的斜率为 ∞ ,故可以画出此等倾线及其上的斜率为-1的小短线;同理,若取 $\alpha=-1.2$,求得相应等倾线的斜率为 5,其上小短线的斜率为-1.2;若取 $\alpha=-1.4$ 求得相应等倾线的斜率为 2.5,其上小短线的斜率为-1.4,…。以此类推,可绘制出如图 8-22 所示的等倾线图。

8.3.3 由相轨迹求时间信息

相轨迹图上没有明显地反映出系统响应关于时间的信息,只表明了响应的导数与响应即 $\dot{x}(t)$ 和 $x(t)$ 的关系。但是,可以从相平面图上直接求得时间响应曲线。常用的方法为增量法、积分法及圆弧法。下面介绍增量法。

对于图 8-23(a)所示的相轨迹为例。

由 $\dot{x}=\frac{\mathrm{d}x}{\mathrm{d}t}$ 得 $\mathrm{d}t=\frac{\mathrm{d}x}{\dot{x}}$,即 $\Delta t=\frac{\Delta x}{\dot{x}_{\mathrm{ave}}}$ 。图 8-23 中相轨迹从 P_0 点到 P_1 点,横坐标 x 的变化为 Δx_{01} ,纵坐标 $\dot{x}$ 的平均值为

$$\dot{x}_{01}=\frac{\dot{x}_0+\dot{x}_1}{2}$$

式中: $\dot{x}_0$ 是 P_0 点的纵坐标 $\dot{x}$ 值; $\dot{x}_1$ 是 P_1 点的纵坐标 $\dot{x}$ 值。

因此所需的时间的近似值为

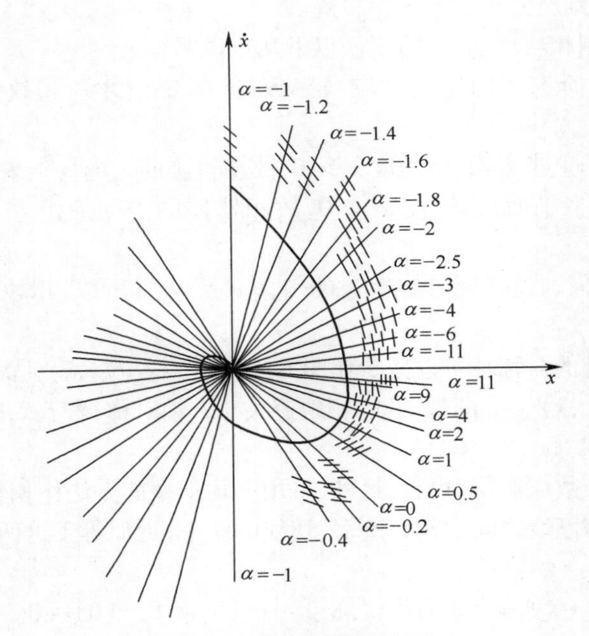

图 8-22　非线性系统的相轨迹

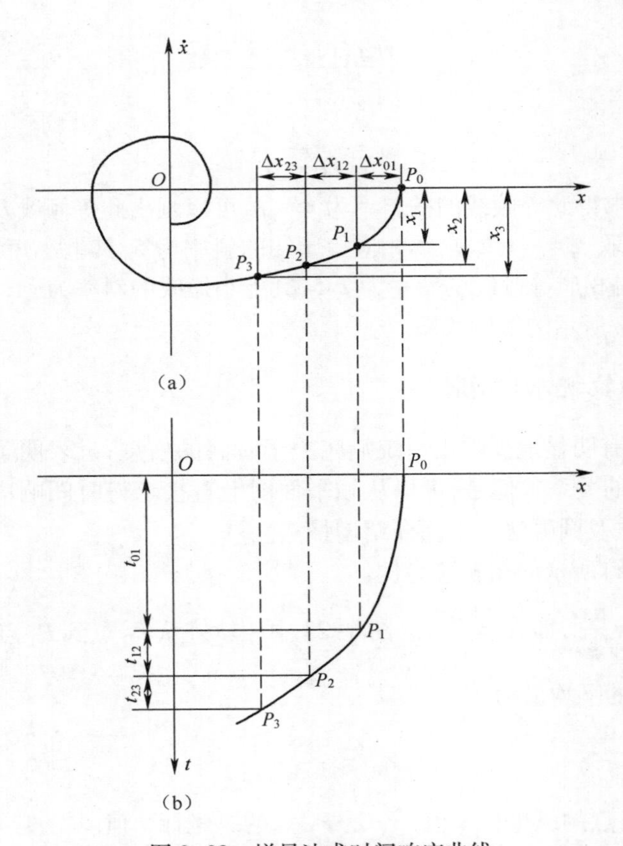

图 8-23　增量法求时间响应曲线

$$t_{01} = \frac{\Delta x_{01}}{\dot{x}_{01}}$$

同理可得,从 P_1 点到 P_2 点,从 P_2 点到 P_3 点,…,所需时间的近似值分别为

$$t_{12} = \frac{\Delta x_{12}}{\dot{x}_{12}},\ t_{23} = \frac{\Delta x_{23}}{\dot{x}_{23}},\cdots$$

由此可求得系统 x 与 t 的关系曲线为图 8-23(b)所示。应用增量法避免 $\dot{x}_{\text{ave}} = 0$,同时保证 Δx 足够小,以获得精确的时间响应曲线。

8.4 相平面分析

相平面法在分析非线性系统时是很有用处的。但是,我们在介绍非线性系统的分析方法之前,需先讨论一下相平面法在分析线性二阶系统中的应用。因为许多非线性元件特性一般都可分段用线性方程来表示,所以非线性控制系统也可以用分段线性系统来近似。非线性特性的每一线段对应着一个线性微分方程,这每一个线性微分方程在相平面上对应着一个区域,用解析法或等倾线法求得每一个区域的相轨迹族之后,将它们拼接在一起,就得到整个系统的相平面图。根据给定的初始条件,在相平面上确定相轨迹的起点,相点在所在的区域按相轨迹族中的某一轨迹运动、在两区域交接处作相应的转换,前一区域的相轨迹的终点即是下一区域相轨迹的起点,这样依次类推,可得全部的相轨迹,因此就可判断非线性系统的运动特性。

8.4.1 线性系统的相平面分析

二阶系统的每个状态对应相平面上的一个点,称为相点。随着时间的推移,系统的状态发生变化,其对应的相点在相平面上移动形成的轨迹称为相轨迹或相平面图。如果已知系统在某一瞬间 t_1 的相点,则此时系统的状态是确定的。若已知从 t_1 到 t_2 整个过程的相轨迹,则系统在这段时间内的状态变化过程也就知道了。所以相平面法实际上是在几何平面上研究系统的暂态过程。这种方法计算简单,概念清楚,特别适用于二阶系统。

用 c 表示相平面上的横坐标轴变量,$\dot{c}$ 表示纵坐标轴变量,如果同时满足 $\dot{c}=0$ 和 $f(c,\dot{c})=0$,则斜率

$$\alpha = \frac{\mathrm{d}\dot{c}}{\mathrm{d}c} = \frac{f(c,\dot{c})}{\dot{c}} = \frac{0}{0} \tag{8-36}$$

此时,α 不是一个确定的值。在数学上,这种导数为不定型的点称为奇点,奇点也称为平衡点。显然,奇点只分布在 c 轴上。在奇点处,由于相轨迹的斜率为不定值,所以可有多条相轨迹汇聚于此,即相轨迹可以在奇点相交;而在非奇点处,由于相轨迹的斜率为确定的值,故相轨迹不可能相交。

现在绘制二阶系统的相轨迹。

输入为零时,典型的二阶系统的微分方程为

$$\ddot{c} + 2\xi\omega_n\dot{c} + \omega_n^2 c = 0$$

特征方程的根为

$$s_{1,2} = -\xi\omega_n \pm j\omega_n\sqrt{1-\xi^2}$$

相轨迹方程

$$\frac{\mathrm{d}\dot{c}}{\mathrm{d}c} = \frac{-2\xi\omega_n\dot{c} - \omega_n^2 c}{\dot{c}}$$

令 $\alpha = \frac{\mathrm{d}\dot{c}}{\mathrm{d}c}$，得等倾线方程为

$$\alpha = \frac{-2\xi\omega_n\dot{c} - \omega_n^2 c}{\dot{c}} \tag{8-37}$$

即

$$\dot{c} = \frac{-\omega_n^2 c}{2\xi\omega_n + \alpha} = \beta c \tag{8-38}$$

式中，$\beta = \frac{-\omega_n^2}{2\xi\omega_n + \alpha}$。可见，等倾线是通过坐标原点的斜线，给出不同的 α，便可求得不同的 β，可绘制出若干条等倾线，并在等倾线上标出表示相轨迹切线斜率为 α 的小短线，形成相轨迹的切线方向场，然后即可从不同的初始条件出发绘制相轨迹。

对于线性二阶系统 ξ 的取值范围不同，其特征根在 s 平面上的分布就不相同，系统的运动规律也不一样。下面对 4 种不同情况分别讨论。

1. 无阻尼状态（$\xi = 0$）

此时，特征根为一对共轭虚根，相轨迹方程变成

$$\frac{\mathrm{d}\dot{c}}{\mathrm{d}c} = \frac{-\omega_n^2 c}{\dot{c}} \tag{8-39}$$

分离变量积分得

$$\frac{\dot{c}^2}{\omega_n^2} + c^2 = A^2 \tag{8-40}$$

式中：A 是由初始条件决定的积分常数。

对于不同的初始条件，式(8-40)表示的运动轨迹是一族同心的椭圆，每一个椭圆对应于一个简谐振动，如图 8-24 所示为无阻尼系统的特征根分布图及相轨迹图。

由式(8-40)知，在原点处有 $\mathrm{d}\dot{c}/\mathrm{d}c = 0/0$，所以坐标原点是一个奇点，该奇点附近的相轨迹是一族封闭的曲线，这种奇点称为中心点。

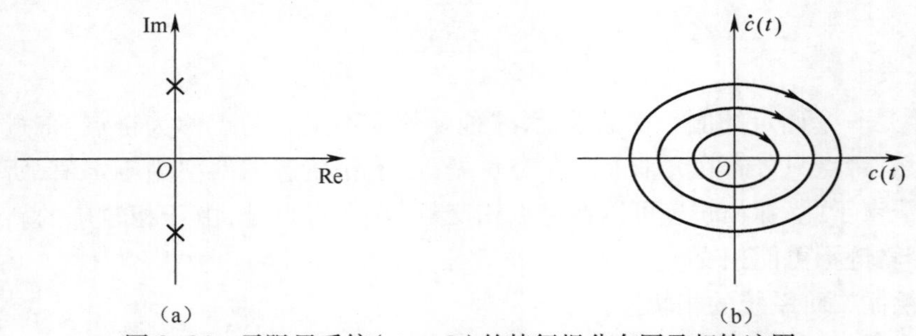

图 8-24　无阻尼系统（$\xi = 0$）的特征根分布图及相轨迹图

2. 欠阻尼状态（$0 < \xi < 1$）

此时，特征方程的根为

$$s_{1,2} = -\xi\omega_n \pm j\omega_n\sqrt{1-\xi^2}$$

由此,绘制出二阶系统在欠阻尼状态下的特征方程的根的分布图(如图 8-25(a)所示)及相轨迹图(如图 8-25(b)所示)。可见,相轨迹是一族卷向圆心的螺旋线,并且由第 3 章的分析可知,其响应是衰减振荡曲线。

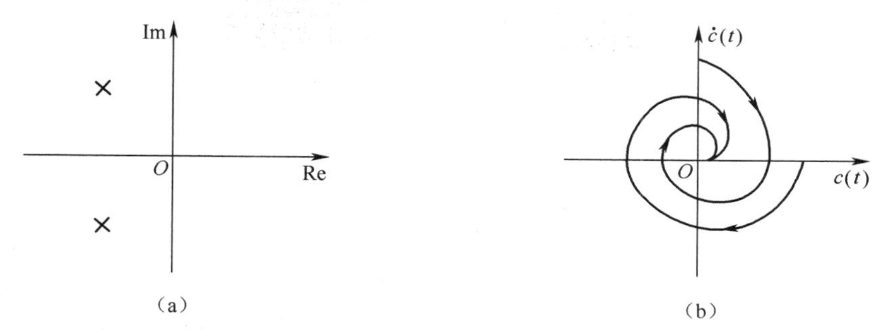

图 8-25 欠阻尼系统($0<\xi<1$)的特征根分布图及相轨迹图

3. 过阻尼状态($\xi>1$)

此时特征根为两负实根,由第三章的分析可知系统运动形式为单调衰减。过阻尼系统在各种初始条件下的响应均为单调地衰减到零,其对应的相轨迹单调地趋于平衡点——坐标原点。可以证明,此种情况下的相轨迹是一族通过原点的抛物线。如图 8-26 所示为过阻尼系统的特征根分布图及相轨迹图。此时的奇点仍是坐标原点,这种奇点称为稳定的节点。

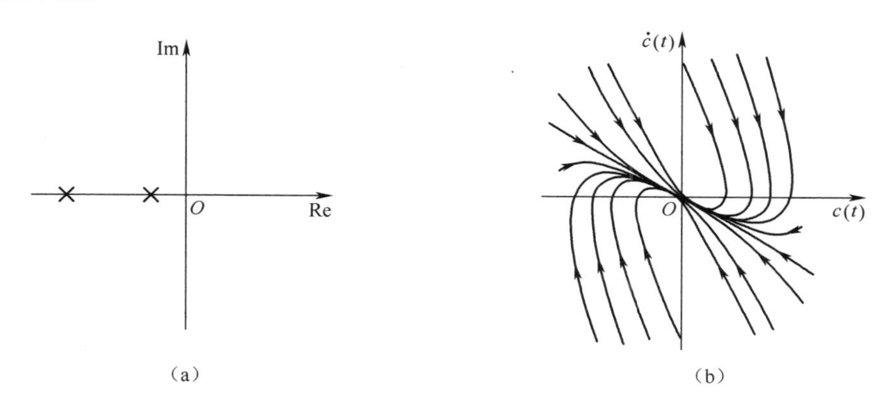

图 8-26 过阻尼系统($\xi>1$)的特征根分布图及相轨迹图

4. 负阻尼状态

此种情况下系统处于不稳定状态。按照特征根的不同分布,又分为三种情况:

(1) $-1<\xi<0$ 时,系统的特征根为正实部的共轭复根,其响应形式为振荡发散。此时的相轨迹是一族从原点向外卷的对数螺旋线,如图 8-27 所示。这时的奇点仍为坐标原点,称为不稳定的焦点。

(2) $\xi<-1$ 时,系统的特征根是两正实根,其响应形式是单调发散,此时的相轨迹是一族从原点出发向外单调发散的抛物线,如图 8-28 所示。此时的奇点也是原点,称为不稳定的节点。

(3)对于正反馈二阶线性系统,其特征方程式为

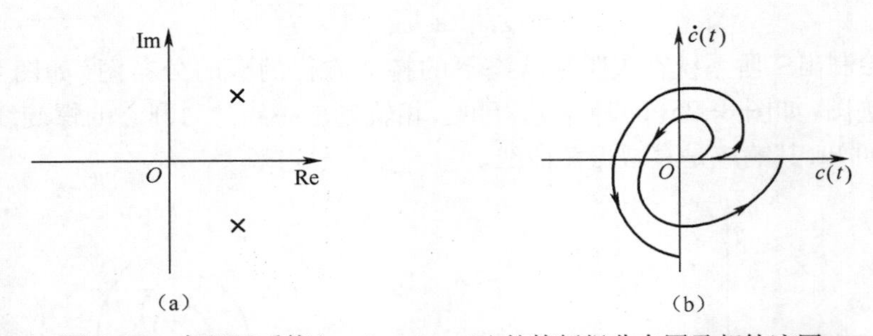

图 8-27　负阻尼系统($-1<\xi<0$)的特征根分布图及相轨迹图

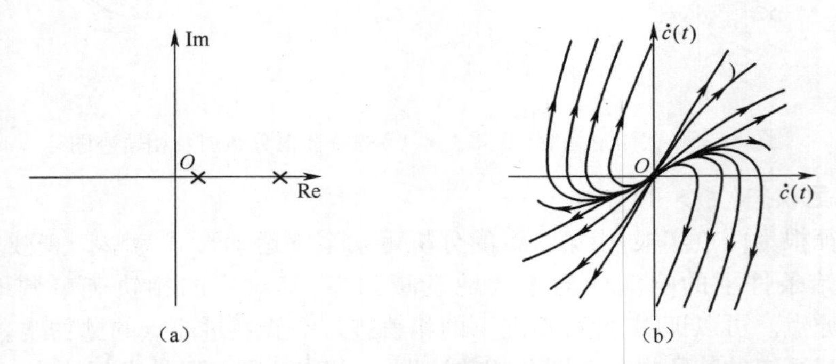

图 8-28　负阻尼系统($\xi<-1$)的特征根分布图及相轨迹图

$$\ddot{c}+2\xi\omega_n\dot{c}-\omega_n^2c=0$$

此时的特征根为一正实根,一个负实根。系统的响应依然是单调发散,其相轨迹是一族双曲线,如图 8-29 所示。这时的奇点还是坐标原点,称为鞍点。

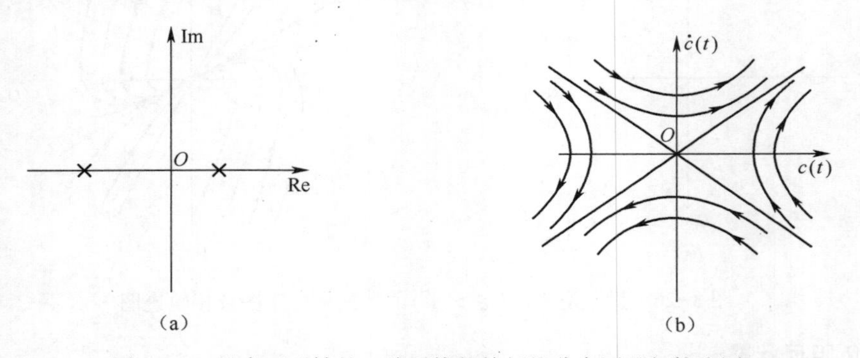

图 8-29　具有正反馈的二阶系统的特征根分布图及相轨迹图

以上分析表明,当二阶线性系统的特征根在复平面上分布不同时,其时域响应的形式就不同,此时其相轨迹的形式也不同。一种相轨迹形式对应一种奇点。所以在用相平面法研究系统的运动时,要特别注意奇点的位置及奇点的类型。

8.4.2　非线性系统的相平面分析

常见的非线性曲线多数可以用分段线性来近似,或本身就是分段线性的。对于这些包含非线性特性的一大类非线性系统,广泛采用“分段线性化”来研究。首先根据非线性特性的分段情况，用几条分界线将相平面划分为几个线性区域，然后按照系统的结构图分别写出区域的线性微分方程，并应用线性系统相平面分析的方法和结论，绘出各区域的相轨迹，最后根据系统状态变化的连续性，在各区域的交界线上，将相轨迹彼此衔接成连续曲线，即构成完整的非线性系统相轨迹。有了这种相轨迹，就足以回答与系统行为有关的一系列问题。通常将各线性区域的分界线称为开关线或转换线，在开关线上相轨迹发生改变的点称为转换点。

在分区绘制相轨迹时，首先要确定奇点的位置和类型，这取决于支配该区域的微分方程式。奇点是输入信号的函数，奇点的位置随输入信号的形式和大小的变化而变化。每个区域内有一个奇点，如果这个奇点落在本区域之内，称为实奇点，这表明该区域的相轨迹可以汇集于实奇点；如果奇点落在本区域之外，则称为虚奇点，这时该区域的相轨迹不可能汇集于虚奇点。在二阶非线性控制系统中，只能有一个实奇点，而与这个实奇点所在区域邻接的所有其他区域，都只能有虚奇点。辩明虚、实奇点对于正确分析系统的运动是非常重要的。

用相平面法分析非线性系统的一般步骤如下：

（1）将非线性特性用分段的直线特性来表示，写出相应线段的数学表达式；

（2）首先在相平面上选择合适的坐标，一般常用误差及其导数分别为横纵坐标，然后将相平面根据非线性特性分成若干区域，使非线性特性在每个区域内都呈线性特性；

（3）确定每个区域的奇点类别和在相平面上的位置；

（4）在各个区域内分别画出各自的相轨迹；

（5）根据在相邻两区分界线上的点对于相邻两区具有相同工作状态的原则将相邻区域的相轨迹连接起来，便得到整个非线性系统的相轨迹；

（6）基于该相轨迹，全面分析二阶非线性系统的动态及稳态特性。

以下举例说明用相平面图分析非线性系统的方法。

例 8-8 系统方框图如图 8-30 所示，设系统处于零初始条件，试画出系统在阶跃信号 $r(t)=R_0\cdot 1(t)$ 作用下的相平面图。

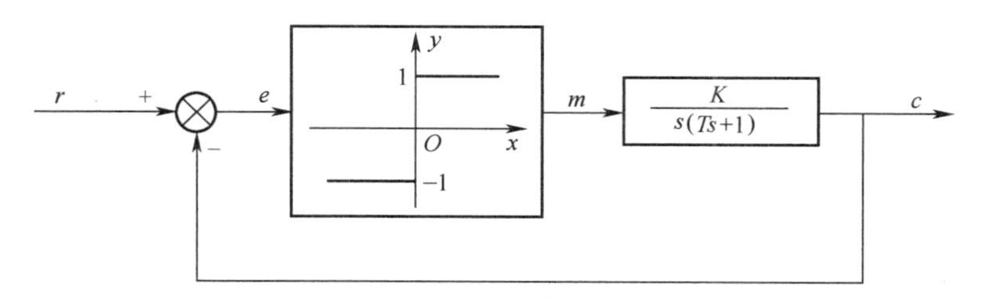

图 8-30 例 8-8 系统框图

解 根据系统结构图，写出变量 c 与 m 之间的微分方程为

$$T\ddot{c}+\dot{c}=Km \tag{8-41}$$

$$m=\begin{cases}1 & e>0\\ -1 & e<0\end{cases} \tag{8-42}$$

当系统无外作用时，为便于分析，可选用输出量及其导数为相坐标组成相平面，当系统有外作用时，若以系统的输出量及其导数为相坐标，则系统的平衡位置一般不在相平面

的坐标原点,有时甚至不是定值。在这种情况下,常取偏差 e 及其导数 $\dot{e}$ 作为相坐标。因为,通常 $e(\infty)=0$ 或为常值,这就回避了因平衡位置不在相平面的原点或不确定时所产生的诸多不便。为此,将上述方程组变换成以 e 为变量,并分段列写系统的微分方程式。

由于 $e=r-c$,代入式(8-42)得

$$T\ddot{e}+\dot{e}+Km=T\ddot{r}+\dot{r} \tag{8-43}$$

对于阶跃输入,当 $t>0$ 时,$\dot{r}=\ddot{r}=0$,所以式(8-43)成为

$$T\ddot{e}+\dot{e}+Km=0 \tag{8-44}$$

将式(8-42)代入式(8-44),得方程组

$$\begin{cases} T\ddot{e}+\dot{e}+K=0 & e>0 \quad (8\text{-}45\text{a}) \\ T\ddot{e}+\dot{e}-K=0 & e<0 \quad (8\text{-}45\text{b}) \end{cases}$$

显然,两个方程均为线性微分方程。因为继电特性是由两条直线段组成,所以两条直线段内继电系统的特性仍为线性的,只是在继电器切换时才表现出非线性特性。

将 $\ddot{e}=\dot{e}\dfrac{\mathrm{d}\dot{e}}{\mathrm{d}e}$ 代入式(8-44),则有

$$T\dot{e}\frac{\mathrm{d}\dot{e}}{\mathrm{d}e}+\dot{e}+Km=0$$

或

$$\mathrm{d}e=-\frac{T\dot{e}}{Km+\dot{e}}\mathrm{d}\dot{e} \tag{8-46}$$

对式(8-46)两边进行积分得相轨迹方程

$$e=e_0+T\dot{e}_0-T\dot{e}+TKm\ln\frac{\dot{e}+Km}{\dot{e}_0+Km} \tag{8-47}$$

由假设条件:$e_0=R_0$,$\dot{e}_0=0$ 代入式(8-47)可得

$$e=R_0-T\dot{e}+TKm\ln\left(\frac{\dot{e}}{Km}+1\right) \tag{8-48}$$

代入 m 值则有

$$\begin{cases} e=R_0-T\dot{e}+TK\ln\left(\dfrac{\dot{e}}{K}+1\right) & e>0 \quad (8-49\text{a}) \\ e=R_0-T\dot{e}-TK\ln\left(-\dfrac{\dot{e}}{K}+1\right) & e<0 \quad (8-49\text{b}) \end{cases}$$

根据以上两式可作出继电系统的完整的相轨迹图如图 8-31 所示。由图可见,相轨迹起始于 $(R_0,0)$ 点,在 $e>0$ 的区域内按方程(8-49a)变化,到达 $\dot{e}$ 轴 A 点时,继电器切换,相轨迹方程按方程(8-49b)变化。这样依次进行,最后趋于坐标原点(0,0)。另外由图可见,相轨迹转换均在纵轴上,这种直线称为开关线,它表示继电器工作状态的转换。系统相轨迹从 $(R_0,0)$ 点出发,最后运动停止在原点处,说明这是一个衰减的振荡过程。这是一个稳定的系统。

例 8-9 系统方框图如图 8-32 所示,设系统处于零初始条件,试画出系统在阶跃信号 $r(t)=R\cdot 1(t)$ 和斜坡信号 $r(t)=Vt$ 作用下的相平面图。

解 根据系统结构图,写出变量 c 与 m 之间的微分方程为

$$T\ddot{c}+\dot{c}=Km \tag{8-50}$$

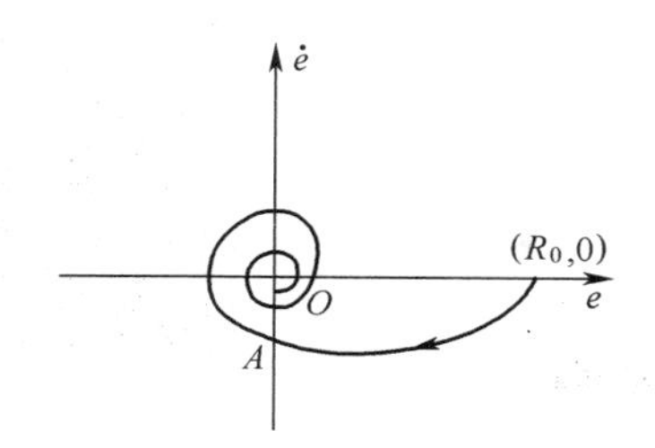

图 8-31　继电系统阶跃响应相轨迹

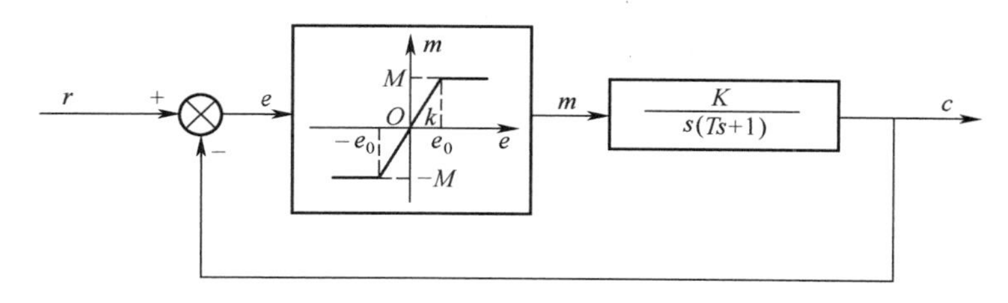

图 8-32　例 8-9 系统框图

图中,非线性环节的表达式为

$$m=\begin{cases}M & e>e_0\\ ke & -e_0\leqslant e\leqslant e_0\\ -M & e<-e_0\end{cases} \tag{8-51}$$

由于饱和特性实际由三段线性特性组成,其分界线是 $e=\pm e_0$,因此,相平面由 $e=\pm e_0$ 分割为三个区域,如图 8-33 所示。

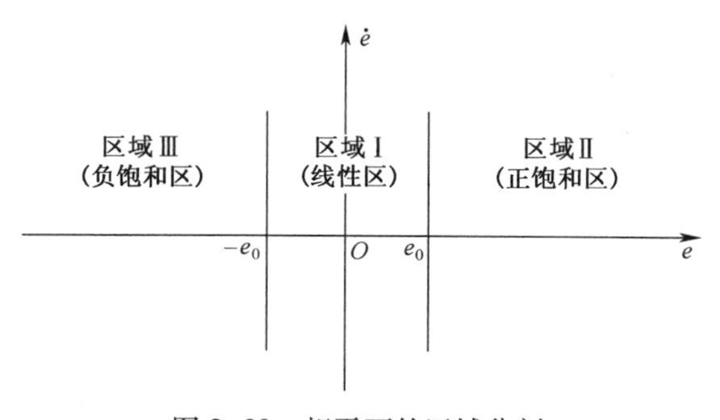

图 8-33　相平面的区域分割

由于 $e=r-c$,代入式(8-50),得

$$T\ddot{e}+\dot{e}+Km=T\ddot{r}+\dot{r} \tag{8-52}$$

对于阶跃输入,当 $t>0$ 时,$\dot{r}=\ddot{r}=0$,所以式(8-52)成为

$$T\ddot{e}+\dot{e}+Km=0 \tag{8-53}$$

将 m 代入式(8-53)得方程组

$$\begin{cases}T\ddot{e}+\dot{e}+Kke=T\ddot{r}+\dot{r} & -e_0<e<e_0\\ T\ddot{e}+\dot{e}+KM=T\ddot{r}+\dot{r} & e>e_0\\ T\ddot{e}+\dot{e}-KM=T\ddot{r}+\dot{r} & e<-e_0\end{cases} \tag{8-54}$$

(1) $r(t)=R\cdot 1(t)$

此时,对于 $t>0$ 的情况下,$\dot{r}=\ddot{r}=0$,所以式(8-54)成为

$$\begin{cases}T\ddot{e}+\dot{e}+Kke=0 & -e_0<e<e_0\\ T\ddot{e}+\dot{e}+KM=0 & e>e_0\\ T\ddot{e}+\dot{e}-KM=0 & e<-e_0\end{cases} \tag{8-55}$$

则相平面上的各区域的数学模型为线性模型,可用本节线性系统相平面分析方法,分区进行分析,然后再合成整个非线性系统的相平面图。

① 线性区($-e_0\leqslant e\leqslant e_0$)

$$\frac{\mathrm{d}\dot{e}}{\mathrm{d}e}=-\frac{\dot{e}+Kke}{T\dot{e}}=\frac{0}{0} \tag{8-56}$$

即

$$\dot{e}=0\ ,\ e=0$$

由于微分方程各项系数均大于零,所以奇点可以是稳定焦点或稳定节点。

② 饱和区($e>e_0$ 或 $e<-e_0$)

在此区域有两个线性方程

$$\begin{cases}T\ddot{e}+\dot{e}+KM=0 & e>e_0\\ T\ddot{e}+\dot{e}-KM=0 & e<-e_0\end{cases} \tag{8-57}$$

分别由

$$\frac{\mathrm{d}\dot{e}}{\mathrm{d}e}=-\frac{\dot{e}+KM}{T\dot{e}}=\frac{0}{0}\qquad e>e_0 \tag{8-58}$$

及

$$\frac{\mathrm{d}\dot{e}}{\mathrm{d}e}=-\frac{\dot{e}-KM}{T\dot{e}}=\frac{0}{0}\qquad e<-e_0 \tag{8-59}$$

得出在区域Ⅱ和Ⅲ内不存在奇点,由等倾线作图法可知,其等倾线方程分别为

$$\dot{e}=\frac{-KM/T}{\alpha+1/T}\qquad e>e_0 \tag{8-60}$$

和

$$\dot{e}=\frac{KM/T}{\alpha+1/T}\qquad e<-e_0 \tag{8-61}$$

是一族平行于 e 轴的直线。随 α 取值不同,直线与 e 轴的距离不同。且存在这样的等倾线,通过等倾线的相轨迹的斜率,与等倾线本身的斜率相等,即等倾线本身也是一条相轨迹。具体地说 $\alpha=0$ 时的 $\dot{e}=KM$ 和 $\dot{e}=-KM$ 两条线,区域Ⅱ和Ⅲ的相轨迹都各自趋向于 $\dot{e}=KM$ 和 $\dot{e}=-KM$ 两条线,因此,这两条相轨迹具有渐近线的性质,如图 8-34(a)所示。图 8-34b 为 $r(t)=2\cdot 1(t)$ 时的完整相轨迹,其中Ⅰ区的奇点为稳定焦点。

(2) $r(t)=Vt$

① 线性区($-e_0\leqslant e\leqslant e_0$)

$$T\ddot{e}+\dot{e}+Km=T\ddot{e}+\dot{e}+Kke=V \tag{8-62}$$

由

$$\frac{\mathrm{d}\dot{e}}{\mathrm{d}e}=-\frac{V-\dot{e}+Kke}{T\dot{e}}=\frac{0}{0} \tag{8-63}$$

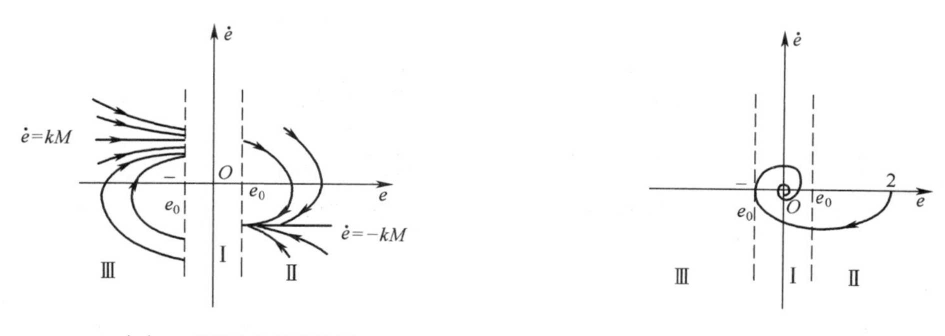

(a) $|e|>e_0$ 范围内的相轨迹图 (b) 阶跃响应下的相轨迹图

图 8-34 具有饱和非线性的系统在阶跃信号作用下的相轨迹

得奇点为 $\left(\frac{V}{Kk},0\right)$，可以是稳定焦点或稳定节点。由于奇点与参数 K、V 和 k 有关，故它可以落在Ⅰ区，也可能落在Ⅰ区之外，落在Ⅰ区为实奇点，落在Ⅰ区之外为虚奇点。此处为方便设 $k=1$。

② 饱和区（$e>e_0$ 或 $e<-e_0$）

此时，等倾线方程为

$$\dot{e}=\frac{V/T-KM/T}{\alpha+1/T} \qquad e>e_0 \tag{8-64}$$

和

$$\dot{e}=\frac{V/T+KM/T}{\alpha+1/T} \qquad e<-e_0 \tag{8-65}$$

若 $V>KM$，则由式 $\dot{e}=V-KM$ 可知 $\dot{e}>0$，所以渐近线位于 e 轴上方，由于 $k=1$，所以 $V>KM=Ke_0$，奇点落在Ⅱ区，为虚奇点。当起始点为 A 点在Ⅲ区时，相轨迹在Ⅲ区将趋向渐近线 $\dot{e}=V+KM$，越过转换线 $e=-e_0$ 后，到达 B 点，在Ⅰ区内，相轨迹为 BC，基本收敛于奇点 $\left(\frac{V}{Kk},0\right)$，但是到达 $e=e_0$ 后，相轨迹被切换到Ⅱ区，最终沿 CD 逼近于直线 $\dot{e}=V-KM$。相轨迹如图 8-35(a) 所示。

若 $V<KM$，则由式 $\dot{e}=V-KM$ 可知 $\dot{e}<0$，所以渐近线位于 e 轴下方，同理可分析出相轨迹如图 8-35(b) 所示。奇点落在Ⅰ区，为实奇点。相轨迹收敛于该奇点，稳态误差为 $\frac{V}{K}$。

若 $V=KM$，则由式 $\dot{e}=V-KM$ 可知 $\dot{e}=0$，所以渐近线为 e 轴，如图 8-35(c) 所示。此时，微分方程为

$$T\ddot{e}+\dot{e}+Km=T \tag{8-66}$$

积分后相轨迹方程为

$$\dot{e}=-\frac{1}{T}e+C \tag{8-67}$$

C 为积分常数。相轨迹是一族斜率为 $-1/T$ 的直线，奇点恰好是 $(e_0,0)$，若相轨迹起点为 A 点，则相轨迹为 $ABCD$，稳态误差由 OD 决定，可见稳态误差与初始条件是有

关的。

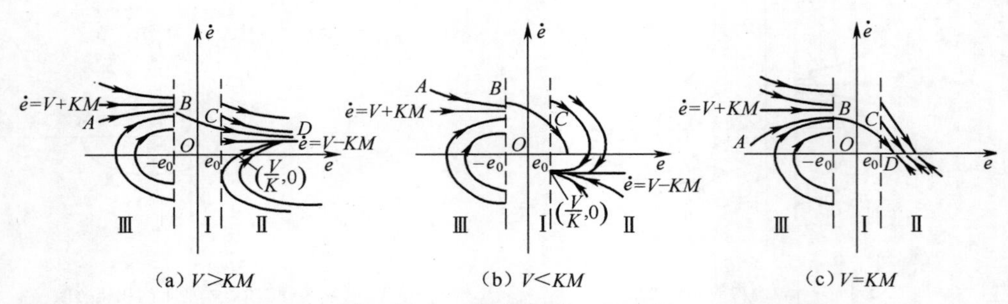

图 8-35 具有饱和非线性的系统在斜坡信号作用下的相轨迹

通过以上分析可见,具有饱和非线性的二阶系统的相图与输入量的形式、大小密切相关。输入信号为阶跃函数时,相轨迹收敛于稳定奇点,系统稳态误差为零。输入为斜坡信号时,奇点位置随输入幅度改变,系统的暂态响应彼此间也有较大差别,稳态误差各不相同。尤其 $V = KM$ 时,系统平衡位置远不止一个,其值由初始条件决定。相轨迹趋于渐近线这一点,表明了饱和非线性具有限制控制系统加速度的作用。

8.5 非线性系统的仿真分析

MATLAB 软件具有强大的计算、绘图功能,丰富的自动控制软件工具箱,可以进行非线性控制系统的辅助分析。但是 MATLAB 中没有设计专门分析非线性系统的函数命令,需根据非线性系统的原理和方法用通用语句编程。下面通过具体例子,介绍 MATLAB 在描述函数法分析中的应用。

例 8-10 某非线性系统的方框图如图 8-36 所示,其中继电器参数 $B = 1.7$, $a = 0.7$,试用描述函数法分析系统的稳定性,如有自持振荡,求出系统振荡的角频率 ω 和幅值 X 。

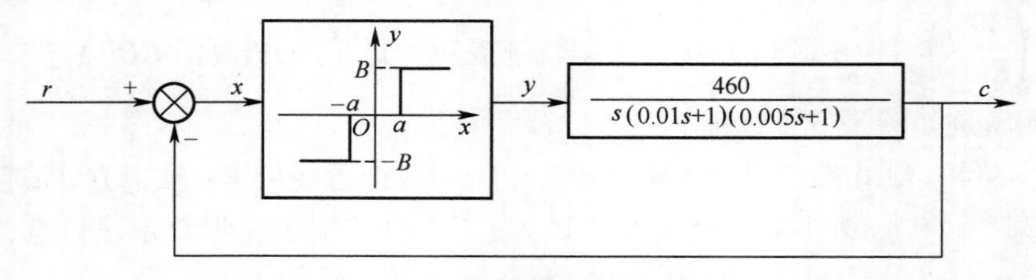

图 8-36 例 8-10 非线性系统框图

解 方法一:参见例 8-4。

非线性部分为死区继电器特性,其描述函数为

$$N(X) = \frac{4B}{\pi X}\sqrt{1 - \left(\frac{a}{X}\right)^2} \qquad X \geqslant a$$

负倒描述函数为

$$-\frac{1}{N(X)} = -\frac{\pi X}{4B\sqrt{1 - \left(\frac{a}{X}\right)^2}} \qquad X \geqslant a$$

当 $X=a$ 时，$-1/N(X)\to-\infty$；当 $X\to\infty$ 是，$-1/N(X)\to-\infty$，故必存在极值。由

$$\frac{\mathrm{d}\left(-\frac{1}{N(X)}\right)}{\mathrm{d}X}=0\text{ 得，}X=\sqrt{2}a\text{ ，则}$$

$$-\frac{1}{N(X)}\bigg|_{X=\sqrt{2}a}=-\frac{\sqrt{2}\pi a}{4B\sqrt{1-\left(\frac{a}{\sqrt{2}a}\right)^2}}=-\frac{\pi a}{2B}=-0.647$$

线性部分的频率特性为

$$G(\mathrm{j}\omega)=\frac{460}{\mathrm{j}\omega(1+0.01\mathrm{j}\omega)(1+0.005\mathrm{j}\omega)}$$

对应的幅频特性为

$$A(\omega)=\frac{460}{\omega\sqrt{0.01^2\omega^2+1}\sqrt{0.005^2\omega^2+1}}$$

相频特性 $\varphi(\omega)=-90°-\arctan 0.01\omega-\arctan 0.005\omega$

令 $\varphi(\omega)=-180°$，得出 $G(\mathrm{j}\omega)$ 曲线和负实轴的交点 A 处的频率为

$\omega_A=\pm\frac{1}{\sqrt{0.00005}}=\pm141.4(\mathrm{rad/s})$，取 $\omega_A=141.1\mathrm{rad/s}$

此时，对应的幅值

$$A(\omega_A)=\frac{460}{\omega_A\sqrt{0.01^2\omega_A^2+1}\sqrt{0.005^2\omega_A^2+1}}=1.533$$

由此得到 $G(\mathrm{j}\omega)$ 曲线和 $-1/N(X)$ 的曲线如图 8-37 所示。

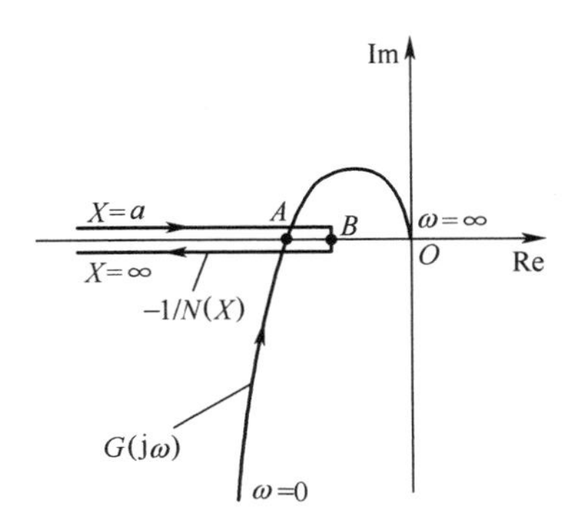

图 8-37　例 8-10 $G(\mathrm{j}\omega)$ 曲线和 $-1/N(X)$ 曲线

图 8-37 中，死区继电器特性的负倒描述函数曲线重合于负实轴，为了清晰起见，画成了双曲线。此时，$G(\mathrm{j}\omega)$ 曲线和 $-1/N(X)$ 曲线相交，出现自振荡。振荡的角频率为 $\omega_A=141.4\mathrm{rad/s}$，由交点处的 $G(\mathrm{j}\omega)$ 曲线确定，但交点处的自振荡振幅可能有两个或一个值。当有两个交点时，分别对应着幅值从 $X=a$ 变到 $X=\sqrt{2}a$ 过程中和 $X=\sqrt{2}a$ 变到 $X=\infty$ 过程中，前者对应于不稳定的自振荡，后者对应稳定的自振荡，振幅由稳定自振荡求得。由图可知取这两个值中的大者，即由方程

$$-\frac{1}{N(X)}=-\frac{\pi X}{4B\sqrt{1-\left(\frac{a}{X}\right)^{2}}}=-1.533$$

求出两个解,并取其中大者为稳定的自振荡振幅,即 $X=3.24$

方法二:MATLAB 软件辅助分析

(1)求负倒描述函数曲线 $-1/N(X)$ 曲线和奈氏曲线 $G(j\omega)$ 曲线:

按照 MATLAB 的语法规则及控制系统的原理,编制如下程序:

```
n=[0 0 0 460];
d=conv(conv([1 0],[0.01 1]),[0.005 1]);
g=tf(n,d);
nyquist(g);
hold on
a=0.7;B=1.7;
for x=0.71:0.1:7
x=(-pi/4)*x/(B.*sqrt(1-(0.7/x)^2));
y=0;
plot(x,y,'k+');
hold on
end
```

运行该程序,得到负倒描述函数与线性部分的奈氏图,如图 8-38 所示。

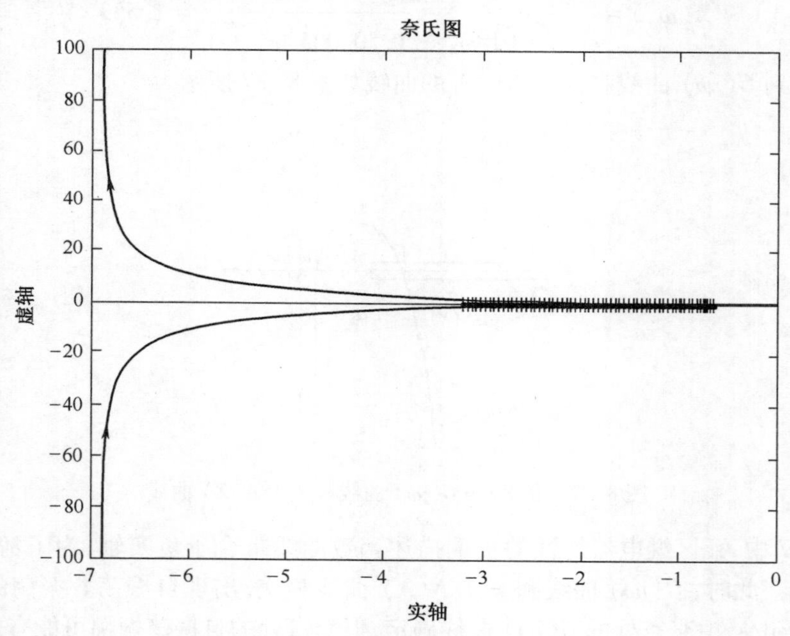

图 8-38 $G(j\omega)$ 曲线和 $-1/N(X)$ 曲线

显然,$G(j\omega)$ 曲线和 $-1/N(X)$ 曲线相交,出现自振荡。

(2)求自持振荡的角频率和振幅:

按照 MATLAB 的语法规则及控制系统的原理,编制如下程序:

```
[w]=solve('-pi/2-atan(0.01*w)-atan(0.005*w)=-pi');
w=vpa(w,4)
g=460/(j*w*(0.01*j*w+1)*(0.005*j*w+1));
Aw=abs(g);
x=solve('-pi*x/(4*1.7*sqrt(1-(0.7/x)^2))=Aw','x');
x=vpa(subs(x,'Aw',abs(g)),4)
```

运行结果为:

```
w =141.4
x = 3.241
  -3.241
  0.7169
-0.7169
```

取 x 中的最大者即得自持振荡幅值为 $X=3.241$,相应的角频率为 $\omega=141.4\text{rad/s}$。

显然,方法一和方法二得出的结果一样。

8.6 利用 Simulink 进行非线性系统的分析设计

Simulink 是一个用来对动态系统进行建模、仿真和分析的软件包。使用 Simulmk 来建模、分析和仿真各种动态系统(包括连续系统、离散系统和混合系统),将是一件非常轻松的事情。它提供了一种图形化的交互环境,只需用鼠标拖动的方法就能迅速地建立起系统框图模型,甚至不需要编写一行代码。它和 MATLAB 的无缝结合使得用户可以利用 MATLAB 丰富的资源,建立仿真模型、监控仿真过程、分析仿真结果。采用 Simulink 对非线性系统进行研究是更加直观的方法。以下重点介绍 Simulink 中非线性系统模型的建立和相平面分析法的实现。

在 Simulink 模块库中有 Discontinuities 模块组,如图 8-39 所示。其中包含常见的非线性模块如死区非线性模块 Dead Zone、变化率限幅器 Rate Limiter、继电器非线性模块 Relay 和饱和特性模块 Saturation 等。以下通过实例来看 Simulink 在非线性控制系统分析中的应用。

搭建一个如图 8-40 所示的仿真模型,即可由示波器观察死区非线性特性。仿真结果如图 8-41 所示。

搭建如图 8-42 所示的模型,可以绘制出如图 8-43 所示的相轨迹图。

搭建如图 8-44 所示的具有饱和非线性环节的系统 Simulink 结构图,由于 Simulink 中饱和特性模块的斜率为 1,不可调,故用一个比例模块来调节饱和特性的斜率,仿真得到具有饱和特性环节的系统阶跃响应如图 8-45 所示。由于线性部分的传递函数没有积分环节,故对于单位阶跃输入的稳态误差不为零,如图中曲线 2 所示。增大饱和环节的斜率 k 时,相当于线性部分的增益变大,故稳态误差减小,上升时间减少,超调量增大,如图中曲线 3、4、5 所示。且曲线 3、4、5 分别对应 $k=2,3,8$ 时的单位阶跃响应,故还可得出 M 一定时,斜率 k 越大,稳态精度越高,上升时间越快,但平稳性变差的结论;当 k 过大时,系统将进入自持振荡或不稳定状态。

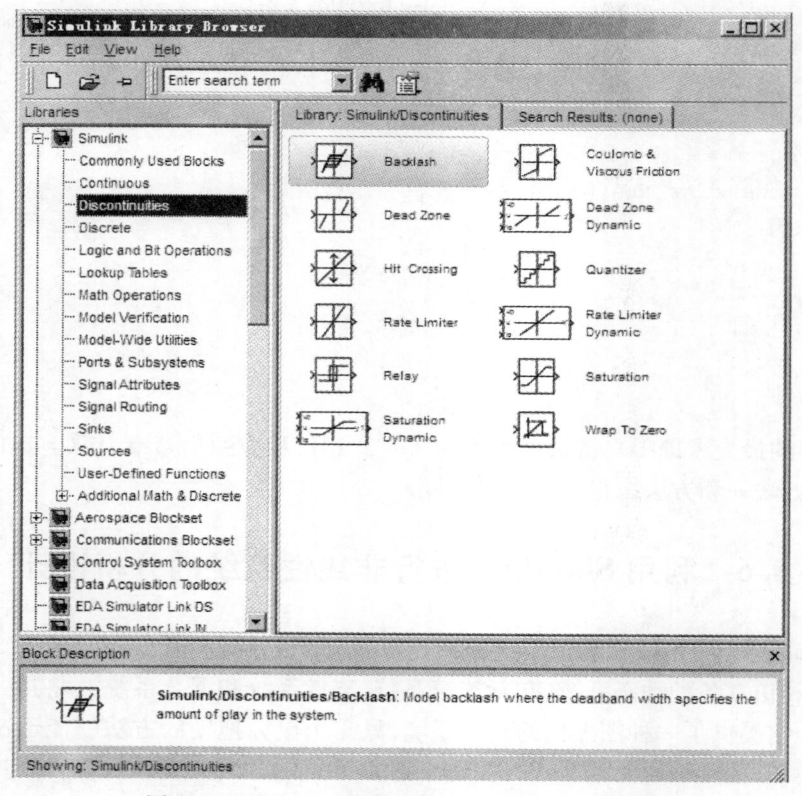

图 8-39 Simulink 模块库中 Discontinuities 模块组

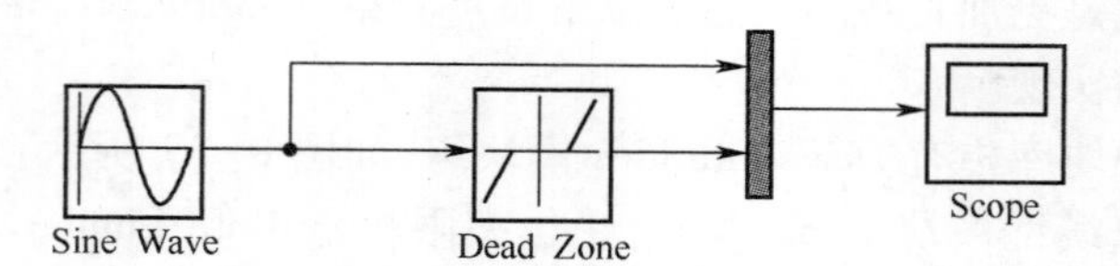

图 8-40 死区非线性的仿真模型

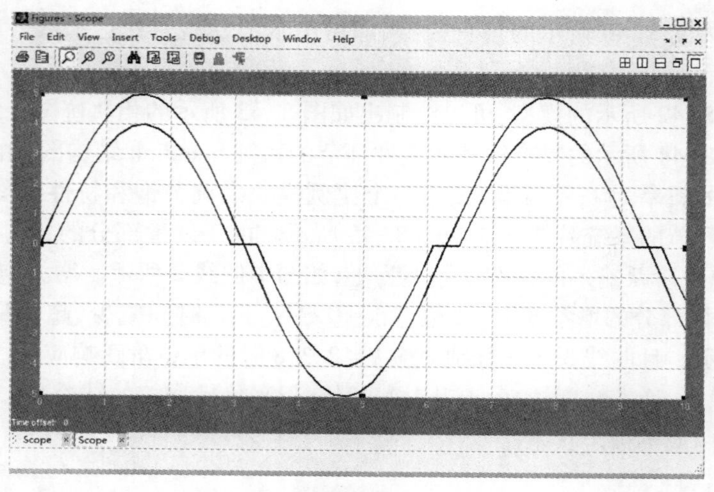

图 8-41 死区非线性的仿真结果

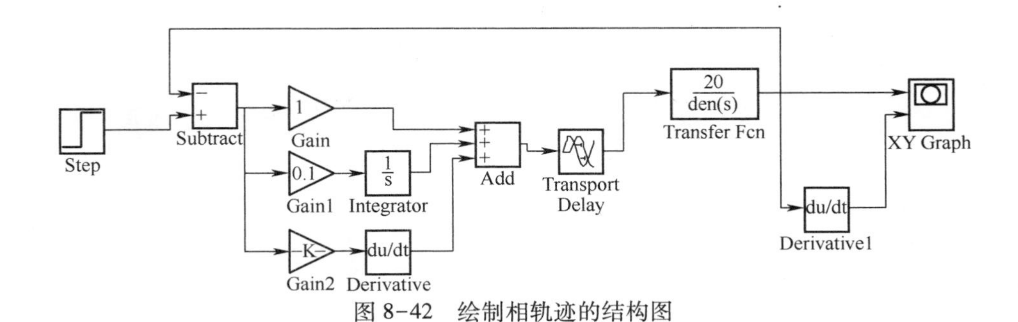

图 8-42　绘制相轨迹的结构图

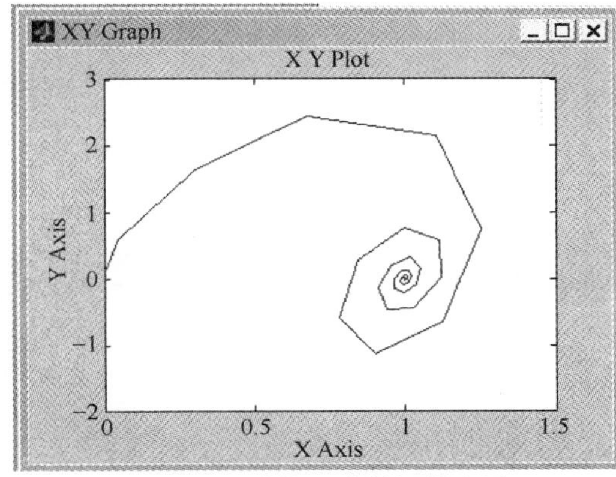

图 8-43　计算机绘制相轨迹图

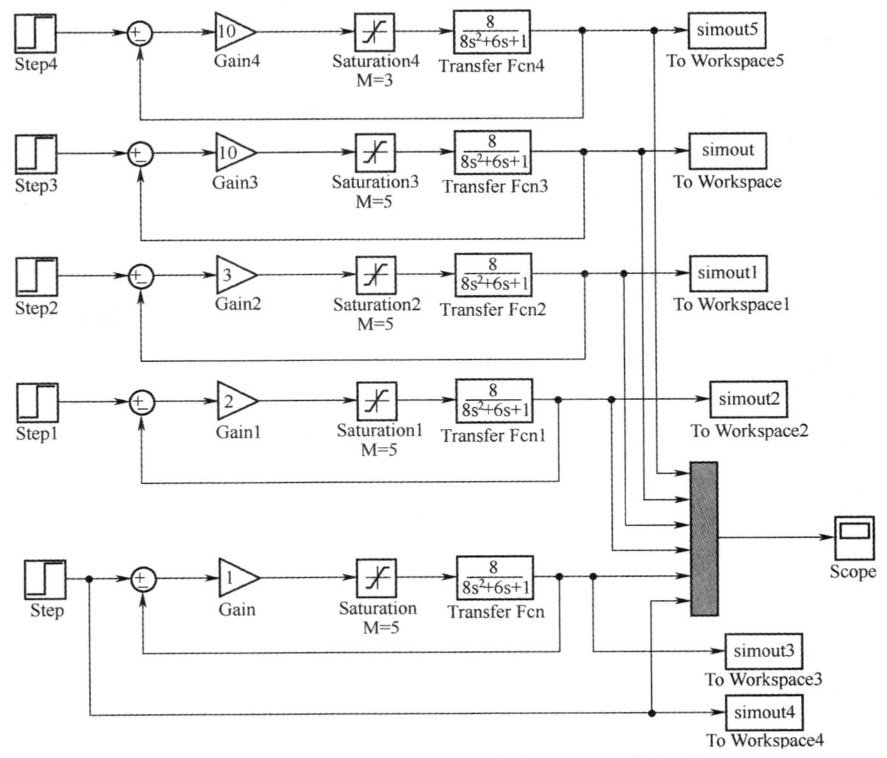

图 8-44　具有饱和环节的系统的 Simnlink 结构图

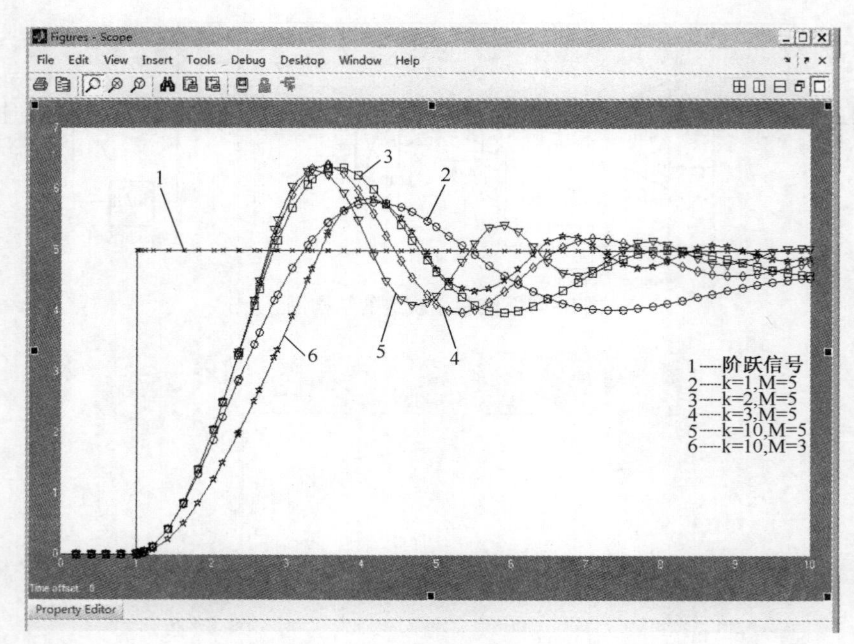

图 8-45　具有饱和环节的系统的阶跃响应曲线

本 章 小 结

本章介绍了经典控制理论中研究非线性控制系统的两种常用方法:描述函数法和相平面法。

(1) 描述函数法主要用于分析非线性系统的自持振荡。利用本方法时,应先检查系统是否满足应用描述函数法的限制条件。该方法的一个很大特点是,分析不受系统阶次的限制。在系统中存在一个以上的非线性元件,且彼此之间又没有有效率低通滤波器隔开的情况下,一般可以把非线性元件结合在一起,用一个等效的描述函数来描述。

(2) 相平面分析法是研究一、二阶非线性系统的一种图解方法。相平面图清楚地表示了系统在不同初始条件下的自由运动状况。

(3) 通过具体实例,阐述了 MATLAB 和 Simulink 在非线性控制系统辅助分析中的作用。

习　题

8-1　试求如图 8-46 所示的非线性特性的描述函数。

8-2　用描述函数法分析如图 8-47 所示系统的稳定性,并求出自持振荡的频率和振幅。

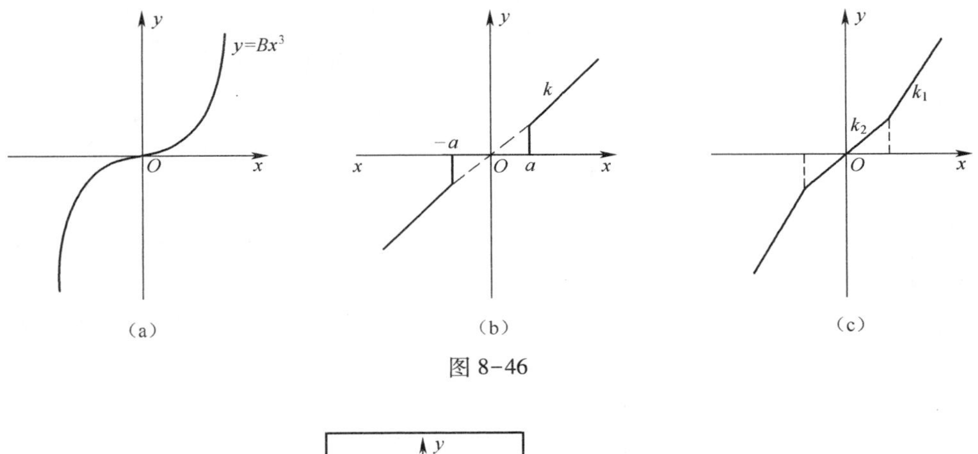

图 8-46

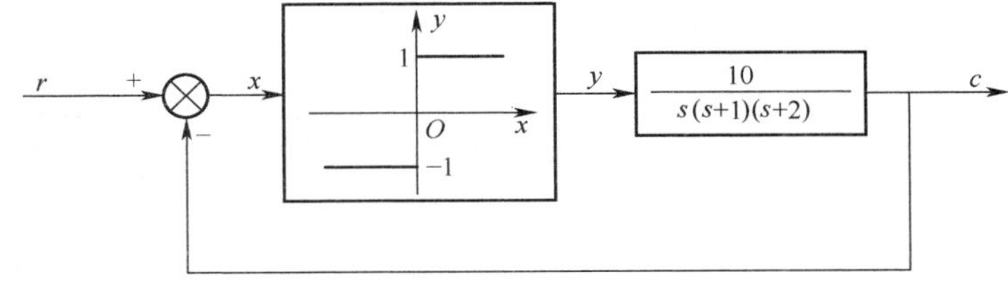

图 8-47

8-3 非线性系统的框图如图 8-48 所示,试用描述函数法求取:

(1) K 为何值时,系统处于稳定的边界;

(2) $K=10$ 时,系统产生自持振荡的幅值和频率。

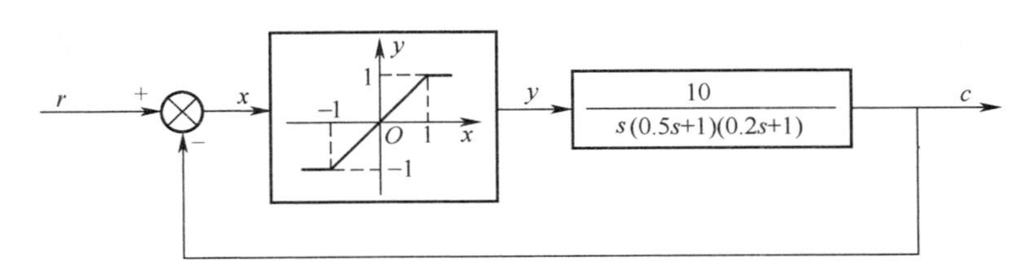

图 8-48

8-4 试用描述函数法分析图 8-49 所示系统的稳定性。(1) $K=5$;(2) $K=20$。

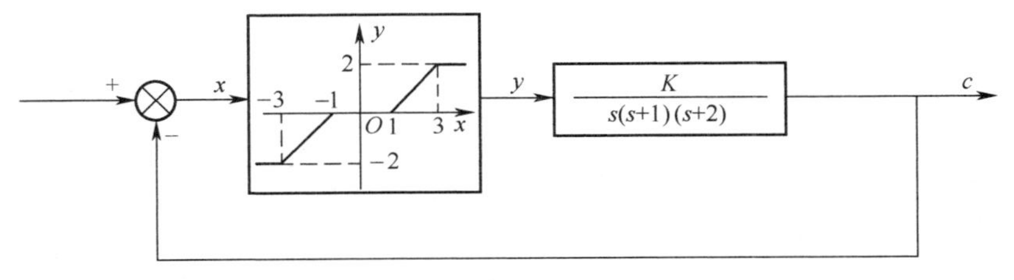

图 8-49

8-5 非线性系统如图 8-50 所示,$a=1$,$B=3$,试用描述函数法分析系统的稳定性。要使系统稳定,参数 a 和 B 该如何调整?

8-6 判断图 8-51 所示各系统是否稳定,$-1/N(X)$ 曲线和 $G(\mathrm{j}\omega)$ 曲线的交点是稳

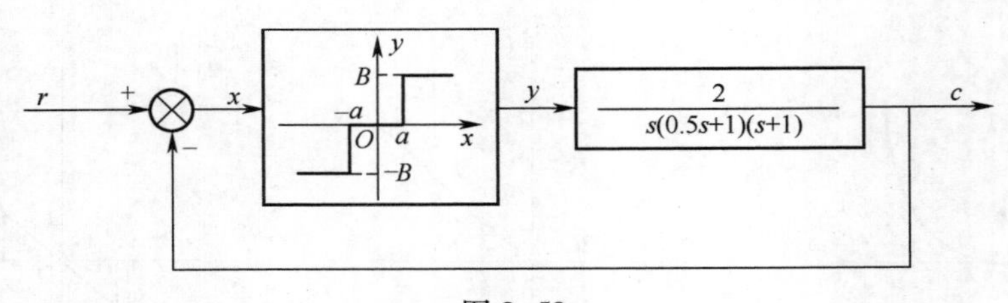

图 8-50

定的自振点还是不稳定的自振点。图中，$N(X)$ 是非线性系统的描述函数，$G(\mathrm{j}\omega)$ 是线性部分的频率特性，其中不含有非最小相位环节。

8-7 设非线性系统如图 8-52 所示，试概略画出 $\dot{e}-e$ 平面相轨迹图，并分析系统运动特性。假定系统输出为零初始状态。

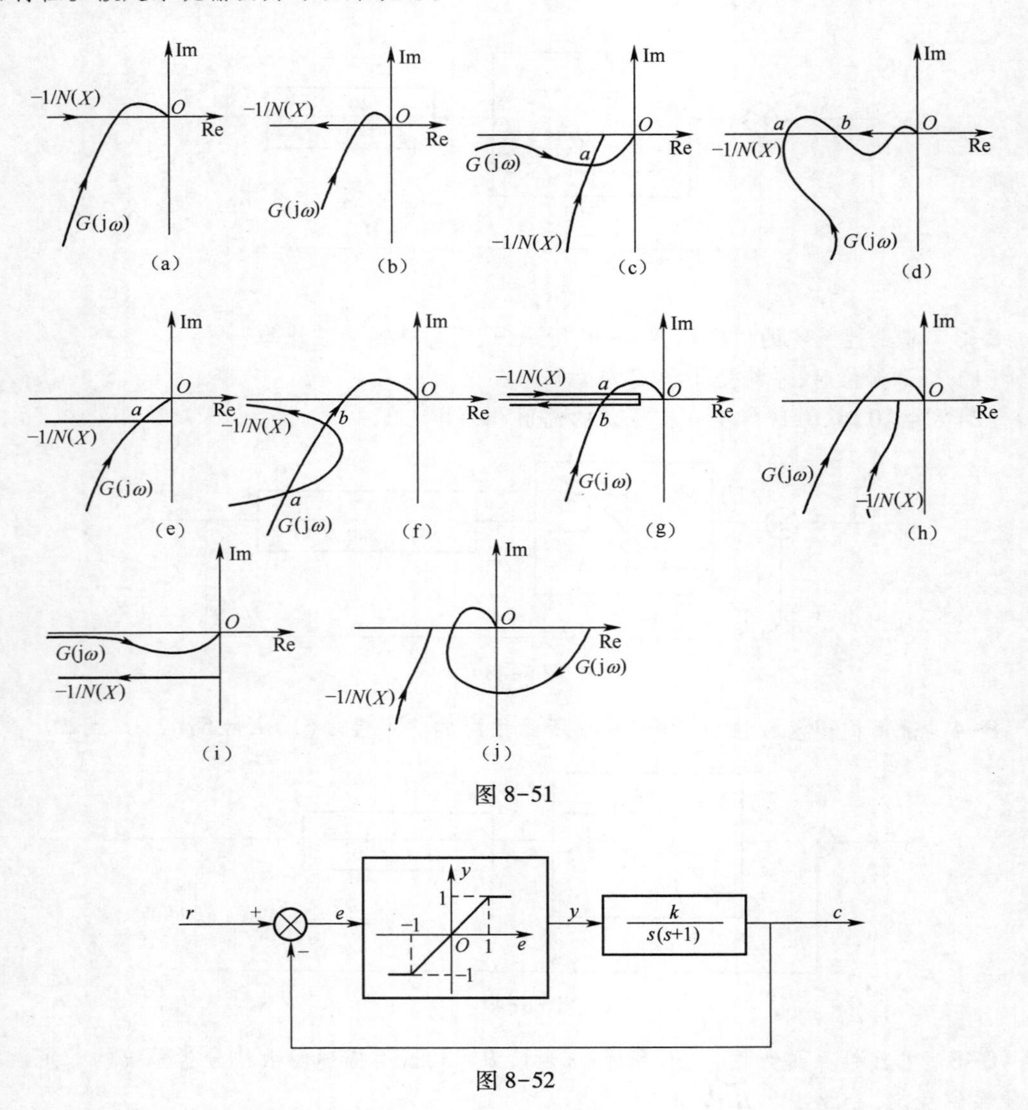

图 8-51

图 8-52

第 9 章　采样控制系统

内 容 提 要

本章主要讨论采样控制系统的建模、分析和设计问题。首先给出信号采样和保持的数学描述,然后介绍了两种采样控制系统的数学模型:差分方程和脉冲传递函数,最后研究线性采样控制系统的稳定性和性能的分析与校正方法。

9.1　概　　述

在前面所讨论的系统中,所有信号都是连续时间信号,即在时间上、幅值上均连续的信号,也称为模拟信号。这类系统称为连续控制系统。但实际的控制系统中并不全是连续信号,至少有一处信号是在时间上离散的一系列脉冲或数码,这种系统称为离散系统或采样控制系统。其中脉冲量通常是由与之对应的模拟信号按一定的时间间隔进行采样而得到的,一般称这种信号为采样信号。信号幅值经量化处理后转化为数字信号的离散系统有时也称为数字控制系统或计算机控制系统。由于在现实物理系统中通常是既含有模拟信号,又含有采样信号和数字信号,因此,在实际研究中,往往只分析采样控制系统。

在各种采样控制系统中,用的最多的是误差采样控制的闭环采样系统,其典型结构图如图 9-1 所示。其中,误差 $e(t)$ 是时间的连续信号,经过采样开关S后,变成一组脉冲序列 $e^*(t)$,如图 9-2 所示。脉冲控制器对 $e^*(t)$ 进行处理后,得到离散的控制信号,该信号经保持器变换为连续信号去控制被控对象。采样开关每隔一定的时间 T 闭合一次,每次闭合的时间为 τ ,一般 τ 远小于 T 。通常, T 称为采样周期(s); $f_s = 1/T$ 为采样频率,(1/s); $\omega_s = 2\pi f_s = 2\pi/T$ 称为采样角频率(rad/s)。

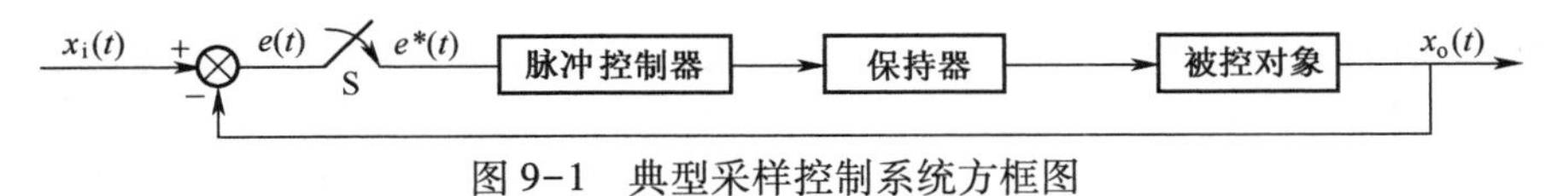

图 9-1　典型采样控制系统方框图

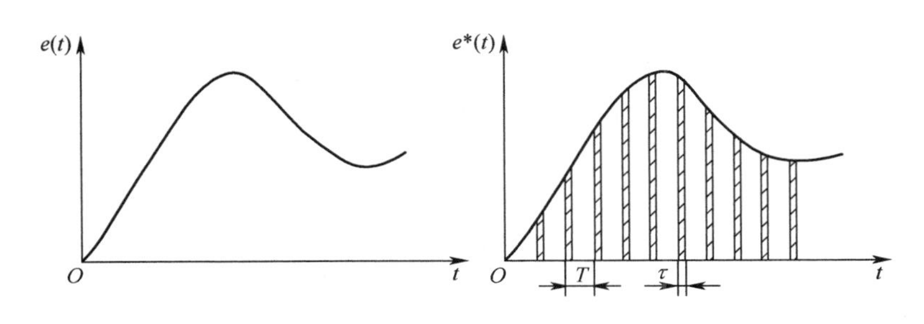

图 9-2　模拟信号的采样

由图 9-2 可见,采样开关 S 的输出 $e^*(t)$ 的幅值,与其输入 $e(t)$ 的幅值之间存在线性关系。当采样开关和系统其余部分的传递函数都具有线性特性时,这样的系统就称为线性采样系统。

一般说来,采样系统是对来自传感器的连续信息在某些规定的时间瞬时上取值。例如,控制系统中的误差信号可以是断续形式的脉冲信号,而相邻的两个脉冲之间的误差信息,系统并没有收到。如果在有规律的间隔上,系统取到了离散信息,则这种采样称为周期采样;反之,如果信息之间的间隔是时变的,或随机的,则称为非周期采样或随机采样。本章只介绍常用的等周期采样,即采样周期 T 为固定值。

在采样控制系统中,由于一处或几处的信号是一串脉冲序列,即控制过程不连续,所以在连续线性系统里用到的拉普拉斯变换、传递函数和频率特性都不能直接使用。研究采样控制系统的数学基础是 z 变换,通过 z 变换这个数学工具,可以把传递函数和频率特性等概念应用于采样控制系统。z 变换和线性定常采样系统的关系恰似拉普拉斯变换和线性定常连续系统的关系。有关 z 变换的内容将在附录 B 中作介绍。

9.2 采样过程及采样定理

9.2.1 采样过程

按照一定的时间间隔对连续信号进行采样,将其变换为时间上离散的脉冲序列的过程,称为采样过程。实现这一过程的装置称为采样器或采样开关。采样过程通过采样开关 S 的周期性闭合来实现,如图 9-3 所示。显然,采样过程要丢失采样间隔之间的信息。

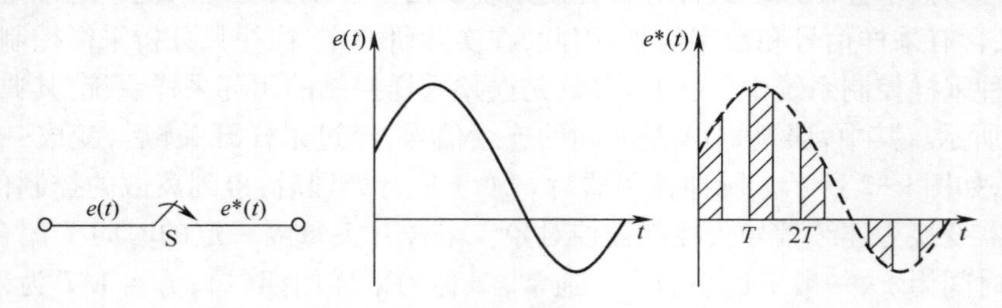

图 9-3 采样过程示意图

对于具有有限脉冲宽度的采样系统来说,要准确进行数学分析是非常复杂的,且没有必要。由于采样开关的闭合时间 τ 远小于采样周期 T 及系统连续部分的时间常数,因此可以认为 τ 趋于零。这样,采样过程可看成是一个理想采样器对模拟信号的脉冲调制过程,理想采样器好像是一个载波为 $\delta_T(t)$ 的脉冲调制器,如图 9-4(b)所示,其中 $\delta_T(t)$ 为理想单位脉冲序列。图 9-4(c)所示的理想采样器的输出信号 $e^*(t)$,可以认为是图 9-4(a)所示的输入连续信号 $e(t)$ 调制在理想采样器产生的理想单位脉冲序列 $\delta_T(t)$ 上的结果。各脉冲强度用其高度来表示,它们等于相应采样瞬时 $t = nT$ 时 $e(t)$ 的幅值。

在控制系统中,当 $t < 0$ 时,$e(t) = 0$。理想单位脉冲序列 $\delta_T(t)$ 可表示为

$$\delta_T(t) = \sum_{n=0}^{+\infty} \delta(t - nT) \tag{9-1}$$

其中 $\delta(t - nT)$ 是出现在时刻 $t = nT$ 时,强度为 1 的单位脉冲。故脉冲采样器的输出

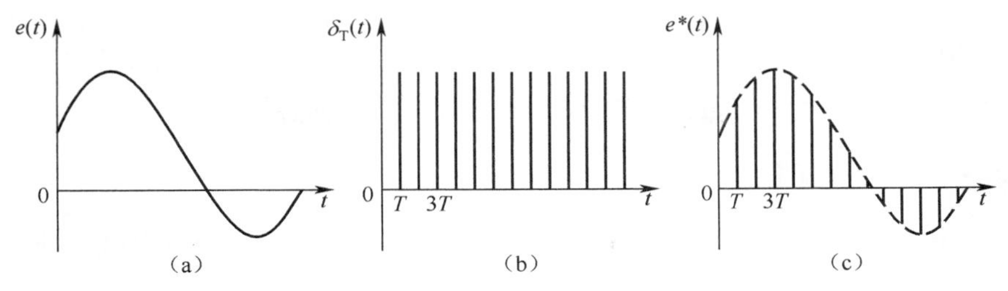

图 9-4　采样信号的调制过程

信号 $e^*(t)$ 可表示为

$$e^*(t)=e(t)\delta_T(t)=e(t)\sum_{n=0}^{+\infty}\delta(t-nT)=\sum_{n=0}^{+\infty}e(nT)\delta(t-nT) \tag{9-2}$$

对式(9-2)进行拉普拉斯变换,可得

$$L[e^*(t)]=E^*(s)=\mathrm{L}\left[\sum_{n=0}^{+\infty}e(nT)\delta(t-nT)\right] \tag{9-3}$$

根据拉普拉斯变换的位移定理,有 $\mathrm{L}[\delta(t-nT)]=\mathrm{e}^{-nTs}\int_0^{+\infty}\delta(t)\mathrm{e}^{-st}\mathrm{d}t=\mathrm{e}^{-nTs}$,所以采样信号的拉普拉斯变换为

$$E^*(s)=\sum_{n=0}^{+\infty}\mathrm{e}(nT)\mathrm{e}^{-nTs} \tag{9-4}$$

式(9-4)描述的采样信号的拉普拉斯变换与连续信号 $e(t)$ 的拉普拉斯变换 $E(s)$ 非常类似,因此,如果 $e(t)$ 是一个有理函数,则无穷级数 $E^*(s)$ 也总是可以表示成 e^{Ts} 的有理函数形式。

例 9-1　设 $e(t)=1(t)$,试求 $e^*(t)$ 的拉普拉斯变换。

解　由式(9-4),有

$$E^*(s)=\sum_{n=0}^{+\infty}e(nT)\mathrm{e}^{-nTs}=1+\mathrm{e}^{-Ts}+\mathrm{e}^{-2Ts}+\cdots$$

这是一个无穷等比数列,公比为 e^{-Ts} ,求和后得闭合形式

$$E^*(s)=\frac{1}{1-\mathrm{e}^{-Ts}}=\frac{\mathrm{e}^{Ts}}{\mathrm{e}^{Ts}-1},\qquad (|\mathrm{e}^{-Ts}|<1)$$

显然, $E^*(s)$ 是 e^{Ts} 的有理函数,但对于 s 是超越函数。

例 9-2　设 $e(t)=\mathrm{e}^{-t}-\mathrm{e}^{-2t}\ (t\geqslant 0)$,试求 $e^*(t)$ 的拉普拉斯变换。

解　对于给定的 $e(t)$,显然有

$$E(s)=\frac{1}{(s+1)(s+2)}$$

而由式(9-4),可得

$$E^*(s)=\sum_{n=0}^{\infty}(\mathrm{e}^{-nT}-\mathrm{e}^{-2nT})\mathrm{e}^{-nTs}=\frac{1}{1-\mathrm{e}^{-T(s+1)}}-\frac{1}{1-\mathrm{e}^{-T(s+2)}}=\frac{(\mathrm{e}^{-T}-\mathrm{e}^{-2T})\mathrm{e}^{Ts}}{(\mathrm{e}^{Ts}-\mathrm{e}^{-T})(\mathrm{e}^{Ts}-\mathrm{e}^{-2T})}$$

以上两个例子表明,只要 $E(s)$ 可以表示为 s 的有限次多项式之比时,总可以推导出 $E^*(s)$ 的闭合形式。然而,采样信号的拉普拉斯变换式 $E^*(s)$ 与连续信号的拉普拉斯变

换式 $E(s)$ 相比有所不同，它是关于变量 s 的超越方程，因此难以直接用拉普拉斯变换的方法研究采样系统。为克服这一困难，通常采用 z 变换法研究采样控制系统。通过 z 变换可以把采样系统的关于 s 的超越方程，变换为关于变量 z 的代数方程。

9.2.2 采样定理

理想单位脉冲序列 $\delta_T(t)$ 是一个以 T 为周期的周期函数，可以展开为如下傅里叶级数的形式：

$$\delta_T(t) = \sum_{n=-\infty}^{\infty} c_n e^{jn\omega_s t} \tag{9-5}$$

式中：$\omega_s = 2\pi/T = 2\pi f_s$，为采样角频率；$c_n$ 是傅立叶系数，由于在 $[-T/2, T/2]$ 区间中，$\delta_T(t)$ 仅在 $t=0$ 时有值，且 $e^{-jn\omega_s t}|_{t=0} = 1$，所以

$$c_n = \frac{1}{T}\int_{-T/2}^{T/2} \delta(t) e^{-jn\omega_s t} dt = \frac{1}{T}\int_{0_-}^{0_+} \delta(t) dt = \frac{1}{T} \tag{9-6}$$

因此，式(9-2)可表示为

$$e^*(t) = e(t)\delta_T(t) = \frac{1}{T}\sum_{n=-\infty}^{\infty} e(t) e^{jn\omega_s t} \tag{9-7}$$

上式两边取拉普拉斯变换，由拉普拉斯变换的复数位移定理可得

$$E^*(s) = \frac{1}{T}\sum_{n=-\infty}^{\infty} E(s + jn\omega_s) \tag{9-8}$$

式(9-8)表明 $E^*(s)$ 是 s 的周期性函数。通常 $E^*(s)$ 的全部极点均位于 s 平面的左半部分，因此，将 $s = j\omega$ 代入式(9-8)，可以得到 $e^*(t)$ 的频谱，即

$$E^*(j\omega) = \frac{1}{T}\sum_{n=-\infty}^{\infty} E(j\omega + jn\omega_s) \tag{9-9}$$

式(9-9)反映了采样信号频谱与对应连续信号频谱之间的关系。

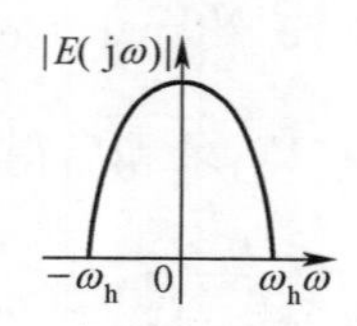

图 9-5 连续信号的频谱

一般来说，连续信号 $e(t)$ 的频谱 $|E(j\omega)|$ 为一孤立、带宽为一定的连续频谱，如图 9-5 所示，其中 ω_h 为连续频谱 $|E(j\omega)|$ 中的最大角频率；而采样信号 $e^*(t)$ 的频谱 $|E^*(j\omega)|$，则是以采样角频率 ω_s 为周期（即采样角频率为 $n\omega_s$）的无穷多个频谱之和，如图 9-6 所示。其中，$n=0$ 的部分称为主频谱，它与连续频谱 $|E(j\omega)|$ 形状一致，仅在幅值上变化了 $1/T$ 倍；其余频谱（$n=\pm1, \pm2, \pm3, \cdots$）均为由于采样而产生的高频频谱。如果采样角频率 $\omega_s > 2\omega_h$，则 $E^*(j\omega)$ 的主频谱与高频频谱之间互不重叠，此时如果用理想低通滤波器（如图 9-6 中虚线所示）滤掉所有的高频频谱，只保留主频谱，就可以将离散信号不失真地还原为原来的连续信号了。反之，如果加大采样周期 T，采样角频率相应减小，当 $\omega_s < 2\omega_h$ 时，主频谱与高频频谱相互重叠，致使采样器输出信号发生畸变，

如图 9-7 所示。在这种情况下，即使用理想滤波器也无法恢复原来的连续信号。因此，要想从采样信号 $e^*(t)$ 中完全复现出采样前的连续信号 $e(t)$，对采样角频率 ω_s 有一定的要求。

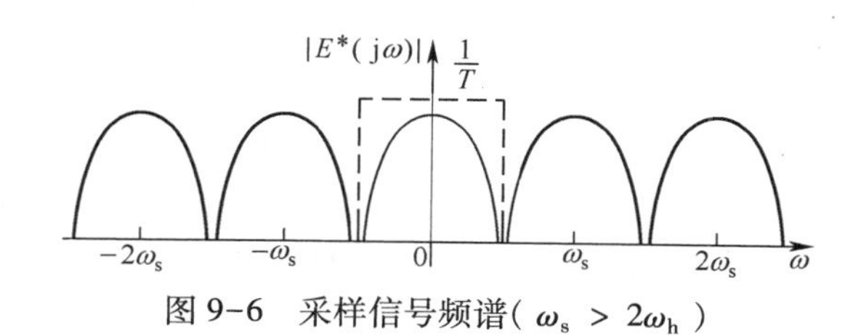

图 9-6　采样信号频谱($\omega_s > 2\omega_h$)

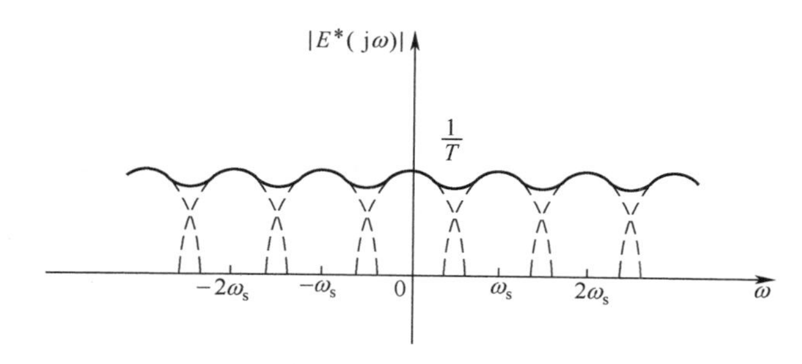

图 9-7　采样信号频谱($\omega_s < 2\omega_h$)

为了保证采样后的信号能真实地保留原始模拟信号的信息，采样信号的频率必须至少为原信号中最高频率成分的 2 倍，这是采样的基本法则，称为香农采样定理。采样定理的物理意义是：采样频率越高，即采样周期越小，采样越细密，采样的精度就越高，越能反映连续信号变化的信息，因此可以由离散信号按要求复现原来的连续信号。反之，采样频率低，不能反映信息的全部变化情况，如果在两个采样时刻之间的连续信号变化较大，而这种变化未能在采样信号中得到反映，就不能按一定精度复现原连续信号。

需要注意的是，在对信号进行采样时，满足了采样定理，只能保证不发生混叠，而不能保证此时的采样信号能真实地反映原信号，工程实际中采样频率通常大于信号中最高频率成分的 3~5 倍。

采样定理只是给出了采样周期选择的基本原则，并未给出选择采样周期的具体计算公式。显然，采样周期选得越小，即采样频率选得越高，对控制过程的信息便获得越多，控制效果也会越好。但是，采样周期选得过小，将增加不必要的计算负担，造成实现较复杂控制规律的困难，而且采样周期小到一定的程度后，再减小就没有多大实际意义了。反之，采样周期选得过大，又会给控制过程带来较大的误差，降低系统的动态性能，甚至有可能导致整个控制系统失去稳定。采样周期的选取，在很大程度上取决于系统的性能指标。

工程实践表明，随动系统的采样角频率可近似取为 $\omega_s \approx 10\omega_h$，由于 $T=2\pi/\omega_s$，所以采样周期可按下式选取：

$$T = \frac{\pi}{5\omega_h} \tag{9-10}$$

从时域性能指标来看，采样周期 T 可通过单位阶跃响应的上升时间或调节时间按下列经验公式选取：

$$T = \frac{1}{10} t_r \tag{9-11}$$

或者

$$T = \frac{1}{40} t_s \tag{9-12}$$

应当指出,采样周期选取是否得当,是连续信号能否从采样信号中完全复现的前提。然而,图 9-6 虚线所示的理想滤波器实际上并不存在,因此只能用特性接近于理想滤波器的低通滤波器来代替。为此,需要研究信号的保持和恢复。

9.3 保 持 器

9.3.1 信号的恢复

从采样信号中恢复原连续信号称为信号的恢复。把脉冲序列转变为连续信号,能够实现信号复现的装置称为保持器。采用保持器不仅因为需要实现两种信号的转换,也是因为采样器输出的是脉冲信号 $e^*(t)$,如果不经滤波将其恢复成连续信号,则 $e^*(t)$ 中的高频分量相当于高频干扰信号,对系统造成不利影响。为了消除这些干扰作用,恢复和重现原来的连续输入信号,通常应用低通滤波器,这种低通滤波器实际上就是采样信号保持器。这样,经过采样和理想滤波后,脉冲序列的频谱为

$$E^*(j\omega) = \frac{1}{T} G(j\omega) E(j\omega) = \frac{1}{T} E(j\omega) \qquad |\omega| < \frac{\omega_s}{2} \tag{9-13}$$

式中: $1/T$ 等效为采样器; $G(j\omega)$ 为理想滤波器。

可见,经过理想滤波器滤波后的信号频谱,除了幅值相差 $1/T$ 以外和连续信号的频谱是一样的。

为了无畸变的重现原连续信号,理想滤波器应该具有如图 9-6 中虚线所示的频率特性,即

$$G(j\omega) = \begin{cases} 1 & |\omega| < \omega_s/2 \\ 0 & |\omega| > \omega_s/2 \end{cases} \tag{9-14}$$

实际上,满足这种频率特性的滤波器是不存在的,但是可以构造接近于理想滤波器频率特性的物理装置,来近似实现这种运算功能,使滤波后的信号较好地复现连续信号的形式。通常采用低通滤波器来作为保持器,被广泛应用的保持器主要有以下两种。

9.3.2 零阶保持器

保持器具有外推功能,也就是说,现在时刻的输出信号取决于过去时刻离散信号的外推。零阶保持器是一种按常值外推的保持器,它把采样时刻 nT 的采样值恒定不变地保持到下一采样时刻 $(n+1)T$,从而使采样信号 $e^*(t)$ 变成阶梯信号 $e_h(t)$,如图 9-8 所示。由图可见,再现出的信号与原连续信号相比是有较大差别的,它包括高次谐波。若将阶梯信号各中点连接起来,可得到一条与原连续信号形状基本一致但时间上滞后 $T/2$ 的曲线。

零阶保持器的数学表达式为

$$e(nT+\Delta t)=e(nT) \qquad 0\leqslant \Delta t<T \tag{9-15}$$

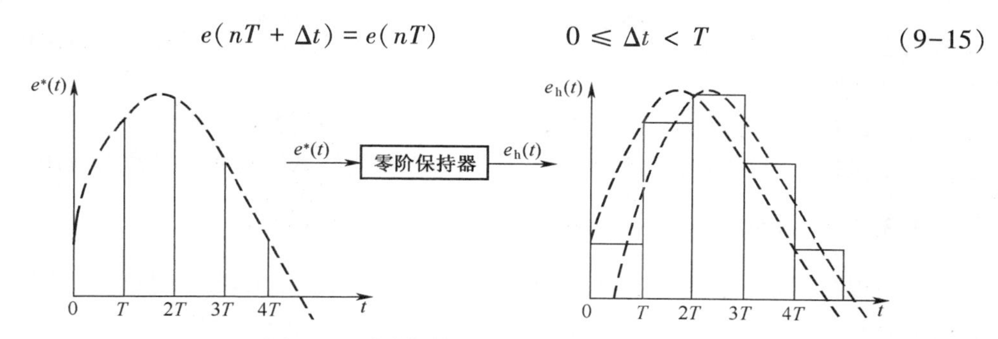

图 9-8　零阶保持器的输入输出信号

式(9-15)表明,零阶保持过程是由于理想脉冲 $e(nT)\delta(t-nT)$ 的作用结果。如果给零阶保持器输入一个理想单位脉冲 $\delta(t)$,则其脉冲过渡函数 $g_h(t)$ 是幅值为 1,持续时间为 T 的矩形脉冲,并可分解为两个单位阶跃函数的和,即

$$g_h(t)=1(t)-1(t-T) \tag{9-16}$$

对式(9-16)取拉普拉斯变换,可得零阶保持器的传递函数为

$$G_h(s)=\frac{1}{s}-\frac{e^{-Ts}}{s}=\frac{1-e^{-Ts}}{s} \tag{9-17}$$

令 $s=j\omega$,得零阶保持器的频率特性

$$G_h(j\omega)=\frac{1-e^{-j\omega T}}{j\omega}=\frac{2e^{-j\omega T/2}(e^{j\omega T/2}-e^{-j\omega T/2})}{2j\omega}=T\frac{\sin(\omega T/2)}{\omega T/2}e^{-j\omega T/2} \tag{9-18}$$

其幅频、相频特性如图 9-9 所示,图中 $\omega_s=2\pi/T$ 。

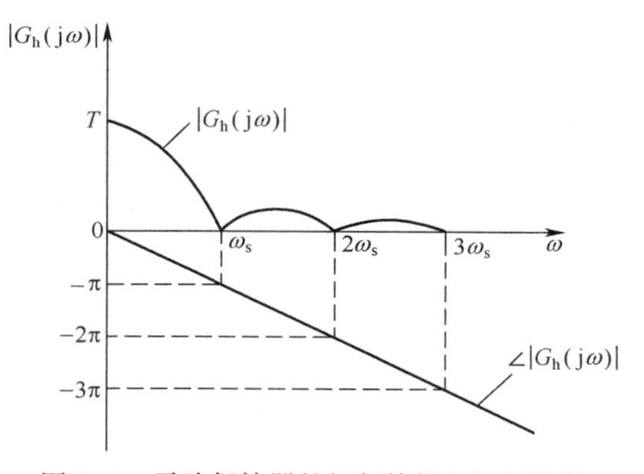

图 9-9　零阶保持器的幅频特性和相频特性

由图可见,零阶保持器具有以下特点:

(1) 低通特性。零阶保持器的幅值随着频率的增高而逐渐衰减,是一个低通滤波器,但不是理想滤波器。主频谱并不是直线,另外,高频频谱分量仍能通过一部分,造成数字控制系统的输出中存在纹波,所以用零阶保持器恢复的信号是有畸变的,这种畸变随着采样周期 T 减小而变小。

(2) 相角滞后特性。由相频特性可见,零阶保持器要产生相角滞后,且随着 ω 的增大而加大,在 $\omega=\omega_s$ 处,相角滞后可达 $-180°$,从而使闭环系统的稳定性变差。

(3) 时间滞后特性。零阶保持器的输出为阶梯信号,表明其输出比输入在时间上要

滞后 $T/2$,相当于给系统增加了一个延迟时间为 $T/2$ 的延时环节,使系统总的相角滞后增大,对系统的稳定性不利。

此外,零阶保持器的阶梯输出信号,也同样增加了系统输出中的纹波。

零阶保持器因其结构简单,易于实现,所以在工程实践中得到了广泛的应用。

9.3.3 一阶保持器

一阶保持器是一种按线性外推规律得到的保持器。它以当前时刻 nT 的采样信号 $e(nT)$ 为起点,沿着当前时刻采样信号 $e(nT)$ 和前一时刻的采样信号 $e[(n-1)T]$ 的连线方向外推,因此,一阶保持器的数学表达式为

$$e_{\mathrm{h}}(t)=e(nT)+\frac{e(nT)-e[(n-1)T]}{T}(t-nT) \qquad nT\leqslant t\leqslant (n+1)T \tag{9-19}$$

一阶保持器的输出特性如图 9-10 所示。其形状为不规则的的锯齿波,若原连续信号为单调上升或单调下降的函数,则保持器的复现函数与原函数较接近。但是,在原连续信号的拐点处,保持器的复现信号与原信号差别较大。

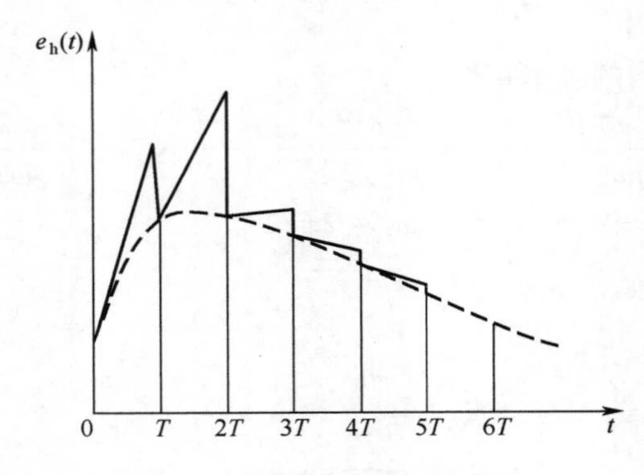

图 9-10 一阶保持器的输出信号

按照零阶保持器传递函数的求取方法,可以推导出一阶保持器的传递函数为

$$G_{\mathrm{h}}(s)=T(1+Ts)\left(\frac{1-\mathrm{e}^{-Ts}}{Ts}\right)^2 \tag{9-20}$$

令 $s=\mathrm{j}\omega$,可得一阶保持器的频率特性为

$$G_{\mathrm{h}}(\mathrm{j}\omega)=T\sqrt{1+T^2\omega^2}\left[\frac{\sin(\omega T/2)}{(\omega T/2)}\right]^2\mathrm{e}^{-\mathrm{j}(\omega T-\arctan\omega T)} \tag{9-21}$$

一阶保持器的幅、相频特性如图 9-11 所示,其中虚线为零阶保持器的幅、相频特性。与零阶保持器相比,一阶保持器复现原信号的准确性较高。但由图可见,一阶保持器的幅频特性普遍较大,允许通过的信号高频分量较多,更易造成纹波。此外,一阶保持器的相角滞后比零阶保持器大,在 $\omega=\omega_{\mathrm{s}}$ 处,可达 $-280°$,这对系统的稳定性更加不利,再加上一阶保持器的结构更复杂,因此在实际的数字控制系统中,一般很少采用一阶保持器甚至高阶保持器,而普遍采用零阶保持器。

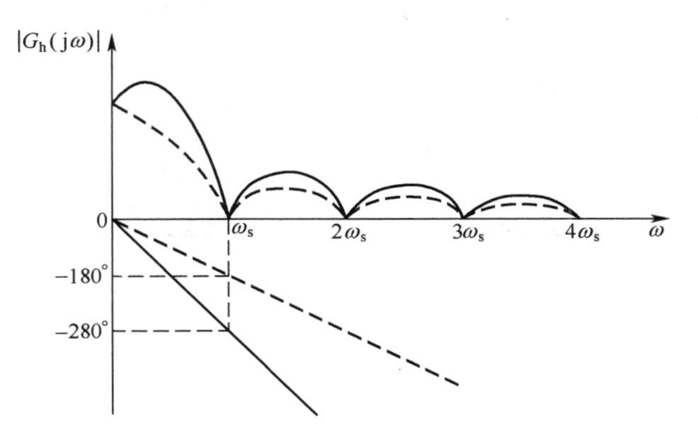

图 9-11　一阶保持器的幅相频特性

9.4　采样系统的数学模型

为了研究采样系统的性能,需要建立采样系统的数学模型。与连续系统的数学模型类似,采样系统的动态过程可用差分方程来描述,同时利用 z 变换可以建立线性采样系统的脉冲传递函数,给线性采样系统的分析和校正带来极大的方便。

9.4.1　*差分方程*

1. 差分的定义

设连续信号 $e(t)$ 经采样后为 $e(kT)$,为方便起见,设 $T=1$,则 $e(kT)=e(k)$ 。

一阶前向差分定义为

$$\Delta e(k)=e(k+1)-e(k)$$

二阶前向差分定义为

$$\begin{aligned}\Delta^2 e(k)&=\Delta[\Delta e(k)]=\Delta[e(k+1)-e(k)]=\Delta e(k+1)-\Delta e(k)\\&=e(k+2)-e(k+1)-[e(k+1)-e(k)]\\&=e(k+2)-2e(k+1)+e(k)\end{aligned}$$

类似,可得 n 阶差分定义为

$$\Delta^n e(k)=\Delta^{n-1}e(k+1)-\Delta^{n-1}e(k)$$

同理,可得后向差分。

一阶后向差分定义为

$$\nabla e(k)=e(k)-e(k-1)$$

二阶后向差分定义为

$$\nabla^2 e(k)=e(k)-2e(k-1)+e(k-2)$$

n 阶后向差分定义为

$$\nabla^n e(k)=\nabla^{n-1}e(k)-\nabla^{n-1}e(k-1)$$

前向和后向差分示意图如图 9-12 所示。

2. 差分方程

本章所研究的采样系统为线性定常采样系统,可以用线性定常(常系数)差分方程描

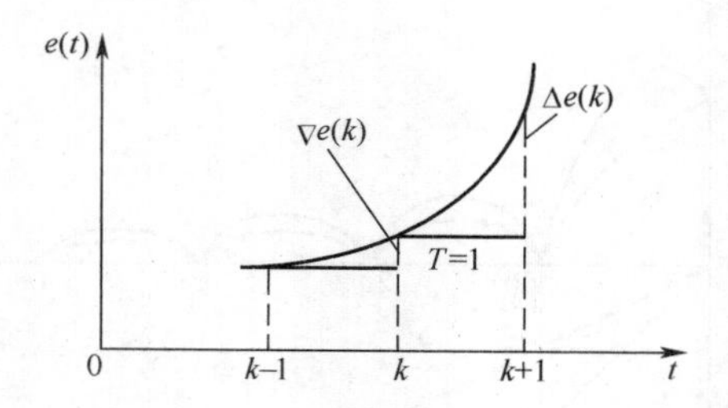

图 9-12　前向和后向差分示意图

述。对于一般的线性定常采样系统，k 时刻的输出 $x_o(k)$ 不但与 k 时刻的输入 $x_i(k)$ 有关,同时还与 k 时刻以前的输入 $x_i(k-1)$, $x_i(k-2)$, … 有关,这种动态关系一般可用下列 n 阶后向差分方程来描述:

$$x_o(k)+a_1x_o(k-1)+a_2x_o(k-2)+\cdots+a_{n-1}x_o(k-n+1)+a_nx_o(k-n)$$
$$=b_0x_i(k)+b_1x_i(k-1)+\cdots+b_{m-1}x_i(k-m+1)+b_mx_i(k-m)$$

上式亦可表示为

$$x_o(k)=-\sum_{i=1}^{n}a_ix_o(k-i)+\sum_{j=0}^{m}b_jx_i(k-j) \tag{9-22}$$

式中: $a_i(i=1,2,\cdots,n)$ 和 $b_j(j=0,1,\cdots,m)$ 为常系数, $m\leqslant n$ 。

式(9-22)称为 n 阶线性定常系数差分方程,它在数学上代表一个线性定常采样系统。

线性定常采样系统也可以用以下 n 阶前向差分方程来描述:

$$x_o(k+n)+a_1x_o(k+n-1)+\cdots+a_{n-1}x_o(k+1)+a_nx_o(k)$$
$$=b_0x_i(k+m)+b_1x_i(k+m-1)+\cdots+b_{m-1}x_i(k+1)+b_mx_i(k)$$

上式亦可写为

$$x_o(k+n)=-\sum_{i=1}^{n}a_ix_o(k+n-i)+\sum_{j=0}^{m}b_jx_i(k+m-j) \tag{9-23}$$

3. 差分方程求解

常系数线性差分方程的求解方法常用的有迭代法和 z 变换法。迭代法是已知差分方程,并且给定输出序列的初值,则可以利用递推关系,在计算机上一步一步地算出输出序列。z 变换法求解差分方程的实质是对差分方程两端取 z 变换,然后利用实数位移定理,得到以 z 为变量的代数方程,最后对代数方程的解 $X_o(z)$ 求 z 的反变换,得到输出序列。

例 9-3　已知差分方程

$$x_o(k)=x_i(k)+5x_o(k-1)-6x_o(k-2)$$

输入序列 $x_i(k)=1$,初始条件为 $x_o(0)=0$, $x_o(1)=1$,试用迭代法求输出序列 $x_o(k)$, $k=0,1,2,\cdots,10$。

解　根据初始条件及递推关系,得

$$x_o(0)=0$$
$$x_o(1)=1$$
$$x_o(2)=x_i(2)+5x_o(1)-6x_o(0)=6$$
$$x_o(3)=x_i(3)+5x_o(2)-6x_o(1)=25$$

$$x_o(4)=x_i(4)+5x_o(3)-6x_o(2)=90$$
$$x_o(5)=x_i(5)+5x_o(4)-6x_o(3)=301$$
$$x_o(6)=x_i(6)+5x_o(5)-6x_o(4)=966$$
$$x_o(7)=x_i(7)+5x_o(6)-6x_o(5)=3025$$
$$x_o(8)=x_i(8)+5x_o(7)-6x_o(6)=9330$$
$$x_o(9)=x_i(9)+5x_o(8)-6x_o(7)=28501$$
$$x_o(10)=x_i(10)+5x_o(9)-6x_o(8)=86526$$

例 9-4 用 z 变换法解下列差分方程

$$x_o(k+2)+3x_o(k+1)+2x_o(k)=0$$

已知初始条件 $x_o(0)=0$, $x_o(1)=1$,求 $x_o(k)$ 。

解 对差分方程的每一项进行 z 变换,并且根据实数位移定理,有

$$Z[x_o(k+2)]=z^2X_o(z)-z^2x_o(0)-zx_o(1)=z^2X_o(z)-z$$
$$Z[3x_o(k+1)]=3zX_o(z)-3zx_o(0)=3zX_o(z)$$
$$Z[2x_o(k)]=2X_o(z)$$

于是,差分方程变换为如下 z 代数方程:

$$(z^2+3z+2)X_o(z)=z$$

解出

$$X_o(z)=\frac{z}{z^2+3z+2}=\frac{z}{z+1}-\frac{z}{z+2}$$

查 z 变换表(见附录表 B-1)得

$$x_o(k)=(-1)^k-(-2)^k \qquad (k=0,1,2,\cdots)$$

差分方程的解,可以提供线性定常采样系统在给定输入序列作用下的输出序列相应特性,但不便于研究系统参数变化对采样系统性能的影响。因此,需要研究线性定常采样系统的另一种数学模型——脉冲传递函数。

9.4.2 脉冲传递函数

在线性定常连续系统中,把零初始条件下系统输出信号的拉普拉斯变换与输入信号的拉普拉斯变换之比定义为传递函数。同理,线性定常采样系统中脉冲传递函数的定义与线性定常连续系统传递函数的定义类似。

1. 基本概念

设采样系统如图 9-13 所示,在零初始条件下,输入信号为 $x_i(t)$,经采样后 $x_i^*(t)$ 的 z 变换为 $X_i(z)$,系统连续部分的输出 $x_o(t)$ 经采样后 $x_o^*(t)$ 的 z 变换为 $X_o(z)$ 。则线性定常采样系统脉冲传递函数定义为:在零初始条件下,输出采样信号的 z 变换与输入采样信号的 z 变换之比。用 $G(z)$ 表示,记为

$$G(z)=\frac{X_o(z)}{X_i(z)} \tag{9-24}$$

所谓零初始条件,是指在 $t<0$ 时,输入脉冲序列各采样值和输出脉冲序列各采样值均为零。

式(9-24)表明,如果已知 $X_i(z)$ 和 $G(z)$,则在零初始条件下,线性定常采样系统的

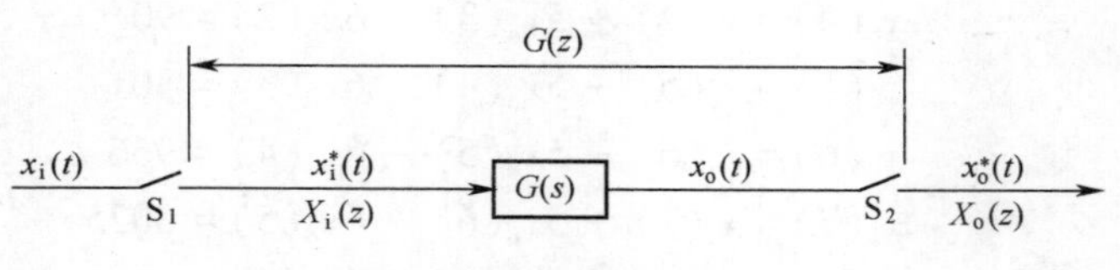

图 9-13　开环采样系统

输出采样信号为

$$x_o^*(t) = Z^{-1}[X_o(z)] = Z[G(z)X_i(z)]$$

由于 $X_i(z)$ 是已知的，因此求 $x_o^*(t)$ 的关键在于求出系统的脉冲传递函数 $G(z)$ 。

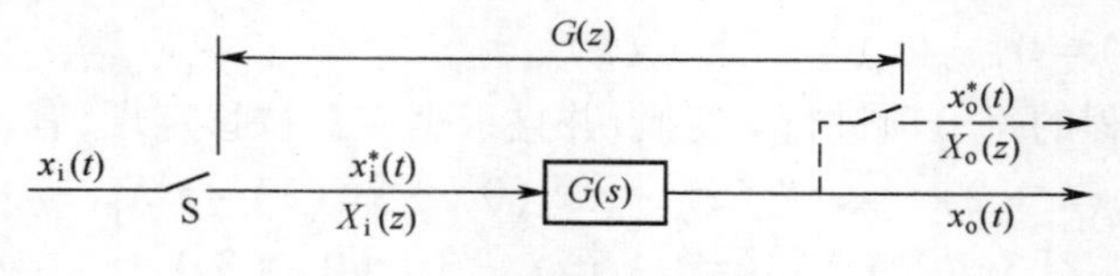

图 9-14　实际开环采样系统

然而，对大多数实际系统来说，其输出往往是连续信号 $x_o(t)$ ，而不是采样信号 $x_o^*(t)$ 。此时，可以在系统输出端虚设一个理想采样开关，如图 9-14 中虚线所示，它与输入采样开关同步工作，并具有相同的采样周期。如果系统的实际输出 $x_o(t)$ 比较平滑，且采样频率较高，则可用 $x_o^*(t)$ 近似描述 $x_o(t)$ 。输出端的采样开关实际是不存在的，是为定义脉冲传递函数而虚设的。

2. 脉冲传递函数的求法

用式(9-24)定义的方法求脉冲传递函数并不方便。以下介绍关于脉冲传递函数的求取方法。

对于线性定常采样系统，如果输入为单位序列：

$$x_i(nT) = \delta(nT) = \begin{cases} 1 & n = 0 \\ 0 & n \neq 0 \end{cases}$$

则系统输出称为单位脉冲响应序列，记为

$$x_o(nT) = K(nT)$$

由于线性定常采样系统的位移不变性（即定常性），当输入单位脉冲序列沿时间轴后移 k 个采样周期，成为 $\delta[(n-k)T]$ 时，输出单位脉冲响应序列亦相应后移 k 个采样周期，成为 $K[(n-k)T]$ 。在离散系统理论中，$K(nT)$ 和 $K[(n-k)T]$ 称为“加权序列”。“加权”的含义是：当对一个连续信号采样时，每一采样时刻的脉冲值，就等于该时刻的函数值。

在线性定常采样系统中，输入是一个脉冲序列，即

$$x_i^*(t) = \sum_{n=0}^{\infty} x_i(nT)\delta(t - nT)$$

由 z 变换的线性定理可知，系统的输出响应序列可表示为

$$x_o(nT) = \sum_{k=0}^{\infty} K[(n-k)T]x_i(kT) = \sum_{k=0}^{\infty} K(kT)x_i[(n-k)T]$$

根据附录中式(B-14)，上式为离散卷积的表达式。因而

$$x_o(nT) = K(nT) * x_i(nT)$$

若令加权序列的 z 变换

$$K(z) = \sum_{n=0}^{\infty} K(nT) z^{-n}$$

则由 z 变换的卷积定理,可得

$$X_o(z) = K(z) X_i(z)$$

或者

$$K(z) = \frac{X_o(z)}{X_i(z)} \tag{9-25}$$

比较式(9-24)和式(9-25)可知

$$G(z) = K(z) = \sum_{n=0}^{\infty} K(nT) z^{-n} \tag{9-26}$$

因此,脉冲传递函数的含义是:系统脉冲传递函数 $G(z)$ 就等于系统加权序列 $K(nT)$ 的 z 变换。

如果描述线性定常采样系统的差分方程为

$$x_o(nT) = -\sum_{i=1}^{n} a_i x_o[(n-i)T] + \sum_{j=0}^{m} b_j x_i[(n-j)T]$$

在零初始条件下,对上式进行 z 变换,并应用 z 变换的实数位移定理,可得

$$X_o(z) = -\sum_{i=1}^{n} a_i X_o(z) z^{-i} + \sum_{j=0}^{m} b_j X_i(z) z^{-j}$$

整理得

$$G(z) = \frac{X_o(z)}{X_i(z)} = \frac{\sum_{j=0}^{m} b_j z^{-j}}{1 + \sum_{i=1}^{n} a_i z^{-i}} \tag{9-27}$$

这就是脉冲传递函数与差分方程的关系。

连续系统或元件的脉冲传递函数 $G(z)$,可以通过其传递函数 $G(s)$ 来求取。具体过程是:先求 $G(s)$ 的拉普拉斯反变换,得到脉冲过渡函数(即脉冲响应函数)

$$K(t) = \mathrm{L}^{-1}[G(s)] \tag{9-28}$$

再将 $K(t)$ 按采样周期离散化,得加权序列 $K(nT)$;最后将 $K(nT)$ 进行 z 变换,按式(9-27)求出 $G(z)$,这一过程比较复杂。简单的方法是:把 z 变换表中的时间函数 $e(t)$ 看成 $K(t)$,那么表中的 $E(s)$ 就是 $G(s)$ (见式(9-28)),而 $E(z)$ 则相当于 $G(z)$ 。因此,根据 z 变换表,可以直接从 $G(s)$ 得到 $G(z)$ 。

例 9-5 设图 9-14 所示开环系统中的

$$G(s) = \frac{a}{s(s+a)}$$

试求相应的脉冲传递函数 $G(z)$ 。

解 将 $G(s)$ 展成部分分式

$$G(s)=\frac{1}{s}-\frac{1}{s+a}$$

查 z 变换表得

$$G(z)=\frac{z}{z-1}-\frac{z}{z-\mathrm{e}^{-aT}}=\frac{z(1-\mathrm{e}^{-aT})}{(z-1)(z-\mathrm{e}^{-aT})}$$

3. 开环系统的脉冲传递函数

采样系统在开环状态下的结构图可归纳为两种典型形式，如图 9-15 和图 9-16 所示。图 9-15 所示的是两个串联环节之间没有采样开关，而图 9-16 表示两个串联环节之间有采样开关。一般在没有特殊说明下所有采样开关都是同周期且同步的。

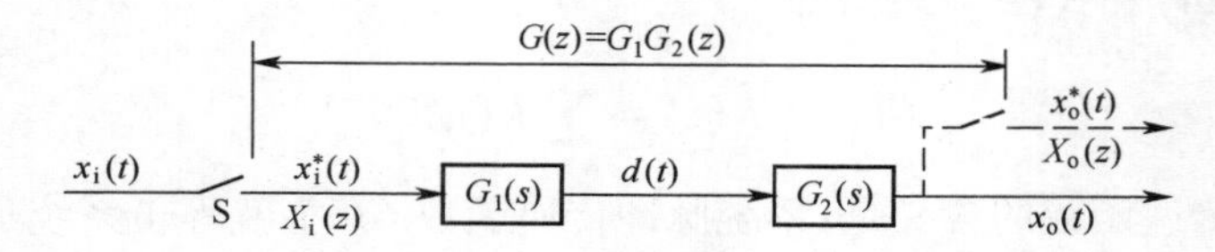

图 9-15　串联环节之间无采样开关

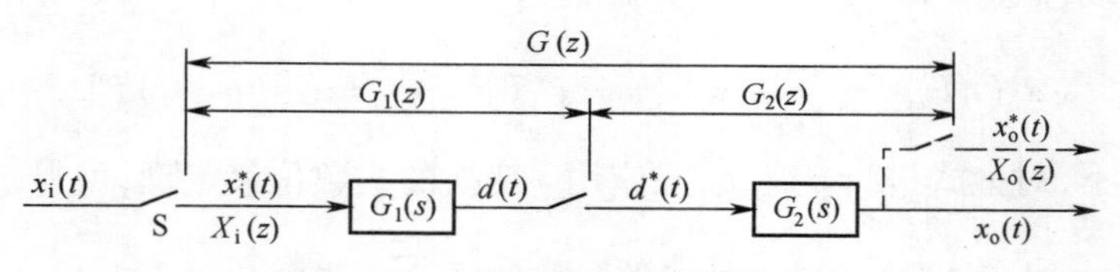

图 9-16　串联环节之间有采样开关

1）串联环节之间无采样开关

图 9-15 所示，其结构特征是在串联环节之间无采样开关，根据脉冲传递函数的求取方法，可以得到输入和输出之间脉冲传递函数的求取过程为

$$X_{\mathrm{o}}(s)=G_1(s)G_2(s)X_{\mathrm{i}}^*(s) \tag{9-29}$$

式中，$X_{\mathrm{i}}^*(s)$ 为输入采样信号 $x_{\mathrm{i}}^*(s)$ 的拉普拉斯变换，即

$$X_{\mathrm{i}}^*(s)=\sum_{n=0}^{\infty}x_{\mathrm{i}}(nT)\mathrm{e}^{-nsT}$$

对式(9-29)两边采样，得 $X_{\mathrm{o}}^*(s)=[G_1(s)G_2(s)]^*X_{\mathrm{i}}^*(s)$

再对两边取 z 变换得

$$X_{\mathrm{o}}(z)=Z[G_1(s)G_2(s)]\cdot X_{\mathrm{i}}(z)=G_1G_2(z)\cdot X_{\mathrm{i}}(z)$$

$$G(z)=\frac{X_{\mathrm{o}}(z)}{X_{\mathrm{i}}(z)}=Z[G_1(s)G_2(s)]=G_1G_2(z)$$

$G_1G_2(z)$，表示先将 $G_1(s)$ 和 $G_2(s)$ 相乘后取 z 变换。这一结论可以推广到类似的 n 个环节串联时的情况。

2）串联环节之间有采样开关

如图 9-16 所示，其结构特征是在串联环节之间有采样开关，根据脉冲传递函数的求取方法，可以得到输入和输出之间脉冲传递函数的求取过程为

第一个环节的输出为 $X_{\mathrm{m}}(s)=G_1(s)X_{\mathrm{i}}^*(s)$，两边采样得

$$X_{\mathrm{m}}^*(s)=G_1^*(s)X_{\mathrm{i}}^*(s)。$$

第二个环节的输出为 $X_o(s)=G_2(s)X_m^*(s)=G_2(s)G_1^*(s)X_i^*(s)$，两边采样得

$$X_o^*(s)=G_2^*(s)X_m^*(s)=G_2^*(s)G_1^*(s)X_i^*(s)。$$

对上式两边取 z 变换得 $X_o(z)=G_2(z)G_1(z)X_i(z)$

$$\frac{X_o(z)}{X_i(z)}=Z[G_1(s)]\cdot Z[G_2(s)]=G_1(z)G_2(z)$$

$G_1(z)G_2(z)$，表示先将 $G_1(s)$ 和 $G_2(s)$ 各自求 z 变换后再相乘。这一结论也可以推广到类似的 n 个环节串联时的情况：只要各环节之间都有同步采样开关分隔，那么总的脉冲传递函数等于各环节脉冲传递函数的乘积。

显然，$G_1G_2(z)\neq G_1(z)G_2(z)$。由此可以说明，离散控制系统的脉冲传递函数不但与系统结构有关，而且与采样开关的位置及开关的多少都有关。

例 9-6 已知 $G_1(s)=\dfrac{1}{s}$，$G_2(s)=\dfrac{1}{s+1}$，输入信号 $x_i(t)=1(t)$，试求开环系统脉冲传递函数 $G(z)$ 及系统输出的 z 变换 $X_o(z)$。

解 查 z 变换表，$x_i(t)=1(t)$ 的 z 变换为

$$X_i(z)=\frac{z}{z-1}$$

对于图 9-15 的结构

$$G(z)=G_1G_2(z)=Z[G_1(s)G_2(s)]$$

$$=Z\left[\frac{1}{s(s+1)}\right]=\frac{z}{z-1}-\frac{z}{z-e^{-T}}=\frac{z(1-e^{-t})}{(z-1)(z-e^{-T})}$$

$$X_o(z)=G(z)X_i(z)=\frac{z^2(1-e^{-t})}{(z-1)^2(z-e^{-T})}$$

对于图 9-16 的结构

$$G(z)=G_1(z)\cdot G_2(z)=Z[G_1(s)]\cdot Z[G_2(s)]$$

$$=Z\left[\frac{1}{s}\right]\cdot Z\left[\frac{1}{s+1}\right]=\frac{z}{z-1}\times\frac{z}{z-e^{-T}}=\frac{z^2}{(z-1)(z-e^{-T})}$$

$$X_o(z)=G(z)X_i(z)=\frac{z^3}{(z-1)^2(z-e^{-T})}$$

显然两种结构下的脉冲传递函数不同。

(3) 有零阶保持器时的开环系统脉冲传递函数。有零阶保持器的开环离散系统如图 9-17(a)所示。图中，$G_h(s)$ 为零阶保持器传递函数，$G(s)$ 为连续部分传递函数，两个串联环节之间无同步采样开关隔离。将图 9-17(a)变换为图 9-17(b)所示的等效开环系统，则较容易推导出有零阶保持器时的开环系统脉冲传递函数。

由图 9-17(b)可得

$$X_o(s)=\left[\frac{G(s)}{s}-e^{-Ts}\frac{G(s)}{s}\right]X_i^*(s) \tag{9-30}$$

对上式进行 z 变换，根据实数位移定理及 z 变换性质，可得

$$X_o(z)=\left[Z\left(\frac{G(s)}{s}\right)-z^{-1}Z\left(\frac{G(s)}{s}\right)\right]X_i(z)$$

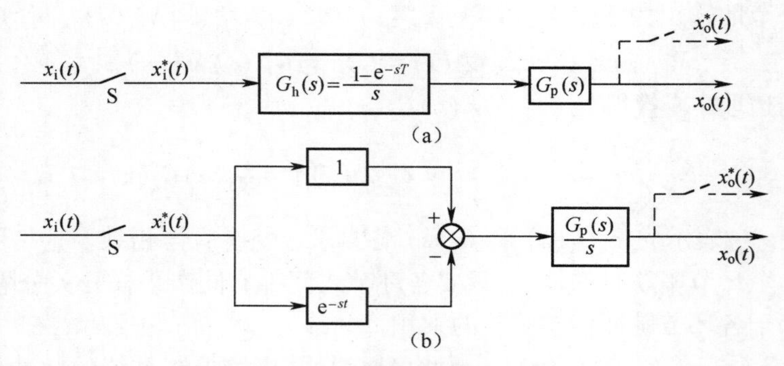

图 9-17 有零阶保持器的开环离散系统

于是有零阶保持器时，开环系统脉冲传递函数为

$$G(z)=\frac{X_o(z)}{X_i(z)}=(1-z^{-1})Z\left[\frac{G(s)}{s}\right] \tag{9-31}$$

例 9-7 已知开环系统中的

$$G(s)=\frac{a}{s(s+a)}$$

试求具有零阶保持器的开环系统脉冲传递函数 $G(z)$ 。

解 因为

$$\frac{G(s)}{s}=\frac{a}{s^2(s+a)}=\frac{1}{s^2}-\frac{1}{a}\left(\frac{1}{s}-\frac{1}{s+a}\right)$$

查 z 变换表，有

$$Z\left[\frac{G(s)}{s}\right]=\frac{Tz}{(z-1)^2}=\frac{1}{a}\left(\frac{z}{z-1}-\frac{z}{z-e^{-aT}}\right)$$

$$=\frac{\frac{1}{a}z[(e^{-aT}+aT-1)z+(1-aTe^{-aT}-e^{-aT})]}{(z-1)^2(z-e^{-aT})}$$

因此，有零阶保持器的开环系统脉冲传递函数

$$G(z)=(1-z^{-1})Z\left[\frac{G(s)}{s}\right]$$

$$=\frac{\frac{1}{a}[(e^{-aT}+aT-1)z+(1-aTe^{-aT}-e^{-aT})]}{(z-1)(z-e^{-aT})}$$

将上述结果与例 9-6 所得结果进行比较可知，两者极点完全相同，仅零点不同。所以说，零阶保持器不影响离散系统脉冲传递函数的极点。

4. 闭环系统的脉冲传递函数

在连续系统中，闭环传递函数与相应的开环传递函数之间有着确定的关系。所以，可以用一种典型的结构图来描述闭环系统。而在离散系统中，由于采样开关所处的位置不同，可以有多种形式的闭环结构图。

下面讨论几种常见离散系统闭环脉冲传递函数的求取。

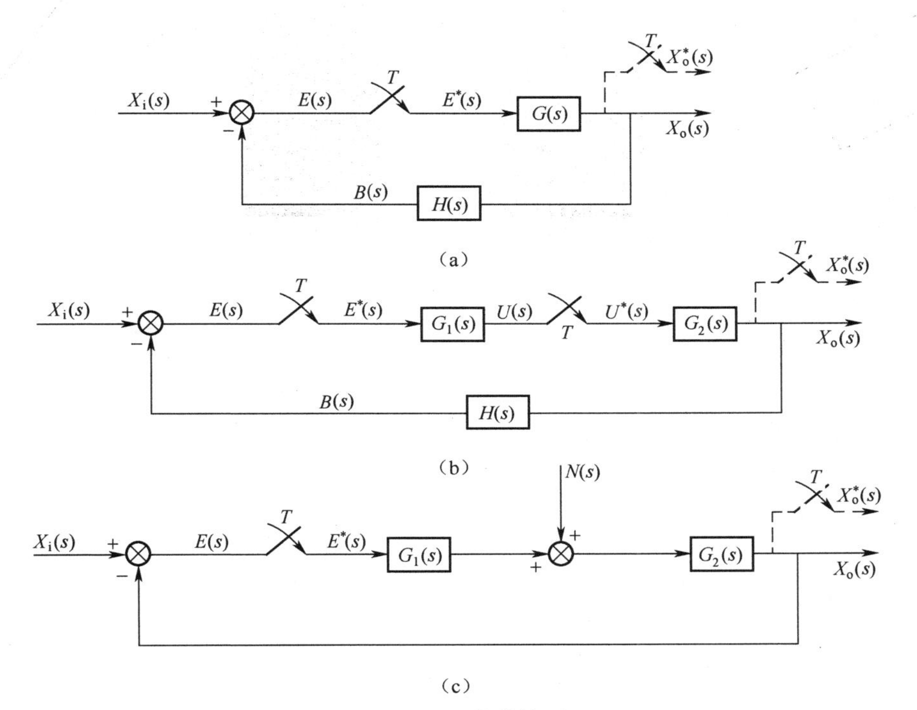

图 9-18　系统结构图

(1) 如图 9-18(a)所示系统的脉冲传递函数或输出响应 z 变换的求取过程如下：

$$E(s)=X_i(s)-B(s)=X_i(s)-H(s)G(s)E^*(s)$$

对上式两边采样，得

$$E^*(s)=X_i^*(s)-[H(s)G(s)]^*E^*(s)$$

对上式求 z 变换，得

$$E(z)=X_i(z)-GH(z)E(z)$$

故

$$E(z)=\frac{1}{1+GH(z)}X_i(z)$$

系统输出为 $X_o(s)=G(s)E^*(s)$，采样后得 $X_o^*(s)=G^*(s)E^*(s)$，取 z 变换，得

$$X_o(z)=G(z)E(z)=\frac{G(z)}{1+GH(z)}X_i(z)$$

给定输入下的闭环脉冲传递函数为

$$\Phi(z)=\frac{X_o(z)}{X_i(z)}=\frac{G(z)}{1+GH(z)}$$

(2)如图 9-18(b)所示系统的脉冲传递函数或输出响应 z 变换的求取过程如下：

$$E(s)=X_i(s)-B(s)=X_i(s)-H(s)G_2(s)U^*(s)$$

对上式两边采样，得

$$E^*(s)=X_i^*(s)-G_2H^*(s)U^*(s)$$

对上式求 z 变换，得

$$E(z)=X_i(z)-G_2H(z)U(z)$$

由于 $U(s)=G_1(s)E^*(s)$,两边采样后得 $U^*(s)=G_1^*(s)E^*(s)$,求 z 变换得 $U(z)=G_1(z)E(z)$ 。

系统输出为 $X_o(s)=G_2(s)U^*(s)$,采样后得 $X_o^*(s)=G^*(s)U^*(s)$,取 z 变换得 $X_o(z)=G_2(z)U(z)=G_2(z)G_1(z)E(z)$ 。

将以上结果进行整理,得

$$X_o(z)=\frac{G_1(z)G_2(z)X_i(z)}{1+G_2H(z)G_1(z)}$$

给定输入下的闭环脉冲传递函数为

$$\Phi(z)=\frac{X_o(z)}{X_i(z)}=\frac{G_1(z)G_2(z)}{1+G_2H(z)G_1(z)}$$

(3)如图 9-18(c)中

$$X_o(s)=G_1(s)G_2(s)E^*(s)+G_2(s)N(s)$$

对上式两边采样,得

$$X_o^*(s)=G_1G_2^*(s)E^*(s)+G_2N^*(s)$$

对上式求 z 变换,得

$$X_o(z)=G_1G_2(z)E(z)+G_2N(z) \tag{9-32}$$

从图中可知 $E(s)=-X_o(s)$,采样后得 $E^*(s)=-X_o^*(s)$,取 z 变换得 $E(z)=-X_o(z)$,将上式代入式(9-32),得扰动输入下的输出 z 变换为

$$X_o(z)=\frac{G_2N(z)}{1+G_1G_2(z)}$$

典型的闭环采样系统的采样输出信号的 z 变换表达式,可参见表 9-1。

表 9-1 典型的闭环采样系统的采样输出信号的 z 变换表达式

序号	系统结构图	$X_o(z)$ 计算式
1	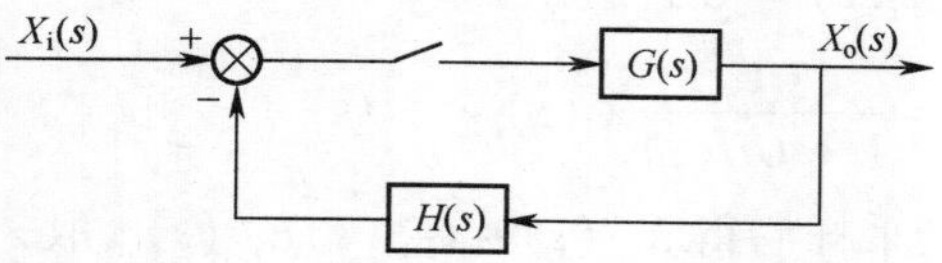 $X_i(s)$ + − $G(s)$ $X_o(s)$ $H(s)$	$\frac{G(z)X_i(z)}{1+GH(z)}$
2	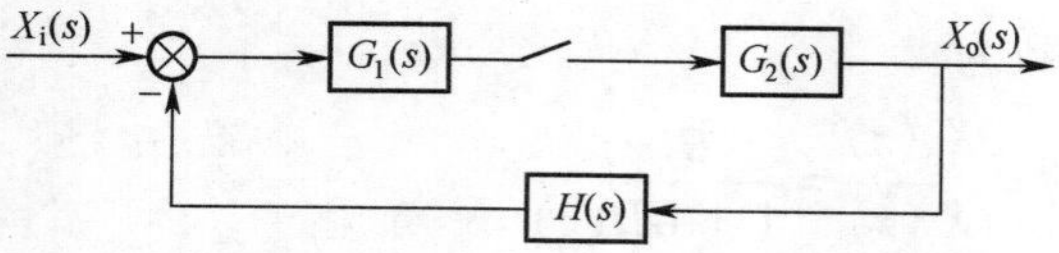 $X_i(s)$ + − $G_1(s)$ $G_2(s)$ $X_o(s)$ $H(s)$	$\frac{X_iG_1(z)G_2(z)}{1+G_2HG_1(z)}$
3	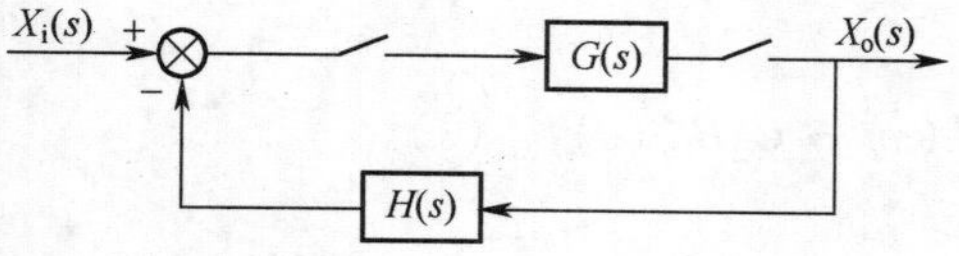 $X_i(s)$ + − $G(s)$ $X_o(s)$ $H(s)$	$\frac{G(z)X_i(z)}{1+G(z)H(z)}$

（续）

序号	系统结构图	$X_o(z)$ 计算式
4	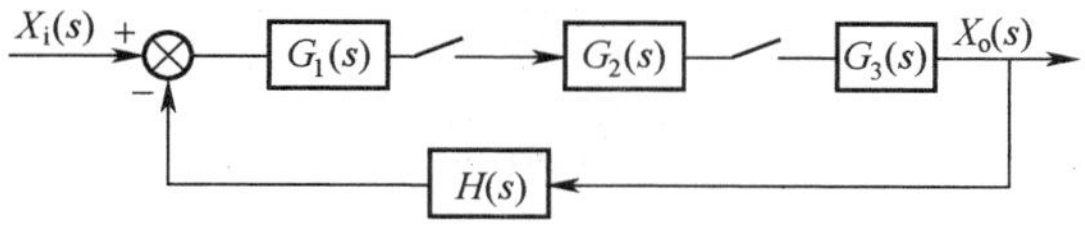 $X_i(s)$ + − $G_1(s)$ $G_2(s)$ $G_3(s)$ $X_o(s)$ $H(s)$	$\dfrac{X_iG_1(z)G_2(z)G_3(z)}{1+G_2(z)G_1G_3H(z)}$
5	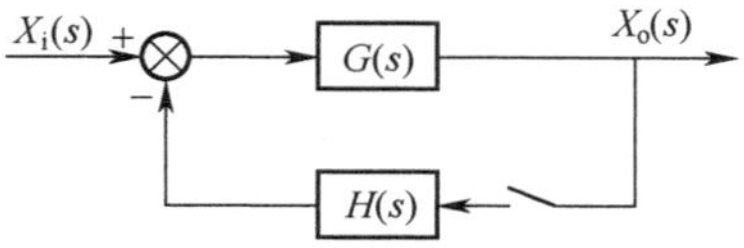 $X_i(s)$ + − $G(s)$ $X_o(s)$ $H(s)$	$\dfrac{X_iG(z)}{1+HG(z)}$
6	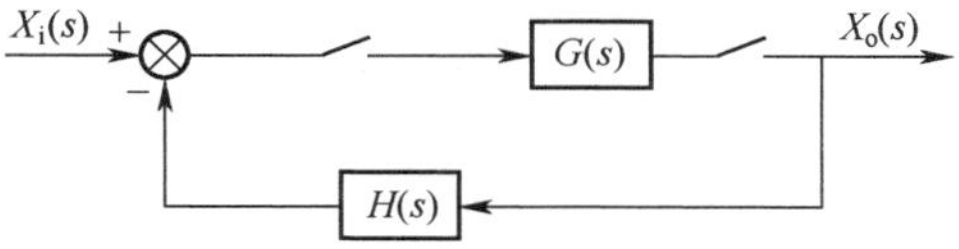 $X_i(s)$ + − $G(s)$ $X_o(s)$ $H(s)$	$\dfrac{X_i(z)G(z)}{1+G(z)H(z)}$
7	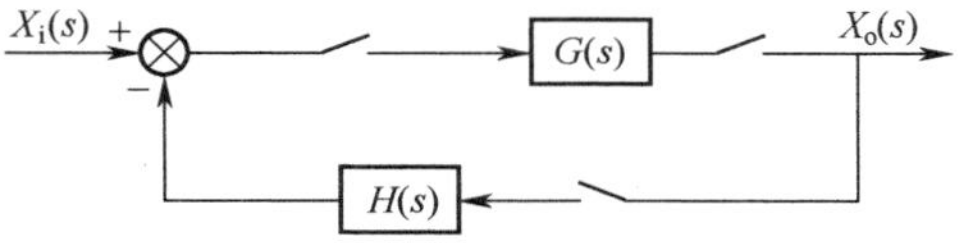 $X_i(s)$ + − $G(s)$ $X_o(s)$ $H(s)$	$\dfrac{G_1(z)G_2(z)X_i(z)}{1+G_1(z)G_2H(z)}$
8	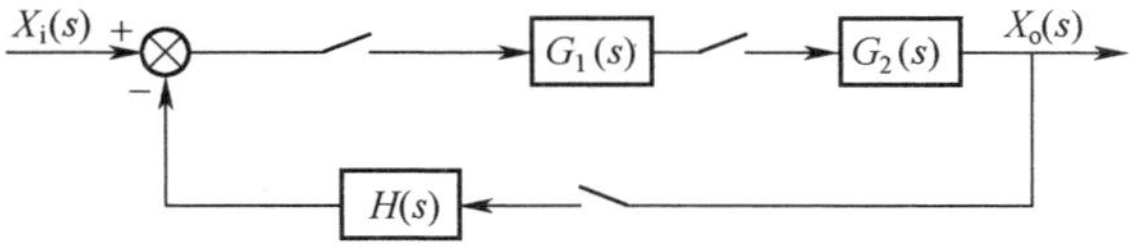 $X_i(s)$ + − $G_1(s)$ $G_2(s)$ $X_o(s)$ $H(s)$	$\dfrac{G_1(z)G_2(z)X_i(z)}{1+G_1(z)G_2(z)H(z)}$

9.5 采样系统的稳定性分析

对于线性连续控制系统，通过对传递函数（或特征方程）的分析，利用代数判据，可以确定系统的稳定性。同样，稳定性也是采样系统的重要内容。本节主要讨论线性采样系统稳定的条件、判别方法、计算稳态误差的方法和系统的校正方法。

9.5.1 采样系统稳定的条件

第5章给出了线性连续系统稳定的充分必要条件，即系统的闭环极点均应位于 s 左半平面，虚轴是稳定区域的边界。对于线性采样系统，由于其传递函数中含有 e^{-nsT} 项，因此需要将分析连续系统在 s 平面上的极点分布状况转化到 z 平面上才能对采样系统进行分析。

线性采样系统稳定的充要条件是:闭环系统的极点均在 z 平面上以原点为圆心的单位圆内。或者说,所有极点的模都小于1,即 $|\lambda_i| < 1, (i = 1,2,\cdots)$,单位圆就是稳定区域的边界。

证明:设在 s 平面上有 $s = \sigma + \mathrm{j}\omega(\omega = -\infty \sim +\infty)$,经过 z 变换后,它在平面上的映射为

$$z = \mathrm{e}^{Ts} = \mathrm{e}^{(\sigma+\mathrm{j}\omega)T} = \mathrm{e}^{\sigma T}\mathrm{e}^{\mathrm{j}\omega T}$$

很明显

$$|z| = \mathrm{e}^{\sigma T}\ ,\ \angle z = \omega T$$

通过分析上式可以发现:

(1) 在 s 的左半平面, $\sigma < 0$,在 z 平面上对应为 $|z| < 1$ 即单位圆内;

(2) 在 s 平面虚轴上, $\sigma = 0$,在 z 平面上对应为 $|z| = 1$ 即单位圆上;

(3) 在 s 的右半平面, $\sigma > 0$,在 z 平面上对应为 $|z| > 1$ 即单位圆外。

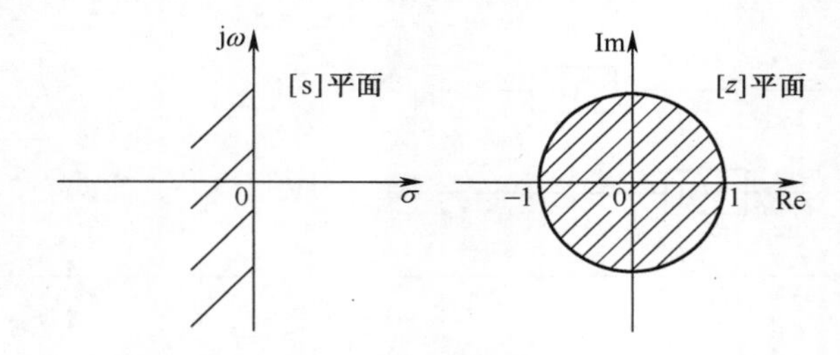

图 9-19 s 平面到 z 平面的映射

两个平面的映射关系如图 9-19 所示,所以系统的稳定与否完全取决于闭环极点在 z 平面上的分布。原连续系统在 s 平面上的稳定区域映射到离散系统的 z 平面上,即在单位圆内。

9.5.2 代数判据

按照上述 z 平面的稳定条件,假如系统的特征方程为

$$1 + GH(z) = 0$$

则求出它的根 $z_i(i = 0,1,2,\cdots,n)$ 就可以知道系统稳定与否。但当系统阶次较高时,这样做是非常困难和繁琐的。和连续系统一样,不求特征根 z_i ,借助于代数稳定判据,同样可以分析闭环系统的稳定性。

连续系统中的 Routh 稳定判据是根据系统特征方程的系数判断特征根是否在 s 平面左半部,但不能判断是否在 z 平面的单位圆内部。而离散系统的稳定判据的思路就是将 z 平面的单位圆,通过选择一种坐标变换,成为新变量 w 平面的虚轴,单位圆内仍然变换成 w 平面的左半部;单位圆外变换成 w 平面的右半部。这样,将 z 特征方程转变成 w 特征方程,在 z 平面内所有单位圆内的特征根便等效为在 w 平面的左半部,就可以应用代数稳定判据来判别离散系统的稳定性。

根据数学上的复变函数双线性变换公式,令 $z = \dfrac{w+1}{w-1}\left(或\ z = \dfrac{1+w}{1-w}\right)$,则有 $w = \dfrac{z+1}{z-1}$

$\left(\text{或 } w = \frac{1+z}{1-z}\right)$,由于复变量 z 与 w 互为线性变换,所以 w 变换又称为双线性变换。引用 w 变换后,z 平面单位圆的内部就变换到 w 平面的左半部。z 平面和 w 平面的映射关系如图 9-20 所示。

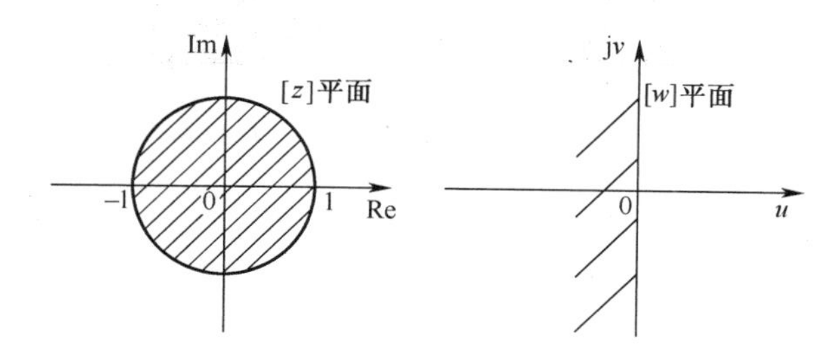

图 9-20　z 平面到 w 平面的映射

证明:令两个平面上的复变量为 $z = x + \mathrm{j}y$, $w = u + \mathrm{j}v$,

则由 $w = \frac{z+1}{z-1}$,可得

$$u + \mathrm{j}v = \frac{x^2 + y^2 - 1}{(x-1)^2 + y^2} - \mathrm{j}\frac{2y}{(x-1)^2 + y^2}$$

显然

$$u = \frac{x^2 + y^2 - 1}{(x-1)^2 + y^2}$$

由于上式的分母 $(x-1)^2 + y^2$ 始终为正,因此

$u = 0$ 等价于 $(x^2 + y^2) = 1$,表明 w 平面的虚轴对应于 z 平面的单位圆周;

$u < 0$ 等价于 $(x^2 + y^2) < 1$,表明左半 w 平面对应于 z 平面上的单位圆内区域;

$u > 0$ 等价于 $(x^2 + y^2) > 1$,表明右半 w 平面对应于 z 平面上的单位圆外区域。

证毕。

用代数稳定性判据判别离散系统稳定性的步骤是:首先求出离散控制系统的闭环特征方程 $D(z) = 0$;然后进行双线性变换,求得 w 特征方程 $D(w) = 0$,再根据 w 特征方程 $D(w) = 0$ 各项系数,由连续系统的代数稳定性判据确定特征根的分布位置,当所有特征根都在 w 平面的左半平面,则闭环系统稳定。

例 9-8　采样控制系统的特征方程为

$$D(z) = 45z^3 - 117z^2 + 119z - 39 = 0$$

试判断系统的稳定性。

解　令 $z = \frac{w+1}{w-1}$,代入特征方程,得

$$45\left(\frac{w+1}{w-1}\right)^3 - 117\left(\frac{w+1}{w-1}\right)^2 + 119\left(\frac{w+1}{w-1}\right) - 39 = 0$$

化简整理后得　$w^3 + 2w^2 + 2w + 40 = 0$

应用 Routh 稳定判据,列出 Routh 表

$$
\begin{array}{llll}
w^3 & 1 & 2 & 0 \\
w^2 & 2 & 40 & 0 \\
w^1 & -18 & 0 & \\
w^0 & 40 & 0 &
\end{array}
$$

由于 Routh 表第一列元素出现负值，所以原系统是不稳定的。Routh 表第一列有两次符号改变，表明有两个根在 w 平面的右半部，即表明在 z 平面有两个根在单位圆外。

例 9-9 有零阶保持器的采样系统如图 9-21 所示，当采样周期 $T = 1\text{s}$ 和 $T = 0.5\text{s}$ 时，求系统稳定时开环增益 K 的取值范围。

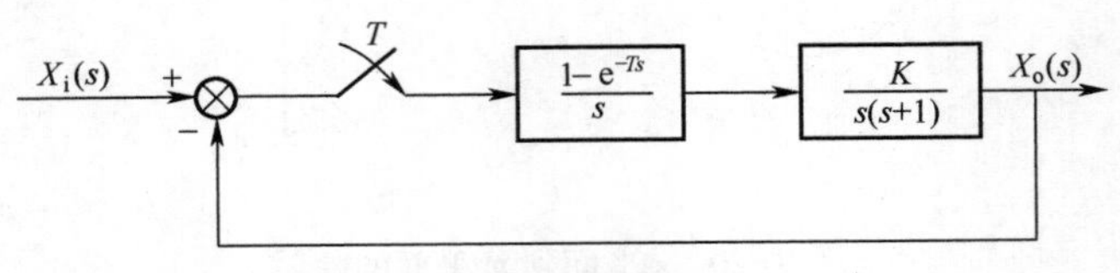

图 9-21 闭环采样系统

解 不难求出系统开环脉冲传递函数

$$
G(z) = (1 - z^{-1}) Z\left[\frac{K}{s^2(s+1)}\right] = K\frac{(e^{-T} + T - 1)z + (1 - e^{-T} - Te^{-T})}{(z-1)(z-e^{-T})}
$$

相应的闭环系统特征方程为

$$
D(z) = 1 + G(z) = 0
$$

当 $T = 1\text{s}$ 时，有

$$
D(z) = z^2 + (0.368K - 1.368)z + (0.264K + 0.368) = 0
$$

进行 w 变换，得 w 域特征方程为

$$
D(w) = 0.632Kw^2 + (1.264 - 0.528K)w + (0.264K + 0.368) = 0
$$

根据代数判据，闭环系统稳定条件为

$$
1.264 - 0.528K > 0
$$

所以，稳定时 K 的取值为 $0 < K < 2.4$。

当 $T = 0.5\text{s}$ 时，有 w 域特征方程为

$$
D(w) = 0.197Kw^2 + (0.786 - 0.18K)w + (3.124 - 0.017K) = 0
$$

系统稳定条件为

$$
\begin{cases}
0.786 - 0.18K > 0 \\
3.124 - 0.017K > 0
\end{cases}
$$

所以，K 的取值为 $0 < K < 4.37$。

由上例可见，开环增益 K 和采样周期 T 对采样系统稳定性有如下影响：

（1）当采样周期一定时，增加开环增益会使采样系统稳定性变差，甚至系统不稳定；

（2）当开环增益一定时，采样周期越长，丢失的信息越多，对采样系统稳定性及动态性能均不利，甚至使系统不稳定。

9.5.3 采样系统的稳态误差

连续系统稳态误差的分析方法可以推广到采样系统，只是拉普拉斯变换与 z 变换的

终值定理有些不同而已。由于采样系统没有唯一的典型结构图形式，所以误差脉冲传递函数也给不出一般的计算公式。采样系统的稳态误差需要针对不同形式的系统结构来求取。

对于如图 9-22 所示的单位反馈误差采样系统，采样误差信号 $e^*(t)$ 的 z 变换函数为

$$E(z)=X_{\mathrm{i}}(z)-X_{\mathrm{o}}(z)=\frac{X_{\mathrm{i}}(z)}{1+G(z)}$$

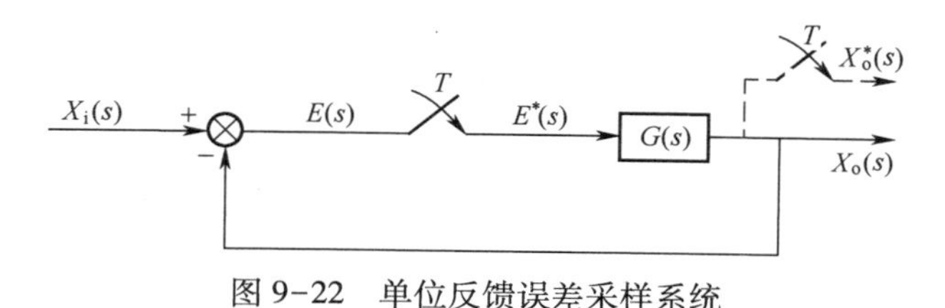

图 9-22　单位反馈误差采样系统

假设系统是稳定的，由 z 变换的终值定理得

$$e^*(\infty)=\lim_{t\to\infty}e^*(t)=\lim_{z\to1}(1-z^{-1})E(z)=\lim_{z\to1}(1-z^{-1})\frac{X_i(z)}{1+G(z)} \qquad (9-33)$$

式(9-33)表明，采样系统的稳态误差取决于系统的脉冲传递函数 $G(z)$ 和输入信号的形式。

在 z 平面上，极点 $z=1$ 是与 s 平面上极点 $s=0$ 相对应的，因此采样系统可以按其开环脉冲传递函数 $G(z)$ 有 0,1,2,…个 $z=1$ 的极点而分为 0 型，Ⅰ型，Ⅱ型，…系统。下面讨论三种典型输入信号的情况。

（1）单位阶跃输入

$$X_i(z)=\frac{z}{z-1}$$

$$e(+\infty)=\lim_{z\to1}\left[(z-1)\frac{1}{1+G(z)}\frac{z}{z-1}\right]=\frac{1}{1+G(1)}=\frac{1}{K_P}$$

定义位置误差系数为 $K_p=1+G(1)$

对于 0 型系统，$G(z)$ 中没有 $z=1$ 的极点，K_p 为有限值，则稳态误差为 $e(+\infty)=\dfrac{1}{K_P}$；

对于Ⅰ型或高于Ⅰ型的系统，$G(z)$ 有一个或一个以上 $z=1$ 的极点，$K_p=+\infty$，所以 $e(+\infty)=0$。

（2）单位斜坡输入

$$X_{\mathrm{i}}(z)=\frac{Tz}{(z-1)^2}$$

$$e(+\infty)=\lim_{z\to1}\left[(z-1)\frac{1}{1+G(z)}\frac{Tz}{(z-1)^2}\right]=T\lim_{z\to1}\frac{1}{(z-1)[1+G(z)]}$$

$$=T\lim_{z\to1}\frac{1}{(z-1)G(z)}=\frac{T}{K_v}$$

定义速度误差系数为 $K_v=\lim\limits_{z\to1}(z-1)G(z)$

对于 0 型系统，$G(z)$ 中没有 $z=1$ 的极点，$K_v=0$，所以 $e(\infty)=T/K_v=\infty$；

对于Ⅰ型系统，$G(z)$ 中有一个 $z=1$ 的极点，$K_v=\lim\limits_{z\to1}(z-1)G(z)=$ 常数，故 $e(\infty)=T/K_v$；

对于Ⅱ型或高于Ⅱ型的系统，$G(z)$ 中有两个或多于两个 $z=1$ 的极点，则有 $K_v=\infty$，所以 $e(\infty)=0$。

（3）单位抛物线函数输入

$$X_{\mathrm{i}}(z)=\frac{T^2z(z+1)}{2(z-1)^3}$$

$$e(\infty)=\lim_{z\to1}\left[(z-1)\frac{1}{1+G(z)}\frac{T^2z(z+1)}{2(z-1)^2}\right]=T^2\lim_{z\to1}\frac{1}{(z-1)^2G(z)}$$

定义加速度误差系数为 $K_a=\lim\limits_{z\to1}(z-1)^2G(z)$

可以分析出:对于0型和Ⅰ型系统

$$K_a=0,e(\infty)=T^2/K_a=+\infty;$$

对于Ⅱ型系统，$K_a=$ 有限值，$e(\infty)=T^2/K_a$；

对于Ⅲ型或高于Ⅲ型系统

$$K_a=\infty,e(\infty)=0$$

需要指出的是，从形式上看，采样周期 T 越小，采样系统的稳态误差似乎也越小，那么是不是当采样周期 T 趋于无穷小，0型系统对于斜坡输入和抛物线输入也能做到无误差呢？实际上，K_v、K_a 是与采样周期有关的，相除之后，稳态误差反而与采样周期 T 无关了。上述结果仅适用于采样时刻的稳态误差，进入稳态后，控制量和输出量都不再变化，采样系统与对应连续系统的输出值是一样的，所以采样系统与对应连续系统的稳态误差是完全相同的。

不同型别单位反馈采样系统的稳态误差，见表9-2。

表9-2 单位反馈采样系统的稳态误差

系统型别	位置误差 $x_i(t)=1(t)$	速度误差 $x_i(t)=t$	加速度误差 $x_i(t)=\frac{1}{2}t^2$
0型	$\frac{1}{K_P}$	∞	∞
Ⅰ型	0	$\frac{T}{K_v}$	∞
Ⅱ型	0	0	$\frac{T^2}{K_a}$
Ⅲ型	0	0	0

例9-10 采样系统结构图如图9-23所示，设 $T=0.2\mathrm{s}$，输入信号为 $x_i(t)=1+t+\frac{1}{2}t^2$，求系统的稳态误差。

解 不难求出系统的开环脉冲传递函数为

$$G(z)=(1-z^{-1})Z\left[\frac{10(0.5s+1)}{s^3}\right]=\frac{z-1}{z}\left[\frac{5T^2z(z+1)}{(z-1)^3}+\frac{5Tz}{(z-1)^2}\right]$$

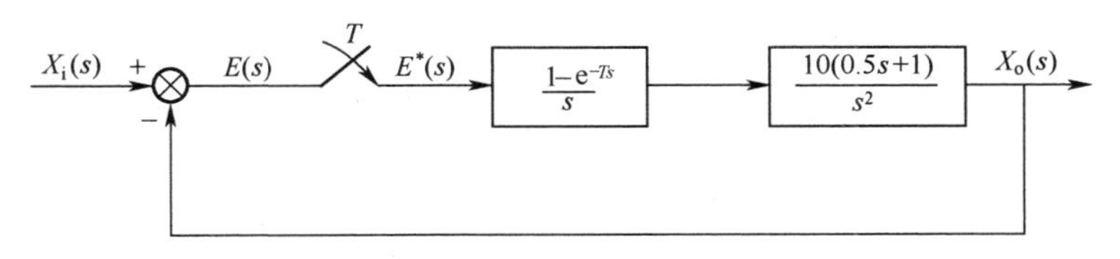

图 9-23　闭环采样系统

将 $T = 0.2$s 代入上式，化简得

$$G(z) = \frac{1.2z - 0.8}{(z - 1)^2}$$

应用终值定理之前，必须先判断系统是否稳定，系统特征方程为

$$D(z) = 1 + G(z) = 0$$

即

$$z^2 - 0.8z + 0.2 = 0$$

特征根为 $\lambda_{1,2} = 0.4 \pm j0.2$ 均在单位圆内，所以系统稳定。

根据误差系数的定义可知

$$K_p = \infty \ , K_v = \infty \ , K_a = 0.4$$

所以，采样时刻的稳态误差为

$$e(\infty) = \frac{1}{K_p} + \frac{T}{K_v} + \frac{T^2}{K_a} = 0.1$$

9.5.4　采样系统的动态性能分析

线性定常采样系统动态性能分析方法，通常有时域法、根轨迹法和频域法，其中时域法最简单、最实用。与连续控制系统相似，采样系统的主要动态性能指标为超调量、调节时间、上升时间和峰值时间。本节重点介绍采样系统的时域响应及系统极点与性能指标的关系。

1. 采样系统的时间响应

与连续系统的时域指标相似，用系统的阶跃响应来定义采样系统时域性能指标。设采样系统的闭环脉冲传递函数为 $\Phi(z)$ ，则

$$X_o(z) = \Phi(z)X_i(z) = \Phi(z)\frac{z}{z - 1}$$

再经 z 反变换，得到系统阶跃响应的输出脉冲序列 $x_o^*(t)$ 。根据单位阶跃响应曲线就可以方便地分析采样系统的动态和稳态性能。

例 9-11　系统如图 9-24 所示，$T = 1$s，$x_i(t) = 1(t)$ ，分析系统的动态性能。

解　系统开环脉冲传递函数为

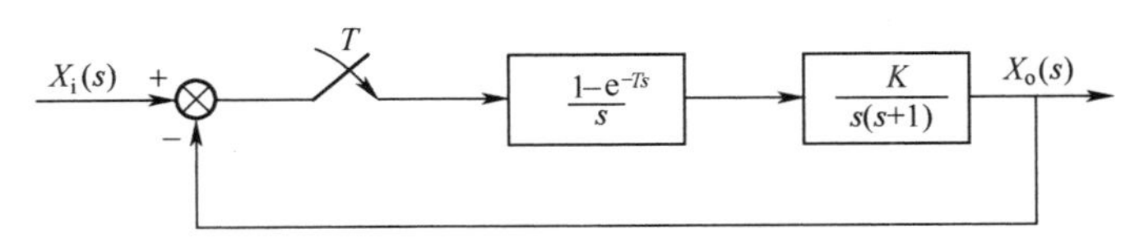

图 9-24　采样控制系统

$$G(z)=Z\left[\frac{1}{s^2(s+1)}\right](1-z^{-1})=\frac{0.368z+0.264}{(z-1)(z-0.368)}$$

闭环脉冲传递函数为

$$\Phi(z)=\frac{G(z)}{1+G(z)}=\frac{0.368z+0.264}{z^2-z+0.632}$$

将 $X_i(z)=\dfrac{z}{z-1}$ 代入上式，求出单位阶跃序列响应的 z 变换

$$X_o(z)=\Phi(z)X_i(z)=\frac{0.368z^{-1}+0.264z^{-2}}{1-2z^{-1}+1.632z^{-2}-0.632z^{-3}}$$

长除法（见附录B）得到 $x_o(nT)$，$n=0,1,2,\cdots$，如下：

$x_o(0)=0.000$　$x_o(T)=0.368$　$x_o(2T)=1.000$　$x_o(3T)=1.400$

$x_o(4T)=1.400$　$x_o(5T)=1.147$　$x_o(6T)=0.895$　$x_o(7T)=0.802$

$x_o(8T)=0.868$　$x_o(9T)=0.993$　$x_o(10T)=1.077$　$x_o(11T)=1.081$

$x_o(12T)=1.032$　$x_o(13T)=0.981$　$x_o(14T)=0.961$　$x_o(15T)=0.973$

$x_o(16T)=0.997$　$x_o(17T)=1.015$　$\cdots$

根据 $x_o(nT)$ 的数值绘制出脉冲序列如图 9-25 所示，从中可以得到近似的采样系统时域性能指标：上升时间 $t_r\approx 2\text{s}$；峰值时间 $t_p\approx 3.5\text{s}$；超调量 $M_p\approx 40\%$；调整时间 $t_s\approx 12\text{s}(\Delta=0.05)$；$t_s\approx 15.5\text{s}(\Delta=0.02)$；稳态输出 $x_o(\infty)=1$。

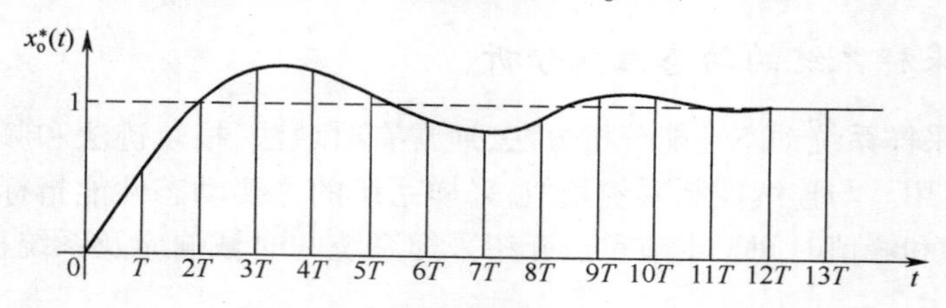

图 9-25　采样系统输出脉冲序列

2. 采样器和保持器对动态性能的影响

若某系统是一连续系统的对应采样系统，则该采样系统的性能劣于原连续系统。就是说，采样器和保持器使系统的动态性能降低。

在例 9-11 中除去采样开关和零阶保持器，就是对应的连续系统。连续系统的闭环传递函数为

$$\Phi(s)=\frac{1}{s^2+s+1}$$

显然，该系统的阻尼比 $\xi=0.5$，自然频率 $\omega_n=1$。单位阶跃响应为

$$\begin{aligned}x_o(t)&=1-\frac{1}{\sqrt{1-\xi^2}}\mathrm{e}^{-\xi\omega_n t}\sin(\omega_n\sqrt{1-\xi^2}\,t+\arccos\xi)\\&=1-1.457\mathrm{e}^{-0.5t}\sin(0.866t+\pi/3)\end{aligned}$$

性能指标为

$$M_p=\mathrm{e}(-\xi\pi/\sqrt{1-\xi^2})=16.3\%\ ;$$

$$t_p=\pi/(\omega_n\sqrt{1-\xi^2})=3.63\text{s}\ ;$$

$$t_s = 3/(\xi\omega_n) = 6\text{s}, \Delta = 0.05 ;$$
$$t_s = 4/(\xi\omega_n) = 8\text{s}, \Delta = 0.02 。$$

若在例 9-11 中保留采样开关,除去零阶保持器,就可以了解零阶保持器的作用。该采样系统的开环脉冲传递函数为

$$G(z) = Z\left[\frac{1}{s(s+1)}\right] = \frac{0.632z}{(z-1)(z-0.368)}$$

闭环脉冲传递函数为

$$\Phi(z) = \frac{G(z)}{1+G(z)} = \frac{0.632z}{z^2 - 0.736z + 0.368}$$

则系统的单位阶跃响应为

$$X_o(z) = \frac{0.632z^2}{(z-1)(z^2 - 0.736z + 0.368)}$$

长除法得 $x_o(nT)$, $n = 0,1,2,\cdots$, 如下:

$x_o(0) = 0.000$　$x_o(T) = 0.632$　$x_o(2T) = 1.097$　$x_o(3T) = 1.207$
$x_o(4T) = 1.117$　$x_o(5T) = 1.014$　$x_o(6T) = 0.964$　$x_o(7T) = 0.970$
$x_o(8T) = 0.991$　$x_o(9T) = 1.004$　$x_o(10T) = 1.007$　$x_o(11T) = 1.003$
$x_o(12T) = 1.000$　$x_o(13T) = 1.000$　$x_o(14T) = 1.000$

为便于比较,将三条响应曲线绘制在一起,如图 9-26 所示。

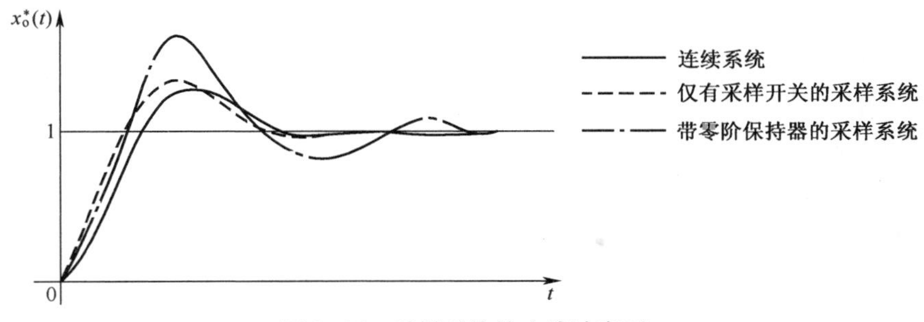

图 9-26　采样系统输出脉冲序列

采样器和保持器对动态性能影响归纳如下:

(1) 采样器使系统在采样时刻间处于开环控制状态,在这期间无反馈控制作用;
(2) 仅使用采样器,可能使系统输出波动过大;
(3) 保持器能使采样开环系统与连续系统相似,在阶跃响应时,性能更接近;
(4) 仅使用采样器和保持器,只能使系统的动态性能降低;
(5) 若要改善采样系统的动态性能,需要对系统进行校正。

3. 闭环极点与动态响应的关系

在闭环极点与动态响应的关系上,采样系统要比连续系统复杂得多。了解闭环极点与动态响应关系,便于分析和设计采样系统。

设闭环传递脉冲函数为

$$\Phi(z) = \frac{B(z)}{A(z)} = \frac{b_0 z^m + b_1 z^{m-1} + \cdots + b_m}{a_0 z^n + a_1 z^{n-1} + \cdots + a_n}$$

$$= b_0 \prod_{j=1}^{m} (z - z_j) \Big/ a_0 \prod_{i=1}^{n} (z - p_i) \qquad m \leqslant n$$

式中：$z_j(j = 1,2,\cdots,m)$ 表示 $\Phi(z)$ 的零点；$p_i(i = 1,2,\cdots,n)$ 表示 $\Phi(z)$ 的极点。

为讨论方便，不失一般性，设采样系统无重极点，则系统的单位阶跃响应为

$$X_o(z) = \Phi(z) X_i(z) = \frac{B(z)}{A(z)} \frac{z}{z-1}$$

采用部分分式法求 $X_o(z)$ 的反变换：

$$X_o(z) = \frac{B(1)}{A(1)} \frac{z}{z-1} + \sum_{i=1}^{n} \frac{\beta_i z}{z - p_i}, \left(\text{其中}\ \beta_i = \left.\frac{(z - p_i) z B(z)}{(z-1) A(z)}\right|_{z = p_i}\right)$$

上述 $X_o(z)$ 表达式等号右边第一项是 $x_o^*(t)$ 的稳态分量；第二项对应各极点的瞬态分量，它们的演变情况与对应极点 p_i 在 z 平面上的分布有关。根据 p_k 在 z 平面的位置，可以确定 $x_o^*(t)$ 的动态响应形式，下面分几种情况来讨论。

（1）正实轴上的闭环单极点（$p_i > 0$），有

$$x_{oi}^*(t) = Z^{-1}\left[\frac{\beta_i z}{z - p_i}\right]; x_{oi}(kT) = \beta_i p_i^k$$

$$x_o(kT) = \frac{B(1)}{A(1)} + \sum_{i=1}^{n} \beta_i p_i^k$$

$$x_o^*(t) = \frac{B(1)}{A(1)} + \sum_{k=0}^{\infty} \sum_{i=1}^{n} \beta_i p_i^k \delta(t - kT)$$

$$x_{oi}(kT) = \beta_i p_i^k \Leftrightarrow x_{oi}(kT) = \beta_i e^{k \ln p_i}$$

① 若极点在单位圆内 $0 < p_i < 1$，则 $x_{oi}(kT)$ 是按指数规律衰减的脉冲序列；且 p_i 越小衰减越快。

② 若极点在单位圆周上 $p_i = 1$，则 $x_{oi}(kT) = \beta_i$ 为等幅脉冲序列。

③ 若极点在单位圆外 $p_i > 1$，则 $x_{oi}(kT)$ 是按指数规律增大的脉冲序列；且 p_i 越大增大越快。

（2）负实轴上的闭环单极点（$p_i < 0$）

$$x_{oi}(kT) = \beta_i p_i^k \Leftrightarrow x_{oi}(kT) = (-1)^k \beta_i e^{k \ln |p_i|}$$

① 若极点在单位圆内 $-1 < p_i < 0$, $\ln|p_i| = -\alpha_i < 0$；

$x_{oi}(kT) = (-1)^k \beta_i e^{-\alpha i k}$；则 $x_{oi}(kT)$ 是交替变号的衰减脉冲序列；且 $|p_i|$ 越小衰减越快。

② 若极点在单位圆周上 $p_i = -1$，则 $x_{oi}(kT)$ 是交替变号的等幅脉冲序列。

③ 若极点在单位圆外 $p_i < -1$，则 $x_{oi}(kT)$ 是交替变号的发散脉冲序列；且 $|p_i|$ 越大发散越快。

闭环实数极点（简称闭环实极点）分布与相应动态响应形式的关系如图 9-27 所示。

（3）z 平面上的闭环共轭复数极点

设 p_i 和 p_{i+1} 是一对共轭复数极点，则对应瞬态分量的 z 反变换计算如下：

$$x_{oi,i+1}^*(t) = Z^{-1}\left[\frac{\beta_i z}{z - p_i} + \frac{\bar{\beta}_i z}{z - \bar{p}_i}\right]; x_{oi,i+1}(kT) = \beta_i p_i^k + \bar{\beta}_i \bar{p}_i^k$$

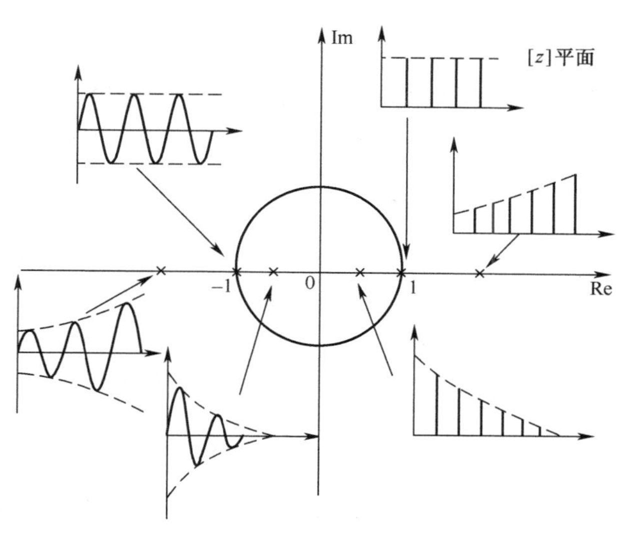

图 9-27　闭环实数极点分布与相应动态响应形式的关系

记 $\beta_i = |\beta_i| e^{j\phi_i}$； $p_i = |p_i| e^{j\theta_i}$，则有 $\bar{\beta}_i = |\beta_i| e^{-j\phi_i}$；$\bar{p}_i = |p_i| e^{-j\theta_i}$，则

$$x_{oi,i+1}(kT) = |\beta_i||p_i|^k\{e^{j(k\theta_i+\phi_i)} + e^{-j(k\theta_i+\phi_i)}\}$$
$$= 2|\beta_i||p_i|^k\cos(k\theta_i + \phi_i)$$

① 若极点在单位圆内 $p_i < 1$，则 $x_{oi,i+1}(kT)$ 是按指数规律衰减的振荡脉冲序列；且 $|p_i|$ 越小衰减越快。

② 若极点在单位圆周上 $p_i = 1$，则 $|x_{oi,i+1}(kT)| = |a_i|$ 为等幅振荡脉冲序列。

③ 若极点在单位圆外 $p_i > 1$，则 $x_{oi,i+1}(kT)$ 是按指数发散的振荡脉冲序列；且 $|p_i|$ 越大发散越快。

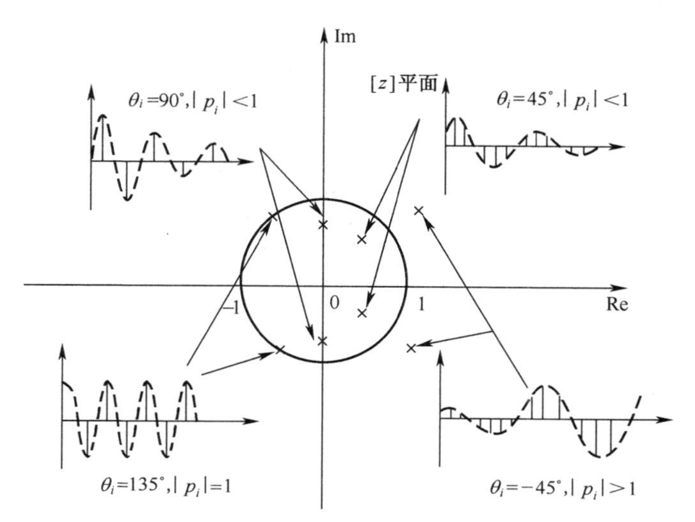

图 9-28　闭环复极点分布与相应的动态响应形式

闭环共轭复数极点分布与相应动态响应形式的关系如图 9-28 所示。

综上所述，离散系统的动态特性与闭环极点的分布密切相关。当闭环实极点位于 z

平面的左半单位圆内时，由于输出衰减脉冲交替变号，故动态过程质量很差；当闭环复极点位于左半单位圆内时，由于输出是衰减的高频脉冲，故系统动态过程性能欠佳。因此，在离散系统设计时，应把闭环极点安置在 z 平面的右半单位圆内，且尽量靠近原点。

9.5.5 采样系统的校正

1. 基本概念

在设计采样控制系统的过程中，为了满足对系统性能指标所提出的要求，常常需要对系统进行校正。与连续控制系统类似，采样系统的校正装置按其在系统中的位置可以分为串联校正装置与并联校正装置，按其作用可以分为相位超前校正与相位滞后校正。与连续系统不同的是，采样系统中的校正装置不仅可以用模拟校正装置，还可以用数字校正装置。

模拟校正方法是把控制系统按模拟化进行分析，求出数字部分的等效连续环节，然后按连续系统理论设计校正装置，再将该校正装置数字化。数字校正法是把控制系统按离散化(数字化)进行分析，求出系统的脉冲传递函数，然后按离散系统理论设计数字控制器。数字校正方法比较简便，可以实现比较复杂的控制规律，因此更具有一般性。

2. 数字控制器

设采样系统如图 9-29 所示，$D(z)$ 为数字控制器(数字校正装置)的脉冲传递函数，$G(s)$ 为保持器与被控对象的传递函数，$H(s)$ 为反馈测量装置的传递函数。

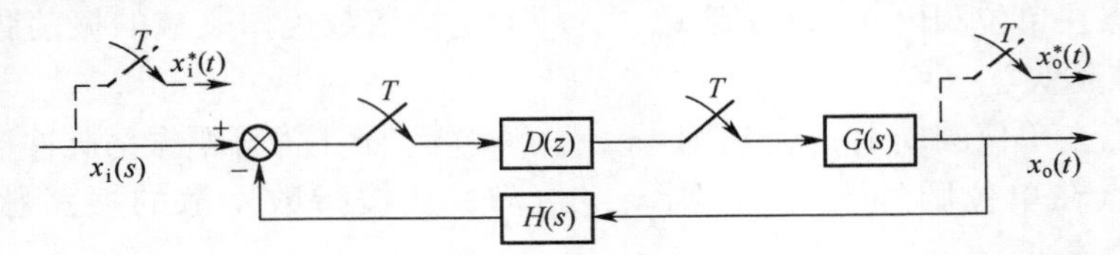

图 9-29 具有数字控制器的采样系统

设 $H(s)=1$，$G(s)$ 的 z 变换为 $G(z)$，由图可以求出系统的闭环传递函数

$$\Phi(z)=\frac{D(z)G(z)}{1+D(z)G(z)}=\frac{C(z)}{R(z)} \tag{9-34}$$

以及误差脉冲传递函数

$$\Phi_e(z)=\frac{1}{1+D(z)G(z)}=\frac{E(z)}{R(z)} \tag{9-35}$$

则由式(9-34)和式(9-35)可以分别求出数字控制器的脉冲传递函数为

$$D(z)=\frac{\Phi(z)}{G(z)[1-\Phi(z)]} \tag{9-36}$$

或者

$$D(z)=\frac{1-\Phi_e(z)}{G(z)\Phi_e(z)} \tag{9-37}$$

显然 $\Phi_e(z)=1-\Phi(z)$。

采样系统数字校正的问题是：根据对离散系统性能指标的要求，确定闭环脉冲传递函数 $\Phi(z)$ 或误差脉冲传递函数 $\Phi_e(z)$，然后利用式(9-36)或式(9-37)确定数字控制器的

脉冲传递函数 $D(z)$,并加以实现。

3. 最少拍采样系统的校正

在采样过程中,通常称一个采样周期为一拍。所谓最少拍系统,是指在典型输入作用下,能以有限拍结束响应过程,且在采样时刻上无稳态误差的离散系统。

最少拍系统的设计是针对典型输入作用进行的。典型输入信号及其 z 变换为

$$x_{\mathrm{i}}(t)=1(t)\text{ ,则 }X_{\mathrm{i}}(z)=\frac{1}{1-z^{-1}}$$

$$x_{\mathrm{i}}(t)=t\text{ ,则 }X_{\mathrm{i}}(z)=\frac{Tz^{-1}}{(1-z^{-1})^{2}}$$

$$x_{\mathrm{i}}(t)=\frac{1}{2}t^{2}\text{ ,则 }X_{\mathrm{i}}(z)=\frac{T^{2}z^{-1}(1+z^{-1})}{2(1-z^{-1})^{3}}$$

因此,典型输入信号的 z 变换可以表示为如下一般形式:

$$X_{\mathrm{i}}(z)=\frac{A(z)}{(1-z^{-1})^{\gamma}} \tag{9-38}$$

式中:$A(z)$ 为不含 $(1-z^{-1})$ 的 z^{-1} 的多次项。

最少拍系统的设计原则是:若系统广义被控对象 $G(z)$ 无延迟且在 z 平面单位圆上及单位圆外无零极点,要求选择闭环脉冲传递函数 $\Phi(z)$,使系统在典型输入作用下,经最少采样周期后能使输出序列在各采样时刻的稳态误差为零,达到完全跟踪的目的,从而确定所需要的数字控制器的脉冲传递函数 $D(z)$ 。

根据设计原则,需要求出稳态误差 $e(\infty)$ 的表达式。由于误差信号 $e(t)$ 的 z 变换为

$$E(z)=\Phi_{e}(z)X_{i}(z)=\frac{\Phi_{e}(z)A(z)}{(1-z^{-1})^{\gamma}} \tag{9-39}$$

由 z 变换的定义,式(9-39)可写为

$$\begin{aligned}E(z)&=\sum_{n=0}^{\infty}e(nT)z^{-n}\\&=e(0)+e(T)z^{-1}+e(2T)z^{-2}+\cdots\end{aligned}$$

最少拍系统要求上式自某个 k 开始,在 $k\geqslant n$ 时,有

$$e(kT)=e[(k+1)T]=e[(k+2)T]=\cdots=0$$

此时系统的动态过程在 $t=kT$ 时结束,其调整时间 $t_{\mathrm{s}}=kT$ 。

根据 z 变换的终值定理,采样系统的稳态误差为

$$e(\infty)=\lim_{z\to1}(1-z^{-1})E(z)=\lim_{z\to1}(1-z^{-1})\frac{A(z)}{(1-z^{-1})^{\gamma}}\Phi_{e}(z)$$

上式表明,使 $e(\infty)$ 为零的条件是 $\Phi_{e}(z)$ 中包含有 $(1-z^{-1})^{\gamma}$ 的因子,即

$$\Phi_{e}(z)=(1-z^{-1})^{\gamma}F(z)$$

式中,$F(z)$ 为不含 $(1-z^{-1})$ 因子的多项式。为了使求出的 $D(z)$ 简单,阶数最低,可取 $F(z)=1$。取 $F(z)=1$ 的意义是使闭环脉冲传递函数 $\Phi(z)$ 的全部极点均位于 z 平面的原点。

当取 $F(z)=1$ 时,$\Phi_{e}(z)$ 中的项数为最小,这时采样控制系统的暂态过程可在最少拍内完成。所以可得最少拍系统的闭环误差脉冲传递函数和闭环脉冲传递函数分别为

$$\Phi_e(z) = (1 - z^{-1})^{\gamma} \tag{9-40}$$

$$\Phi(z) = 1 - (1 - z^{-1})^{\gamma} \tag{9-41}$$

下面分析在几种典型输入信号作用下，最少拍采样系统数字控制器脉冲传递函数的确定方法。

(1) 单位阶跃输入。由于 $x_i(t) = 1(t)$ ，根据式(9-38)知 $\gamma = 1$，则 $X_i(z) = \frac{1}{1 - z^{-1}}$ ，由式(9-34)和式(9-35)可得

$$\Phi(z) = z^{-1} \text{ , } \Phi_e(z) = 1 - z^{-1}$$

于是，根据式(9-36)可以求出数字控制器的脉冲传递函数为

$$D(z) = \frac{z^{-1}}{(1 - z^{-1})G(z)}$$

由式(9-39)知

$$E(z) = \frac{\Phi_e(z)A(z)}{(1 - z^{-1})^{\gamma}} = 1$$

这表明：$e(0) = 1, e(T) = e(2T) = \cdots = 0$。可见，最少拍系统经过一拍便可完全跟踪输入 $x_i(t) = 1(t)$ ，图 9-30 为最少拍系统单位阶跃响应序列，这样的采样系统称为一拍系统，调整时间 $t_s = T$ 。

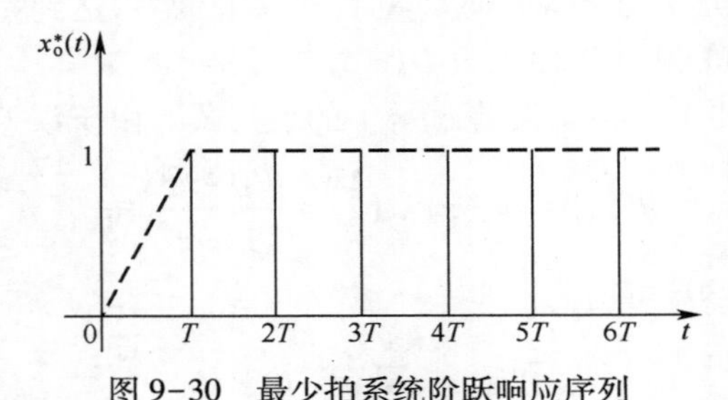

图 9-30　最少拍系统阶跃响应序列

(2) 单位斜坡输入。由于 $x_i(t) = t$ ，根据式(9-38)知 $\gamma = 2$，则 $X_i(z) = \frac{Tz^{-1}}{(1 - z^{-1})^2}$ ，由式(9-34)和式(9-35)可得

$$\Phi(z) = 2z^{-1} - z^{-2} \text{ , } \Phi_e(z) = (1 - z^{-1})^2$$

于是，根据式(9-36)可以求出数字控制器的脉冲传递函数为

$$D(z) = \frac{\Phi(z)}{G(z)\Phi_e(z)} = \frac{z^{-1}(2 - z^{-1})}{(1 - z^{-1})^2 G(z)}$$

由式(9-39)知

$$E(z) = \frac{\Phi_e(z)A(z)}{(1 - z^{-1})^{\gamma}} = Tz^{-1}$$

这表明：$e(0) = 0, e(T) = T, e(2T) = e(3T) = \cdots = 0$。可见，最少拍系统经过二拍便可完全跟踪输入 $x_i(t) = t$ ，图 9-31 为最少拍系统单位斜坡响应序列，这样的采样系统称为二拍系统，调整时间 $t_s = 2T$ 。

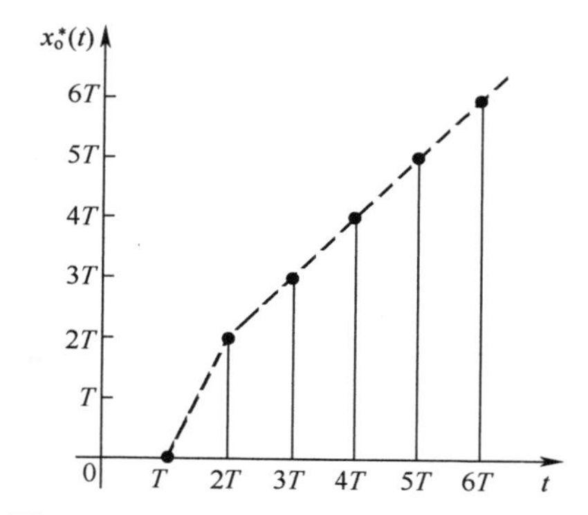

图 9-31 最少拍系统单位斜坡响应序列

（3）单位加速度输入。由于 $x_i(t) = t^2/2$，根据式（9-38）知 $\gamma = 3$，则 $X_i(z) = \dfrac{T^2z^{-1}(1+z^{-1})}{2(1-z^{-1})^3}$，故可得

$$\Phi(z) = 3z^{-1} - 3z^{-2} + z^{-3}\ ,\ \Phi_e(z) = (1-z^{-1})^3$$

数字控制器的脉冲传递函数为

$$D(z) = \frac{z^{-1}(3-3z^{-1}+z^{-2})}{(1-z^{-1})^3G(z)}$$

误差脉冲序列及输出脉冲序列的 z 变换分别为

$$E(z) = A(z) = \frac{1}{2}T^2z^{-1} + \frac{1}{2}T^2z^{-2}$$

$$X_o(z) = \Phi(z)X_i(z) = \frac{3}{2}T^2z^{-2} + \frac{9}{2}T^2z^{-3} + \cdots + \frac{n^2}{2}T^2z^{-n} + \cdots$$

于是有

$$e(0) = 0, e(T) = \frac{1}{2}T^2, e(2T) = \frac{1}{2}T^2, e(3T) = e(4T) = \cdots = 0$$

$$x_o(0) = x_o(T) = 0, x_o(2T) = 1.5T^2, x_o(3T) = 4.5T^2, \cdots$$

可见，最少拍系统经过三拍便可完全跟踪输入 $x_i(t) = t^2/2$。根据 $x_o(nT)$ 的数值，可以绘出最少拍系统单位加速度响应序列，如图 9-32 所示，这样的采样系统称为三拍系统，其调整时间 $t_s = 3T$。

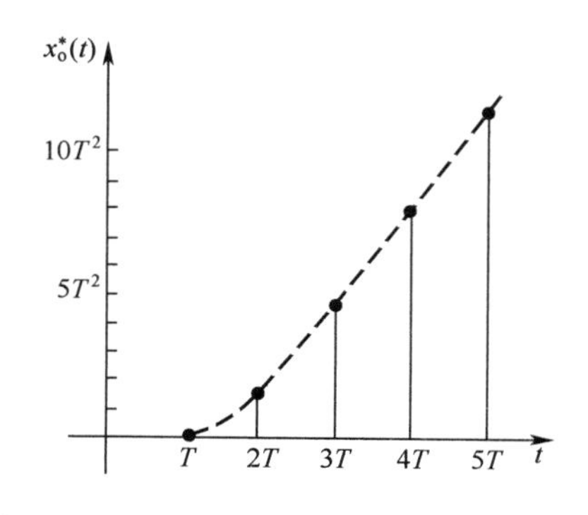

图 9-32 最少拍系统单位加速度响应序列

各种典型输入作用下最少拍系统的设计结果见表 9-3。

表 9-3　最少拍系统的设计结果

典型输入信号		闭环脉冲传递函数		数字控制器脉冲传递函数 $D(z)$	调整时间 t_s
$x_i(t)$	$X_i(z)$	$\Phi_e(z)$	$\Phi(z)$		
$1(t)$	$\dfrac{1}{1-z^{-1}}$	$1-z^{-1}$	z^{-1}	$\dfrac{z^{-1}}{(1-z^{-1})G(z)}$	T
t	$\dfrac{Tz^{-1}}{(1-z^{-1})^2}$	$(1-z^{-1})^2$	$2z^{-1}-z^{-2}$	$\dfrac{z^{-1}(2-z^{-1})}{(1-z^{-1})^2G(z)}$	$2T$
$\dfrac{1}{2}t^2$	$\dfrac{T^2z^{-1}(1+z^{-1})}{2(1-z^{-1})^3}$	$(1-z^{-1})^3$	$3z^{-1}-3z^{-2}+z^{-3}$	$\dfrac{z^{-1}(3-3z^{-1}+z^{-2})}{(1-z^{-1})^3G(z)}$	$3T$

例 9-12　采样控制系统如图 9-33 所示，连续部分和零阶保持器的传递函数分别为 $G_p(s)=\dfrac{1}{s^2}$，$G_h(s)=\dfrac{1-e^{-sT}}{s}$，其中采样周期 $T=1\text{s}$。若要求系统在单位斜坡输入时实现最少拍控制，试求数字控制器脉冲传递函数 $D(z)$。

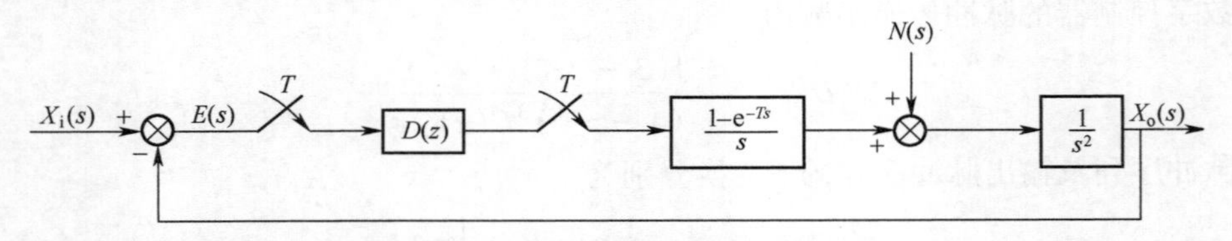

图 9-33　例 9-12 采样控制系统

解　系统开环传递函数

$$G(s)=G_p(s)G_h(s)=\frac{1-e^{-sT}}{s^3}$$

故

$$G(z)=Z\left[\frac{1-e^{-sT}}{s^3}\right]=(1-z^{-1})Z\left[\frac{1}{s^3}\right]$$

$$=(1-z^{-1})\cdot\frac{T^2z(z+1)}{2(z-1)^3}=\frac{z^{-1}(1+z^{-1})}{2(1-z^{-1})^2}$$

当 $x_i(t)=t$ 时，可由表查出最少拍系统应具有的闭环脉冲传递函数 $\Phi(z)$ 和误差脉冲传递函数 $\Phi_e(z)$ 为

$$\Phi(z)=2z^{-1}-z^{-2}$$

$$\Phi_e(z)=(1-z^{-1})^2$$

可以求得

$$D(z)=\frac{1-\Phi_e(Z)}{G(z)\Phi_e(Z)}=\frac{1-(1-z^{-1})^2}{\dfrac{z^{-1}(1+z^{-1})}{2(1-z^{-1})^2}\cdot(1-z^{-1})^2}=\frac{2(2z-1)}{z+1}$$

由 $E(z)=\Phi_e(z)X_i(z)=(1-z^{-1})^2\dfrac{z^{-1}}{(1-z^{-1})^2}=z^{-1}$，得

$$E^*(s) = e^{-sT} = e^{-s} \Rightarrow e^*(s) = \delta(t - T)$$

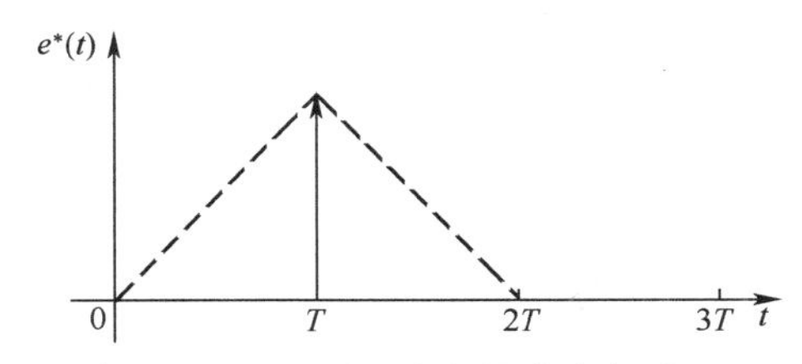

图 9-34　误差响应的脉冲序列

误差响应的脉冲序列如图 9-34 所示。由图可得,误差在采样点消失需要两拍,所以系统的调整时间为 $t_s = 2T$,即表示 $2T$ 后,采样点上的输出和输入信号可以保持一致。

当给定输入的形式或输入信号的位置发生变化时,该系统的动静态性能会随之发生变化,这使最少拍系统的应用受到很大的局限;另外,上述校正方法只能保证在采样时刻的稳态误差为零,而在采样点之间系统的输出可能会出现纹波,因此把这种系统称为有纹波最少拍系统。纹波的存在不仅影响系统的精度,而且会增加系统的机械磨损和功耗,这是工程上不希望的。适当增加拍数,可以实现无纹波输出的采样系统。关于无纹波最少拍采样系统的设计请参阅有关书籍。

9.6　利用 MATLAB 进行采样控制系统分析

本节主要介绍如何利用 MATLAB 建立各种采样控制系统的脉冲传递函数,并在此基础上进行采样控制系统的性能分析。

9.6.1　z 变换与 z 反变换

利用 MATLAB 软件符号运算工具箱中所提供的函数 ztrans( )和 iztrans( )可方便地实现 z 变换与 z 反变换。

例 9-13　已知连续函数 $f(t)$ 的拉普拉斯变换 $F(s) = 1/(s + a)^2$,试求其 z 变换。

解　对函数进行 z 变换的程序代码为

```
Syms s a f Fz
F=i 拉普拉斯(1/(s+2) ^ 2)        % 求该函数的拉普拉斯反变换
Fz=ztrans(f)                    % 求该函数的 z 变换
运行结果:
f=
t*exp(-a*t)
F=
   Z*exp(-a)/(z-exp(-a)) ^ 2
```

例 9-14　求函数 $F(z) = \dfrac{(1 - e^{-aT})z}{(z - 1)(z - e^{-aT})}$ 的 z 反变换,令 $a=1, T=1\text{s}$ 求其前 6 项的表达式。

解　对函数进行反变换的程序代码为

```
Syms az n
```

```
f=iztrans((1-exp(-a))*z/(z-1)/(z-exp(-a)));       % 求该函数的 z 反变换
f=simplify(f)
ft=subs(f,{a,n},{ones(1,6),0:5})                  % 求其前 6 项表达式
```

运行结果

```
f=
1-exp(-a)^n
ft=
     0   0.6321   0.8647   0.9502   0.9817   0.9933
```

故前 6 项表达式如下：

$f^*(t)=0.6321z^{-1}+0.8647z^{-2}+0.9502z^{-3}+0.9817z^{-4}+0.9933z^{-5}+\cdots$

9.6.2 采样控制系统设计

利用交互式的计算机软件，可以加快采样控制系统的分析与设计进程。与可用于连续系统设计的函数对应，MATLAB 还提供了用于采样控制系统设计的函数。如图 9-35 所示，可以用 c2dm 函数和 d2cm 函数来实现系统的模型变换。c2dm 函数用于将连续系统模型转换成离散系统模型，d2cm 函数用于将离散系统模型转换成连续系统模型。

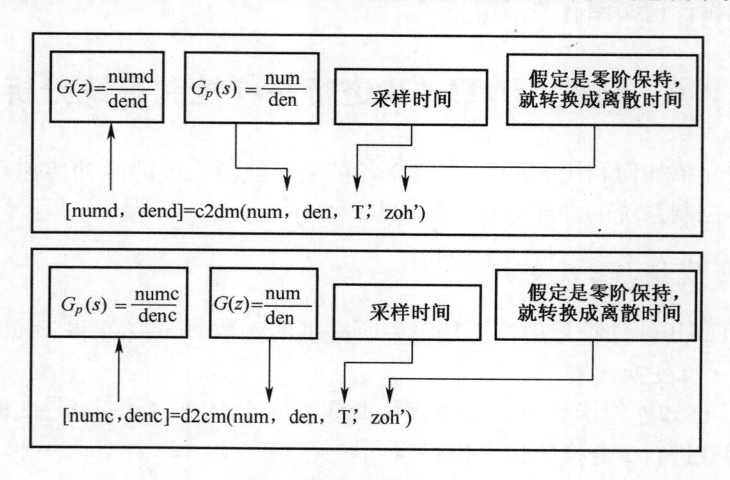

图 9-35 c2dm 函数和 d2cm 函数

以图 9-36 所示的闭环系统为例，若被控对象的传递函数为 $G_p=\dfrac{1}{s(s+1)}$，零阶保持器的传递函数为 $G_o(s)=\dfrac{1-e^{-Ts}}{s}$，于是有

$$G(s)=G_o(s)G_p(s)=\frac{1-e^{-Ts}}{s^2(s+1)}$$

将上式做部分分式展开，得到

$$G(s)=(1-e^{-Ts})\left(\frac{1}{s^2}-\frac{1}{s}+\frac{1}{s+1}\right)$$

$$G(z)=Z[G(s)]=(1-z^{-1})\left[\frac{Tz}{(z-1)^2}-\frac{z}{z-1}+\frac{z}{z-e^{-T}}\right]$$

当采样周期取为 $T = 1\text{s}$，最终有

$$G(z) = \frac{z\mathrm{e}^{-1} + 1 - 2\mathrm{e}^{-1}}{(z-1)(z-\mathrm{e}^{-1})} = \frac{0.3678z + 0.2644}{z^2 - 1.3678z + 0.3678}$$

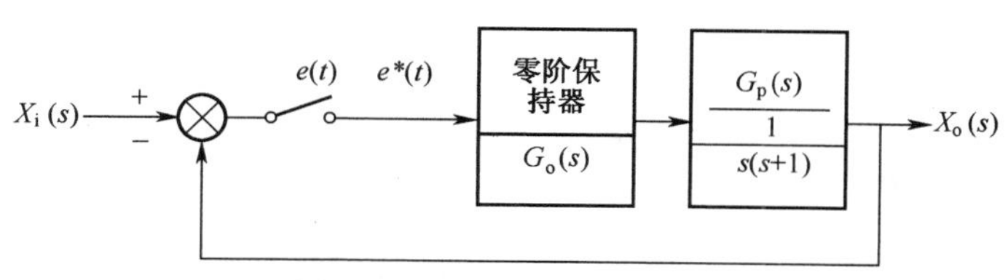

图 9-36　闭环采样控制系统

可以用 MATLAB 方便地求得上述结果，程序文本如下：

```
>> num=1;den=[1 1 0];
>> T=1;
>> [numd,dend]=c2dm(num,den,T,'zoh');
>> printsys(numd,dend,'z')              % 在 z 域打印系统
```

输出为

```
num/den =
      0.36788 z + 0.26424
   --------------------------------
z^2 - 1.3679 z + 0.36788
```

在 MATLAB 中，可以用 dstep 函数、dimpulse 函数和 dlsim 函数仿真计算离散系统的响应。其中，dstep 函数用于生成单位阶跃响应，dimpulse 函数用于生成单位脉冲响应，dlsim 函数用于生成对任意输入的时间响应，这些函数与用于连续系统仿真的相应函数没有本质差异，它们的输出为 $x_o(kT)$，而且具有阶梯函数的形式。

利用 MATLAB 中的 dstep 函数，计算如图 9-36 所示的闭环系统在 $T = 1\text{s}$ 时的阶跃响应 $x_o(kT)$。

MATLAB 语句如下：

```
>>num=[0.3678 0.2644];
>>den=[1 -1 0.6322];
>>dstep(num,den)
```

则相应的阶跃响应如图 9-37 所示。

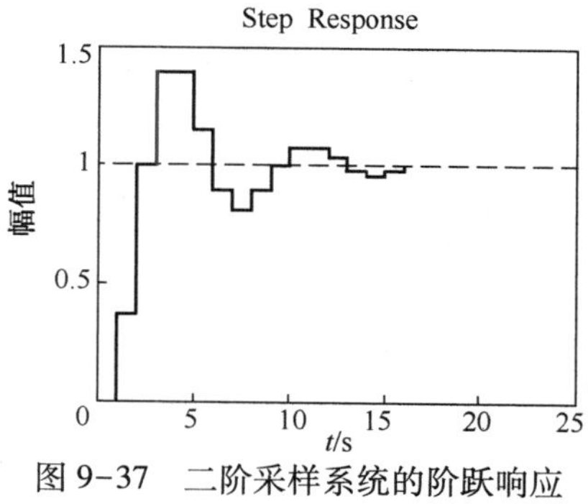

图 9-37　二阶采样系统的阶跃响应

当采样周期取为 $T = 2\text{s}$ 时，用如下 MATLAB 程序文本：

```
>> num=1;den=[1 1 0];
>> T=2;
>> [numd,dend]=c2dm(num,den,T,'zoh');
>> printsys(numd,dend,'z')
```

输出为

```
num/den =
      1.1353 z + 0.59399
  ------------------------------------
  z^2 - 1.1353 z + 0.13534
```

利用 MATLAB 中的 dstep 函数,计算如图 9-36 所示的闭环系统在 $T=2\mathrm{s}$ 时的阶跃响应 $x_o(kT)$ 。

MATLAB 语句如下:

```
>>num=[1.353 0.59399]; den=[1 -1.1353 0.13534];
>>dstep(num,den)
```

则相应的阶跃响应如图 9-38 所示。

运行下列 MATLAB 语句,还可以得到连续系统的响应 $x_o(t)$,如图 9-39 所示。其中零阶保持器用传递函数 $G_o(s)=\dfrac{1-e^{-Ts}}{s}$ 来近似,其中采样时间为 1s,而时延项 e^{-Ts} 用 pade 函数来近似。

MATLAB 语句如下:

```
numg = [1];deng = [1 1 0];
[nd,dd] = pade(1,2);
numd = dd-nd;dend = conv([1 0],dd);
[numdm,dendm] =minreal(numd,dend);
[n1,d1] = series(numg,deng,numdm,dendm);
[num,den] = cloop(n1,d1);
t = [0:0.1:20];
step(num,den,t)
```

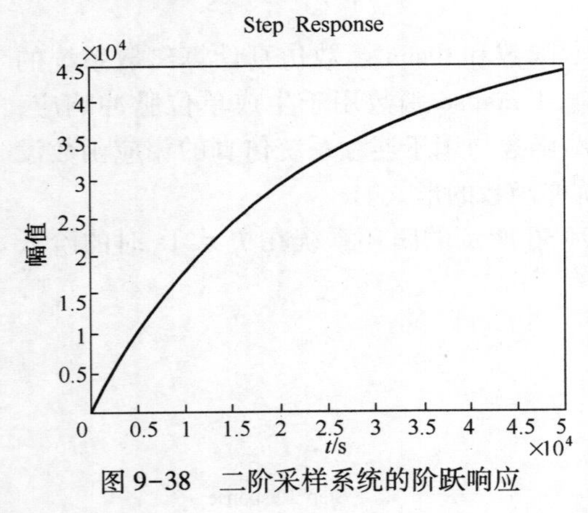

图 9-38　二阶采样系统的阶跃响应

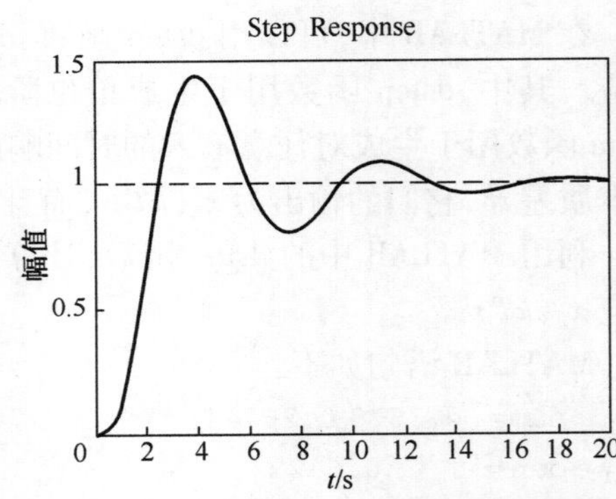

图 9-39　与图 9-37 对应二阶系统对单位阶跃输入的连续响应

由图 9-37 和图 9-38 所得结果表明,采样时间 $T=1\mathrm{s}$ 时,系统是稳定的;采样时间 $T=2\mathrm{s}$ 时,系统是不稳定的。由此可见,采样时间小时,离散化后组成的反馈控制系统是稳定的;当采样时间增大时,离散化后的系统变得不稳定。因此,在许多采样控制中,闭环系统的稳定性还和采样周期有关。

一般来说,引入采样器会降低系统的稳定性,而且采样周期越大,系统稳定性越差。不过,实践证明,对于带有很大时间延迟对象的系统例外。

本 章 小 结

本章主要介绍了采样控制系统的建模、分析和设计的相关内容,需重点掌握的内容如下：

（1）采样控制系统指控制系统中的信号是脉冲序列形式的离散系统。采样系统采用一种断续控制方式，对来自传感器的连续信号在某些规定的时间瞬时取值。对于具有传输延迟、大惯性的控制系统可以引入采样控制。

（2）采样过程可以看作是一个幅值调制过程。要想从采样信号中不失真地复现原连续信号，必须满足香农采样定理。

香农采样定理：若被采样的连续信号 $x_i(t)$ 的频谱有限宽，且最大宽度为 ω_h，如果采样角频率 $\omega_s > 2\omega_h$，并且采样后再加理想滤波器，则连续信号 $x_i(t)$ 可以不失真地恢复出来。

（3）保持器的数学作用主要是解决各离散采样点之间的插值问题。零阶保持器的采样信号是阶梯信号，取阶梯信号的中点连接起来，则可以得到与连续信号形状相同但时间滞后 $T/2$ 的相应 $e(t - T/2)$。

（4）差分方程和脉冲传递函数是采样系统的两种数学模型。差分方程的求解方法有迭代法和 z 变换法。脉冲传递函数有开环系统和闭环系统两种形式。开环系统脉冲传递函数的求解与串联环节之间的采样开关有关。

（5）采样系统稳定的充要条件：当且仅当描述离散特征方程的全部特征根均分布在 z 平面上的单位圆内，或者所有特征根的模均小于 1，则相应的线性定常采样系统是稳定的。

代数判据：如果令 $z = \dfrac{w+1}{w-1}$ 代入采样系统的闭环系统方程，并整理得到关于 w 的方程，这样就可以利用 Routh 判据来判断采样系统的稳定性。

（6）采样系统的稳态误差常用终值定理法计算，但要首先判断系统是否稳定，只有稳定才能计算稳态误差。采样系统的闭环脉冲传递函数的极点在 z 平面上单位圆的分布，对系统的动态性能具有重要的影响。设计采样系统时，闭环极点应位于右 z 平面单位圆内，且尽量靠近原点。

（7）采样系统的数字校正问题即确定数字控制器 $D(z)$。具体方法是：由采样系统性能指标确定闭环脉冲传递函数或误差传递函数，然后确定数字控制器的脉冲传递函数，并加以实现。

最少拍系统的设计原则：若系统广义被控对象 $G(z)$ 无延迟且在 z 平面单位圆上及单位圆外无零极点，要求选择闭环脉冲传递函数 $\Phi(z)$，使系统在典型输入作用下，经最少采样周期后能使输出序列在各采样时刻的稳态误差为零，达到完全跟踪的目的，从而确定所需要的数字控制器的脉冲传递函数 $D(z)$。

（8）利用 MATLAB 可实现对采样控制系统的设计、仿真和性能分析。

习　题

9-1　求下列函数的 z 变换：

(1) $e(t)=a^t$;(2) $e(t)=t+\sin t$;(3) $E(s)=\dfrac{s+3}{(s+1)(s+2)}$;(4) $E(s)=\dfrac{a}{s(s+a)}$ 。

9-2 求下列函数的 z 反变换:

(1) $E(z)=\dfrac{0.6z}{z^2-1.4z+0.4}$;(2) $E(z)=\dfrac{z(1-e^{-T})}{(z-1)(z-e^{-T})}$ 。

9-3 试求下列函数的脉冲序列:

(1) $E(z)=\dfrac{z}{(z+1)(3z^2+1)}$;(2) $E(z)=\dfrac{z}{(z-1)(z+0.5)^2}$ 。

9-4 试求 $E(z)=\dfrac{2+z^{-2}}{(1-0.5z^{-1})(1-z^{-1})}$ 的初值和终值。

9-5 已知一个采样系统的差分方程为

$$x_o(kT)+x_o(kT-T)=x_i(kT)+2x_i(kT-2T)$$

输入信号是 $x_i(kT)=\begin{cases}k & k\geqslant 0\\ 0 & k<0\end{cases}$,初始条件为 $x_o(0)=2$,试求解差分方程。

9-6 用 z 变换解下列差分方程:$x_o(k+2)+3x_o(k+1)+2x_o(k)=0$,初始条件为 $x_o(0)=0, x_o(1)=1$。

9-7 求解下列差分方程的解:$x_i(k+2)-3x_i(k+1)+2x_i(k)=x_o(k)$。其中,$x_i(0)=x_i(1)=0$, $x_o(0)=1$, $x_o(k)=0$, $k\geqslant 1$。

9-8 根据下列 $G(s)$,求取相应的脉冲传递函数 $G(z)$:

(1) $G(s)=\dfrac{K}{s(s+a)}$;(2) $G(s)=\dfrac{a(1-e^{-Ts})}{s^2(s+a)}$ 。

9-9 两采样控制系统结构如图 9-40(a)、(b)所示,采样周期为 T,求其脉冲传递函数,并比较其特点。

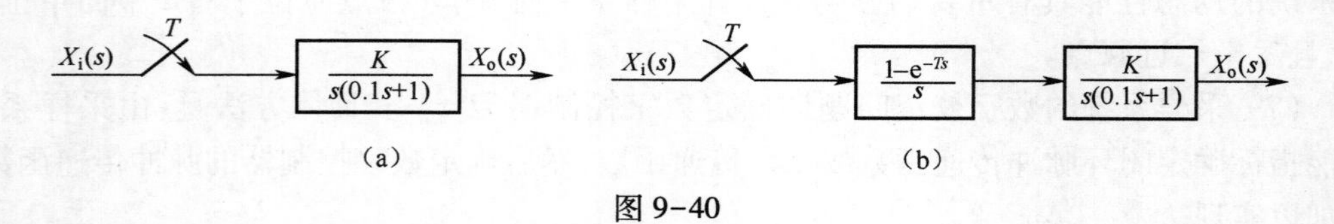

图 9-40

9-10 试求如图 9-41 所示系统的输出 z 变换 $X_o(z)$。

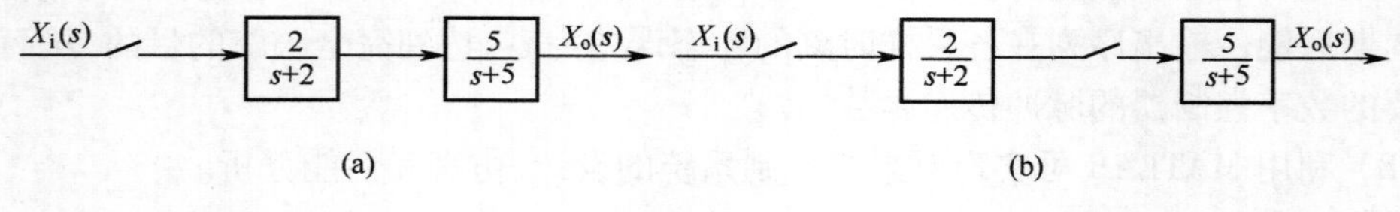

图 9-41

9-11 试求图 9-42 闭环采样系统的脉冲传递函数和输出 z 变换。

9-12 已知脉冲传递函数 $G(z)=\dfrac{X_o(z)}{X_i(z)}=\dfrac{0.53+0.1z^{-1}}{1-0.37z^{-1}}$,其中 $X_i(z)=z/(z-1)$,试求 $x_o(nT)$ 。

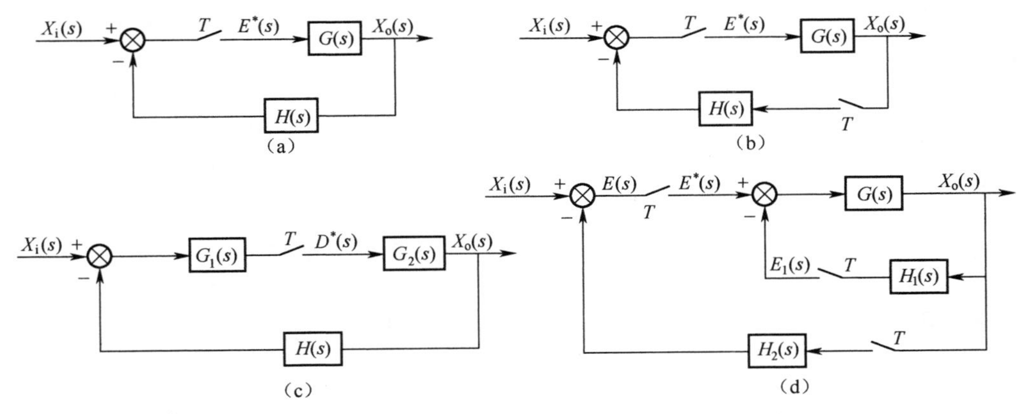

图 9-42

9-13 已知系统闭环特征方程 $D(z)=z^3-1.5z^2-0.25z+0.4=0$,试判断系统的稳定性。

9-14 采样系统如图 9-43 所示($T=1\mathrm{s}$),求:

(1) 当 $K=8$ 时分析系统的稳定性;

(2) 系统临界稳定时 K 的取值。

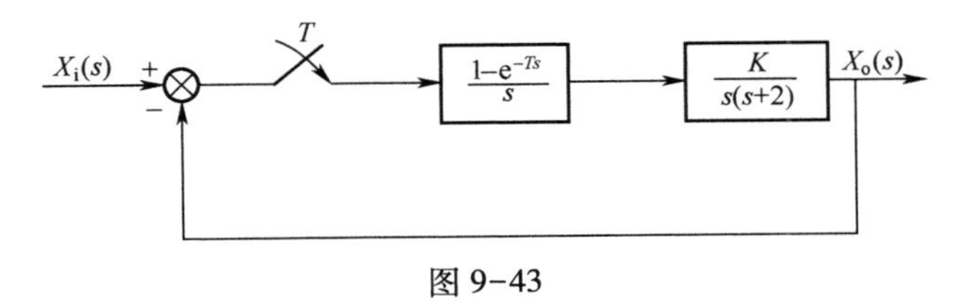

图 9-43

9-15 具有零阶保持器的线性离散系统如图 9-44 所示,采样周期 $T=0.1\mathrm{s}$, $a=1$,试判断系统稳定的 K 值范围。

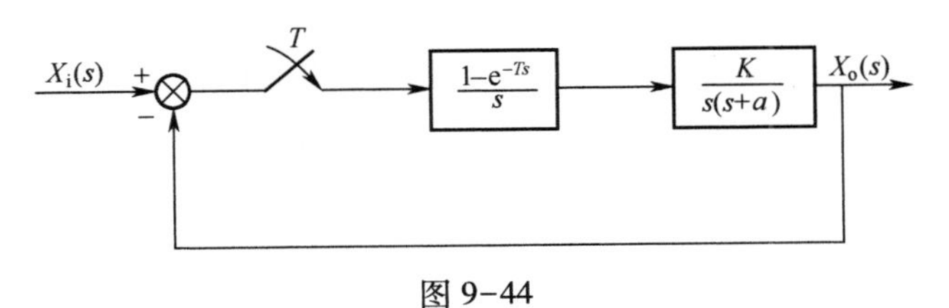

图 9-44

9-16 已知系统结构如图 9-45 所示, $K=10$, $T=0.2s$, $x_i(t)=1(t)+t+0.5t^2$,求系统的稳态误差。

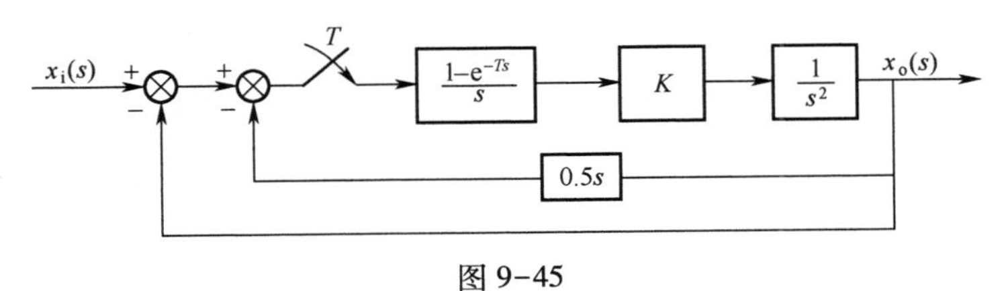

图 9-45

9-17 设采样系统如图 9-46 所示,其中: $T = 0.1\text{s}$, $K = 1$, $x_i(t) = t$,试求误差系数 K_p , K_v , K_a ,并求系统的稳态误差 $e(\infty)$ 。

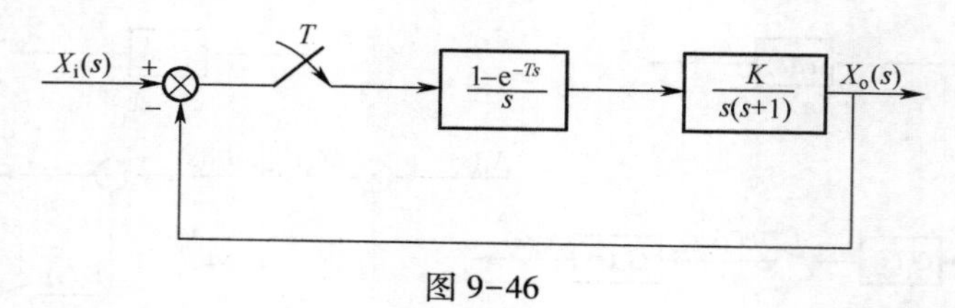

图 9-46

9-18 系统结构图如图 9-47 所示,其中 $G(s)$ 为连续部分的传递函数。当 $G(s) = \dfrac{10}{s(0.1s + 1)(0.05s + 1)}$, $T = 0.2\text{s}$, $x_i(t) = 1(t)$ 时,试确定满足最少拍性能指标的脉冲传递函数 $D(z)$ 。

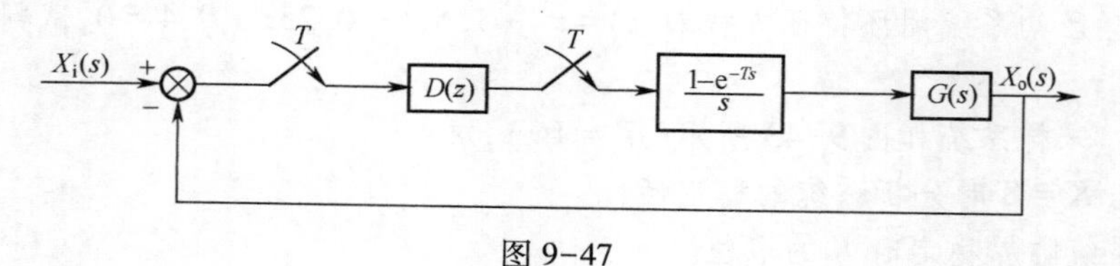

图 9-47

9-19 系统结构图如图 9-48 所示,其中 $G(s) = \dfrac{1}{s(s + 1)}$,采样周期 $T = 1\text{s}$,试求当 $x_i(t) = 1(t)$ 时,系统无稳态误差、过渡过程在最少拍内结束的 $D(z)$ 。

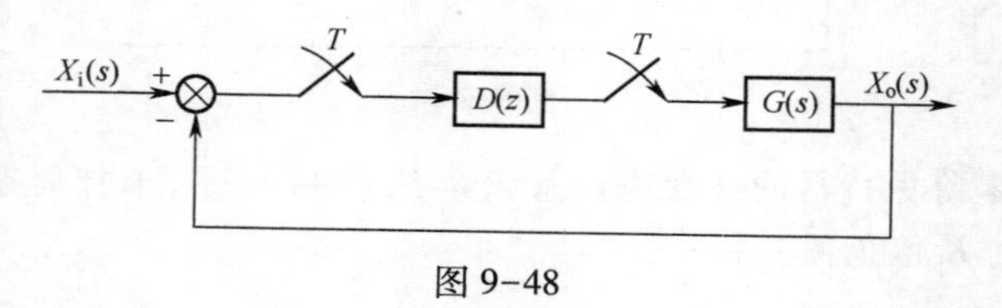

图 9-48

9-20 某采样控制系统结构如图 9-49 所示,试用 MATLAB 求采样周期分别为 $T=$ 2s,1s,0.5s 时

(1) 系统的开环脉冲函数;

(2) 绘制系统的根轨迹;

(3) 使系统稳定的 K 的范围;

(4) 采样周期的变化对系统性能的影响。

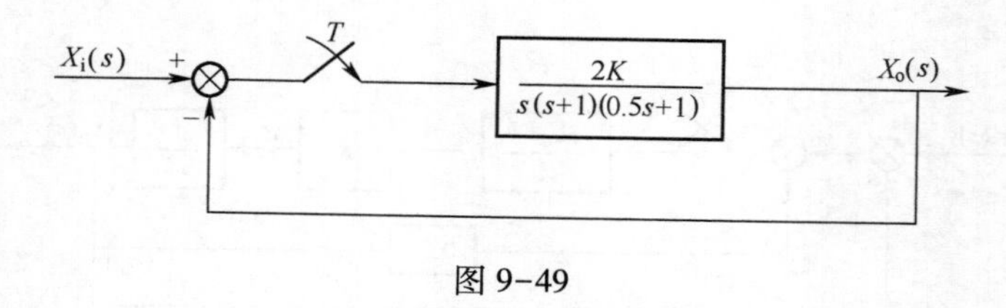

图 9-49

附录 A　拉普拉斯变换

对一个系统的描述,即数学模型,常采用线性定常微分方程。按照一般方法解算比较麻烦,如果用拉普拉斯变换(拉氏变换)求解线性微分方程,可将经典数学中的微积分运算转化为代数运算,又能够单独表明初始条件的影响,并有变换表可查找,因而拉氏变换及拉氏反变换是控制工程及研究动力学系统的一个基本数学方法。更重要的是,由于采用了拉氏变换,能够把描述系统运动状态的微分方程很方便地转换为系统的传递函数,并由此发展出利用传递函数的零极点分布、频率特性等间接地分析和设计控制系统的工程方法。

A-1　拉普拉斯变换

A.1.1　拉普拉斯变换的定义

若 $f(t)$ 为实变量 t 的单值函数,且 $t<0$ 时 $f(t)=0$, $t\geqslant 0$ 时 $f(t)$ 在每个有限区间上连续或分段连续,则函数 $f(t)$ 的拉普拉斯变换为

$$F(s)=\mathrm{L}[f(t)]=\int_0^{\infty}f(t)\mathrm{e}^{-st}\mathrm{d}t \tag{A-1}$$

式中: s 为复变量, $s=\sigma+\mathrm{j}\omega$ (σ、ω 均为实数); $F(s)$ 是函数 $f(t)$ 的拉普拉斯变换,它是一个复变函数,通常称 $F(s)$ 为 $f(t)$ 的象函数,而称 $f(t)$ 为 $F(s)$ 的原函数; L 是表示进行拉普拉斯变换的符号。

拉普拉斯反变换为

$$f(t)=\mathrm{L}^{-1}[F(s)]=\frac{1}{2\pi\mathrm{j}}\int_{\sigma-\mathrm{j}\infty}^{\sigma+\mathrm{j}\infty}F(s)\mathrm{e}^{st}\mathrm{d}s$$

式中: L^{-1} 表示进行拉普拉斯反变换的符号。

拉普拉斯变换存在的条件是原函数 $f(t)$ 必须满足狄里赫利条件。这些条件在工程上常常是可以得到满足的。由此可见,在一定条件下,拉普拉斯变换能把一个实数域中的实变函数 $f(t)$ 变换为一个在复数域内与之等价的复变函数 $F(s)$,反之亦然。

A.1.2　典型时间函数的拉普拉斯变换

1. 单位阶跃函数

单位阶跃函数的定义为

$$1(t)=\begin{cases}0 & t<0\\ 1 & t\geqslant 0\end{cases} \tag{A-2}$$

其拉普拉斯变换为

$$L[1(t)]=\int_0^{\infty}1(t)e^{-st}dt=\frac{1}{s} \tag{A-3}$$

推广到常数 K 的拉普拉斯变换为

$$L[K]=KL[1(t)]=\frac{K}{s} \tag{A-4}$$

这说明拉普拉斯变换是一种线性交换。

2. 单位脉冲函数

单位脉冲函数的定义为

$$\delta(t)=\begin{cases}\infty & t=0\\ 0 & t\neq 0\end{cases} \tag{A-5}$$

$$\int_0^{\infty}\delta(t)dt=1$$

且有特性

$$\int_{-\infty}^{\infty}\delta(t)f(t)dt=f(0)$$

$f(0)$ 为 $t=0$ 时刻 $f(t)$ 的值。

单位脉冲函数的拉普拉斯变换式为

$$L[\delta(t)]=\int_0^{\infty}\delta(t)e^{-st}dt=e^{-st}|_{t=0}=1 \tag{A-6}$$

3. 单位斜坡函数

单位斜坡函数的数学表示为

$$f(t)=\begin{cases}0 & t<0\\ t & t\geqslant 0\end{cases} \tag{A-7}$$

为了得到单位斜坡函数的拉普拉斯变换,利用分部积分公式

$$\int_a^b u dv=uv|_a^b-\int_a^b v du \tag{A-8}$$

得

$$L[f(t)]=\int_0^{\infty}te^{-st}dt=-t\frac{e^{-st}}{s}|_0^{\infty}-\int_0^{\infty}\left(-\frac{e^{-st}}{s}\right)dt=\int_0^{\infty}\frac{e^{-st}}{s}dt=-\frac{1}{s^2}e^{-st}|_0^{\infty}=\frac{1}{s^2} \tag{A-9}$$

4. 指数函数

指数函数的数学表示为

$$f(t)=Ae^{-at}\quad t\geqslant 0 \tag{A-10}$$

它的拉普拉斯变换为

$$L[Ae^{-at}]=\int_0^{\infty}Ae^{-at}\cdot e^{-st}dt=A\int_0^{\infty}e^{-(a+s)}dt=\frac{A}{s+a} \tag{A-11}$$

式中:A , a 为常数。

5. 正弦、余弦函数

正弦、余弦函数的拉普拉斯变换可以利用指数函数的拉普拉斯变换求得。由指数函数的拉普拉斯变换，可以直接写出复指数函数的拉普拉斯变换为

$$\mathrm{L}[\mathrm{e}^{\mathrm{j}\omega t}] = \frac{1}{s - \mathrm{j}\omega} \tag{A-12}$$

因为

$$\frac{1}{s-\mathrm{j}\omega} = \frac{s+\mathrm{j}\omega}{(s+\mathrm{j}\omega)(s-\mathrm{j}\omega)} = \frac{s+\mathrm{j}\omega}{s^2+\omega^2} = \frac{s}{s^2+\omega^2} + \mathrm{j}\frac{\omega}{s^2+\omega^2} \tag{A-13}$$

由欧拉公式

$$\mathrm{e}^{\mathrm{j}\omega t} = \cos\omega t + \mathrm{j}\sin\omega t \tag{A-14}$$

有

$$\mathrm{L}[\mathrm{e}^{\mathrm{j}\omega t}] = \mathrm{L}[\cos\omega t + \mathrm{j}\sin\omega t] = \frac{s}{s^2+\omega^2} + j\frac{\omega}{s^2+\omega^2} \tag{A-15}$$

分别取复指数函数的实部变换与虚部变换，则有正弦函数的拉普拉斯变换为

$$\mathrm{L}[\sin\omega t] = \frac{\omega}{s^2+\omega^2} \tag{A-16}$$

同时得到余弦函数的拉普拉斯变换为

$$\mathrm{L}[\cos\omega t] = \frac{s}{s^2+\omega^2} \tag{A-17}$$

实际上，在对 $f(t)$ 求拉普拉斯变换时，不需要作以上的计算，可以很方便地由拉普拉斯变换表查出。表 A-1 就是常用的时间函数拉普拉斯变换表。

表 A-1　常用函数拉普拉斯变换对照表

序　号	$f(t)$	$F(s)$
1	单位脉冲 $\delta(t)$	1
2	单位阶跃 $1(t)$	$\frac{1}{s}$
3	单位斜坡 t	$\frac{1}{s^2}$
4	e^{-at}	$\frac{1}{s+a}$
5	$t\mathrm{e}^{-at}$	$\frac{1}{(s+a)^2}$
6	$\sin\omega t$	$\frac{\omega}{s^2+\omega^2}$
7	$\cos\omega t$	$\frac{s}{s^2+\omega^2}$
8	$t^n(n=1,2,3,\cdots)$	$\frac{n!}{s^{n+1}}$
9	$t^n\mathrm{e}^{-at}(n=1,2,3,\cdots)$	$\frac{n!}{(s+a)^{n+1}}$
10	$\frac{1}{b-a}(\mathrm{e}^{-at}-\mathrm{e}^{-bt})$	$\frac{1}{(s+a)(s+b)}$

(续)

序号	$f(t)$	$F(s)$
11	$\frac{1}{b-a}(b\mathrm{e}^{-bt}-a\mathrm{e}^{-at})$	$\frac{s}{(s+a)(s+b)}$
12	$[1+\frac{1}{a-b}(b\mathrm{e}^{-bt}a\mathrm{e}^{-at})]$	$\frac{1}{s(s+a)(s+b)}$
13	$\mathrm{e}^{-at}\sin\omega t$	$\frac{\omega}{(s+a)^2+\omega^2}$
14	$\mathrm{e}^{-at}\cos\omega t$	$\frac{s+a}{(s+a)^2+\omega^2}$
15	$\frac{1}{a^2}(at-1+\mathrm{e}^{-at})$	$\frac{1}{s^2(s+a)}$
16	$\frac{\omega_n}{\sqrt{1-\xi^2}}\mathrm{e}^{-\xi\omega_n t}\sin(\omega_n\sqrt{1-\xi^2})t$	$\frac{\omega_n^2}{s^2+2\xi\omega_n s+\omega_n^2}$
17	$-\frac{1}{\sqrt{1-\xi^2}}\mathrm{e}^{-\xi\omega_n t}\sin[(\omega_n\sqrt{1-\xi^2})t-\varphi]$ $\varphi=\arctan\frac{\sqrt{1-\xi^2}}{\xi}$	$\frac{s}{s^2+2\xi\omega_n s+\omega_n^2}$
18	$1-\frac{1}{\sqrt{1-\xi^2}}\mathrm{e}^{-\xi\omega_n t}\sin[(\omega_n\sqrt{1-\xi^2})t+\varphi]$ $\varphi=\arctan\frac{\sqrt{1-\xi^2}}{\xi}$	$\frac{\omega_n^2}{s(s^2+2\xi\omega_n s+\omega_n^2)}$

A-2 拉普拉斯变换定理

A.2.1 线性定理

若 α,β 是任意两个复常数,且 $\mathrm{L}[f(t)]=F(s)$(即 $f(t)$ 的拉普拉斯变换存在),则

$$\mathrm{L}[\alpha f_1(t)+\beta f_2(t)]=\alpha F_1(s)+\beta F_2(s) \tag{A-18}$$

证:

$$\begin{aligned}\mathrm{L}[\alpha f_1(t)+\beta f_2(t)]&=\int_0^\infty[\alpha f_1(t)+\beta f_2(t)]\cdot\mathrm{e}^{-st}\mathrm{d}t\\&=\int_0^\infty\alpha f_1(t)\mathrm{e}^{-st}\mathrm{d}t+\int_0^\infty\beta f_2(t)\mathrm{e}^{-st}\mathrm{d}t\\&=\alpha F_1(s)+\beta F_2(s)\end{aligned}$$

线性定理表明,时间函数和的拉普拉斯变换等于每个时间函数拉普拉斯变换之和,若有常数乘以时间函数,则经拉普拉斯变换后,常数可以提到拉普拉斯变换符号外面。

例 A-1 已知 $f(t)=1-2\cos\omega t$,求 $F(s)$。

解 $F(s)=\mathrm{L}[f(t)]=\mathrm{L}[1-2\cos\omega t]=L[1]-\mathrm{L}[2\cos\omega t]$

查拉普拉斯变换表,得

$$F(s)=\frac{1}{s}-\frac{2s}{s^2+\omega^2}=\frac{-s^2+\omega^2}{s(s^2+\omega^2)}$$

A.2.2 位移定理

若 $L[f(t)]=F(s)$，则

$$L[e^{-at}f(t)] = F(s+a) \tag{A-19}$$

证 $L[e^{-at}f(t)] = \int_0^{\infty} f(t)e^{-at} \cdot e^{-st}dt = \int_0^{\infty} f(t)e^{-(a+s)t}dt = F(s+a)$

公式说明,在时域中 $f(t)$ 乘以 e^{-at} 的效果,是其在复变量域中把 s 平移为 $s+a$,利用复域位移定理,在求算有指数时间函数项的复合时间函数的拉普拉斯变换时非常方便。

例 A-2 求 $L[e^{-at}\cos\omega t]$

解 根据拉普拉斯变换表 $\cos\omega t$ 的拉普拉斯变换及式(A-19),得

$$L[e^{-at}\cos\omega t] = \frac{s+a}{(s+a)^2+\omega^2}$$

A.2.3 微分定理

若 $L[f(t)] = F(s)$，则

$$L\left[\frac{df(t)}{dt}\right] = sF(s) - f(0) \tag{A-20}$$

式中:$f(0)$ 为函数 $f(t)$ 在 $t=0$ 时刻的值,即为 $f(t)$ 的初始值。

证 由拉普拉斯变换定义,有

$$L\left[\frac{df(t)}{dt}\right] = \int_0^{\infty} \frac{df(t)}{dt}e^{-st}dt$$

利用分部积分公式 $\int u dv = uv - \int v du$,取 $u = e^{-st}, v = f(t)$,有

$$L\left[\frac{df(t)}{dt}\right] = e^{-st}f(t)\Big|_0^{\infty} + s\int_0^{\infty} f(t)e^{-st}dt = sF(s) - f(0)$$

同理,二阶导数的拉普拉斯变换为

$$L\left[\frac{d^2f(t)}{dt^2}\right] = s^2F(s) - sf(0) - \dot{f}(0)$$

n 阶导数的拉普拉斯变换为

$$L\left[\frac{d^nf(t)}{dt^n}\right] = s^nF(s) - s^{n-1}f(0) - \cdots - sf^{(n-2)}(0) - f^{(n-1)}(0) \tag{A-21}$$

式中:$f(0),\dot{f}(0),f^{(2)}(0),\cdots,f^{(n-1)}(0)$ 分别为各阶导数在 $t=0$ 时的值。由式(A-21)可知,在零导数的拉普拉斯变换中,已计入了各个初始条件。如果这些初始值均为零,则有

$$L\left[\frac{d^nf(t)}{dt^n}\right] = s^nF(s) \tag{A-22}$$

对微分方程进行拉普拉斯变换时,常用到微分定理。它也可以用来计算某些函数的拉普拉斯变换。

例 A-3 求以下微分方程式的拉普拉斯变换,已知其各阶导数的初始值为零。

解 $$\frac{d^3x_o(t)}{dt^3}+2\frac{d^2x_o(t)}{dt^2}+3\frac{dx_o(t)}{dt}+x_o(t)=2\frac{dx_i(t)}{dt}+x_i(t)$$

根据式(A-22),对上式两端取拉普拉斯变换,得

$$s^3X_o(s)+2s^2X_o(s)+3sX_o(s)+X_o(s)=2sX_i(s)+X_i(s)$$

$$(s^3+2s^2+3s+1)X_o(s)=(2s+1)X_i(s)$$

可知这是一个关于象函数的代数方程,求解非常容易。

例 A-4 求 $f(t)=\sin\omega t$ 的拉普拉斯变换。

解 $$\frac{d(\sin\omega t)}{dt}=\omega\cos\omega t$$

可知 $$f(0)=\sin 0=0$$
$$\dot{f}(0)=\omega\cos 0=\omega$$

又 $$\frac{d^2(\sin\omega t)}{dt^2}=-\omega^2\sin\omega t$$

由式(A-22), $L\left[\frac{d^2f(t)}{dt^2}\right]=s^2F(s)-sf(0)-\dot{f}(0)$

有

$$L\left[\frac{d^2(\sin\omega t)}{dt^2}\right]=L[-\omega^2\sin\omega t]=s^2L[\sin\omega t]-s\times 0-\omega$$

即

$$-\omega^2L[\sin\omega t]=s^2L[\sin\omega t]-\omega$$

故得

$$L[\sin\omega t]=\frac{\omega}{s^2+\omega^2}$$

A.2.4 积分定理

若 $L[f(t)]=F(s)$,则

$$L\left[\int f(t)dt\right]=\frac{1}{s}F(s)+\frac{1}{s}\int f(0)dt \tag{A-23}$$

式中:$\int f(0)dt$ 是 $\int f(t)dt$ 在 $t=0$ 时刻的值,或称积分的初始值。

证 由拉普拉斯变换的定义,有 $L\left[\int f(t)dt\right]=\int_0^{\infty}\left[\int f(t)dt\right]e^{-st}dt$

利用分部积分法,取 $u=\int f(t)dt$, $dv=e^{-st}dt$

则有 $du=f(t)dt$, $v=\frac{e^{-st}}{-s}$

因此

$$\int_0^{\infty}\left[\int f(t)dt\right]e^{-st}dt=\left[\int f(t)dt\right]\frac{e^{-st}}{-s}\Big|_0^{\infty}-\int_0^{\infty}f(t)dt\frac{e^{-st}}{-s}$$

$$= \frac{1}{s}\int f(t)\mathrm{d}t\big|_{t=0} + \frac{1}{s}\int_0^{\infty} f(t)\mathrm{e}^{-st}\mathrm{d}t$$

$$= \frac{1}{s}\int f(0)\mathrm{d}t + \frac{1}{s}F(s)$$

即 $\mathrm{L}[\int f(t)\mathrm{d}t] = \frac{1}{s}F(s) + \frac{1}{s}\int f(0)\mathrm{d}t$

同理可得

$$\mathrm{L}[\int^{(n)} f(t)\mathrm{d}t] = \frac{1}{s^n}F(s) + \frac{1}{s^n}\int f(0)\mathrm{d}t + \frac{1}{s^{n-1}}\int^{(2)} f(0)\mathrm{d}t + \cdots + \frac{1}{s}\int^{(n)} f(0)\mathrm{d}t \tag{A-24}$$

式中：$\int f(0)\mathrm{d}t, \int^{(2)} f(0)\mathrm{d}t, \int^{(n)} f(0)\mathrm{d}t$ 分别为 $f(t)$ 的各重积分在 $t=0$ 的值。如果这些积分的初始值均为零，则有

$$\mathrm{L}[\int^{(n)} f(t)\mathrm{d}t] = \frac{1}{s^n}F(s) \tag{A-25}$$

利用积分定理，可以求时间函数的拉普拉斯变换，利用微分、积分定理可将微分-积分方程变为代数方程。

例 A-5 求 $\mathrm{L}[t^n]$。

解 由于

$$\int_0^t 1(t)\mathrm{d}t = t$$

则由式(A-23)，有

$$\mathrm{L}[t] = \mathrm{L}[\int_0^t 1(t)\mathrm{d}t] = \frac{1}{s}\mathrm{L}[1(t)] = \frac{1}{s^2}$$

又由于

$$\int_0^t [\int_0^t 1(t)\mathrm{d}t]\mathrm{d}t = \int_0^t t\mathrm{d}t = \frac{1}{2}t^2$$

故有

$$\int_0^t \int_0^t \cdots [\int_0^t 1(t)\mathrm{d}t]\mathrm{d}t^{(n-1)} = \frac{1}{n!}t^n$$

式中：n 为正整数。

对上式两边取拉普拉斯变换，并利用积分定理，则

$$\mathrm{L}[t^n] = n!\ \mathrm{L}[\int_0^t \int_0^t \cdots \int_0^t 1(t)\mathrm{d}t^{(n)}] = \frac{n!}{s^n}\mathrm{L}[1(t)] = \frac{n!}{s^{n+1}}$$

A.2.5 终值定理

若 $\mathrm{L}[f(t)] = F(s)$，则终值定理表示为

$$\lim_{t\to\infty} f(t) = \lim_{s\to 0} sF(s) \tag{A-26}$$

证

由式(A-20)

$$L\left[\frac{df(t)}{dt}\right] = \int_0^{\infty} \frac{df(t)}{dt} e^{-st} dt = sF(s) - f(0)$$

令 $s \to 0$,有

$$\lim_{s\to 0}\int_0^{\infty} \frac{df(t)}{dt} e^{-st} dt = \lim_{s\to 0}[sF(s) - f(0)]$$

又因 $\lim_{s\to 0} e^{-st} = 1$,得 $\int_0^{\infty}\left[\frac{df(t)}{dt}\right] dt = f(t)\mid_0^{\infty} = f(\infty) - f(0)$

由以上二式及 s 与 $f(0)$ 无关,有 $f(0) = \lim_{s\to 0} f(0)$,得

$$f(\infty) - f(0) = \lim_{s\to 0}[sF(s) - f(0)] = \lim_{s\to 0} sF(s) - f(0)$$

由此 $f(\infty) = \lim_{t\to +\infty} f(t) = \lim_{s\to 0} sF(s)$

终值定理用来确定系统或元件的稳态度,即在 $t \to +\infty$ 时,$f(t)$ 稳定在一定的数值。这在时间响应中求算稳态值时常常用到。但是,如果在 $t\to +\infty$ 时,$\lim_{t\to +\infty} f(t)$ 极限不存在时,则终值定理不能应用。如 $f(t)$ 分别包含有振荡时间函数(例如 $\sin\omega t$)或指数增长的时间函数时,终值定理则不能应用。

例 A-6 已知 $L[f(t)] = F(s) = \dfrac{1}{s+a}$,求 $f(\infty)$。

解 由式(A-26)

$$f(\infty) = \lim_{s\to 0} sF(s) = \lim_{s\to 0}\frac{s}{s+a} = 0$$

又由已知 $F(s) = \dfrac{1}{s+a}$,查拉普拉斯变换表,可得 $f(t) = e^{-at}$

而 $f(\infty) = \lim_{t\to\infty} e^{-at} = 0$

可知两者结果是一致的。

A.2.6 初值定理

若 $L[f(t)] = F(s)$,则初值定理表示为

$$\lim_{t\to 0} f(t) = \lim_{s\to\infty} sF(s) \tag{A-27}$$

证 由拉普拉斯变换的定义,有 $L\left[\dfrac{df(t)}{dt}\right] = \displaystyle\int_0^{\infty}\frac{df(t)}{dt} e^{-st} dt = sF(s) - f(0)$

由于 $s\to\infty$ 时,$e^{-st}\to 0$,因而

$$\lim_{s\to\infty}\left[\int_0^{\infty}\frac{df(t)}{dt} e^{-st} dt\right] = \lim_{s\to\infty}[sF(s) - f(0)] = \lim_{s\to\infty} sF(s) - f(0) = 0$$

故

$$f(0) = \lim_{t\to 0} f(t) = \lim_{s\to\infty} sF(s)$$

初值定理只有 $f(0)$ 存在时才能应用,它用来确定系统或元件的初始值,而无需知道原函数。

例 A-7 已知 $F(s) = \dfrac{1}{s+\alpha}$,求 $f(0)$。

解 由式(A-27)

$$f(0)=\lim_{s\to\infty}sF(s)=\lim_{s\to\infty}\frac{s}{s+\alpha}=\lim_{s\to\infty}\frac{1}{1+\dfrac{\alpha}{s}}=1$$

欲知道原函数时,可由 $F(s)=\dfrac{1}{s+\alpha}$,查拉普拉斯变换表,得

$$f(t)=e^{-\alpha t}$$

则 $f(0)=\lim_{t\to 0}f(t)=\lim_{t\to 0}e^{-\alpha t}=1$

结果表明两种算法的值相同。

A.2.7 卷积定理

$$L\left[\int_0^{\infty}f_1(t-\tau)f_2(\tau)d\tau\right]=F_1(s)F_2(s) \tag{A-28}$$

表明两个时间函数 $f_1(t)$,$f_2(t)$ 卷积的拉普拉斯变换等于两个时间函数的拉普拉斯变换的乘积。这个关系式在拉普拉斯反变换中可以简化计算。证明从略。

需要注意的是关于拉普拉斯积分的下限,用的数值符号是0,因此在计算及公式中没有出现 0^- 及 0^+ 数值符号。如果拉普拉斯积分中的时间函数在 $t=0$ 处包含脉冲函数,或者时间函数在 $t=0^-$ 及 $t=0^+$ 处不连续时,有时为了加以区别,自然在计算及公式中就会出现 0^- 及 0^+ 的数值符号。

A-3 拉普拉斯反变换

A.3.1 拉普拉斯反变换

拉普拉斯反变换是指将象函数 $F(s)$ 变换到与其对应的原函数 $f(t)$ 的过程。采用拉普拉斯反变换符号 L^{-1} 可以表示为

$$L^{-1}[F(s)]=f(t) \tag{A-29}$$

拉普拉斯反变换的求算有多种方法。其中比较简单的方法是由 $F(s)$ 查拉普拉斯变换表得出相应的 $f(t)$ 及部分分式展开法。

如果把 $f(t)$ 的拉普拉斯变换 $F(s)$ 分成各个部分之和,即

$$F(s)=F_1(s)+F_2(s)+\cdots+F_n(s)$$

假若 $F_1(s)$,$F_2(s)$,$\cdots$,$F_n(s)$ 的拉普拉斯反变换很容易由拉普拉斯变换表查得,则

$$\begin{aligned}f(t)&=L^{-1}[F(s)]=L^{-1}[F_1(s)]+L^{-1}[F_2(s)]+\cdots+L^{-1}[F_n(s)]\\&=f_1(t)+f_2(t)+\cdots+f_n(t)\end{aligned}$$

但是 $F(s)$ 有时比较复杂,当不能很简便地分解成各个部分之和时,可采用部分分式展开法对 $F(s)$ 分解成各个部分之和,然后再对每一部分查拉普拉斯变换表,得到其一一对应的拉普拉斯反变换函数,其和就是要求的 $F(s)$ 的拉普拉斯反变换 $f(t)$ 函数。

A.3.2 部分分式展开法

在系统分析问题中,$F(s)$ 常具有如下的形式:

$$F(s)=\frac{A(s)}{B(s)}$$

式中：$A(s)$ 和 $B(s)$ 是 s 的多项式；$B(s)$ 的阶次较 $A(s)$ 阶次要高。对于这种称为有理真分式的象函数 $F(s)$，分母 $B(s)$ 应首先进行因子分解，换句话说就是分母 $B(s)$ 的根必须预先知道，才能用部分分式展开法。最后得到 $F(s)$ 的拉普拉斯反变换函数。即，把分母 $B(s)$ 进行因子分解，写成

$$F(s)=\frac{A(s)}{B(s)}=\frac{A(s)}{(s+p_1)(s+p_2)\cdots(s+p_n)}$$

式中：$p_1,p_2,\cdots,p_n$ 称为 $B(s)$ 的根，或 $F(s)$ 的极点，它们可以是实数，也可能为复数。如果是复数，则一定是成对共轭的。

当 $A(s)$ 的阶次高于 $B(s)$ 时，则应首先用分母 $B(s)$ 去除分子 $A(s)$，由此得到一个 s 的多项式，再加上一项具有分式形式的余项，其分子 s 多项式的阶次就化为低于分母 s 多项式的阶次了。

1. 分母 $B(s)$ 无重根

在这种情况下，$F(s)$ 总可以展成简单的部分分式之和，即

$$F(s)=\frac{A(s)}{B(s)}=\frac{A(s)}{(s+p_1)(s+p_2)\cdots(s+p_n)}$$
$$=\frac{\alpha_1}{s+p_1}+\frac{\alpha_2}{s+p_2}+\cdots+\frac{\alpha_n}{s+p_n}$$

式中：$\alpha_k(k=1,2,\cdots,n)$ 是常数，系数 α_k 称为极点 $s=-p_k$ 处的留数。α_k 的值可以用在等式两边乘以 $(s+p_k)$，并把 $s=-p_k$ 代入的方法求出，即

$$\alpha_k=\left[(s+p_k)\frac{A(s)}{B(s)}\right]_{s=-p_k} \tag{A-30}$$

因为 $f(t)$ 是时间的实函数，如 p_1 和 p_2 是共轭复数时，则留数 α_1 和 α_2 也必然是共轭复数。这种情况下，式(A-30)照样可以应用。共轭复留数中，只需计算一个复留数 α_1（或 α_2）即可。

例 A-8 求 $F(s)$ 的拉普拉斯反变换，已知

$$F(s)=\frac{s+3}{s^2+3s+2}$$

解

$$F(s)=\frac{s+3}{s^2+3s+2}=\frac{s+3}{(s+1)(s+2)}=\frac{\alpha_1}{s+1}+\frac{\alpha_2}{s+2}$$

由式(A-30)，得

$$\alpha_1=\left[(s+1)\frac{s+3}{(s+1)(s+2)}\right]_{s=-1}=2$$

$$\alpha_2=\left[(s+2)\frac{s+3}{(s+1)(s+2)}\right]_{s=-2}=-1$$

因此 $f(t)=\mathrm{L}^{-1}[F(s)]=\mathrm{L}^{-1}\left[\frac{2}{s+1}\right]+\mathrm{L}^{-1}\left[\frac{-1}{s+2}\right]$

查拉普拉斯变换表，得　$f(t)=2\mathrm{e}^{-t}-\mathrm{e}^{-2t}$

例 A-9　求 $\mathrm{L}^{-1}[F(s)]$，已知

$$F(s)=\frac{2s+12}{s^2+2s+5}$$

解　分母多项式可以因子分解为　$s^2+2s+5=(s+1+\mathrm{j}2)(s+1-\mathrm{j}2)$

进行因子分解后，可对 $F(s)$ 展成部分分式

$$F(s)=\frac{2s+12}{s^2+2s+5}=\frac{\alpha_1}{s+1+\mathrm{j}2}+\frac{\alpha_2}{s+1-\mathrm{j}2}$$

由式(A-30)，得

$$\alpha_1=\left[(s+1+\mathrm{j}2)\frac{2s+12}{(s+1+\mathrm{j}2)(s+1-\mathrm{j}2)}\right]_{s=-1-\mathrm{j}2}=\left[\frac{2s+12}{s+1-\mathrm{j}2}\right]_{s=-1-\mathrm{j}2}$$

$$=\frac{2(-1-\mathrm{j}2)+12}{(-1-\mathrm{j}2)+1-\mathrm{j}2}$$

$$=\frac{-2-\mathrm{j}4+12}{-1-\mathrm{j}2+1-\mathrm{j}2}=\frac{10-\mathrm{j}4}{-\mathrm{j}4}=\frac{10\mathrm{j}+4}{4}=1+\mathrm{j}\frac{5}{2}$$

由于 α_2 与 α_1 共轭，因此

$$\alpha_2=1-\mathrm{j}\frac{5}{2}$$

所以　$f(t)=\mathrm{L}^{-1}[F(s)]=\mathrm{L}^{-1}\left[\dfrac{1+\mathrm{j}\frac{5}{2}}{s+1+\mathrm{j}2}+\dfrac{1-\mathrm{j}\frac{5}{2}}{s+1-\mathrm{j}2}\right]=\mathrm{L}^{-1}\left[\dfrac{1+\mathrm{j}\frac{5}{2}}{s+1+\mathrm{j}2}\right]+\mathrm{L}^{-1}\left[\dfrac{1-\mathrm{j}\frac{5}{2}}{s+1-\mathrm{j}2}\right]$

查拉普拉斯变换表，得

$$f(t)=\left(1+\mathrm{j}\frac{5}{2}\right)\mathrm{e}^{-(1+\mathrm{j}2)t}+\left(1-\mathrm{j}\frac{5}{2}\right)\mathrm{e}^{-(1-\mathrm{j}2)t}$$

$$=\mathrm{e}^{-(1+\mathrm{j}2)t}+\mathrm{e}^{-(1-\mathrm{j}2)t}+\mathrm{j}\frac{5}{2}[\mathrm{e}^{-(1+\mathrm{j}2)t}-\mathrm{e}^{-(1-\mathrm{j}2)t}]$$

$$=\mathrm{e}^{-t}(\mathrm{e}^{-\mathrm{j}2t}+\mathrm{e}^{\mathrm{j}2t})+\mathrm{j}\frac{5}{2}\mathrm{e}^{-t}(\mathrm{e}^{-\mathrm{j}2t}-\mathrm{e}^{\mathrm{j}2t})$$

$$=2\mathrm{e}^{-t}\left(\frac{\mathrm{e}^{\mathrm{j}2t}+\mathrm{e}^{-\mathrm{j}2t}}{2}\right)-\mathrm{j}^2 5\mathrm{e}^{-t}\left(\frac{\mathrm{e}^{\mathrm{j}2t}-\mathrm{e}^{-\mathrm{j}2t}}{2\mathrm{j}}\right)$$

$$=2\mathrm{e}^{-t}\cos 2t+5\mathrm{e}^{-t}\sin 2t$$

2. 分母 $B(s)$ 有重根

若有三重根，并为 p_i，则 $F(s)$ 一般的表达式为

$$F(s)=\frac{A(s)}{(s+p_1)^3(s+p_2)(s+p_3)\cdots(s+p_n)}$$

$$=\frac{\alpha_{11}}{(s+p_1)^3}+\frac{\alpha_{12}}{(s+p_1)^2}+\frac{\alpha_{13}}{s+p_1}+\frac{\alpha_2}{s+p_2}+\frac{\alpha_3}{s+p_3}+\cdots+\frac{\alpha_n}{s+p_n}$$

式中系数 $\alpha_2,\alpha_3,\cdots,\alpha_n$ 仍按照上述无重根的方法，即式(A-30)来求算，而重根的系数

$\alpha_{11},\alpha_{12},\alpha_{13}$ 可按以下方法求得

$$\alpha_{11}=[(s+p_1)^3F(s)]_{s=-p_1}\quad \alpha_{12}=\left[\frac{\mathrm{d}}{\mathrm{d}s}((s+p_1)^3F(s))\right]_{s=-p_1}$$

$$\alpha_{13}=\frac{1}{2!}\left[\frac{\mathrm{d}^2}{\mathrm{d}s^2}((s+p_1)^3F(s))\right]_{s=-p_1}$$

依此类推,当 p_i 为 k 重根时,其系数为

$$\alpha_{1m}=\frac{1}{(m-1)!}\left[\frac{\mathrm{d}^{(m-1)}}{\mathrm{d}s^{(m-1)}}((s+p_1)^kF(s))\right]_{s=-p_1}\quad m=1,2,\cdots,k \tag{A-31}$$

例 A-10 已知 $F(s)$,求 $\mathrm{L}^{-1}[F(s)]$。

解 $p_1=-1$,p_1 有三重根。

$$F(s)=\frac{s^2+2s+3}{(s+1)^3}=\frac{\alpha_{11}}{(s+1)^3}+\frac{\alpha_{12}}{(s+1)^2}+\frac{\alpha_{13}}{s+1}$$

由式(A-31),$\alpha_{11}=\left[(s+1)^3\dfrac{s^2+2s+3}{(s+1)^3}\right]_{s=-1}=2$

$$\alpha_{12}=\left[\frac{\mathrm{d}}{\mathrm{d}s}((s+1)^3\frac{s^2+2s+3}{(s+1)^3})\right]_{s=-1}=[2s+2]_{s=-1}=0$$

$$\alpha_{13}=\frac{1}{2!}\left[\frac{\mathrm{d}^2}{\mathrm{d}s^2}((s+1)^3\frac{s^2+2s+3}{(s+1)^3})\right]_{s=-1}=\frac{1}{2}[2]_{s=-1}=1$$

因此,得 $f(t)=\mathrm{L}^{-1}[F(s)]=\mathrm{L}^{-1}[\dfrac{2}{(s+1)^3}]+\mathrm{L}^{-1}\left[\dfrac{0}{(s+1)^2}\right]+L^{-1}\left[\dfrac{1}{s+1}\right]$

查拉普拉斯变换表,有 $f(t)=t^2\mathrm{e}^{-t}+0+\mathrm{e}^{-t}=(t^2+1)\mathrm{e}^{-t}$

通过本节讨论拉普拉斯反变换的方法,就可以用这些方法求得线性定常微分方程的全解(补解和特解)。微分方程的求解,可以采用数学分析的方法,也可以采用拉普拉斯变换法。采用拉普拉斯变换法求解微分方程是带初值进行运算的,许多情况下应用更为方便。

例 A-11 解方程 $\dfrac{\mathrm{d}^2y}{\mathrm{d}y}+5\dfrac{\mathrm{d}y}{\mathrm{d}t}+6y=6$, $\dot{y}(0)=2\ y(0)=2$

解 将方程两边取拉普拉斯变换,得

$$s^2Y(s)-sy(0)-\dot{y}(0)+5[sY(s)-y(0)]+6Y(s)=\frac{6}{s}$$

将 $\dot{y}(0)=2,y(0)=2$ 代入并整理,得

$$Y(s)=\frac{2s^2+12s+6}{s(s+2)(s+3)}=\frac{1}{s}+\frac{5}{s+2}-\frac{4}{s+3}$$

所以

$$y(t)=1+5\mathrm{e}^{-2t}-4\mathrm{e}^{-3t}$$

由上例可见,用拉普拉斯变换解微分方程的步骤是:

(1) 对给定的微分方程等式两端取拉普拉斯变换,变微分方程为 s 变量的代数方程。

(2) 对以 s 为变量的代数方程加以整理,得到微分方程求解的变量的拉普拉斯表达式。对变量求拉普拉斯反变换,即得在时域中(以时间 t 为参变量)微分方程的解。

附录B　z 变换

在对线性连续系统进行分析时,应用拉普拉斯变换作为数学工具,将系统的微分方程转化为代数方程,使得对问题的研究大大简化。与此类似,为了便于研究离散系统,引入了 z 变换。z 变换是从拉普拉斯变换直接引申出来的一种变换方法,它实际上是采样函数拉普拉斯变换的变形。因此,z 变换又称为采样拉普拉斯变换,是研究线性离散系统的重要数学工具。

B-1　z 变换的定义

设连续函数 $e(t)$ 是可拉普拉斯变换的,则拉普拉斯变换定义为

$$E(s)=\int_0^{\infty}e(t)\mathrm{e}^{-st}\mathrm{d}t$$

由于 $t<0$ 时,有 $e(t)=0$,故上式亦可写为

$$E(s)=\int_{-\infty}^{\infty}e(t)\mathrm{e}^{-st}\mathrm{d}t$$

对于采样信号 $e^*(t)$,其表达式为

$$e^*(t)=\sum_{n=0}^{\infty}e(nT)\delta(t-nT) \tag{B-1}$$

故采样信号 $e^*(t)$ 的拉普拉斯变换

$$\begin{aligned}E^*(s)&=\int_{-\infty}^{\infty}\mathrm{e}^*(t)\mathrm{e}^{-st}\mathrm{d}t\\&=\int_{-\infty}^{\infty}\Big[\sum_{n=0}^{\infty}e(nT)\delta(t-nT)\Big]\mathrm{e}^{-st}\mathrm{d}t\\&=\sum_{n=0}^{\infty}e(nT)\Big[\int_{-\infty}^{\infty}\delta(t-nT)\mathrm{e}^{-st}\mathrm{d}t\Big]\end{aligned} \tag{B-2}$$

由广义脉冲函数的筛选性质

$$\int_{-\infty}^{\infty}\delta(t-nT)f(t)\mathrm{d}t=f(nT)$$

故有

$$\int_{-\infty}^{\infty}\delta(t-nT)\mathrm{e}^{-st}\mathrm{d}t=\mathrm{e}^{-snT}$$

于是,采样拉普拉斯变换可写成

$$E^*(s)=\sum_{n=0}^{\infty}e(nT)\mathrm{e}^{-nsT} \tag{B-3}$$

令 $\mathrm{e}^{sT}=z$,T 为采样周期,z 是在复数平面上定义的一个变量,通常称为 z 变换算子。则式

(B-3)可以写成为

$$E^{*}(s)=E(z)=\sum_{n=0}^{\infty}e(nT)z^{-n} \tag{B-4}$$

式(B-4)称为离散信号 $e^{*}(t)$ 的 z 变换,记为 $E(z)=Z[e^{*}(t)]$ 。将 $E(z)$ 展开得

$$E(z)=e(0)z^{0}+e(T)z^{-1}+e(2T)z^{-2}+\cdots \tag{B-5}$$

采样函数的 z 变换是变量 z 的无穷级数,其一般项 $e(nT)z^{-n}$ 的物理意义是: $e(nT)$ 是采样脉冲的幅值, z 的幂次为采样脉冲出现的时刻。

由于在采样时刻 $e(nT)=e(t)$,所以从这个意义上来说, $E(z)$ 既为 $e^{*}(t)$ 的 z 变换,也为 $e(t)$ 的 z 变换,即

$$Z[e^{*}(t)]=Z[e(t)]=E(z)=\sum_{n=0}^{\infty}e(nT)z^{-n}$$

但是,若 $E_1(z)=E_2(z)$,并不能说明 $e_1(t)=e_2(t)$,因为在采样时刻的值相同,并不意味着在采样间隔内的值也相同。z 变换与其原连续时间函数并非一一对应,而只是与采样序列相对应。

B-2 z 变换法

求离散时间函数的 z 变换有多种方法,下面主要介绍常用的两种方法。

B.2.1 级数求和法

级数求和法是根据式(B-5)关于 z 变换的定义和直接求无穷级数和的方法求 z 变换,也可以应用高等数学中关于级数求和的方法进行计算。

例 B-1 试求单位阶跃函数 $1(t)$ 的 z 变换。

解 由于 $e(t)=1(t)$,在所有采样时刻上的采样值均为 1,即

$$e(nT)=1 \quad n=0,1,2,\cdots,\infty$$

故由式(B-5),有

$$E(z)=1+z^{-1}+z^{-2}+\cdots+z^{-n}+\cdots$$

上式是一个等比级数和的形式,公比为 $q=z^{-1}$,若 $|z^{-1}|<1$,则无穷级数是收敛的,利用等比级数求和公式,可得其闭合形式为

$$E(z)=\frac{1}{1-z^{-1}}=\frac{z}{z-1}$$

例 B-2 试求单位理想脉冲序列 $\delta_T(t)$ 的 z 变换。

解 由于 T 为采样周期,所以

$$e^{*}(t)=\delta_T(t)=\sum_{n=0}^{\infty}\delta(t-nT)$$

显然,只有当 $t=nT$ 时 $\delta_T(t)=1$,所以其 z 变换式为

$$E(z)=Z[\delta_T(t)]=\sum_{n=0}^{\infty}1(nT)z^{-n}=1+z^{-1}+z^{-2}+\cdots=\frac{z}{z-1},\ |z^{-1}|<1$$

这说明单位阶跃信号的 z 变换式与单位理想脉冲序列是相同的。

例 B-3 求指数函数 e^{-at} 的 z 变换。

解 由于 $e(t)=e^{-at}$，a 为实数，采样后 $e(nT)=e^{-anT}$ $(n=0,1,2,\cdots)$，根据定义 z 变换为

$$E(z)=\sum_{n=0}^{\infty}e^{-anT}z^{-n}=1+e^{-aT}z^{-1}+e^{-2aT}z^{-2}+\cdots$$

上式为等比级数，公比为 $e^{-aT}z^{-1}$，若 $|e^{-aT}z^{-1}|<1$，对级数求和有

$$E(z)=\frac{1}{1-e^{-aT}z^{-1}}=\frac{z}{z-e^{-aT}}$$

B.2.2 部分分式法

连续系统函数 $e(t)$ 的拉普拉斯变换具有下列形式：

$$E(s)=\frac{M(s)}{N(s)}$$

式中：$M(s)$、$N(s)$ 分别为复变量 s 的多项式。

将 $E(s)$ 展开为部分分式的形式，则可以写成

$$E(s)=\sum_{i=1}^{k}\frac{A_i}{s+P_i} \tag{B-6}$$

式(B-6)相应的时间函数为指数函数 $A_ie^{-P_it}$ 之和，这样利用典型函数的 z 变换，可以方便地求出环节或系统的 z 变换。函数 $e(t)$ 的 z 变换可以由 $E(s)$ 的部分分式法求得，式(B-6)的 z 变换为

$$E(z)=\sum_{i=1}^{k}\frac{A_iz}{z-e^{-P_iT}} \tag{B-7}$$

例 B-4 已知连续函数的拉普拉斯变换为 $E(s)=\dfrac{a}{s(s+a)}$，试求相应的 z 变换 $E(z)$。

解 将 $E(s)$ 展成如下部分分式

$$E(s)=\frac{1}{s}-\frac{1}{s+a}$$

对上式逐项取拉普拉斯反变换，可得

$$e(t)=1-e^{-at}$$

由例 B-1 和例 B-3 可知

$$Z[1(t)]=\frac{z}{z-1},\ Z[e^{-at}]=\frac{z}{z-e^{-at}}$$

所以

$$E(z)=\frac{z}{z-1}-\frac{z}{z-e^{-aT}}=\frac{z(1-e^{-aT})}{(z-1)(z-e^{-aT})}$$

也可以展成部分分式后直接带入公式(B-7)，求得结果相同。

例 B-5 设 $e(t)=\sin\omega t$，试求其 $E(z)$。

解 对 $e(t)=\sin\omega t$ 取拉普拉斯变换，得

$$E(s)=\frac{\omega}{s^2+\omega^2}$$

将上式展开为部分分式

$$E(s)=\frac{1}{2\mathrm{j}}\left(\frac{1}{s-\mathrm{j}\omega}-\frac{1}{s+\mathrm{j}\omega}\right)$$

可得 z 变换为

$$E(z)=Z[\sin\omega t]=-\frac{1}{2\mathrm{j}}\times\frac{z}{z-\mathrm{e}^{-\mathrm{j}\omega T}}+\frac{1}{2\mathrm{j}}\times\frac{z}{z-\mathrm{e}^{\mathrm{j}\omega T}}=\frac{z\sin\omega T}{z^2-2z\cos\omega T+1}$$

常用时间函数的 z 变换如表 B-1 所示。由表可见,这些函数的 z 变换都是 z 的有理分式,且分母多项式的次数大于或等于分子多项式的次数。还要指出的是,表中各 z 变换有理分式中,分母 z 多项式的最高次数与相应传递函数分母 s 多项式的最高次数相等。

表 B-1　z 变换表

序号	拉普拉斯变换 $E(s)$	时间函数 $e(t)$	z 变换 $E(z)$
1	e^{-nsT}	$\delta(t-nT)$	z^{-n}
2	1	$\delta(t)$	1
3	$\frac{1}{s}$	$1(t)$	$\frac{z}{z-1}$
4	$\frac{1}{s^2}$	t	$\frac{Tz}{(z-1)^2}$
5	$\frac{1}{s^3}$	$\frac{t^2}{2!}$	$\frac{T^2z(z+1)}{2(z-1)^3}$
6	$\frac{1}{s-(1/T)\ln a}$	$a^{t/T}$	$\frac{z}{z-a}$
7	$\frac{1}{s+a}$	e^{-at}	$\frac{z}{z-\mathrm{e}^{-aT}}$
8	$\frac{1}{(s+a)^2}$	$t\mathrm{e}^{-at}$	$\frac{Tz\mathrm{e}^{-aT}}{(z-\mathrm{e}^{-aT})^2}$
9	$\frac{\omega}{s^2+\omega^2}$	$\sin\omega t$	$\frac{z\sin\omega T}{z^2-2z\cos\omega T+1}$
10	$\frac{s}{s^2+\omega^2}$	$\cos\omega t$	$\frac{z(z-\cos\omega T)}{z^2-2z\cos\omega T+1}$
11	$\frac{\omega}{(s+a)^2+\omega^2}$	$\mathrm{e}^{-at}\sin\omega t$	$\frac{z\mathrm{e}^{-aT}\sin\omega T}{z^2-2z\mathrm{e}^{-aT}\cos\omega T+\mathrm{e}^{-2aT}}$
12	$\frac{s+a}{(s+a)^2+\omega^2}$	$\mathrm{e}^{-at}\cos\omega t$	$\frac{z^2-z\mathrm{e}^{-aT}\cos\omega T}{z^2-2z\mathrm{e}^{-aT}\cos\omega T+\mathrm{e}^{-2aT}}$

B-3　z 变换的基本定理

与拉普拉斯变换一样,z 变换也有一些基本定理和性质,熟悉这些定理和性质,可以方便地求出某些函数的 z 变换,或者根据 z 变换求出原函数。

B.3.1　线性定理

设连续时间函数 $e_1(t)$ 和 $e_2(t)$ 采样后的 z 变换分别为 $E_1(z)$ 和 $E_2(z)$,并设 a_1, a_2

为常数,则有

$$Z[a_1e_1(t) \pm a_2e_2(t)] = a_1E_1(z) \pm a_2E_2(z) \tag{B-8}$$

式(B-8)说明函数线性组合的 z 变换等于各函数 z 变换的线性组合。

B.3.2 实数位移定理

实数位移定理又称平移定理。其含义是指整个采样序列在时间轴上左右平移若干采样周期,向左平移定义为超前,向右平移定义为滞后。实数位移定理如下:

如果函数 $e(t)$ 是可拉普拉斯变换的,其 z 变换为 $E(z)$,则有

滞后定理:
$$Z[e(t-kT)] = z^{-k}E(z) \tag{B-9}$$

以及超前定理:
$$Z[e(t+kT)] = z^{k}\left[E(z) - \sum_{n=0}^{k-1} e(nT)z^{-n}\right] \tag{B-10}$$

其中 k 为正整数。

例 B-6 已知 $e(t) = t - T$,求 $E(z)$ 。

解 根据滞后定理,可以求得

$$E(z) = Z[e(t)] = Z[t - T] = z^{-1}Z[t] = z^{-1}\frac{Tz}{(z-1)^2} = \frac{T}{(z-1)^2}$$

B.3.3 复数位移定理

设函数 $e(t)$ 的 z 变换为 $E(z)$,则有

$$Z[e(t)\mathrm{e}^{\pm at}] = E(z\mathrm{e}^{\mp at}) \tag{B-11}$$

例 B-7 已知 $e(t) = t\mathrm{e}^{-at}$,求 $E(z)$ 。

解 令 $e(t) = t$,由表 B-1 知

$$E(z) = Z[t] = \frac{Tz}{(z-1)^2}$$

根据复数位移定理式(B-11),有

$$Z[t\mathrm{e}^{-at}] = E(z\mathrm{e}^{aT}) = \frac{Tz\mathrm{e}^{aT}}{(z\mathrm{e}^{aT}-1)^2}$$

B.3.4 初值定理

若 $e(t)$ 的 z 变换为 $E(z)$,且 $z \to \infty$ 时, $E(z)$ 的极限存在,则有

$$e(0) = \lim_{t\to\infty} e^*(t) = \lim_{z\to\infty} E(z) \tag{B-12}$$

B.3.5 终值定理

若 $e(t)$ 的 z 变换为 $E(z)$,函数序列 $e(nT)$ 为有限值 ($n = 0,1,2,\cdots$) ,且极限 $\lim_{n\to\infty} e(nT)$ 存在,则函数序列的终值

$$e(\infty) = \lim_{n\to\infty} e(nT) = \lim_{z\to 1}(z-1)E(z) \tag{B-13}$$

以上两个定理类似于拉普拉斯变换中的初值和终值定理。据此,当已知 $E(z)$ 时可以方便地求出 $e(0)$ 和 $e(\infty)$ 。

B.3.6 卷积定理

设 $x(nT)$ 和 $y(nT)$ 为两个采样函数,若 $g(nT)$ 是 $x(nT)$ 和 $y(nT)$ 的卷积

$$g(nT) = x(nT) * y(nT) = \sum_{k=0}^{\infty} x(kT)y[(n-k)T] \tag{B-14}$$

则有

$$G(z) = X(z) \cdot Y(z) \tag{B-15}$$

卷积定理指出,两个采样函数卷积的 z 变换,就等于该两个采样函数相应 z 变换的乘积。在离散系统分析中,卷积定理是沟通时域与 z 域的桥梁。

B-4 z 反变换

所谓 z 反变换,就是已知 z 变换表达式 $E(z)$,求取相应采样函数 $e^*(t)$ 的过程。由 z 变换定义可知,连续时间函数 $e(t)$ 的 z 变换 $E(z)$ 描述的是连续时间函数在各采样时刻的数值。因此,z 反变换得到的仅是连续时间函数在各采样时刻的数值,不可能得到有关连续时间函数的信息。所以 z 反变换仅能求 $e(nT)$,而不能求出 $e(t)$ 。

与连续函数的拉普拉斯反变换表示法类似,z 反变换表示为

$$e^*(t) = Z^{-1}[E(z)] \text{ 或 } E(nT) = Z^{-1}[E(z)] \tag{B-16}$$

常用的 z 反变换法有如下三种:

B.4.1 部分分式法

部分分式法就是将 $E(z)$ 展开成若干个分式和的形式,然后利用现有公式和 z 变换表来求出采样信号 $e^*(t)$,所以也称为查表法。

设已知的 z 变换函数 $E(z)$ 无重极点,先求出 $E(z)$ 的极点 $z_1, z_2, \cdots, z_n$,再将 $E(z)/z$ 展开成如下部分分式之和:

$$\frac{E(z)}{z} = \sum_{i=1}^{n} \frac{A_i}{z - z_i}$$

其中 A_i 为 $E(z)/z$ 在极点 z_i 处的留数,再由上式写出 $E(z)$ 的部分分式之和

$$E(z) = \sum_{i=1}^{n} \frac{A_i z}{z - z_i}$$

然后逐项查 z 变换表,得到

$$e_i(nT) = Z^{-1}\left[\frac{A_i z}{z - z_i}\right] \qquad i = 1,2,\cdots,n$$

最后写出已知 $E(z)$ 对应的采样函数

$$e^*(t) = \sum_{n=0}^{\infty}\sum_{i=1}^{n} e_i(nT)\delta(t - nT) \tag{B-17}$$

例 B-8 已知 $E(z) = \dfrac{10z}{(z-1)(z-2)}$,求其 z 反变换。

解 因为

$$\frac{E(z)}{z}=\frac{10}{(z-1)(z-2)}=\frac{-10}{z-1}+\frac{10}{z-2}$$

故有

$$E(z)=\frac{-10z}{z-1}+\frac{10z}{z-2}$$

查表 B-1 得

$$e(nT)=(-1+2^n)\times 10$$

所以,由式(B-17)可得离散函数

$$e^*(t)=\sum_{n=0}^{\infty}10(-1+2^n)\delta(t-nT)$$

例 B-9 已知 $E(z)=\dfrac{(1-\mathrm{e}^{aT})z}{(z-1)(z-\mathrm{e}^{-aT})}$,求其 z 反变换。

解 因为

$$\frac{E(z)}{z}=\frac{(1-\mathrm{e}^{aT})}{(z-1)(z-\mathrm{e}^{-aT})}=\frac{1}{z-1}-\frac{1}{z-\mathrm{e}^{-aT}}$$

所以

$$E(z)=\frac{z}{z-1}-\frac{z}{z-\mathrm{e}^{-aT}}$$

查表 B-1 得

$$e(nT)=1-\mathrm{e}^{-anT}$$

故由式(B-17)可得

$$e^*(t)=\sum_{n=0}^{\infty}(1-\mathrm{e}^{-anT})\delta(t-nT)$$

B. 4. 2 幂级数法

z 变换函数 $E(z)$ 通常可表示为两个多项式之比:

$$E(z)=\frac{b_0+b_1z^{-1}+b_2z^{-2}+\cdots+b_mz^{-m}}{1+a_1z^{-1}+a_2z^{-2}+\cdots+a_nz^{-n}},m\leqslant n$$

其中 $a_i(i=1,2,\cdots n)$ 和 $b_j(j=0,1,\cdots m)$ 均为常系数。用 $E(z)$ 的分母多项式去除分子多项式(称为长除法),可以把 $E(z)$ 展成为 z^{-1} 的幂级数,即

$$E(z)=c_0+c_1z^{-1}+c_2z^{-2}+\cdots+c_nz^{-n}+\cdots=\sum_{n=0}^{\infty}c_nz^{-n}$$

根据 z 变换的定义可知,上式中的系数 $c_n(n=0,1,\cdots,\infty)$ 便为 nT 时刻的采样值 $e(nT)$,根据式 $e^*(t)=\sum\limits_{n=0}^{\infty}e(nT)\delta(t-nT)$ 可直接写出 $e^*(t)$ 的脉冲序列表达式

$$e^*(t)=\sum_{n=0}^{\infty}c_n\delta(t-nT) \tag{B-18}$$

例 B-10 已知 z 变换 $E(z)=\dfrac{10z}{(z-1)(z-2)}$,求 z 反变换。

解 因为

$$E(z)=\frac{10z}{(z-1)(z-2)}=\frac{10z^{-1}}{1-3z^{-1}+2z^{-2}}$$

用长除法可得

$$\begin{array}{r}
10z^{-1}+30z^{-2}+70z^{-3}+\cdots \\
1-3z^{-1}+2z^{-2}\overline{\big)\,10z^{-1}\qquad\qquad\qquad\qquad} \\
\underline{10z^{-1}-30z^{-2}+20z^{-3}} \\
30z^{-2}-20z^{-3} \\
\underline{30z^{-2}-90z^{-3}+60z^{-4}} \\
70z^{-3}-60z^{-4} \\
\vdots \qquad \vdots
\end{array}$$

所以,$E(z)$ 可表示为

$$E(z)=10z^{-1}+30z^{-2}+70z^{-3}+\cdots$$

$$e^{*}(t)=10\delta(t-T)+30\delta(t-2T)+70\delta(t-3T)+\cdots$$

这种方法简单,但不易得到闭式结果。要从一组 $e(nT)$ 值中求出通项表达式,一般比较困难。因此,在实际应用中,常常只计算有限的几项。

B.4.3 留数法

由 z 变换的定义有

$$E(z)=\sum_{n=0}^{\infty}e(nT)z^{-n}$$

上式两边同乘 z^{m-1} (m 为正整数),得

$$E(z)z^{m-1}=\sum_{n=0}^{\infty}e(nT)z^{m-n-1}$$

对上式取一个封闭曲线 Γ 的积分,这个曲线 Γ 包围 $E(z)z^{m-1}$ 的全部极点。

$$\oint_{\Gamma}E(z)z^{m-1}\mathrm{d}z=\sum_{n=0}^{\infty}e(nT)\left[\oint_{\Gamma}z^{m-n-1}\mathrm{d}z\right]$$

由柯西定理,可知

$$\oint_{\Gamma}z^{k-1}\mathrm{d}z=\begin{cases}2\pi j & n=0\\ 0 & n\neq 0\end{cases}$$

故上式仅存在 $m=n$ 的项,于是有

$$\oint_{\Gamma}E(z)z^{n-1}\mathrm{d}z=2\pi \mathrm{j}e(nT)$$

$$e(nT)=\frac{1}{2\pi \mathrm{j}}\oint_{\Gamma}E(z)z^{m-1}\mathrm{d}z$$

在此,由于积分路径包围了 $E(z)z^{n-1}$ 的全部极点,故上式又可写成

$$e(nT)=\sum_{i=1}^{p}\mathrm{Res}\left[E(z)z^{n-1}\right]_{z\to z_i} \tag{B-19}$$

上式中 $E(z)z^{n-1}$ 共有 $z_1, z_2, \cdots, z_p$ 个极点,上述积分又可化成为全部极点的留数之和。顺便指出,关于函数 $E(z)z^{n-1}$ 在极点处的留数计算方法如下:

若 $z_1, z_2, \cdots, z_p$ 为单极点,则

$$\operatorname{Res}\left[E(z)z^{n-1}\right]_{z\to z_i} = \lim_{z\to z_i}\left[(z-z_i)E(z)z^{n-1}\right] \tag{B-20}$$

若 $E(z)z^{n-1}$ 有 k 重极点,则

$$\operatorname{Res}\left[E(z)z^{n-1}\right]_{z\to z_i} = \frac{1}{(k-1)!}\lim_{z\to z_i}\left[\frac{d^{n-1}\ (z-z_i)^n E(z)z^{n-1}}{dz^{k-1}}\right] \tag{B-21}$$

例 B-11 已知 z 变换函数 $E(z) = \dfrac{10z}{(z-1)(z-2)}$,试用留数法求其反变换。

解 因为 $E(z)z^{n-1} = \dfrac{10z^n}{(z-1)(z-2)}$,故有 $z_1 = 1$ 和 $z_2 = 2$ 两个单极点。

根据式(B-20),极点 z_1 和 z_2 处的留数为

$$\operatorname{Res}\left[\frac{10z^n}{(z-1)(z-2)}\right]_{z\to z_1} = \lim_{z\to 1}\frac{10z^n}{(z-1)(z-2)}(z-1) = -10$$

$$\operatorname{Res}\left[\frac{10z^n}{(z-1)(z-2)}\right]_{z\to z_2} = \lim_{z\to 2}\frac{10z^n}{(z-1)(z-2)}(z-2) = 10\times 2^n$$

根据式(B-19),有

$$e(nT) = \sum_{i=1}^{2}\operatorname{Res}\left[E(z)z^{n-1}\right]_{z\to z_i} = -10 + 10\times 2^n = (-1+2^n)\times 10$$

所以

$$e^*(t) = \sum_{n=0}^{\infty}10(-1+2^n)\delta(t-nT)$$

例 B-12 已知 z 变换函数 $E(z) = \dfrac{z}{(z-e^{\alpha T})(z-e^{\beta T})}$,试用留数法求其反变换。

解 因为 $E(z)z^{n-1} = \dfrac{z^n}{(z-\mathrm{e}^{\alpha T})(z-\mathrm{e}^{\beta T})}$ 有 $z_1 = \mathrm{e}^{\alpha T}$, $z_2 = \mathrm{e}^{\beta T}$ 两个单极点,根据留数计算式(B-20)可得

$$\begin{aligned} e(nT) &= \sum_{i=1}^{2}\operatorname{Res}\left[E(z)z^{n-1}\right]_{z\to z_i} \\ &= \frac{z^n}{(z-\mathrm{e}^{\alpha T})(z-\mathrm{e}^{\beta T})}(z-\mathrm{e}^{\beta T})\Big|_{z=\mathrm{e}^{\beta T}} + \frac{z^n}{(z-\mathrm{e}^{\alpha T})(z-\mathrm{e}^{\beta T})}(z-\mathrm{e}^{\alpha T})\Big|_{z=\mathrm{e}^{\alpha T}} \\ &= \frac{\mathrm{e}^{\alpha nT}-\mathrm{e}^{\beta nT}}{\mathrm{e}^{\alpha T}-\mathrm{e}^{\beta T}} \end{aligned}$$

所以

$$e^*(t) = \sum_{n=0}^{\infty}e(nT)\delta(t-nT) = \sum_{n=0}^{\infty}\frac{\mathrm{e}^{\alpha nT}-\mathrm{e}^{\beta nT}}{\mathrm{e}^{\alpha T}-\mathrm{e}^{\beta T}}\delta(t-nT)$$

例 B-13 用留数法求出 $E(z) = \dfrac{Tz}{(z-1)^2}$ 的反变换。

解　因为$E(z)$在$z=1$处有二重极点，根据式(B-21)，可得$z=1$处的留数为

$$\operatorname{Res}\left[E(z)z^{n-1}\right]_{z\to1}=\lim_{z\to1}\frac{\mathrm{d}}{\mathrm{d}z}Tz^{n}=nT$$

所以

$$e^{*}(t)=\sum_{n=0}^{\infty}nT\delta(t-nT)$$

附录 C　机械控制工程虚拟实验系统

将虚拟仪器引入实验和教学环节，开发相关课程的虚拟仿真实验系统，有助于学习者更好地理解和掌握专业知识。本书在课程教学内容的基础上，采用模块化设计方法，利用Labview软件开发了“机械控制工程虚拟实验系统”。该系统具有良好的人机界面，可为操作者提供高效、直观的教学和实验环境。在教学过程中，教师可结合教学内容在课堂为学生演示虚拟实验，学生也可以按照提示自行操作。该虚拟实验系统包括典型环节的时域响应、频率特性分析、稳定性分析，以及典型的机械模型、RLC电路、离心式调速机构和液压APC系统仿真。虚拟实验系统为教学提供了一个更大的实验平台，在此基础上学生还可进一步开发出更多的控制系统。为使读者进一步了解“机械控制工程虚拟实验系统”，本书对该系统的主要功能和使用方法做一简要介绍。

1. 主界面

安装“机械控制工程虚拟实验系统”源程序后，点击即可进入主界面，如图C-1所示。该界面介绍了虚拟实验系统的主要功能，主界面左侧有6个按钮，分别点击不同的按钮可进入各个实验模块；点击“退出”按钮退出系统。

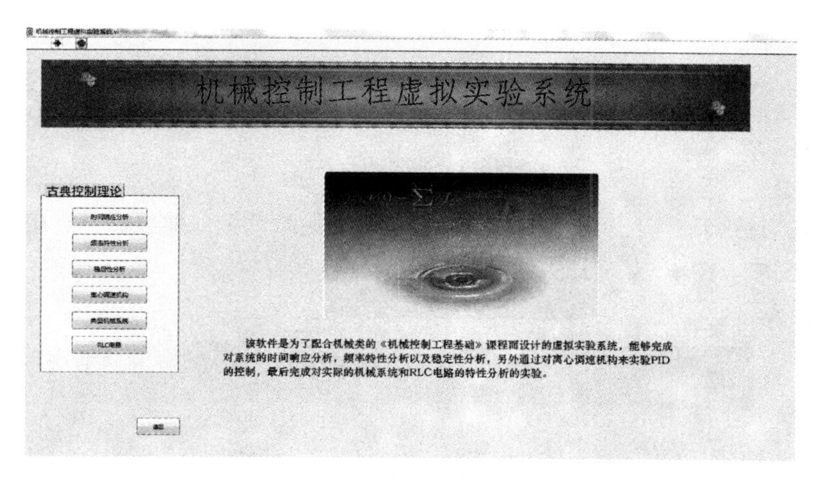

图 C-1　主界面

2. 时间响应分析

点击“时间响应分析”按钮进入时间响应分析模块界面，如图C-2所示。该模块主要配合本书第3章内容，介绍了时间响应分析的实验目的、实验操作、实验报告和思考题。学生可按照提示了解时间响应的基本概念，并对6个典型环节（比例环节、惯性环节、积分环节、微分环节、振荡环节和延迟环节）的时间响应进行分析。

（1）“时间响应介绍”包括时间响应的基本概念和主要知识点，界面如图C-3所示。

（2）点击其他典型环节按钮，可进入不同的典型环节界面。界面中显示了不同环节

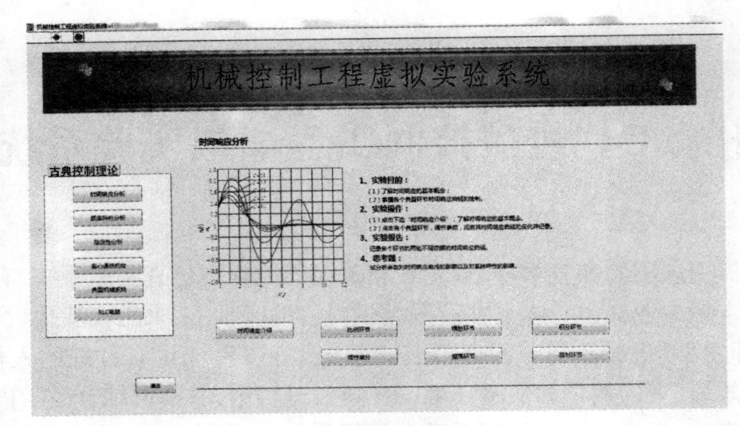

图 C-2　时间响应分析界面

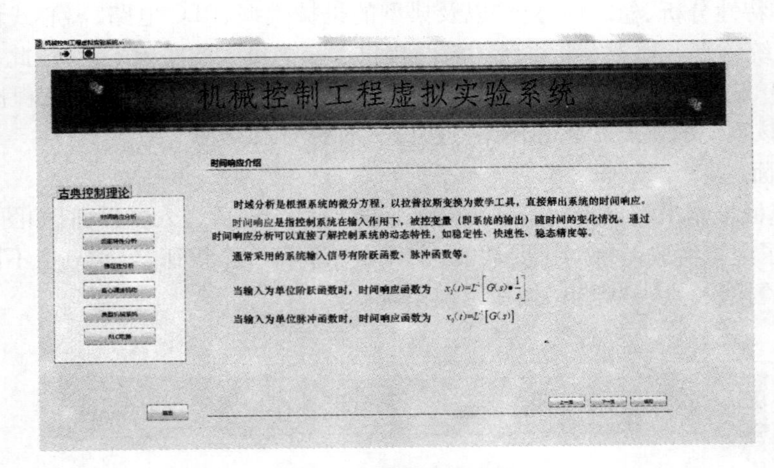

图 C-3　时间响应介绍

的传递函数，通过调节滑杠可改变系统参数值，对应的阶跃响应曲线和脉冲响应曲线显示在右侧的框图中。图 C-4 为惯性环节的时间响应分析过程。

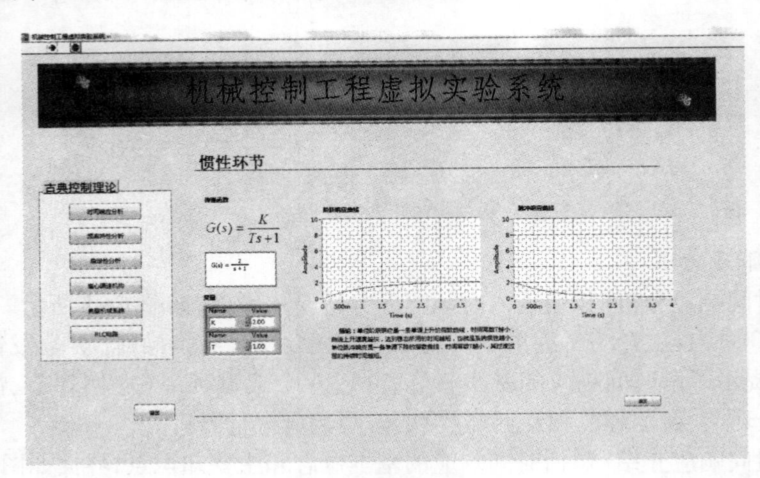

图 C-4　惯性环节时间响应

3. 频率特性分析

点击主框图中的“频率特性分析”按钮，进入频率特性分析模块界面，如图 C-5 所示。该模块主要配合本书第 4 章内容。模块首先介绍了频率特性分析的实验目的、实验操作、实验报告和思考题。学生可按照提示了解频率特性的基本概念，并对 6 个典型环节（比例环节、惯性环节、积分环节、微分环节、振荡环节和延迟环节）的频率特性进行分析。

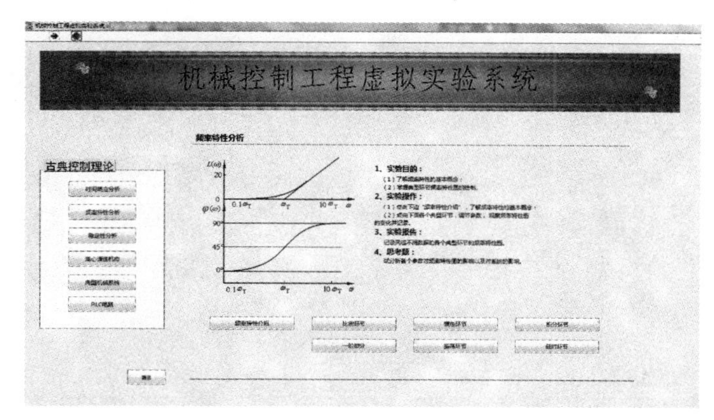

图 C-5　频率特性分析界面

（1）“频率特性介绍”包括频率特性的基本概念和主要知识点，界面如图 C-6 所示。

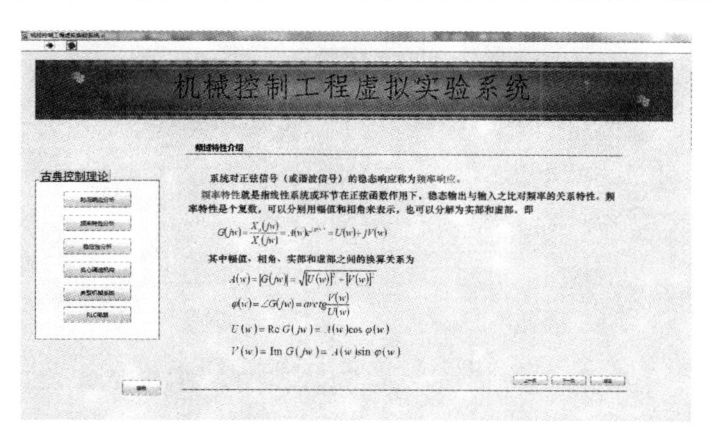

图 C-6　频率特性介绍

（2）点击其他环节按钮，进入不同的典型环节界面。界面中显示了不同环节的传递函数，通过调节滑杠改变各参数值，对应的伯德图和奈氏图显示在右侧的框图中，图 C-7 所示为振荡环节的频率特性界面。

4. 稳定性分析

点击主框图中的稳定性分析按钮，进入稳定性分析模块界面，如图 C-8 所示。该模块主要配合本书第 5 章内容。学生可根据模块中介绍的实验步骤进行操作，了解稳定性概念、奈奎斯特判据、根轨迹法和稳定性裕量。

点击其中任意一个按钮（如“奈氏判据”），如图 C-9 所示，界面显示出系统的传递函数，改变传递函数分子和分母各项系数值，系统将自动绘制出对应的奈氏曲线，并在界面右侧方框中给出相应的稳定性结果。

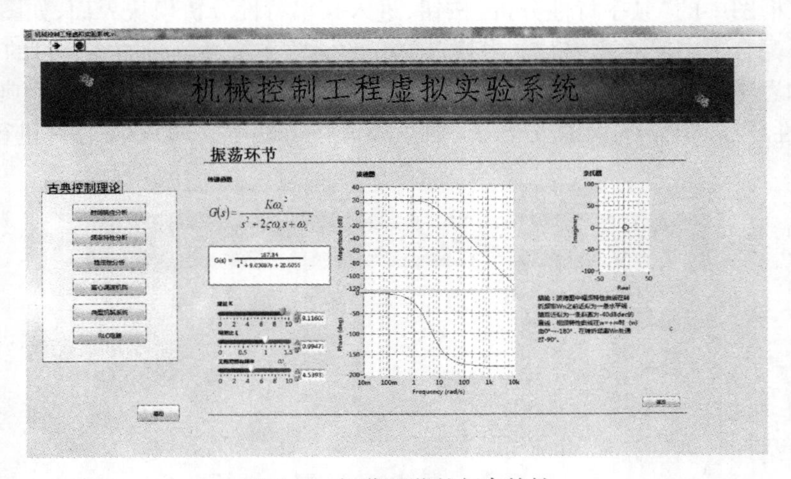

图 C-7　振荡环节的频率特性

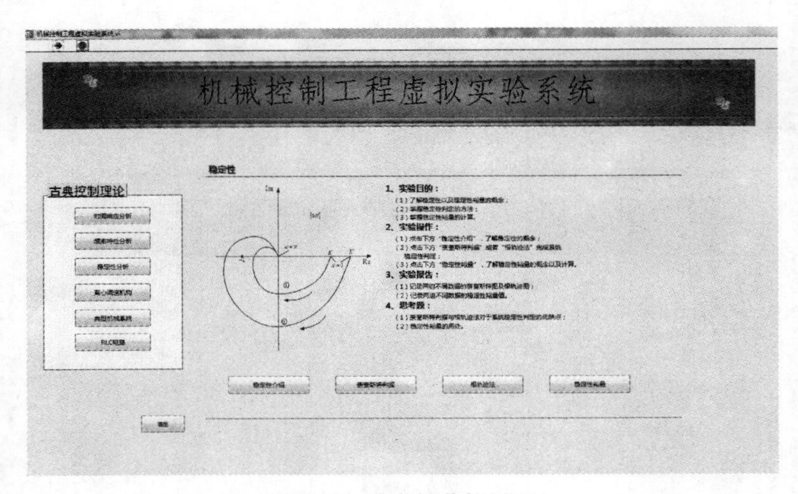

图 C-8　稳定性分析界面

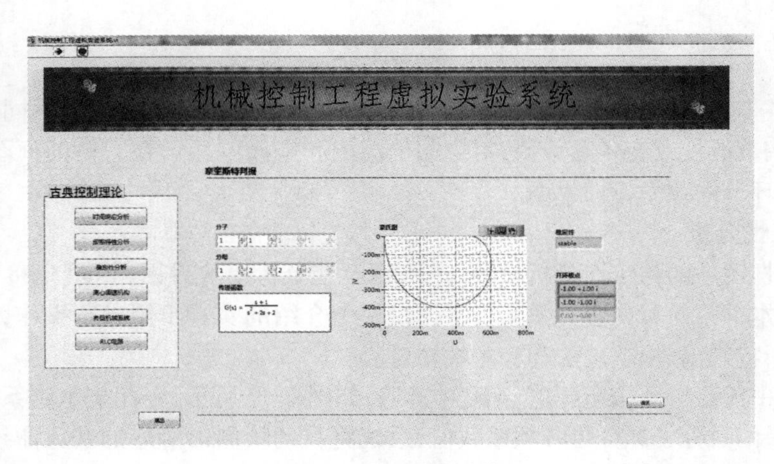

图 C-9　奈奎斯特判据

5. **离心调速机构**

点击左侧方框中的离心调速机构按钮,进入该模块界面,如图 C-10 所示。模块介绍了离心调速机构的实验内容。通过该模块实验学生可了解 PID 控制模型及离心调速机构的原理,并通过操作进一步掌握离心调速机构的 PI 控制、PD 控制和 PID 控制原理。

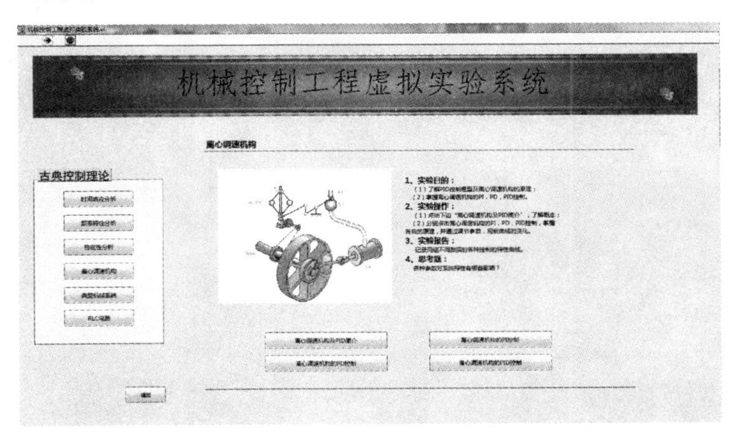

图 C-10　离心调速机构

6. **典型机械系统**

点击典型机械系统按钮,进入该模块界面,如图 C-11 所示。点击进入实验按钮后,即可对该典型机械系统的参数进行设置,并得到系统的传递函数、阶跃响应曲线、波德图幅频特性、波德图相频特性和奈氏图,同时还可以对该系统的阶跃响应进行动画演示,如图 C-12 所示。

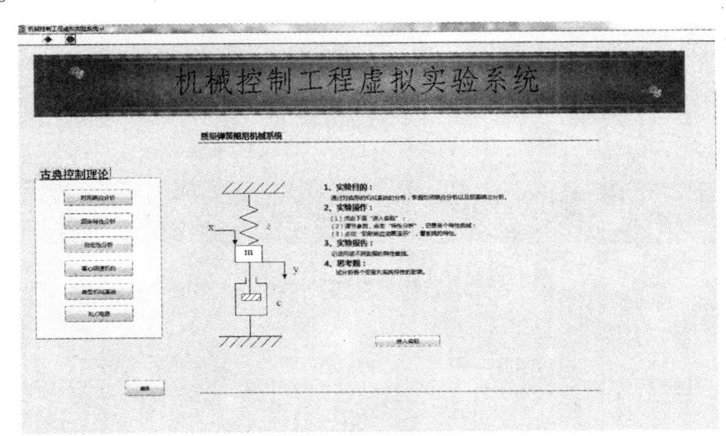

图 C-11　质量弹簧阻尼机械系统

7. **RLC 电路**

点击 RLC 电路,进入模块界面,如图 C-13 所示。该模块对控制系统进行了拓展,设计了多种 RLC 电路控制系统,通过实验学生可掌握不同电路的时域和频域特性。

点击打开任一个电路,如图 C-14 为低通并联界面。该模块给出了低通并联电路图,传递函数以及 R、L、C 变量框。改变 R、L、C 三个变量值,系统将自动绘制出奈氏图、阶跃响应曲线以及波德图。

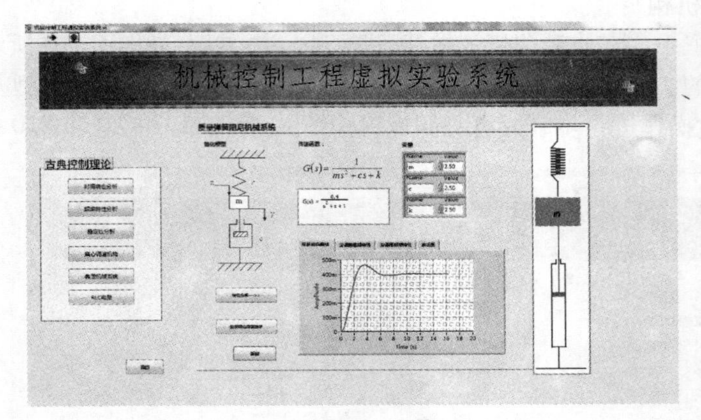

图 C-12　质量弹簧阻尼机械系统演示

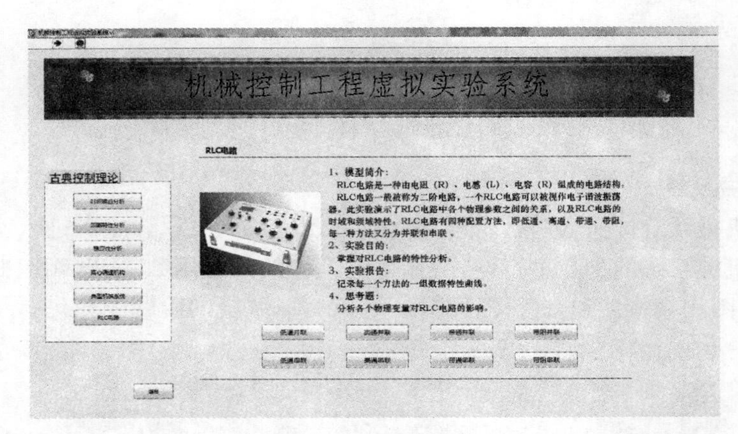

图 C-13　RLC 电路

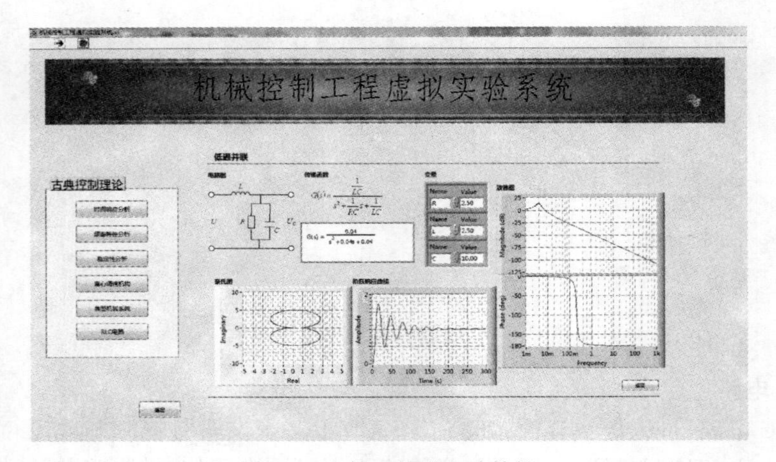

图 C-14　低通并联电路特性

参 考 文 献

[1] 朱骥北．机械控制工程基础．北京:机械工业出版社,1994.

[2] 杨叔子,杨克冲．机械工程控制基础.5 版．武汉:华中科技大学出版社,2005.

[3] 胡寿松．自动控制原理.4 版．北京:科学出版社,2001.

[4] 绪方胜彦．现代控制工程．卢伯英,等译．北京:科学出版社,1980.

[5] 王积伟．控制工程基础．北京:高等教育出版社,2001.

[6] 王益群,钟毓宁．机械控制工程基础．武汉:武汉理工大学出版社,2001.

[7] Richard C. Dorf. 现代控制系统.8 版．谢红卫,等译．北京:高等教育出版社,2006.

[8] 刘丁．自动控制理论．北京:机械工业出版社,2006.

[9] Katsuhiko Ogata. 系统动力学．韩建友,等译．北京:机械工业出版社,2005.

[10] 李国勇,谢克明．控制系统数字仿真与 CAD. 北京:电子工业出版社,2003.

[11] Benjamin C. Kuo. Automatic Control Systems. 北京:高等教育出版社,2003.

[12] 蒋国平,万佑红．自动控制原理辅导与习题详解．北京:北京邮电大学出版社,2007.

[13] 许必熙．自动控制原理．南京:东南大学出版社,2007.

[14] 卢京潮,刘慧英．自动控制原理典型题解析及自测试题．西安:西北工业大学出版社,2001.

[15] 刘坤．MATLAB 自动控制原理习题精解．北京:国防工业出版社,2004.

[16] 黄忠霖．控制系统 MATLAB 计算及仿真．北京:国防工业出版社,2001．

[17] 郑恩让,聂诗良．控制系统仿真．北京:北京大学出版社,2006.

[18] 魏巍．MATLAB 控制工程工具箱技术手册．北京:国防工业出版社,2004.

[19] 陈小异,孔晓红.机械工程控制基础.北京:高等教育出版社,2010.

[20] 谭功全,谭飞.自动控制原理.北京:北京大学出版社,2013.

[21] 文锋,陈青.自动控制理论.3 版.北京:中国电力出版社,2008.

[22] 沈辉.精通 SIMULINK 系统仿真与控制.北京:北京大学出版社,2003.

[23] 赵广元.MATLAB 与控制系统仿真实践.北京:北京航空航天大学出版社,2009.

参考文献